国家林业和草原局普通高等教育"十三五"规划教材
高等院校园林与风景园林专业系列教材

园林工程计量与计价

Quantity Survey and Budget for Landscape Engineering

温日琨 ◎ 主编

中国林业出版社
China Forestry Publishing House

内 容 简 介

本书系统地阐述了园林工程计量与计价的基本原理、基本方法与实践应用。主要内容包括：绪论、园林工程计量计价依据、园林工程计价的费用构成、绿化工程计量与计价、园路园桥工程计量与计价、园林景观工程计量与计价、仿古建筑工程计量与计价、通用项目计量与计价、园林工程结算与竣工决算以及园林工程计价软件的应用。

本书可以作为高等院校园林、风景园林专业本科生的专业课教材或教学参考书，也可以作为高等职业院校园林技术、园林工程技术、风景园林设计专业学生的教材或教学参考书。还可以作为建设单位、设计单位、园林企业、监理单位等企事业单位以及相关行政主管部门的工程技术人员、管理人员的培训教材或参考书。

图书在版编目（CIP）数据

园林工程计量与计价／温日琨主编.—北京：中国林业出版社，2020.8（2024.7重印）
国家林业和草原局普通高等教育"十三五"规划教材 高等院校园林与风景园林专业系列教材
ISBN 978-7-5219-0454-3

Ⅰ.①园… Ⅱ.①温… Ⅲ.①园林—工程施工—计量—高等学校—教材 ②园林—工程施工—工程造价—高等学校—教材 Ⅳ.①TU986.3

中国版本图书馆CIP数据核字（2020）第019658号

策划编辑：康红梅　　　责任编辑：康红梅　田 娟　　　责任校对：苏 梅
电话：83143551　　　　传真：83143516

出版发行　中国林业出版社（100009 北京市西城区德内大街刘海胡同7号）
　　　　　E-mail: jiaocaipublic@163.com　电话：(010)83143500
　　　　　https://www.cfph.net
印　　刷　北京中科印刷有限公司
版　　次　2020年8月第1版
印　　次　2024年7月第3次印刷
开　　本　889mm×1194mm 1/16
印　　张　20.5
字　　数　562千字
定　　价　56.00元

未经许可，不得以任何方式复制或抄袭本书之部分或全部内容。

版权所有　侵权必究

《园林工程计量与计价》编写人员

主 编

温日琨

副主编

舒美英　吴琪琦

编写人员

（按姓氏拼音排序）

韩婷婷（山东协和学院）

舒美英（浙江农林大学暨阳学院）

温日琨（浙江农林大学）

吴琪琦（浙江农林大学）

前　言

在持续推进生态文明、美丽中国建设过程中，园林、风景园林专业复合型人才的培养是重要的支撑内容之一。根据园林、风景园林专业的培养目标，要求毕业生能成为园林工程设计、施工、管理方面的技术经济高级人才。作为园林、风景园林专业的学生，除了要掌握园林美学、造园技艺以及园林工程技术外，还必须懂得与园林工程建设有关的经济管理知识。园林工程造价即是园林工程技术经济管理的重要内容之一。本教材的编写旨在培养学生园林工程投资控制意识，让学生掌握园林工程设计概算和施工图预算编制的方法和技能，提高学生解决园林工程经济问题的能力，并有利于学生深入了解当今园林工程的发展趋势，适应工程项目对工程技术经济人才的要求。

笔者在高等学校工程概预算课程的教学经历中，常常发现学生学习兴趣虽然浓厚，但由于教学资源条件不全面，导致学习效果打折扣的现象。工程概预算课程的学习需要工程案例背景和工程计量计价的依据。如果教材的工程案例背景过于复杂或过于简单，计量计价的依据不适用于本地或"短斤少两"不全面，都将导致学生在学习过程中认识混乱、学习效果不佳。这使笔者萌生了自己撰写园林工程概预算教材的想法。2014年，由笔者主编的《园林工程计量与计价》教材由北京大学出版社出版发行，得到了国内众多本科院校和高等职业院校师生的支持和选用；2017年，该教材获得了浙江省"十二五"规划优秀教材奖。2018年，国家林业和草原局教材院校建设办公室将《园林工程计量与计价》列选为"国家林业和草原局普通高等教育'十三五'规划教材"，由中国林业出版社出版。

在此背景下，编者根据原有的《园林工程计量与计价》教材、最新的《建设工程工程量清单计价规范》（GB 50500—2013）、《园林工程工程量计算规范》（GB 50858—2013）、《房屋建筑与装饰工程工程量计算规范》（GB 50854—2013）、《仿古建筑工程工程量计算规范》（GB 50855—2013）以及《浙江省园林绿化及仿古建筑工程预算定额》（2018版）、《浙江省建设工程计价规则》（2018版），重新着手教材的编写工作，并于近日成书。

浙江农林大学是国家林业和草原局与浙江省政府合作共建的高等院校，是浙江省重点建设高校。园林、风景园林专业是学校的主打专业。学校设有风景园林学一级硕士点和园林植物与观赏园艺二级硕士点。园林工程概预算是园林、风景园林专业的一门限选课程。该课程由园林规划设计、园林施工管理、工程经济学、工程招投标等内容相互融合渗透而成。课程安排在园林规划设计课之后，专门为培养园林、风景园林专业学生工程应用技能而开设。课程基于园林工程建设全过程造价控制的背景，培养学生编制园林工程各阶段造价文件的能力。

《园林工程计量与计价》作为园林工程概预算课程的教材，其编写要满足课程教学的要求。因此，教材的中心内容是园林工程计量计价依据、计价费用构成、计价方法以及园林各分部分项工程的计量与计价。教材每章都按照本章提要→正文→小结→习题→推荐阅读书目→相关链接→经典案例这一体例编写。让学生先了解每

前 言

章节的主要内容，再来学习。最后通过习题和经典案例巩固所学知识，并根据推荐阅读书目找到教材中未能完全反映的信息，根据相关链接在网上同步学习。教材各章节内容翔实，图片丰富，文字精练，并有适当的工程案例解析。在编写中力求抓住重点，简明扼要，通俗易懂。

全书重点是第 2~7 章。其中，第 4~7 章编写园林工程特有的分部分项工程的计量与计价，这是本书的特色之一。第 8 章通用项目工程是为编制完整的园林工程造价文件而必须设置的，反映了园林工程中土石方、圆木桩、基础垫层工程、砌筑工程、混凝土及钢筋工程、装饰装修工程、油漆工程等。此外，本书的特色之二在于把握了清单计价与定额计价两条主线，根据这两条主线阐述园林工程计量与计价的方法。如计量环节注重清单计量规则与定额计量规则的对比，计价环节注重分项工程综合单价分析和定额基价的换算。

由于园林工程计量与计价需要严格遵循规范、充分了解市场价格信息，所以教材在编写时尽可能完善了园林工程计量与计价所需的 3 个层次规范的内容，即《建设工程工程量清单计价规范》（GB 50500—2013）、《建设工程劳动定额——园林绿化工程》（LD/T 75.1~3—2008）以及《浙江省园林绿化及仿古建筑工程预算定额》（2018 版）。力求教材所涉及的计量与计价依据全面，时效最新。同时结合 2006 年颁发的《建设项目经济评价方法与参数》（第三版）、《建筑安装工程费用项目组成》（建标〔2013〕44 号文）、《浙江省建设工程计价规则》（2018 版）等确定园林工程造价的费用构成。但由于教材篇幅有限，仍有不尽之处。

在教材编写过程中，编者既考虑到初学者学习的需要，又顾及工程技术人员实践应用的要求。本书可以作为高等院校园林、风景园林专业本科生的教材或教学参考书，也可作为高等职业院校园林技术、园林工程技术、风景园林设计专业学生的教材或教学参考书，还可以作为建设单位、设计单位、园林企业、监理单位等企事业单位和建设行政主管部门的工程技术、管理人员的培训教材或参考书。

本教材由温日琨任主编，具体编写分工为：温日琨编写第 1~3 章和第 7 章；舒美英编写第 4~6 章；吴琪琦编写第 8 章和第 10 章；韩婷婷编写第 9 章。全书由温日琨组织统稿。

本教材于 2018 年 1 月开始编写，2019 年 8 月成书，历时一年有余。编写过程中还得到了李胜老师、龙松亮老师和杨锦老师的协同配合，同时得到了上海市政工程设计研究总院集团浙江设计院有限公司杨绍猛高工、王梅高工、葛科岑高工、王雪晴工程师的大力支持，他们提供了某市滨江公园的全套施工图、杭州西兴互通立交绿化及周边环境整治工程的初步设计图作为工程案例背景，在此特别表示感谢。此外，研究生赵杰、徐涵和金力豪等对教材的编写做了很多辅助工作，在此也一并感谢。

由于作者的水平有限，本书难免存在不足之处，敬请读者提出宝贵意见，以使之不断完善。

温日琨

2023 年 1 月

目 录

前言

第1章 绪论
1.1 园林工程计量与计价概述……………1
1.1.1 国内外园林工程发展概况…………1
1.1.2 园林工程计量与计价的含义及特点
………………………………………4
1.1.3 基本建设程序与园林工程造价文件
………………………………………5
1.2 园林工程项目划分……………………8
1.2.1 建设项目的组成……………………8
1.2.2 工程项目的分解计价………………8
1.2.3 园林工程项目的划分………………9
1.3 园林工程计量与计价方法……………10
1.3.1 清单计价法…………………………12
1.3.2 定额计价法…………………………13
1.3.3 清单计价法与定额计价法的联系
和区别………………………………14
1.4 课程学习要求…………………………14
1.4.1 课程特点……………………………14
1.4.2 课程培养目标………………………15
1.4.3 课程学习方法………………………15
小结……………………………………………16
习题……………………………………………16
推荐阅读书目…………………………………17
相关链接………………………………………17

经典案例………………………………………17

第2章 园林工程计量与计价依据
2.1 规范……………………………………22
2.1.1 建设工程工程量清单计价规范
………………………………………22
2.1.2 园林绿化工程工程量计算规范
………………………………………26
2.2 劳动定额………………………………40
2.2.1 确定劳动定额的工作时间研究……41
2.2.2 劳动定额及其表达式………………43
2.2.3 制定劳动定额的方法………………43
2.2.4 园林绿化工程劳动定额……………44
2.3 预算定额………………………………50
2.3.1 预算定额的含义、作用和性质……51
2.3.2 预算定额编制的原则、依据和方法
………………………………………51
2.3.3 预算定额人工、材料、机械台班
单价的确定…………………………53
2.3.4 《××省园林绿化及仿古建筑
工程预算定额》(2018版)………55
小结……………………………………………68
习题……………………………………………68
推荐阅读书目…………………………………69
相关链接………………………………………69
经典案例………………………………………71

第3章 园林工程计价的费用构成

- 3.1 国内外园林工程造价的费用构成 …… 72
  - 3.1.1 国外园林工程造价的构成 …… 73
  - 3.1.2 国内园林工程造价的构成 …… 74
- 3.2 清单计价法园林工程费用 …… 78
  - 3.2.1 清单计价法计价费用 …… 78
  - 3.2.2 清单计价法计价程序 …… 85
- 3.3 定额计价法园林工程费用 …… 87
  - 3.3.1 定额计价法计价费用 …… 87
  - 3.3.2 定额计价法计价程序 …… 92
  - 3.3.3 园林工程设计概算案例 …… 93
- 小结 …… 98
- 习题 …… 98
- 推荐阅读书目 …… 100
- 相关链接 …… 100
- 经典案例 …… 100

第4章 绿化工程计量与计价

- 4.1 绿化种植工程概述 …… 102
  - 4.1.1 地形整理 …… 102
  - 4.1.2 苗木起挖 …… 103
  - 4.1.3 苗木装卸与运输 …… 103
  - 4.1.4 苗木栽植 …… 103
  - 4.1.5 苗木支撑与绕干 …… 104
  - 4.1.6 苗木修剪 …… 104
  - 4.1.7 苗木养护 …… 104
- 4.2 绿化种植工程计量 …… 105
  - 4.2.1 绿化种植工程工程量清单的编制 …… 105
  - 4.2.2 绿化种植工程定额工程量的计算 …… 117
- 4.3 绿化种植工程计价 …… 118
  - 4.3.1 定额计价法绿化种植工程计价 …… 118
  - 4.3.2 清单计价法绿化种植工程计价 …… 127
- 小结 …… 142
- 习题 …… 142
- 推荐阅读书目 …… 144
- 相关链接 …… 144
- 经典案例 …… 144

第5章 园路园桥工程计量与计价

- 5.1 园路园桥工程概述 …… 145
  - 5.1.1 园路 …… 145
  - 5.1.2 园桥 …… 148
- 5.2 园路园桥工程计量 …… 149
  - 5.2.1 园路园桥工程工程量清单的编制 …… 149
  - 5.2.2 园路园桥工程定额工程量的计算 …… 159
- 5.3 园路园桥工程计价 …… 159
  - 5.3.1 定额计价法园路园桥工程计价 …… 159
  - 5.3.2 清单计价法园路园桥工程计价 …… 166
- 小结 …… 175
- 习题 …… 175
- 推荐阅读书目 …… 176
- 相关链接 …… 176
- 经典案例 …… 176

第6章 园林景观工程计量与计价

- 6.1 园林景观工程概述 …… 177
  - 6.1.1 假山 …… 177
  - 6.1.2 景观亭 …… 178
  - 6.1.3 廊 …… 178
  - 6.1.4 花架 …… 181
  - 6.1.5 喷泉 …… 182
  - 6.1.6 景观座凳 …… 182
  - 6.1.7 花坛 …… 183
- 6.2 园林景观工程计量 …… 183
  - 6.2.1 园林景观工程工程量清单的编制 …… 184
  - 6.2.2 园林景观工程定额工程量的计算 …… 194
- 6.3 园林景观工程计价 …… 195
  - 6.3.1 定额计价法园林景观工程计价 …… 195
  - 6.3.2 清单计价法园林景观工程计价 …… 199
- 小结 …… 202
- 习题 …… 203
- 推荐阅读书目 …… 205
- 相关链接 …… 205
- 经典案例 …… 205

第7章 仿古建筑工程计量与计价

7.1 仿古建筑工程计量与计价概述 ⋯⋯⋯ 208
7.1.1 仿古建筑工程 ⋯⋯⋯⋯⋯⋯⋯ 208
7.1.2 仿古建筑工程计量与计价的依据 ⋯⋯⋯⋯⋯⋯⋯⋯⋯⋯⋯⋯⋯⋯⋯⋯ 214
7.1.3 仿古建筑建筑面积计算规定 ⋯⋯ 215
7.1.4 仿古建筑工程清单子目及工程量计算规则 ⋯⋯⋯⋯⋯⋯⋯⋯⋯⋯ 215
7.1.5 仿古建筑工程定额子目及工程量计算规则 ⋯⋯⋯⋯⋯⋯⋯⋯⋯⋯ 215

7.2 仿古建筑工程计量 ⋯⋯⋯⋯⋯⋯ 222
7.2.1 某仿古建筑工程案例 ⋯⋯⋯⋯ 222
7.2.2 仿古建筑工程工程量清单的编制 ⋯⋯⋯⋯⋯⋯⋯⋯⋯⋯⋯⋯⋯⋯⋯⋯ 222
7.2.3 仿古建筑工程定额工程量表的编制 ⋯⋯⋯⋯⋯⋯⋯⋯⋯⋯⋯⋯⋯⋯⋯⋯ 229

7.3 仿古建筑工程计价 ⋯⋯⋯⋯⋯⋯ 234
7.3.1 清单计价法仿古建筑工程计价 ⋯ 234
7.3.2 定额计价法仿古建筑工程计价 ⋯ 241

小结 ⋯⋯⋯⋯⋯⋯⋯⋯⋯⋯⋯⋯⋯⋯⋯ 245
习题 ⋯⋯⋯⋯⋯⋯⋯⋯⋯⋯⋯⋯⋯⋯⋯ 246
推荐阅读书目 ⋯⋯⋯⋯⋯⋯⋯⋯⋯⋯⋯ 246
相关链接 ⋯⋯⋯⋯⋯⋯⋯⋯⋯⋯⋯⋯⋯ 246
经典案例 ⋯⋯⋯⋯⋯⋯⋯⋯⋯⋯⋯⋯⋯ 249

第8章 通用项目计量与计价

8.1 土石方、圆木桩及基础垫层工程计量与计价 ⋯⋯⋯⋯⋯⋯⋯⋯⋯⋯⋯ 250
8.1.1 土石方、圆木桩及基础垫层工程定额计量与计价 ⋯⋯⋯⋯⋯⋯⋯ 250
8.1.2 土石方、圆木桩、基础垫层工程清单计量与计价 ⋯⋯⋯⋯⋯⋯⋯ 254

8.2 砌筑工程计量与计价 ⋯⋯⋯⋯⋯ 257
8.2.1 砌筑工程定额计量与计价 ⋯⋯ 257
8.2.2 砌筑工程清单计量与计价 ⋯⋯ 259

8.3 混凝土及钢筋混凝土工程计量与计价 ⋯ 262
8.3.1 混凝土及钢筋工程定额计量与计价 ⋯⋯⋯⋯⋯⋯⋯⋯⋯⋯⋯⋯⋯⋯⋯ 262
8.3.2 混凝土及钢筋混凝土工程清单计量与计价 ⋯⋯⋯⋯⋯⋯⋯⋯⋯⋯⋯ 265

8.4 装饰装修工程计量与计价 ⋯⋯⋯ 269
8.4.1 装饰装修工程定额计量与计价 ⋯ 269
8.4.2 装饰工程清单计量与计价 ⋯⋯ 271

8.5 油漆工程计量与计价 ⋯⋯⋯⋯⋯ 276
8.5.1 油漆工程定额计量与计价 ⋯⋯ 277
8.5.2 油漆、涂料、裱糊工程清单计量与计价 ⋯⋯⋯⋯⋯⋯⋯⋯⋯⋯⋯⋯⋯ 278

小结 ⋯⋯⋯⋯⋯⋯⋯⋯⋯⋯⋯⋯⋯⋯⋯ 279
习题 ⋯⋯⋯⋯⋯⋯⋯⋯⋯⋯⋯⋯⋯⋯⋯ 279
推荐阅读书目 ⋯⋯⋯⋯⋯⋯⋯⋯⋯⋯⋯ 281
相关链接 ⋯⋯⋯⋯⋯⋯⋯⋯⋯⋯⋯⋯⋯ 281
经典案例 ⋯⋯⋯⋯⋯⋯⋯⋯⋯⋯⋯⋯⋯ 281

第9章 园林工程结算与竣工决算

9.1 园林工程结算 ⋯⋯⋯⋯⋯⋯⋯⋯ 283
9.1.1 园林工程价款结算 ⋯⋯⋯⋯⋯ 283
9.1.2 园林工程价款结算的方式 ⋯⋯ 284
9.1.3 园林工程预付款支付 ⋯⋯⋯⋯ 285
9.1.4 园林工程进度款支付 ⋯⋯⋯⋯ 286
9.1.5 园林工程竣工结算 ⋯⋯⋯⋯⋯ 287

9.2 园林工程竣工决算 ⋯⋯⋯⋯⋯⋯ 296
9.2.1 竣工决算的作用 ⋯⋯⋯⋯⋯⋯ 296
9.2.2 竣工决算的内容 ⋯⋯⋯⋯⋯⋯ 296
9.2.3 园林工程竣工决算编制步骤 ⋯ 301

小结 ⋯⋯⋯⋯⋯⋯⋯⋯⋯⋯⋯⋯⋯⋯⋯ 302
习题 ⋯⋯⋯⋯⋯⋯⋯⋯⋯⋯⋯⋯⋯⋯⋯ 302
推荐阅读书目 ⋯⋯⋯⋯⋯⋯⋯⋯⋯⋯⋯ 304
相关链接 ⋯⋯⋯⋯⋯⋯⋯⋯⋯⋯⋯⋯⋯ 304
经典案例 ⋯⋯⋯⋯⋯⋯⋯⋯⋯⋯⋯⋯⋯ 304

第10章 园林工程计价软件的应用

10.1 园林工程计价软件概述 ⋯⋯⋯⋯ 308
10.1.1 国内外计价软件发展概况 ⋯⋯ 308
10.1.2 园林工程计价软件的优点 ⋯⋯ 308

10.2 计价软件介绍 ⋯⋯⋯⋯⋯⋯⋯⋯ 308
10.2.1 广联达计价软件 ⋯⋯⋯⋯⋯⋯ 308
10.2.2 品茗胜算计价软件 ⋯⋯⋯⋯⋯ 309
10.2.3 擎洲广达云计价软件 ⋯⋯⋯⋯ 310

10.3 园林计价软件清单计价法操作流程 ⋯ 310
10.3.1 新建项目文件 ⋯⋯⋯⋯⋯⋯⋯ 310
10.3.2 取费设置 ⋯⋯⋯⋯⋯⋯⋯⋯⋯ 310

  10.3.3　分部分项工程项目和施工技术
    措施项目编辑……………… 311
  10.3.4　工程价差调整……………… 311
  10.3.5　文件检查…………………… 312
  10.3.6　报表打印及导出…………… 312
10.4　园林计价软件定额计价法操作流程 … 312
  10.4.1　新建项目文件……………… 313
  10.4.2　取费设置…………………… 313
  10.4.3　分部分项工程项目和施工技术
    措施项目编辑……………… 313

  10.4.4　工程价差调整……………… 313
  10.4.5　文件检查…………………… 314
  10.4.6　报表打印及导出…………… 314
小结 ……………………………………… 314
习题 ……………………………………… 314
推荐阅读书目 …………………………… 315
相关链接 ………………………………… 315
经典案例 ………………………………… 315

参考文献 ………………………………………… 317

第1章 绪论

【本章提要】 园林是一种优美的生态环境境域，园林工程是工程建设项目的类型之一。园林工程的建设成果对城乡环境的影响非常显著。这种影响一方面反映为园林工程建设带来的生态环境效益；另一方面反映为园林提升社会幸福指数和文化影响力。在当前城乡一体化建设的大背景下，无论在城市还是乡村，园林工程建设都有着巨大的潜力和需求。在园林工程建设过程中如何计算园林工程投资？园林工程计量与计价的内涵和特点是什么？园林工程计量与计价的方法有哪些？园林工程造价文件包括哪些内容？怎样划分园林工程项目？本章将详细阐述以上问题并为之后章节奠定基础。

1.1 园林工程计量与计价概述

园林是人们为满足一定的物质及精神生活的需要，在一定用地范围内，建造山、水、植物、建筑、园路、广场等，并根据自然科学规律、艺术规律和工程技术规律以及技术经济条件，利用自然、模仿自然而创造的既可观赏、又可游憩的生态环境境域。园林行业又称为"永远的朝阳产业"，其需求具有长期性、可持续性等特点。园林工程是主要研究园林建设的工程技术，包括地形改造的土方工程，掇山、置石工程，园林理水工程和园林驳岸工程，喷泉工程，园林给水排水工程，园路工程，种植工程等。园林工程的特点是以工程技术为手段，塑造园林艺术的形象。其中心内容是综合发挥园林的生态效益、社会效益和经济效益功能，并处理园林中工程设施与园林景观之间的矛盾。从广义而言，园林工程是综合的景观建设工程，是项目立项至设计、施工及后期养护的全过程。从狭义而言，园林工程是指以工程手段和艺术方法，通过对园林各设计要素的现场施工建成特定优美景观区域的过程。

1.1.1 国内外园林工程发展概况

1.1.1.1 西方园林工程发展的历史与现状

西方园林与中国园林一样，有着悠久的历史和光荣的传统，都是人类文明发展史中的宝贵财富。

从公元4世纪至今，西方园林经历了古埃及园林、古巴比伦园林、古希腊园林、古罗马园林、西欧园林、伊斯兰园林、意大利台地园、法国古典主义园林、英国风景式园林和近代城市公园等历史发展阶段。

传统的西方园林艺术以意大利台地园、法国古典主义园林和英国风景式园林为代表，它们同时也代表着规则式和不规则式这两大造园样式。规则式园林出现较早，从古埃及庭园到法国古典主义园林这一漫长的历史时期中，规则式园林始终占据着主导地位。规则式园林反映了西方传统的古典主义美学思想。从古希腊到17世纪，西方美学家们一直主张美在于比例的和谐。规则式园林实现了这种美，因为它的各造园要素都符合比例的和谐这一原则。而不规则式园林则出现在18世纪，其主要代表是英国风景式园林。风景式园林曾是英国资产阶级向封建君权制度挑战的利器。风景式园林反映着经验主义哲学思想，即把感性认识当作认识世界的基础，否认几何比例的决定性作用。风景式造园家强调自然带给园林的活力和变化，认为情感的流露才是艺术的真谛。因此，诗情画意成为风景式园林创作的基本原则。

到了现代，法国的现代园林景观设计理念注重场地、空间和时效，注重地域景观的再现，注重简约、生态、对立统一，注重科学，注重个性等。西方园林的发展历程如图1-1所示。

爱尔兰都柏林西北郊的凤凰公园是当今全世界最大的人工园林工程，其面积逾1760hm²，比美国纽约中央公园还大2倍多。公园内建有惠灵顿公爵纪念碑、爱尔兰总统府、国家警察总局和美国驻爱尔兰大使馆等重要建筑。公园里有高达50 m的白色十字架和1500多头鹿。

在西方园林的发展历程中，还出现了大批顶级的园林设计师（表1-1）。设计师的园林设计作品是西方园林工程发展史中的杰作，它们代表了西方园林的设计理念。勒·诺特尔（André Le Nôtre）（图1-2）是西方众多园林设计师中的典型代表之一。这位法国路易十四时期的宫廷造园家是造园史罕见的天才，有"王之园师，园师之王"的称号。其庭园样式是法国文艺复兴时代造园的精华并风行欧洲。代表作有孚·勒·维贡府邸、凡尔赛宫（图1-3）、枫丹白露城堡花园、圣克洛花园、默东花园等。

表1-1 世界著名的园林景观及其设计师

序号	园林景观	设计师
1	凡尔赛宫	安德烈·勒·诺特尔（André Le Nôtre）
2	伦敦花园广场	埃比尼泽·霍华德（Ebenezer Howard）
3	纽约中央公园	弗雷德里克·劳·奥姆斯特德（Frederick Law Olmsted）
4	唐纳花园	托马斯·丘奇（Thomas Church）
5	雕塑广场	野口勇（Isamu Noguchi）
6	迪去雷庄园	特鲁德·杰基尔（Gertrude Jekyll）
7	总督花园（印度）	埃德温·勒琴斯（Edwin Lutyens）
8	苟奈尔花园	莱乌格（Leug）
9	魏茨曼花园	门德尔松（Mendelssohn）
10	ALCON花园	加勒特·埃克博（Garrett Ekbo）

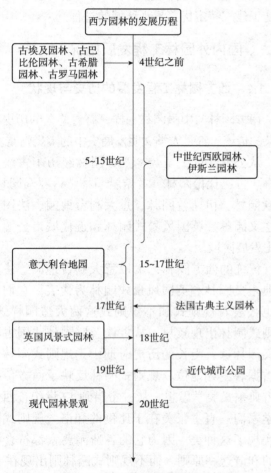

图1-1 西方园林的发展历程

图1-2 勒·诺特尔（André Le Nôtre）

图1-3 凡尔赛宫

1.1.1.2 中国园林工程发展的历史与现状

中国古典园林是随着我国古代文明的发展而出现的一种艺术构筑。中国园林的建造历史悠久，已逾3000年，园林的主要要素是山、水、物（植物、动物）和建筑。中国古典园林根据最初记载有园、圃和囿。《周礼》记载"园圃树之果瓜，时敛而收之"；《说文》记"囿，养禽兽也"；《周礼地官》记"囿，……掌囿游之兽禁，牧百兽"等。在园、圃、囿三种形式中，囿具备了园林活动的内容。特别是周代，就有周文王的"灵囿"。《孟子》记载"文王之囿，方七十里"，其中养有兽、鱼、鸟等，不仅供狩猎，同时也是周文王欣赏自然之美，满足他的审美享受的场所。

到秦代，秦始皇营建宫、苑，大小约300处。其中最有名的当推上林苑中的阿房宫。阿房宫周围300里（1里＝500m），内有离宫70所，"离宫别馆，弥山跨谷"，可以想见，其规模是多么宏伟。汉代，所建宫苑以未央宫、建章宫、长乐宫规模为最大。汉武帝在秦朝上林苑的基础上继续扩建，苑中有宫，宫中有苑，在苑中分区养动物，栽培各地的名果奇树逾三千种，其内容和规模都是相当可观的。

三国魏晋时代，曹操营建的铜雀台建在南北五里、东西七里的邺城（今河南临漳）。铜雀台规模虽不太大，规划却相当合理。魏文帝还"以五色石起景阳山于芳林苑，树松竹草木，捕禽兽以充其中"。吴国的孙皓在建业（今南京）"大开苑囿，起土山楼观，功役之费以亿万计"。晋武帝司马炎重修香林苑，并改名为华林苑。

南朝梁武帝的芳林苑"植嘉树珍果，穷极雕丽"。北朝，在盛乐（今蒙古和林格尔县）建鹿苑，引附近武川之水注入苑内，广几十里，成为历史上结合蒙古自然条件所建的重要园林。

隋朝隋炀帝更是大造宫苑，所建离宫别馆四十余所，以洛阳的西苑著称。据《隋书》记载："西苑周二百里，其内为海，周十余里，为蓬莱、方丈、瀛洲诸山，高出水百余尺，台观殿阁，罗络山上，北有龙鳞渠，缘渠作十六院，门皆临渠，穷极华丽"。苑内有周长十余里的人工海，海中用百余尺高的三座海上神山造景，山水之胜可见一般。

唐朝，造园活动和所建宫苑的壮丽，与以前相比更是有过之而无不及。如在长安建有宫苑结合的南内苑、东内苑、芙蓉苑以及骊山的华清宫等。著名的华清宫至今仍保留有唐代园林艺术的风格。宋代，有著名的汴京寿山艮岳。明朝，在北京建有西苑等。清代更有占地8400多亩（1亩＝666.7m²）的热河避暑山庄，以及堪与法国巴黎凡尔赛宫相比拟的圆明园等（图1-4）。当然，清代还有经典的苏州园林。

若把我国约三千年的园林史划分阶段的话，大致可分为：商周朝产生了园林的雏形囿；秦汉由囿发展到苑；唐宋由苑发展到园；明清则为我国古典园林的极盛时期。

图1-4 中国古典园林发展史上的经典案例

古典园林在中国灿烂的历史文化中留下了浓墨重彩的一笔，也为世界园林的发展做出了不可磨灭的贡献。如果说中国古典园林只是为封建贵族阶层建造并供其享乐的话，中国现代园林则走进了中国当代城乡的每一个角落，为每一位居民提供休闲和游憩的场所。

近年来，中国园林行业得到了迅速的发展。城市道路绿化、城市公园和风景名胜区建设、房地产开发项目建设、旧城改造等带动的种苗需求迅速增长，城市花卉产业需求日益旺盛，园林工程投资逐年增加。发展主要源于我国国民经济的快速发展、城市化进程的加快、房地产业的兴起、基础设施建设的不断推进、旅游和休闲度假产业的崛起以及人们生态环境意识的不断增强。目前，我国园林行业的每年产值约为1500亿元，城市园林绿化工程平均每年投资351亿，增长速度为16.42%。2006年城市园林绿化投资达到429亿元，2015年我国园林绿化固定资产投资额为1595亿元，年均增长率达15.71%。《中国城市建设统计年鉴》和《城乡建设统计公报》的数据显示，我国城市绿地面积从2006年的$132.12 \times 10^4 hm^2$增至2015年的$266.96 \times 10^4 hm^2$，增长了102.06%；城市建成区绿化覆盖率从2006年的35.11%提高到2015年的40.12%，增长了5个百分点。中国园林行业正处于快速成长期，是当前世界园林行业发展的热点地区。园林工程的发展前景广阔，很多城市的发展空间还很大。

以浙江省为例，浙江省绿化苗木、花木行业近年来也得到了迅猛发展，花木价格一路上扬，省域种植面积迅速扩大。2000—2003年浙江省苗木、花木生产面积从17.47×10^4亩增加到104.92×10^4亩。2006年育苗面积更是达到了133.7×10^4亩，总产苗量为25.51亿株。杭州萧山区花卉苗木业已形成一条从生产、营销、园林工程、绿化养护、市场交易到教育、科研的产业链。2006年萧山区园林公司承接的园林绿化工程达13.5亿元。浙江（中国）花木城已经成为华东地区最大的花木集散地。

改善生态环境、提高人居质量、建设美丽家园已经成为我国城乡建设的主旋律。为解决空气污染、噪声、热岛效应等问题，中国越来越重视工程建设中的园林绿化环节，力争为城乡营造绿色生态屏障。园林产业的发展越来越被看好。

1.1.2　园林工程计量与计价的含义及特点

国内外园林工程的发展历程以及当今世界范围内生态经济和可持续发展的要求都表明，园林工程建设已经成为当前基本建设中不可或缺的重要组成部分之一，园林工程建设的成效也越来越被建设单位及其行政主管部门重视。作为工程建设的类型之一，园林工程投资成为工程建设过程的首要问题。一般而言，园林工程项目的投资与市政基础设施、城市综合体建筑或建筑群相比要小。作为市政基础设施配套或住宅小区配套的园林工程投资占建设项目总投资的比重不高。尽管如此，园林工程投资估算却包含了丰富的工程内容。除园林植物和园林景观外，估算还包括园林建筑、园路、园桥等，"麻雀虽小，五脏俱全"，作为投资确定途径的园林工程计量与计价同样包含以上内容，需要我们深入学习与领会。

1.1.2.1　园林工程计量与计价的含义

园林工程计量与计价包括园林工程计量和园林工程计价两部分。

园林工程计量是指以物理的、自然的计量单位计算园林分部分项工程的数量，即计算工程量。物理的计量单位指米（m）、平方米（m^2）、立方米（m^3），自然的计量单位指株、丛、盆、对、份等。

园林工程计价是指按照计价文件规定和一定的计价程序，对园林工程各项费用进行计算，汇总工程总造价，编制形成各类计价文件的过程。这些计价文件包括投资估算、设计概算、招标控制价、商务标标书以及中标后的价款结算等。

园林工程计量与计价的结果是工程造价。广义而言，工程造价是指园林工程项目从设想到竣工交付使用全过程的所有费用，即固定资产投资。狭义而言，工程造价是指园林工程施工图预算所对应的建筑安装工程费。建筑安装工程费是固定资产投资的组成部分之一。固定资产投资除包括建筑安装工程费外，还包括设备及工器具购置费、工程建设其他费、预备费和建设期贷款利息。可见，工程造价可以指广义的固定资产投资，也可以指狭义的建筑安装工程费。对于投资估算和设计概算而言，工程造价是指固定资产投资。对于施工图预算而言，其成果招标控制价、投标报价或价款结算一般指建筑安装工程费。

计量与计价是工程概预算必不可少的两项工作。计量的英文可翻译为 quantity surveying。在英国、新加坡、马来西亚等英联邦国家，是工程及工程经济类学生修读的一门重要专业课程，其重要性程度胜过计价。因为计量提供了市场交易的量的平台，计价则是完全的市场竞争行为，政府不会干预。在国内，由于我国的市场经济仍需进一步完善，计量与计价对于工程建设的主体甲方和乙方而言都同样重要。

1.1.2.2 园林工程计量与计价的特点

园林工程不同于建筑工程、安装工程和市政工程，其计量与计价内容综合多样，技术全面。其中，园林绿化工程和园林景观工程项目计量方法简单、容易掌握，而园林建筑、园路园桥工程项目计量方法较复杂。总体而言，园林工程造价总价较小。

（1）项目内容的综合多样性

园林工程计量与计价的项目组成内容有苗木、花卉、喷灌设施，还有园路、园桥、园林景观，更有仿古建筑等。这些内容既体现了绿化种植、园林景观等园林的专业工程，也体现了设备安装、市政工程和建筑工程等内容。一个园林工程包含的项目内容往往综合性强、丰富多样。所以，要完成园林工程的计量与计价，既要掌握园林工程的专业知识，也要了解建筑工程、市政工程和设备安装工程的一般知识。

（2）计量多采用自然计量单位

例如，伐树根、伐灌木丛、绿化种植、石笋、盆景山、喷泉、石桌石凳、石镌字等项目都以株、支、块、座等自然单位进行计量。在《园林绿化工程工程量计算规范》（GB 50858—2013）中，以自然计量单位计量的项目数为 37 项，占项目总数 109 项的 33.94%。而在具体工程项目中，这一比例还将增大。这个特点在建筑工程、安装工程、市政工程和矿山工程中比较少见。

（3）园林绿化和园林景观工程量较少出现偏差

园林工程施工图较之建筑工程、市政工程施工图更简明易懂。园林绿化和园林景观分部（分项）工程计量以二维空间或一维空间为主，三维空间的计量也常以水平投影面积乘以高度计算，绿化种植施工图中还有苗木表等信息。可见，园林工程计量从图纸上摘取数值简单、不易误摘、漏项或漏部位等，工程量计算更容易准确。

（4）园林建筑和园路园桥工程计量较复杂

园林建筑虽然体量不大，但需要计量的内容却与一般建筑无异。例如，建筑结构部分的土方、基础、钢筋混凝土柱梁板、钢筋、砌筑、屋面等工程；装饰装修部分的楼地面、墙柱面、天棚、门窗、油漆涂料等工程都需要涉及。针对仿古建筑，还需要特别增加仿古木作工程、砖细工程、石作工程和屋面工程的计量等，其计量计价的难度还要加大。园路、园桥虽不能完全等同于市政道路与市政桥梁，但结构类似，所以园路、园桥的计量计价也非易事。

（5）园林工程造价总价较小

在工程实践中，多数园林工程项目的造价在 200 万~1000 万元，只有少数大型园林工程项目的造价在 1000 万元以上。而在建筑工程、市政工程、设备安装工程和矿山工程中，造价高于 1000 万元的项目却比比皆是。由于园林工程量在清单编制和校核中出错的可能性较小，且工程总价也较小，园林工程计价费用"三超"现象较为少见，后期价款结算偏差、设计变更和索赔都较少。这是园林工程造价管理的有利条件。

1.1.3　基本建设程序与园林工程造价文件

在我国，工程建设也称为基本建设，通常是指固定资产扩大再生产的新建、扩建、改建工程及与之相连带的其他工作。工程建设项目包含建筑工程（建筑物、构筑物、水利）、安装工程（机械、电气设备装配、管线敷设）和园林工程等。具体的建设内容除施工安装之外，还包括设备购置、设计勘探和征地、拆迁等。园林工程建设项目又称为园林建设工程。

基本建设通常可分为项目立项、可行性研究、设计、施工、竣工验收和后评价六大阶段。园林建设工程的建设顺序也大体如此，分为项目建议书阶段（立项）、可行性研究报告阶段、编制计划任务书和选择建设地点、设计工作阶段、建设准备阶段、建设实施阶段、竣工验收阶段和后评价阶段。不同阶段需要编制工程项目的不同造价文件。以下忽略后评价阶段，阐述园林建设工程在不同建设阶段需要编制的造价文件，具体如图1-5所示。

（1）园林工程投资估算

园林工程投资估算是园林工程项目立项阶段和可行性研究阶段编制的工程造价文件。通常是指建设单位在编制项目建议书、项目申请报告、可行性研究报告和设计任务书时，对园林工程项目投资额进行估计的经济文件。估算的目的是为政府主管部门审批项目立项提供依据。投资估算一般由建设单位编制，但建设单位不具备编制项目投资估算资质条件的，可以委托具备相应资质条件的咨询公司进行编制。

一般根据工程的设计方案编制园林工程投资估算。设计方案通常会考虑工程与周围环境的关系进行大概的布局和设想，包括进行功能分区、确定各使用区的平面位置。分为方案构思、方案选择与确定、方案完成3个阶段。设计方案图纸包括功能关系图、功能分析图、方案构思图和各类规划平面图及总平面图。有时投资估算也可以不依据设计方案，直接根据园林工程的设计构思进行。

（2）园林工程设计概算

园林工程设计概算是指园林工程在初步设计或技术设计阶段，根据初步设计或技术设计图样、概算定额或概算指标、各项费用定额及相关取费标准等编制的工程项目从筹建到项目竣工验收交付所需全部费用的造价文件。设计概算是政府主管部门审核园林工程项目投资限额的重要依据，通常作为园林工程项目的最高投资限额。设计概算一般采用定额计价法。

初步设计是园林工程设计的关键阶段，它代表园林工程设计构思基本形成，明确拟建工程的技术可行性和经济合理性，规定主要技术方案、工程总造价和主要技术经济指标。初步设计通常包括总平面设计、设备设计和建筑设计三部分。技术设计是为解决设计方案中的重大技术问题和满足有关实验、设备选制等方面的要求，提出设备订货明细表，确定准确的形状、尺寸、色彩和材料，完成详细的局部平立剖面图、详图、园景透视图、表现整体的鸟瞰图的设计阶段。很多时候技术设计不一定会发生。初步设计图和技术设计图是编制施工图的依据。如杭州西兴互通立交绿化及周边环境整治工程初步设计图，如图1-6所示。

（3）园林工程施工图预算

园林工程施工图预算是在园林工程施工图设计和工程招投标阶段编制的工程造价文件。当前对施工图预算的理解有两种不同的观点，一种观点认为施工图预算是在施工图设计阶段以定额计价方式编制的造价文件；另一种观点则认为施工图预算分为定额计价法和清单计价法，也称为工料单价法和综合单价法。定额计价法编制的施工图预算是指在施工图设计阶段套用定额的工料单价进行计价的工程造价文件。清单计价法编制的

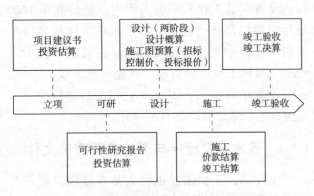

图1-5 基本建设程序及其对应的工程造价文件

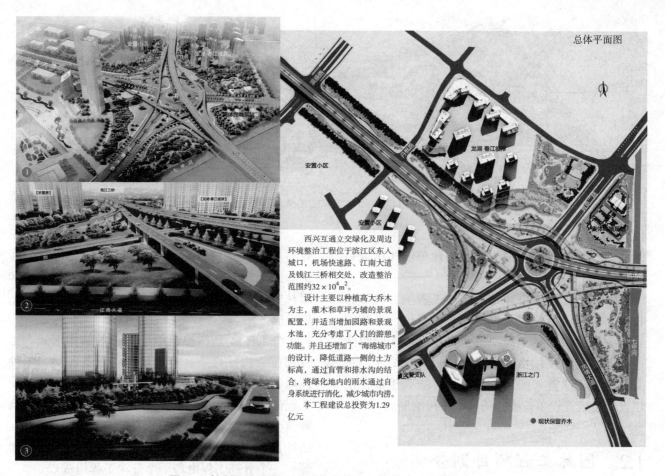

图1-6 杭州西兴互通立交绿化及周边环境整治工程初步设计图

施工图预算是指在施工图设计完成后工程施工招投标阶段根据招标单位提供的工程量清单，填报综合单价编制招标控制价或投标报价的工程造价文件。定额计价法和清单计价法编制的依据不同，前者根据定额，后者根据清单计价规范和定额或清单计价规范和企业报价数据。本书所指施工图预算为第二种观点，其中，招标控制价是招标人根据国家或省级、行业建设主管部门颁发的有关计价依据和办法，以及拟定的招标文件和招标工程量清单，结合工程具体情况编制的招标工程的最高投标限价。投标报价是指投标人采取投标方式承揽工程项目时，计算和确定承包该工程的投标总价格。

施工图设计就是将设计者的意图和全部设计结果表达出来，以此作为施工的依据。施工图应能清楚、准确地表现各项设计内容的尺寸、位置、形状、材料、种类、数量、色彩以及构造和结构，需要完成施工平面图、地形设计图、种植平面图、园林建筑施工图等。图纸深度应能满足设备材料的选择与确定、非标准设备的设计与加工制作、编制施工图预算、工程施工和安装的要求。某园林工程施工总平面图如图1-7所示。

（4）园林工程结算与竣工决算

园林工程结算是指在工程施工过程中，由施工单位按合同约定分不同阶段进行实际完成工程量的统计，经监理单位和建设单位核定认可后，办理工程预付款、进度款和竣工结算款的支付。其中，园林工程竣工结算是指在园林工程竣工验收阶段，由施工单位根据合同、设计变更、技术核定单、现场签证、人材机市场价格和有关取费

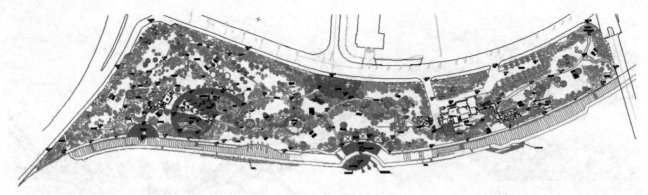

图1-7 园林工程施工总平面图

标准等竣工验收资料编制的经监理单位和建设单位签认的工程造价文件。

园林工程竣工决算是指园林工程项目竣工验收后，由建设单位或建设单位委托单位计算和编制的综合反映园林工程项目从筹建到竣工验收全过程各项资金使用情况和建设成果的总结性经济文件。竣工决算一般由一系列决算报表组成，由建设单位或建设单位委托的咨询单位编制。

1.2 园林工程项目划分

1.2.1 建设项目的组成

建设工程由大到小可分解为建设项目、单项工程、单位工程、分部工程和分项工程。

建设项目是指根据一个总体设计进行建设，经济上实行统一核算，行政上有独立的组织形式，实现统一管理的工程项目。建设项目的建设主体是建设单位。例如，工厂、学校、矿山、农场、水利、风景名胜区、独立的城市公园等都是建设项目。一个建设项目通常由若干个单项工程组成。

单项工程是指具有独立的设计文件，建成后能够独立发挥生产能力或效益的工程。单项工程是建设项目的组成部分。例如，车间、教学楼、公园A区、公园B区等。一个单项工程由若干个单位工程组成。

单位工程是指具有独立的设计文件，可以独立组织施工，但竣工后不能独立发挥生产能力或效益的工程。单位工程是单项工程的组成部分。例如，土建工程和安装工程包括园林土建工程和园林安装工程等。一个单位工程由若干个分部工程组成。

分部工程是指按照单位工程的结构形式、工程部位、构件性质、使用材料、设备种类、工种性质等不同而划分的工程项目。分部工程是单位工程的组成部分。例如，土方、桩基础、混凝土、砌筑、构件运输安装、屋面防水、门窗、楼地面、墙柱面、绿化、园路园桥、园林景观、仿古建筑等。一个分部工程由若干个分项工程组成。

分项工程是施工图预算中最基本的预算单位，它是按照不同的施工方法、材料的不同规格等划分的工程项目。分项工程是分部工程的组成部分。

有时我们会将分部工程和分项工程合在一起，统称为分部分项工程项目。

1.2.2 工程项目的分解计价

由于建设工程可分解为建设项目、单项工程项目、单位工程项目、分部工程项目和分项工程项目，工程概预算则可相应编制成建设项目总概（预）算、单项工程综合概（预）算、单位工程概（预）算和其他费用概（预）算等，即针对工程项目的计价亦可分解。以设计概算为例，建设项目的概算可分解为"单位工程概算→单项工程概算→建设项目总概算"3级，从下到上逐级汇总。以施工图预算为例，建设项目总预算可分解为"分项工程预算→分部工程预算→单位工程预算→

单项工程预算→建设项目总预算"5级，从下到上逐级汇总。

在工程分解计价时，每一级工程都针对同样的工程项目，并随着工程项目不同的建设阶段编制不同的造价文件。这体现了工程概预算单个性计价和多次性计价的特点。

1.2.3 园林工程项目的划分

1.2.3.1 园林分部工程的组成

园林工程与建筑工程、市政工程等建设工程类似，也可分解为建设项目、单项工程、单位工程、分部工程和分项工程等。例如，西湖风景名胜区是一个园林建设项目，其可分解为苏堤、白堤、杨公堤、小瀛洲、西湖、西里湖、茅家埠等单项工程，每个单项工程又可分解为园林土建和园林安装两个单位工程。

园林土建单位工程一般可分为绿化、园路园桥、园林景观和仿古建筑4个分部工程。

其中绿化工程主要包含花草树木种植以及与之相连带的工作。《园林绿化工程工程量计算规范》（GB 50858—2013）中对绿化工程的项目设置分绿地整理、栽植花木、绿地喷灌3个子分部。图1-8绿化种植施工图所反映的工程内容可以根据上述3个子分部对应的清单项目列项并计算清单工程量，同时约定每个清单项目应包含的工程内容。

园路园桥工程包含园路、园桥、驳岸和护岸等项目。《园林绿化工程工程量计算规范》（GB 50858—2013）中对园路园桥工程的项目设置分园路园桥、驳岸护岸两个子分部。图1-9园路平面图与剖面图所反映的工程内容可根据园路园桥子分部对应的清单项目列项并计算清单工程量，同时约定每个清单项目应该包含的工程内容。图1-10园路与绿化种植实景图所反映的工程内容可根据绿地整理、栽植花木、绿地喷灌、园路园桥等子分部对应的清单项目列项并计算清单工程量。

园林景观工程包含假山、亭台楼阁、廊、榭、喷泉、花架等项目。《园林绿化工程工程量计算规范》（GB 50858—2013）中对园林景观工程的项目设置分为堆塑假山、原木竹构件、亭廊屋面、花架、园林桌椅、喷泉安装和杂项7个子分部。图1-11所反映的工程内容可根据亭廊屋面、杂项等

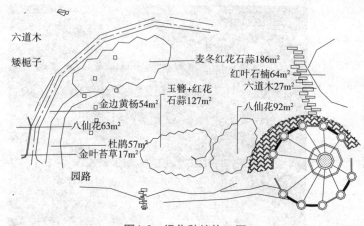

图1-8 绿化种植施工图

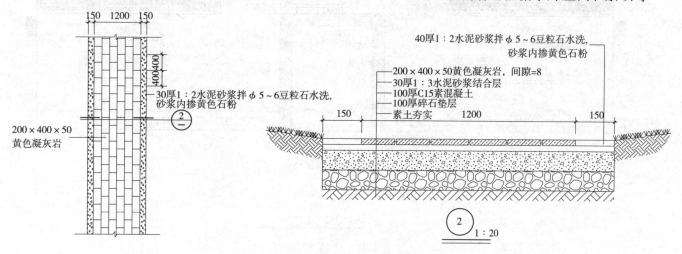

图1-9 园路平面图与剖面图

图1-10 园路与绿化种植实景图

子分部对应的清单项目列项并计算清单工程量，同时约定每个清单项目应该包含的工程内容。

仿古建筑在园林工程中经常被采用，例如，在风景名胜区、历史文化街区、各类影视城等项目中都有仿古建筑的踪影。仿古建筑能够帮助园林工程文化主题的呈现，并增加园林工程的历史厚重感。2013年，《建设工程工程量清单计价规范》（GB 50500—2013）开始下设《仿古建筑工程工程量计算规范》（GB 50855—2013），自此，仿古建筑工程的清单计量与计价开始有标准可依。

1.2.3.2 园林分项工程的组成

绿化工程、园路园桥工程和园林景观工程3个分部工程包含的分项工程在《园林绿化工程工程量计算规范》（GB 50858—2013）中设置，共计109项。其中典型的分项工程项目如图1-12～图1-14所示。

1.3 园林工程计量与计价方法

要编制园林工程各阶段的造价文件，有两种不同的计价方法：清单计价法和定额计价法。清单计价法适用于园林工程招投标阶段根据工程量清单编制的施工图预算（招标控制价或投标报价）和施工过程中的价款结算。该法被用于园林工程中后期阶段造价文件的编制。园林工程竣工决算所用方法既非定额计价法，也非清单计价法，采用的是会计学的会计做账原则和方法。定额计价法适用于园林工程投资估算、设计概算以及直接采用预算定额编制的施工图预算。该法被用于园林工程前期和中期阶段造价文件的编制。

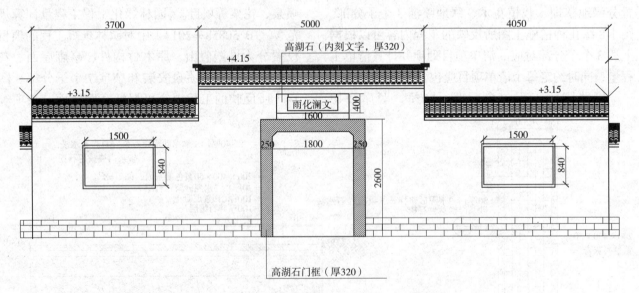

入口景墙正立面图1：50

图1-11 景墙立面施工图

```
                  ┌ 绿地整理 ┬ 砍伐乔木、挖树根、砍挖灌木丛及根、砍挖竹及根、砍挖芦苇及根
                  │         ├ 清除草皮、清除地被植物、屋面清理、种植土回填、整理绿化用地
                  │         └ 绿地起坡造型、屋顶花园基底处理
                  │
绿化工程 ─────────┤ 栽植花木 ┬ 栽植乔木、栽植灌木、栽植竹类、栽植棕榈类、栽植绿篱
                  │         ├ 栽植攀缘植物、栽植色带、栽植花卉、栽植水生植物
                  │         ├ 垂直墙体绿化种植、花卉立体布置、铺种草皮、喷播植草
                  │         └ 植草砖内植草、挂网、箱/钵栽植
                  │
                  └ 绿地喷灌 ┬ 喷灌管线安装
                            └ 喷灌配件安装
```

图1-12　绿化分部工程包含的分项工程项目

```
                      ┌ 园路、园桥工程 ┬ 园路、踏(磴)道、路牙铺设、树池围牙、盖板(箅子)
                      │               ├ 嵌草砖铺装、桥基础、石桥墩、石桥台
                      │               ├ 拱券石、石券脸、金刚墙砌筑
                      │               ├ 石桥面铺筑、石桥面檐板
                      │               └ 石汀步、木制步桥、栈道
园路园桥工程 ─────────┤
                      │               ┌ 石砌驳岸
                      └ 驳岸、护岸  ──┤ 原木桩驳岸
                                      └ 满(散)铺砂卵石护岸(自然护岸)、点(散)布大卵石、框格花木护岸
```

图1-13　园路园桥分部工程包含的分项工程项目

```
                ┌ 堆塑假山 ┬ 堆筑土山丘、堆砌石假山、塑假山
                │         ├ 石笋、点风景石、池、盆景置石
                │         └ 山(卵)石护角、山坡(卵)石台阶
                │
                ├ 原木、竹构件 ┬ 原木(带树皮)柱梁檩椽、原木(带树皮)墙、树枝吊挂楣子
                │             └ 竹柱梁檩椽、竹编墙、竹吊挂楣子
                │
                ├ 亭廊屋面 ┬ 草屋面、竹屋面、树皮屋面、油毡瓦屋面
                │         ├ 预制混凝土穹顶
                │         ├ 彩色压型钢板(夹心板)攒尖亭屋面板、彩色压型钢(夹心板)板穹顶
                │         └ 玻璃屋面、木(防腐木)屋面
                │
园林景观工程 ───┤ 花架 ┬ 现浇混凝土花架柱梁、预制混凝土花架柱梁
                │     └ 金属花架柱梁、木花架柱梁、竹花架柱梁
                │
                ├ 园林桌椅 ┬ 预制钢筋混凝土飞来椅、水磨石飞来椅、竹制飞来椅
                │         ├ 现浇混凝土桌凳、预制混凝土桌凳、石桌石凳、水磨石桌凳
                │         └ 塑树根桌凳、塑树节椅、塑料铁艺金属椅
                │
                ├ 喷泉安装 ┬ 喷泉管道、喷泉电缆
                │         ├ 水下艺术装饰灯具
                │         └ 电气控制柜、喷泉设备
                │
                └ 杂项 ┬ 石灯、石球、塑仿石音箱、塑树皮梁柱、塑竹梁柱
                       ├ 铁艺栏杆、塑料栏杆、钢筋混凝土艺术围栏、标志牌
                       ├ 景墙、景窗、花饰、博古架、花盆(坛)(箱)、摆花、花池
                       └ 垃圾箱、砖石砌小摆设、其他景观小摆设、柔性水池
```

图1-14　园林景观分部工程包含的分项工程项目

1.3.1 清单计价法

工程量清单计价法是一种由市场定价的计价模式。它是由建设产品的买方和卖方在建设市场上根据供求和信息状况进行自由竞价，从而最终签订工程合同价格的方法。其适用于全部由国有资金投资或以国有资金投资为主的建设项目。《建设工程工程量清单计价规范》（GB 50500—2013）规定全部由国有资金投资或以国有资金投资为主的建设项目必须实行工程量清单计价。

清单计价法必须先有工程量清单，然后才能根据工程量清单进行计价。

1.3.1.1 工程量清单

工程量清单（bills of quantities，BQ）于19世纪30年代产生，西方国家把计算工程量、提供专业化工程量清单作为业主估价师的职责，工程所有的投标都要以业主提供的工程量清单为基础，从而使得最后的投标结果具有可比性。园林工程工程量清单是指载明园林工程分部分项工程项目、措施项目、其他项目名称和相应数量以及规费、税金等项目内容的明细清单。

从工程招投标角度，园林工程工程量清单是按照招标要求和施工图纸要求，将拟建园林工程的全部项目和内容依据《园林绿化工程工程量计算规范》（GB 50858—2013）中统一的工程量计算规则和子目分项要求，计算分部分项工程实物量，列在清单上作为招标文件的组成部分，供投标单位逐项填写综合单价用于投标报价。招标工程量清单（BQ for tendering）是编制工程招标控制价和投标报价的依据。

从合同签订角度，园林工程工程量清单是把园林承包合同规定实施的全部工程项目和内容，按工程部位、性质以及数量、单价和合价等列表表示出来，用作合同实施的依据和工程价款结算的依据。已标价工程量清单（priced BQ）是园林工程承包合同的重要组成部分。

在我国，园林工程工程量清单必须依据《建设工程工程量清单计价规范》（GB 50500—2013）和《园林绿化工程工程量计算规范》（GB 50858—2013）相关规定、园林工程施工图、施工现场情况和招标文件有关要求由招标单位或其委托的具备相应资质的中介咨询机构进行编制。清单封面、招标控制价总价页面、投标报价总价页面上必须有注册造价工程师签字并盖执业专用章方为有效。

拟建园林工程项目的工程量清单包括分部（分项）工程量清单、措施项目清单、其他项目清单、规费清单和税金清单五部分。分部（分项）工程量清单是表明拟建园林工程全部分项实体工程名称和相应数量的清单；措施项目清单是为完成分项实体工程而必须采取的发生于工程施工前和施工过程中最后不会构成工程实体的措施性项目的清单；其他项目清单是招标人提出的与拟建园林工程有关的特殊要求的项目清单。

1.3.1.2 工程量清单计价

工程量清单计价是指在园林工程招投标中，招标人根据工程量清单确定综合单价并汇总造价形成招标控制价或投标人根据工程量清单自主报价形成投标报价的工程计价模式。

无论编制招标控制价还是编制投标报价，综合单价的确定是核心。综合单价是指完成一个规定计量单位的分部（分项）工程量清单项目或措施项目所需的人工费、材料费、施工机具使用费、企业管理费、利润以及一定范围内的风险费用。目前我国使用的综合单价还不是全费用单价，它不包括规费和税金。综合单价的计算如公式（1-1）所示：

$$综合单价 = 人工费 + 材料费 + 机械费 + 企业管理费 + 利润 + 风险 \quad (1-1)$$

采用清单计价法确定园林建设项目总造价的步骤和公式如下：

$$分部分项工程费 = \sum（分部分项工程工程量 \times 综合单价） \quad (1-2)$$

$$措施项目费 = \sum [措施项目（二）工程量 \times 综合单价] + 措施项目费（一） \quad (1-3)$$

单位工程费（建筑安装工程费）＝分部分项工程费＋措施项目费＋其他项目费＋规费＋税金
(1-4)

单项工程费＝土建单位工程费＋安装单位工程费
(1-5)

建设项目总造价＝∑单项工程费＋设备及工器具购置费＋工程建设其他费＋预备费 (1-6)

1.3.2 定额计价法

定额计价法是我国传统的工程计价方法。在我国工程计价的历史中，根据工程定额计算工程造价是中华人民共和国成立后长期采用的一种工程计价模式。2003年工程计价方法改革以前，定额计价法一直作为我国基本建设的计价方法使用。工程计价方法改革以后，定额计价法仍在我国工程建设的前期阶段（如初步设计阶段）采用。在施工图设计阶段也还适用于以企业投资为主的建设项目。《建设工程工程量清单计价规范》（GB 50500—2013）规定，以企业投资为主的建设项目，可以实行工程量清单计价，也可以实行定额计价。

1.3.2.1 定额与工料单价

定额是指在一定的生产条件下，用科学方法制定出生产质量合格的单位建筑产品所需要的劳动力、材料和机械台班等数量标准。定额一般分为生产性定额和计价性定额。生产性定额是指施工定额（又称为劳动定额），计价性定额包括预算定额和概算定额。美国工程师泰勒作为定额理论的创始人，曾在米德威尔钢铁厂做过搬运生铁试验、施密特试验和金属切削试验，并根据试验制定出钢铁厂科学的工时定额。泰勒在科学的工时定额基础上，结合有差别的计件工资、标准的操作方法、强化和协调职能管理等管理制度，使美国19世纪80年代的企业生产效率实现了质的飞跃。泰勒提出的科学管理理论成为西方管理学发展最重要的第二阶段，成为亚当·斯密古典经济学之后，梅奥行为科学管理理论之前的重要阶段，泰勒也被称为"管理学之父"。

在我国，建设工程造价管理在解放后长期采用定额管理的制度。即工程项目的投资估算、设计概算、工程招标的标底、投标报价以及后期的价款结算等都以定额为依据。定额在中华人民共和国成立后的54年间一直具有科学性、强制性、权威性与时效性的特点。直至2003年建设部标准定额司开始在全国范围内推广工程量清单计价模式，定额的权威性逐渐削弱。然而，由于施工企业在投标报价时，清单综合单价的组价仍需要企业定额（实际是预算定额），因此，定额在当前国内工程项目计价中仍然重要，不能忽略。

工程计价多采用计价性定额，即预算定额或概算定额。计价性定额的定额基价指工料单价。工料单价是定额计价法采用的单价类型，一般指人工费、材料费和施工机具使用费。工料单价的计算如公式（1-7）所示：

工料单价＝定额人工费＋定额材料费＋定额机械费
(1-7)

1.3.2.2 定额计价

定额计价时，工程量的计算遵循定额的工程量计算规则，工程造价的确定采用工料单价乘以定额工程量再汇总。也就是根据概算定额或预算定额计算分部分项工程量，工程量乘定额基价并汇总，得到人工费、材料费和施工机具使用费，再进行价差调整，最后计提措施费、企业管理费、利润、规费和税金得到建筑安装工程费。

采用定额计价法确定园林建设项目总造价的步骤和公式如下：

人工费＝∑（分部分项工程工程量×定额人工费）
(1-8)

材料费＝∑（分部分项工程工程量×定额材料费）
(1-9)

施工机具使用费＝∑（分部分项工程工程量×定额机械费）＋仪器仪表使用费＝机械费＋仪器仪表使用费
(1-10)

措施费＝（人工费＋机械费）×措施费率合计 　　　　　　　　　　　　　　　　　（1-11）

企业管理费＝（人工费＋机械费）×企业管理费率 　　　　　　　　　　　　　　　　（1-12）

利润＝（人工费＋机械费）×利润率　（1-13）

规费＝（人工费＋机械费）×规费率　（1-14）

税金＝（人工费＋材料费＋施工机具使用费＋措施费＋企业管理费＋利润＋规费）×增值税率 　　　　　　　　　　　　　　　　（1-15）

单位工程费（建筑安装工程费）＝人工费＋材料费＋施工机具使用费＋措施费＋企业管理费＋利润＋规费＋税金　　　　　　　（1-16）

单项工程费＝土建单位工程费＋安装单位工程费 　　　　　　　　　　　　　　　　（1-17）

建设项目总造价＝∑单项工程费＋设备及工器具购置费＋工程建设其他费用＋预备费　（1-18）

1.3.3 清单计价法与定额计价法的联系和区别

（1）联系

无论是清单计价还是定额计价，都遵循工程造价计价的基本程序，满足工程项目投资的基本费用构成要求，并都为工程项目建设相应阶段的造价管理服务。

（2）区别

①两种方法分别体现了我国建设市场发展的不同定价阶段　清单计价适用于市场定价阶段，定额计价适用于国家定价或国家指导价阶段。

②两种方法计价依据不同　清单计价依据《建设工程工程量清单计价规范》（GB 50500—2013）；定额计价依据国家、省市以及相关部门的定额和计价规定。

③编制工程量的主体不同　清单工程量由招标人计算或委托具有相应资质的工程造价咨询单位计算；定额工程量由招标人和投标人分别按图计算。

④采用单价不同　清单计价法采用综合单价，而定额计价法采用工料单价。

⑤适用阶段不同　定额计价法适用于工程建设前期阶段，而清单计价法适用于工程施工招投标阶段和合同管理阶段。

⑥合同价格调整方式不同　清单计价合同价调整根据实际完成的工程量乘以相对固定的综合单价；定额计价合同价需要调整时，根据变更签证、定额解释和政策性调整。

⑦实体工程量与施工工程量的不同　《建设工程工程量清单计价规范》（GB 50500—2013）的工程量计算规则以工程实体的净尺寸计算，从业主采购需求的角度考虑。而定额工程量计算规则往往考虑施工的需要，如工作面、放坡、材料损耗等，从施工单位施工的角度考虑。这一特点也是定额工程量计算规则与清单工程量计算规则的本质区别。

1.4　课程学习要求

"园林工程概预算"是园林、风景园林、园林艺术设计等专业学生的专业课。课程设置的目的是使学生掌握园林工程概预算的基本知识、理论和方法；让学生了解各类建材、园林植物的市场价格信息和园林工程的造价指标；了解工程造价的国内外发展动态；掌握编制园林工程设计概算和施工图预算的方法以及培养学生独立编制工程造价文件的能力。课程的理论性、应用性和操作性都很强。学生需要结合工程案例才能将课程学习好。

1.4.1 课程特点

（1）工程性

对园林工程的理解首先应该基于工程问题。园林工程是基本建设的组成内容之一，是建设项目的一种工程类型。它与建筑工程、通用安装工程、市政工程一样，是建设项目的一种。同时，园林工程也是建筑工程、市政工程等建设项目不可或缺的组成部分。也就是说，园林工程有时指园林建设项目，有时指园林单项工程。

（2）艺术性

园林工程不同于建筑工程、市政工程，它在设计和施工阶段对艺术性的要求都特别高。艺术的思想是无形的，艺术的表现形式多数是不规则的。这对园林分部分项工程的工程量计算提出了挑战。例如，整理绿化用地、园路、园地铺装等在园林设计中往往以不规则的形状出现，这时需要采用方格网法计算整理绿化用地面积、园路长度和铺装面积。

（3）应用性

本课程不同于园林规划设计类课，它反映的技术内容发生在工程规划设计之后，工程施工招投标之前，是对园林规划设计方案的技术经济分析与评价，即成本考量。具体计算时主要是对规范和定额的套取应用，按照规定程序、方法和依据完成计量计价工作，较少需要开放性和艺术性的思维。另外，本课程也不同于力学、工程经济学等基础课，它是针对具体工程的研究，其应用性的特点更为突出。

（4）严谨性

在计算园林工程量时，严格按照清单或定额的工程量计算规则进行，并准确反映园林施工图所表达的工程内容和工程数量，这是基本要求。数据如果不能反映图纸信息，工程量计算如果违背计算规则或者计算错误都是不可取的。在进行工程计价时，如何根据清单规范所约定的工程内容进行组价，如何正确套取定额，这是减少投标风险，提高商务标编制水平以及后期价款结算的重要基础。无论是计量还是计价，都要求招投标双方有严谨的工作态度和作风。

（5）时效性

编制设计概算或施工图预算需要规范、定额、调价规定和市场价格信息等，这些计量与计价的依据在实践中时不时发生变化。因此，编制工程造价文件必须根据最新的规范和定额，体现时效性的要求。《园林工程计量与计价》教材的内容以及学生学习也要体现时效性的特点。

1.4.2 课程培养目标

本课程以园林规划设计、园林建筑设计和园林工程为基础，并与工程概预算一般知识相结合。它包括园林绿化工程、园路园桥工程、园林景观工程和仿古建筑工程等在内的园林工程造价确定的原则、依据和方法。课程采用园林工程清单计价和园林工程定额计价两条主线贯穿，以园林工程设计概算和园林工程施工图预算编制为核心。通过课程学习，使学生达到预算员应具备的园林工程概预算理论水平和实际操作能力；使学生能够依据国家相关政策和有关规定，根据设计文件和规范定额正确计算园林工程工程量、编制园林工程概预算；为学生未来从业夯实理论基础。

课程将致力于培养学生独立编制设计概算和施工图预算的能力。要编制设计概算或施工图预算，首先要有较强的图纸阅读能力、完整的费用观念和灵活的规范定额套用换算技能。这些能力的培养也可以通过教材工程案例、图纸以及对案例的解答来实现。让学生在案例学习中掌握计量与计价的方法，加深对费用的全局性理解和掌握。

1.4.3 课程学习方法

（1）与其他学科相联系的方法

要学好这门课，必须将其与园林工程制图、园林建筑材料与构造、园林绿化工程施工技术、园林工程施工组织管理、园林植物栽培与养护、园林绿化工程设计、园林绿化工程招投标、计算机制图等课程相联系。以这些课程为基础进行学习，学习效率会更高，学习效果更明显。缺乏上述课程基础，有些问题无法理解，实践操作能力培养无法达到预期目标。

（2）理论联系实际的方法

本课程学习应与实际工程相结合，根据工程案例进行训练。在学习过程中，此法不仅可避免对费用、定额和规范理解的枯燥感，提高学习兴趣，还能熟悉工程实际，提升学生毕业后融入行业的能力。

（3）熟练应用计算机和相关软件

随着计算机的普及，各类造价软件和工程计量软件被广泛应用于园林工程计量与计价中。不同品牌的软件其操作步骤不尽相同，部分软件需要概预算编制人员将工程施工图根据计量计价需要导入计算机。因此，熟练应用计算机和各类概预算软件是非常必要的，也是做好概预算工作的前提。

小结

本章从国内外园林工程发展史和发展现状出发，依据工程概预算一般知识、《建设工程工程量清单计价规范》（GB 50500—2013）、《园林绿化工程工程量计算规范》（GB 50858—2013），结合园林工程的特点阐述园林工程计量与计价的含义及特征、园林工程计量计价的造价文件、园林工程的项目划分和园林工程计量与计价方法。针对我国园林工程不同建设阶段的计价要求，定义了清单计价法和定额计价法以及对应采用的综合单价和工料单价。针对建设项目的组成，阐述园林工程的项目划分。进一步，在清单计价法中指出园林建设项目总造价的编制步骤和公式，在定额计价法中指出园林建设项目总造价的编制步骤和公式。

习题

一、填空题

1. 园林工程计量与计价是指_____和_____两部分工作。
2. 在园林初步设计阶段编制的园林工程造价文件是指_____。
3. 在园林施工图设计阶段编制的园林工程造价文件是指_____。
4. 园林典型的分部工程包括_____、_____、_____和_____。

二、单项选择题

1. 目前，园林工程计价的方法包括清单计价法和（　　）。
   A. 定额计价法　　　　B. 手算法　　　　C. 理论联系实际法　　　　D. 规范法
2. 园林分部分项工程计量的单位不包括（　　）。
   A. km　　　　B. 株　　　　C. 个　　　　D. m^2
3. 投标报价是（　　）在获取招标文件后编制的关于招标工程商务报价的造价文件。
   A. 建设单位　　　　B. 施工单位　　　　C. 监理单位　　　　D. 造价咨询单位
4. 栽植乔木属于（　　）。
   A. 单项工程　　　　B. 单位工程　　　　C. 分部工程　　　　D. 分项工程

三、思考题

1. 简述园林工程计量与计价的特点。
2. 简述园林工程造价文件的组成，并指出不同的造价文件在工程建设过程中的适用阶段。
3. 比较清单计价法与定额计价法的异同。
4. 指出清单计价法与定额计价法的适用条件。
5. 简述"园林工程概预算"课程的特点和学习方法。

推荐阅读书目

[1]《中外园林史》. 周向频. 中国建材工业出版社，2014.
[2]《建设工程工程量清单计价规范》（GB 50500—2013）. 住房和城乡建设部. 中国计划出版社，2013.
[3]《园林绿化工程工程量计算规范》（GB 50858—2013）. 住房和城乡建设部. 中国计划出版社，2013.

相关链接

最全园林风格研究及造价　　http://bbs.zhulong.com/103010_group_3007021/detail35416789

经典案例

国内外不同风格园林及造价指标

1. 泛东南亚风格园林

（1）泰式风格（图1-15）

风格特征形成于东南亚风情度假酒店基础之上，具有相当高的环境品质，空间富于变化，植被茂密丰富，水景穿插其中，小品精致生动，廊亭较多且体量较大，具有显著特征，成本400~700元/m²。

（2）巴厘岛风格（图1-16）

风格特征形成于东南亚风情度假酒店基础上，具有显著的热带滨海风情度假特征，成本400~700元/m²，适用于南方沿海区域。

2. 泛欧（北欧、法式地中海、西班牙、古典意大利、英伦风情）风格园林

（1）北欧风格（图1-17）

风格特征具有北部欧洲凝炼庄重的厚实感，色调深沉，气势宏大，植被浓密丰富，成本200~300元/m²，适用于长江以北地区。

（2）法式地中海风格（图1-18）

风格特征具有南部欧洲滨海风情，与北欧风格相比显得更精致秀气，色调明快响亮，点状水景多，小品雕塑丰富，宏大精致兼具自然随意，成本250~450元/m²。

图1-15　泰式风格园林

图1-16　巴厘岛风格园林

图1-17 北欧风格园林

图1-18 法式地中海风格园林

图1-19 西班牙风格园林

图1-20 古典意大利风格园林

（3）西班牙风格（图1-19）

与其他临地中海欧洲国家一样，西班牙风格具有浅色甚至白色立面外观、宁静的庭院、红色的屋顶，映衬在蓝天白云下显得格外耀眼。西班牙景观风格是一种欧式与阿拉伯风格的混合体，庄重中透出随意，隆重中透出多元、神秘、奇异的特征，成本250~450元/m^2，适用南方尤其沿海地区。

（4）古典意大利风格（图1-20）

意大利景观包括气势恢宏的建筑、精工细琢的雕塑、华丽无比的细部，洋溢着浓郁的文化艺术气息，是最有代表性且最具显著地位的欧式风格，成本300~500元/m^2。

（5）英伦风格（图1-21）

传统英式园林形成于17世纪布郎式园林的基础之上，并不断加以发展变化，撒满落叶的草地、自然起伏的草坡、高大乔木，有着自然草岸的宁静水面，具有欧式特征的建筑与庭院点缀于其间，洋溢着一种世外桃园般田园生活的欧陆风情，成本250~400元/m^2。

3. 现代派（现代简约、现代自然、现代亚洲）风格园林

（1）现代简约风格（图1-22）

其风格特征是在现代主义的基础上进行简约化处理，更突出现代主义中少就是多的理论，也称极简主义。几何式的直线条构成，以硬景为主，多用树阵点缀其中，形成人流活动空间，突出交接节点的局部处理，对施工工艺要求高，成本350~650元/m^2，适用于市政广场、滨河带、商业广场及青年人为主的现代公寓项目。

（2）现代自然风格（图1-23）

现代主义的硬景塑造形式与景观的自然化处理相结合，线条流畅，注重微地形空间和成型软景配合，材料上多选用自然石材、木材等，成本250~400元/m^2。

（3）现代亚洲风格（图1-24）

现代主义的硬景塑造形式与亚洲的造园理水相结合，或者是对亚洲传统园林形式进行现代手法的演绎，在保留其传统神韵的同时结合当地文化元素进行大胆创新，呈现出一种新的亚洲风格，多见于日本、东南亚等亚洲地区的新式园林项目，中国近年也有所出现，成本300~500元/m^2。

4. 中式风格园林

（1）传统中式风格（图1-25）

典型的中式园林风格，其设计手法往往是在传统苏州园林或岭南园林设计的基础上，因地制宜地进行取舍融合，呈现出一种曲折转合中亭台廊榭巧妙映衬，溪山环绕中山石林荫趣味渲染的中式园林效果，成本300~500元/m^2。

（2）现代中式风格（图1-26）

在现代风格建筑规划的基础上，将传统的造景理水用现代手法重新演绎，有适当的硬地满足功能空间需要，软硬景相结合，成本300~500元/m^2。

图1-21　英伦风情园林

图1-22　现代简约风格园林

图1-23　现代自然风格园林

图1-24　现代亚洲风格园林

图1-25　传统中式风格园林　　　　图1-26　现代中式风格园林

第 2 章

园林工程计量与计价依据

【本章提要】园林工程计量与计价必须根据规范和定额进行。《建设工程工程量清单计价规范》（GB 50500—2013）、《园林绿化工程工程量计算规范》（GB 50858—2013）是当前指导我国园林工程计量与计价的主要规范。规范约定了园林工程工程量清单编制的原则和方法。人力资源和社会保障部与住房和城乡建设部联合发布的《建设工程劳动定额——园林绿化工程》（LD/T 75.1~3—2008）是园林工程劳动作业和劳动安全的行业标准，用于园林企业施工生产管理、施工预算和施工组织设计编制。《××省园林绿化及仿古建筑工程预算定额》（2018版）是指导××省园林工程造价文件编制的依据。该定额适用于园林工程设计概算、定额计价法施工图预算以及清单计价法园林分项工程综合单价的组价。在编制园林工程招标控制价和投标报价时，规范和定额都是不可或缺的依据。本章阐述上述规范和定额的具体内容。

中华人民共和国成立以来，我国颁布了一系列工程计量与计价依据并列入国家标准。具体包括：1957年《全国统一建筑工程预算定额》、1981年《全国统一建筑工程预算定额》（第二版）、1995年《全国统一建筑工程基础定额》（GJD—101—1995）、2002年《全国统一建筑装饰装修工程消耗量定额》（GYD—901—2002）和2003年《建设工程工程量清单计价规范》（GB 50500—2003）。其中《建设工程工程量清单计价规范》在2008年和2013年出版了修订版，即 GB 50500—2008 和 GB 50500—2013。规范 GB 50500—2013 包含9个专业工程的工程量计算标准，即《房屋建筑与装饰工程工程量计算规范》（GB 50854—2013）、《仿古建筑工程工程量计算规范》（GB 50855—2013）、《通用安装工程工程量计算规范》（GB 50856—2013）、《市政工程工程量计算规范》（GB 50857—2013）、《园林绿化工程工程量计算规范》（GB 50858—2013）、《矿山工程工程量计算规范》（GB 50859—2013）、《构筑物工程工程量计算规范》（GB 50860—2013）、《城市轨道交通工程工程量计算规范》（GB 50861—2013）和《爆破工程工程量计算规范》（GB 50862—2013）。

从2003年起，工程招投标时招标人在发布招标文件前应编制招标工程的工程量清单。工程量清单作为招标文件的组成部分一起发给具有投标资格的投标人。投标人投标报价时，工程量清单作为量的统一标准。这使所有投标人具备了相同的竞争基础，投标人只需要在工程量清单中报分项工程综合单价并汇总，即可完成报价工作。投标人投标竞争的是综合单价，而非工程量。

园林工程招标时，招标人编制工程量清单主要依据《建设工程工程量清单计价规范》（GB 50500—2013）和《园林绿化工程工程量计算规范》（GB 50858—2013）。规范将分项工程项目编码定为全国统一的12位，以期实现全国清单项目报价的信息共享，学习国外先进的工程造价管理经验。园林工程涉及普通建筑时，按国家标准《房屋建筑与装饰工程工程量计算规范》（GB 50854—2013）相应子目执行；涉及仿古建筑时，按国家标准《仿古建筑工程工程量计算规范》（GB 50855—2013）相应子目执行；涉及电气、给排水等安装工程时，按国家标准《通用安装工程工程量计算规范》（GB 50856—2013）相应子目执行；涉及市政道路时，按国家标准《市政工程工程量计算规范》（GB 50857—2013）相应子目执行。

2.1 规范

2.1.1 建设工程工程量清单计价规范

2.1.1.1 总则

《建设工程工程量清单计价规范》（GB 50500—2013）总则首先提出适用于工程量清单计价的项目是全部使用国有资金或以国有资金投资为主的建设工程。以非国有资金投资为主的建设项目，宜采用工程量清单计价。其次，总则还指出规范适用于建设工程发承包及实施阶段的计价活动。建设工程发承包及实施阶段的工程造价由分部分项工程费、措施项目费、其他项目费、规费和税金组成。招标工程量清单、招标控制价、投标报价、价款结算与支付以及工程造价鉴定等工程造价文件的编制和核对，应由具有专业资格的工程造价人员承担。建设工程发承包及实施阶段的计价活动应遵循客观、公正、公平的原则。

2.1.1.2 术语

《建设工程工程量清单计价规范》（GB 50500—2013）的主要术语包括：

（1）工程量清单（bills of quantities，BQ）

工程量清单是载明建设工程分部分项工程项目、措施项目、其他项目的名称和相应数量以及规费、税金项目等内容的明细清单。

工程量清单一般由分部分项工程量清单、措施项目清单、其他项目清单、规费清单和税金清单组成。其中分部分项工程量清单和措施项目清单（二）包括项目编码、项目名称、项目特征、计量单位和工程量5个组成要件。清单中的工程量主要表现工程实体的工程量。清单工程量是招标人估算出来的，反映的是招标人的采购需求，它仅作为投标报价的基础。实施阶段工程价款结算时，工程量应以招标人或其授权的监理人核准的实际完成量作为依据。

（2）招标工程量清单（BQ for tendering）

招标工程量清单是指招标人依据国家标准、招标文件、设计文件以及施工现场实际情况编制的，随招标文件发布供投标报价的工程量清单。

招标工程量清单作为招标文件的组成部分，其准确性和完整性由招标人负责。招标工程量清单载明的工程量是投标人投标报价的基础。招标工程量清单中出现缺项，造成新增工程量清单项目的，应确定单价，调整分部分项工程费。由于清单中分部分项工程缺项引起措施项目发生变化的，应在承包人提交的实施方案被发包人批准后，计算调整措施费用。某招标工程分部分项工程量清单示例部分见表2-1所列。

表2-1 招标分部分项工程量清单示例（部分）

序号	项目编码	项目名称	项目特征	计量单位	工程数量	综合单价	合价
1	011102003001	广场铺装	30mm厚小料石美人鱼样式，1:1水泥砂浆填缝	m²	542.50		
2	010401003001	水边亲水平台	砖砌挡土墙：370mm宽MU7.5砖M5水泥砂浆砌筑，150mm厚C20混凝土垫层	m³	8.70		
3	040204004002	安砌侧石	200mm×100mm×60mm深灰色水泥砖，30mm厚1:3水泥砂浆，200mm厚二灰石屑	m²	865.00		
4	050201001001	园路	600mm×300mm×30mm芝麻灰烧面板，错缝密拼	m²	371.90		

（3）已标价工程量清单（priced BQ）

已标价工程量清单是指构成合同文件组成部分的投标文件中已标明价格，经算术性错误修正（如有）且承包人已确认的工程量清单。

工程实施阶段价款结算时，工程量按发承包双方在合同中约定应予计量且实际完成的工程量确定。合同履行期间，出现招标工程量清单项目缺项的，发承包双方应调整合同价款。

（4）项目编码（item code）

项目编码是指分部分项工程和措施项目清单名称的阿拉伯数字标识。

项目编码采用12位阿拉伯数字表示。其中一、二、三、四级编码按照规范统一；第五级编码由编制人自行设置。编码第一级表示分类码（二位）：建筑工程为01、装饰装修工程为02、安装工程为03、市政工程为04、园林绿化工程为05、矿山工程为06。编码第二级表示章顺序码（二位），第三级表示节顺序码（二位），第四级表示清单项目码（三位），第五级表示具体清单项目码（三位）。具体示例如图2-1所示。

（5）项目名称（item name）和项目特征（item description）

项目名称是指分部分项工程量清单中分项工程的名称。项目名称应按规范中的子项名称结合建设工程的实际确定。

项目特征是构成分部分项工程项目、措施项目自身价值的本质特征。项目特征按规范规定的内容，结合建设工程实际描述，以满足投标人确定综合单价的需要。在描写项目特征时，应注意哪些是必须描述的，哪些是可以不描述的，哪些是可以不详细描述的。例如景墙项目必须描述的项目特征有：①土质类别；②垫层材料种类；③基础材料种类、规格；④墙体材料种类、规格；⑤墙体厚度；⑥混凝土、砂浆强度等级、配合比；⑦饰面材料种类。

招标人在招标工程量清单中对项目特征的描述，应被认为是准确和全面的，并且与实际施工要求相符合。投标人应按照招标人提供的工程量清单，根据项目特征描述及有关要求报价。在工程实施阶段，承包人应该按照项目特征要求施工，直到其被改变为止。当出现实际施工图（含设计变更）与招标工程量清单项目特征描述不符，且该变化引起工程造价增减变化的，应按照实际施工的项目特征重新确定清单项目的综合单价，计算调整合同价款。

（6）措施项目（preliminaries）

措施项目是指为完成工程项目施工，发生于该工程施工准备和施工过程中的技术、生活、安全、环保等方面的非工程实体项目。措施项目根据专业类别不同可分为通用项目和专业工程项目。专业工程项目包括房屋建筑与装饰工程、仿古建筑工程、安装工程、市政工程、园林工程和矿山工程等。

措施项目有两类，即措施项目（一）和措施项目（二）。

措施项目（一）用于不能计算工程量的项目，以"项"为计量单位，称为"总价项目"。措施项目（二）用于可以计算工程量的项目。以"量"计价，称为"单价项目"。宜采用分部分项工程量清单的方式编制，列出项目编码、项目名称、项目特征、计量单位和工程数量。表2-2和表2-3分别表示《园林绿化工程工程量计算规范》（GB 50858—2013）中措施项目（一）包含的项目名称和措施项目（二）包含的子目类别。

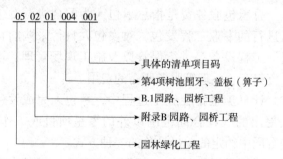

图2-1 树池围牙、盖板（箅子）的项目编码

表 2-2 措施项目（一）

序　号	项目名称
1	安全文明施工（含环境保护、文明施工、安全施工、临时设施）
2	夜间施工
3	非夜间施工照明
4	二次搬运
5	冬雨季施工
6	反季节栽植影响措施
7	地上、地下设施的临时保护设施
8	已完工程及设备保护

表 2-3 措施项目（二）

序　号	子目类别
1	D.1 脚手架工程
2	D.2 模板工程
3	D.3 树木支撑架、草绳绕树干、搭设遮阴（防寒）棚工程
4	D.4 围堰、排水工程

（7）暂列金额（provisional sum）和暂估价（prime cost sum）

暂列金额是指招标人在工程量清单中暂定并包括在合同价款中的一笔款项。用于工程合同签订时尚未确定或者不可预见的材料、设备、服务的采购，施工中可能发生的工程变更、合同约定调整因素出现时的合同价款调整以及发生的索赔、现场签证确认等的费用。暂列金额由发包人掌握使用。发包人所做支付后，暂列金额如有余额应归还发包人。

暂估价是指招标人在工程量清单中提供的用于支付必然发生但暂时不能确定价格的材料、工程设备的单价以及专业工程的金额。暂估价包括材料暂估价和专业工程暂估价，其中，材料暂估价应计入分部分项工程量清单综合单价报价中。

发包人在招标工程量清单中给定暂估价的材料、工程设备属于依法必须招标的，由发承包双方以招标的方式选择供应商。中标价格与招标工程量清单所列暂估价的差额以及相应的规费、税金等费用，应列入合同调整价格。发包人在招标工程量清单中给定暂估价的材料、工程设备不属于依法必须招标的，由承包人按照合同约定采购，经发包人确认，其价格与招标工程量清单所列暂估价的差额以及相应的规费、税金等费用，应列入合同调整价格。

发包人在工程量清单中给定暂估价的专业工程不属于依法必须招标的，应确定专业工程价款。经确认的专业工程价款与招标工程量清单所列暂估价的差额以及相应的规费、税金等费用，应列入合同调整价格。发包人在招标工程量清单中给定暂估价的专业工程依法必须招标的，应当由发承包双方依法组织招标选择专业分包人，并接受有管辖权的建设工程招标投标管理机构的监督。除合同另有约定外，承包人不参与投标的专业工程分包招标，应由承包人作为招标人，但招标文件评标工作、评标结果应报送发包人批准。组织招标工作有关的费用应当被认为已经包括在承包人的签约合同价（投标总报价）中。承包人参加投标的专业工程分包招标，应由发包人作为招标人，组织招标工作有关的费用由发包人承担。同等条件下，应优先选择承包人中标。专业工程分包中标价格与招标工程量清单所列暂估价的差额以及相应的规费、税金等费用，应列入合同调整价格。

（8）总承包服务费（main contractor's attendance）和计日工（dayworks）

总承包服务费是指总承包人为配合协调发包人进行的专业工程发包，对发包人自行采购的材料、工程设备等进行保管以及施工现场管理、竣工资料汇总整理等服务所需的费用。

计日工是指在施工过程中，承包人完成发包人提出的工程合同范围以外的零星项目或工作，按合同中约定的单价计价的一种方式。

采用计日工计价的任何一项工作，承包人应在该项工作的实施过程中，每天提交以下报表和有关凭证送发包人复核：

①工作名称、内容和数量；

②投入该工作所有人员的姓名、工种、级别和耗用工时；

③投入该工作的材料名称、类别和数量；

④投入该工作的施工设备型号、台数和耗用台时；

⑤发包人要求提交的其他资料和凭证。

任一计日工持续进行时，承包人应在该项工作实施结束后的24h内，向发包人提交有计日工记录汇总的现场签证报告一式三份。发包人在收到承包人提交现场签证报告后的2d内予以确认并将其中一份返还给承包人，作为计日工计价和支付的依据。发包人逾期未确认也未提出修改意见的，视为承包人提交的现场签证报告已被发包人认可。

任一计日工实施结束，发包人应按照确认的计日工现场签证报告核实该项目的工程数量，并根据核实的工程数量和承包人已标价工程量清单中的计日工单价计算并提出应付价款。已标价工程量清单中没有该类计日工单价的，由发承包双方按商定计日工单价计算。

每个支付期末，承包人应向发包人提交本期所有计日工记录的签证汇总表，以说明本期自己认为有权得到的计日工价款，列入进度款支付。

（9）索赔（claim）和现场签证（site instruction）

索赔是指在工程合同履行过程中，合同当事人一方因非己方的原因而遭受损失，按合同约定或法律法规规定应由对方承担责任，从而向对方提出补偿的要求。

现场签证是指发包人现场代表（或其授权的监理人、工程造价咨询人）与承包人现场代表就施工过程中涉及的责任事件所作的签认证明。

（10）企业定额（productivity rate）

企业定额是指施工企业根据本企业的施工技术、机械装备和管理水平而编制的人工、材料和施工机械台班等的消耗标准。

（11）规费（statutory fee）和税金（tax）

规费是指根据国家法律、法规规定，由省级政府或省级有关权力部门规定施工企业必须缴纳的，应计入建筑安装工程造价的费用。规费包括工程排污费、社会保险费和住房公积金。

税金是指国家税法规定应计入建筑安装工程造价内的增值税、城乡维护建设税、教育费附加和地方教育附加。

规费和税金应按国家或省级、行业建设主管部门的规定计算，不得作为竞争性费用。

（12）招标控制价（tender sum limit）、投标价（biding sum）、签约合同价（contract sum）及竣工结算价（final account at completion）

招标控制价是指招标人根据国家或省级、行业建设主管部门颁发的有关计价依据和办法，以及拟定的招标文件和招标工程量清单，结合工程具体情况编制的招标工程的最高投标限价。

投标价是指投标人投标时响应招标文件要求所报出的对已标价工程量清单汇总后标明的总价。

签约合同价是指发承包双方在工程合同中约定的工程造价，即包括了分部分项工程费、措施项目费、其他项目费、规费和税金的合同总金额。

竣工结算价是指发承包双方根据国家有关法律、法规和标准规定，按照合同约定确定的，包括在履行合同过程中按合同约定进行的合同价款调整，是承包人按合同约定完成了全部承包工作后，发包人应付给承包人的合同总金额。

2.1.1.3　一般规定

（1）发包人提供材料和工程设备

①发包人提供的材料和工程设备（甲供材料）应在招标文件中按照规范的规定填写，写明甲供材料的名称、规格、数量、单价和交货方式、交货地点等。承包人投标时，甲供材料单价应计入相应项目的综合单价中，签约后，发包人应按合同约定扣除甲供材料款，不予支付。

②承包人应根据合同工程进度计划的安排，向发包人提交甲供材料交货的日期计划。发包人应按计划提供。

③发包人提供的甲供材料不符合合同要求，或由于发包人原因发生交货日期延误等情况的，发包人应承担由此增加的费用，并向承包人支付合理利润。

④发承包双方对甲供材料的数量发生争议不能达成一致的，按照相关工程计价定额同类项目规定的材料消耗量计算。

⑤若发包人要求承包人采购已在招标文件中确定为甲供材料的，材料价格应由发承包双方根据市场调查确定。

（2）承包人提供材料和工程设备

①除合同另有约定外，合同工程所需的材料和设备应由承包人提供，由承包人负责采购、运输和保管。

②承包人应按合同约定将采购材料和设备的供货人及品种、规格、数量和供货时间等提交发包人确认，并负责提供质量证明文件。

③对承包人提供的材料和设备经检测不符合合同约定的质量标准，发包人应立即要求承包人更换，由此增加的费用和工期延误应由承包人承担。

（3）计价风险

①建设工程发承包，必须在招标文件、合同中明确计价中的风险内容及其范围，不得采用无限风险、所有风险或类似语句规定计价中的风险内容及其范围。

②由于下列因素出现，影响合同价款调整的，应由发包人承担：

——国家法律、法规、规章和政策发生变化；

——省级或行业建设主管部门发布的人工费调整；

——由政府定价或政府指导价管理的原材料等价格进行了调整。

③由于市场物价波动影响合同价款的，应由发承包双方合理分摊。

④由于承包人使用机械设备、施工技术以及组织管理水平等自身原因造成施工费用增加的，应由承包人全部承担。

2.1.2 园林绿化工程工程量计算规范

园林分部分项工程量清单和措施项目清单需要根据《园林绿化工程工程量计算规范》（GB 50858—2013）进行编制。该规范分为四部分：绿化工程、园路园桥工程、园林景观工程和措施项目，即附录A绿化工程、附录B园路园桥工程、附录C园林景观工程和附录D措施项目。

2.1.2.1 绿化工程清单项目及工程量计算规则

绿化工程是指树木、花卉、草坪、地被等植物种植工程。绿化工程主要包含园林工程中常见的乔灌木起挖，乔灌木、色带和绿篱栽植，草皮播种，绿地喷灌等项目。园林工程施工图中乔木种植施工图、灌木草种植施工图以及苗木表等表现的就是上述分部分项工程，其可套取附录A绿化工程中的清单子目。例如，早竹园灌草种植施工图如图2-2所示，根据《园林绿化工程工程量计算规范》（GB 50858—2013），可以套取整理绿化用地、种植土回填、栽植灌木、栽植竹类4个清单项目。

绿化工程清单子目的项目编码、项目名称、项目特征、计量单位、工程量计算规则和工程内容见表2-4所列。

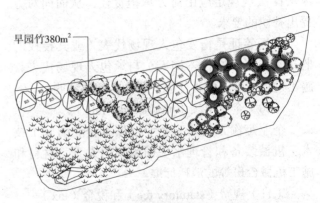

图2-2 早竹园灌草种植施工图

表 2-4　绿化工程（编号：050101～050103）

项目编号	项目名称	项目特征	计量单位	工程量计算规则	工程内容
050101001	砍伐乔木	树干胸径	株	按数量计算	1.砍伐（挖） 2.废弃物运输 3.场地清理
050101002	挖树根（蔸）	地径			
050101003	砍挖灌木丛及根	丛高或蓬径	株（m²）	1.按数量计算 2.按面积计算	
050101004	砍挖竹及根	根盘直径	株（丛）	按数量计算	
050101005	砍挖芦苇及根	根盘丛径		按面积计算	
050101006	清除草皮	草皮种类	m²		1.除草（清除植物） 2.废弃物运输 3.场地清理
050101007	清除地被植物	植物种类			
050101008	屋面清理	屋面做法、屋面高度		按设计图示尺寸以水平面积计算	1.原屋面清扫 2.废弃物运输 3.场地清理
050101009	种植土回（换）填	回填土质要求、取土运距、回填厚度、弃土运距	1.m³ 2.株	1.以立方米计量 2.以株计量	土方挖、运、回填、找平、找坡、废弃物运输
050101010	整理绿化用地	回填土质要求、取土运距、回填厚度、找平找坡要求、弃渣运距	m²	按设计图示尺寸以面积计算	排除地表水、土方挖、运、耙细、过筛、回填、找平、找坡、拍实、废弃物运输
050101011	绿地起坡造型	回填土质要求、取土运距、起坡平均高度	m³	按设计图示尺寸以体积计算	排除地表水、土方挖、运、耙细、过筛、回填、找平、找坡、废弃物运输
050101012	屋顶花园基底处理	找平层、防水层、排水层、过滤层、回填层厚度、种类、做法、材质；屋面高度；阻根层厚度、材质、做法	m²	按设计图示尺寸以面积计算	抹找平层、防水层铺设、排水层铺设、过滤层铺设、填轻质土壤、阻根层铺设、运输
050102001	栽植乔木	种类、胸径、株高、起挖方式、养护期	株	按设计图示数量计算	1.起挖 2.运输 3.栽植 4.养护
050102002	栽植灌木	种类、根盘直径、冠丛高、蓬径、起挖方式、养护期	1.株 2.m²	1.以株计算 2.以平方米计算	
050102003	栽植竹类	竹种类、竹胸径或根盘丛径、养护期	株（丛）	按设计图示数量计算	
050102004	栽植棕榈类	种类、株高、地径、养护期	株		
050102005	栽植绿篱	种类、篱高、行数、单位面积株数、养护期	1.m 2.m²	1.以延长米计量 2.以平方米计量	
050102006	栽植攀缘植物	植物种类、地径、单位长度株数、养护期	1.株 2.m	1.以株计量 2.以米计量	
050102007	栽植色带	苗木和花卉的种类、株高或蓬径、单位面积株数、养护期	m²	按设计图示尺寸以绿化水平投影面积计算	
050102008	栽植花卉	花卉种类、株高或蓬径、单位面积株数、养护期	1.株 2.m²	1.以株（丛、缸）计量 2.以平方米计量	
050102009	栽植水生植物	植物种类、株高或蓬径、单位面积株数、养护期	1.丛 2.m²		

(续)

项目编号	项目名称	项目特征	计量单位	工程量计算规则	工程内容
050102010	垂直墙体绿化种植	植物种类、生长年数或地（干）径、栽植容器材质规格、栽植基质种类厚度、养护期	1. m² 2. m	1. 以平方米计量 2. 以米计量	起挖、运输、栽植容器安装、栽植、养护
050102011	花卉立体布置	草本花卉种类、高度或蓬径、单位面积株数、种植形式、养护期	1. 单体（处） 2. m²	1. 以单体（处）计量 2. 以平方米计量	起挖、运输、栽植、养护
050102012	铺种草皮	草皮种类、铺种方式、养护期	m²	按设计图示尺寸以绿化投影面积计算	起挖、运输、铺底砂（土）、栽植、养护
050102013	喷播植草（灌木）籽	基层材料种类规格、草（灌木）籽种类、养护期	m²	按设计图示尺寸以绿化投影面积计算	基层处理、坡地细整、喷播、覆盖、养护
050102014	植草砖内植草	草坪种类、养护期			起挖、运输、覆土（砂）、铺设、养护
050102015	挂网	种类、规格	m²	按设计图示尺寸以挂网投影面积计算	制作、运输、安放
050102016	箱/钵栽植	箱/钵体材料品种、箱/钵体外型尺寸、栽植植物种类规格、土质要求、防护材料种类、养护期	个	按设计图示箱/钵数量计算	制作、运输、安放、栽植、养护
050103001	喷灌管线安装	管道品种规格、管件品种规格、管道固定方式、防护材料种类、油漆品种刷漆遍数	m	按设计图示管道中心线长度以延长米计算	管道铺设、管道固筑、水压试验、刷防护材料油漆
050103002	喷灌配件安装	管道附件阀门喷头品种规格、管道附件阀门喷头固定方式、防护材料种类、油漆品种刷漆遍数	个	按设计图示数量计算	管道附件阀门喷头安装、水压试验、刷防护材料油漆

2.1.2.2 园路、园桥工程清单项目及工程量计算规则

园路在风景名胜区、城市公园、居住区公园等园林工程中很常见。它不同于市政道路工程和交通公路工程，其结构往往比较简单。与园路相关的清单项目一般包括园路、踏（蹬）道和路牙铺设，从附录B.1中套取。

园桥在风景名胜区、城市公园等园林工程中多为简支梁混凝土桥或石板桥。它不同于城市立交桥或大型过江（河）连续梁桥，但构造也比较复杂。与园桥相关的清单项目包括桥基础、桥墩台和桥面三部分。如图2-3文昌桥，根据《园林绿化工程工程量计算规范》（GB 50858—2013）附录B.1，可以套取桥基础、石桥台、石桥面铺筑、石桥面檐板、石券脸等项目。

此外，小河两侧、湖泊四周、山坡边坡等常要加固驳岸、护岸处理。驳岸、护岸分为石（卵石）砌驳岸（图2-4）、原木桩驳岸（图2-5）、满（散）铺砂卵石护岸（自然护岸）、点（散）布大卵石和框格花木护岸5类。驳岸、护岸除套取相应清单项目外，还要考虑驳岸、护岸基础对应的清单项目。

园路、园桥工程清单子目的项目编码、项目名称、项目特征、计量单位、清单工程量计算规则和工程内容见表2-5所列。

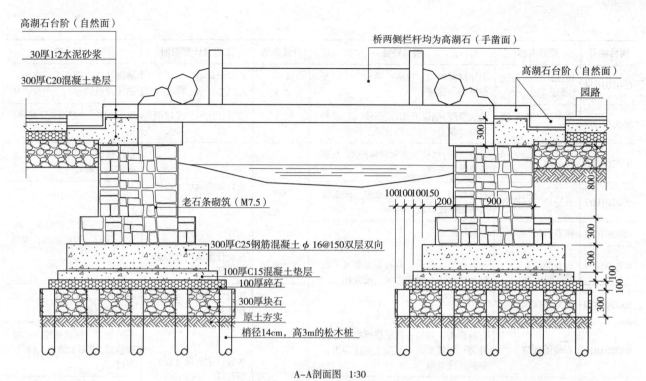

A—A剖面图 1:30

图2-3 文昌桥纵剖面

图2-4 石砌驳岸　　　　　图2-5 原木桩驳岸

表 2-5　园路、园桥工程（编号：050201）

项目编号	项目名称	项目特征	计量单位	工程量计算规则	工程内容
050201001	园　路	路床土石类别；垫层和路面厚度、宽度、材料种类；砂浆强度等级	m²	按设计图示尺寸以面积计算，不包括路牙	路基床整理、垫层铺筑、路面铺筑、路面养护
050201002	踏（磴）道			按设计图示尺寸以水平投影面积计算，不包括路牙	
050201003	路牙铺设	垫层厚度、材料种类；路牙材料种类、规格；砂浆强度等级	m	按设计图示尺寸以长度计算	基层整理、垫层铺设、路牙铺设

（续）

项目编号	项目名称	项目特征	计量单位	工程量计算规则	工程内容
050201004	树池围牙、盖板（箅子）	围牙材料种类、规格；铺设方式；盖板种类、规格	1. m 2. 套	1. 以米计量 2. 以套计量	清理基层、围牙盖板运输、围牙盖板铺设
050201005	嵌草砖（格）铺装	垫层厚度；铺设方式；嵌草砖（格）品种、规格、颜色；漏空部分填土要求	m²	按设计图示尺寸以面积计算	原土夯实、垫层铺筑、铺砖、填土
050201006	桥基础	基础类型；垫层及基础材料种类、规格；砂浆强度等级	m³	按设计图示尺寸以体积计算	垫层铺筑、起重架搭拆、基础砌浇、砌石
050201007	石桥墩、石桥台	石料种类、规格；勾缝要求；砂浆强度等级、配合比			石料加工；起重架搭拆；墩、台、券石、券脸砌筑；勾缝
050201008	拱券石				
050201009	石券脸	石料种类、规格；券脸雕刻要求；勾缝要求；砂浆强度等级、配合比	m²	按设计图示尺寸以面积计算	
050201010	金刚墙砌筑		m³	按设计图示尺寸以体积计算	石料加工、起重架搭拆、砌石、填土夯实
050201011	石桥面铺筑	石料种类、规格、找平层厚度、材料种类；勾缝要求；混凝土强度等级；砂浆强度等级	m²	按设计图示尺寸以面积计算	石材加工、抹找平层、起重架搭拆、桥面（踏步）铺设、勾缝
050201012	石桥面檐板	石料种类、规格；勾缝要求；砂浆强度等级、配合比			石材加工、檐板铺设、铁锔、银锭安装、勾缝
050201013	石汀步（步石、飞石）	石料种类、规格；砂浆强度等级、配合比	m³	按设计图示尺寸以体积计算	基层整理、石材加工、砂浆调运、砌石
050201014	木制步桥	桥宽度；桥长度；木料种类；各部位截面长度；防护材料种类	m²	按桥面板设计图示尺寸以面积计算	木桩加工、打木桩基础、木桥安装、刷防护材料
050201015	栈道	栈道宽度；支架材料种类；面层材料种类；防护材料种类	m²	按栈道面板设计图示尺寸以面积计算	凿洞、安装支架、铺设面板、刷防护材料

表 2-6 驳岸、护岸（编号：050202）

项目编号	项目名称	项目特征	计量单位	工程量计算规则	工程内容
050202001	石（卵石）砌驳岸	石材种类、规格；驳岸截面、长度；勾缝要求；砂浆强度等级、配合比	1. m³ 2. t	1. 以立方米计量，按设计图示尺寸以体积计算 2. 以吨计量，按质量计算	石料加工、砌石（卵石）、勾缝
050202002	原木桩驳岸	木材种类；桩直径；桩单根长度；防护材料种类	1. m 2. 根	1. 以米计量，按设计图示桩长（包括桩尖）计算 2. 以根计量，按设计图示数量计算	木桩加工、打木桩、刷防护材料
050202003	满（散）铺砂卵石护岸（自然护岸）	护岸平均宽度；粗细砂比例；卵石粒径	1. m² 2. t	1. 以立方米计量，按设计图示尺寸以护岸展开面积计算 2. 以吨计量，按卵石使用质量计算	修边坡、铺卵石
050202004	点（散）布大卵石	大卵石粒径；数量	1. 块（个） 2. t	1. 以块（个）计量，按设计图示数量计算 2. 以吨计量，按卵石使用质量计算	布石、安砌、成型
050202005	框格花木护岸	展开宽度；护坡材质；框格种类与规格	m²	按设计图示尺寸展开宽度乘以长度以面积计算	修边坡、安放框格

驳岸、护岸工程清单子目的项目编码、项目名称、项目特征、计量单位、清单工程量计算规则和工程内容见表2-6所列。

2.1.2.3 园林景观工程清单项目及工程量计算规则

园林景观是园林工程的典型分部工程，主要包括假山、原木亭廊结构、原木（竹）建筑、花架、园林桌椅、喷泉、石灯、仿石音箱、标志牌等。在《园林绿化工程工程量计算规范》（GB 50858—2013）中，园林景观分为堆塑假山、原木（竹）构件、亭廊屋面、花架、园林桌椅、喷泉安装和杂项7个子分部，从附录C.1到附录C.7，项目编码从050301至050307。

假山是苏州园林等中国传统园林工程中常见的艺术构图手段，是园林景观工程的重要子分部工程。假山一般有土山丘或石假山，以石假山更为常见。堆塑假山包含的分项工程有堆筑土山丘、塑石假山、点风景石以及随着山坡走势铺筑的山坡石台阶等。

堆塑假山清单子目的项目编码、项目名称、项目特征、计量单位、清单工程量计算规则和工程内容见表2-7所列。

表2-7 堆塑假山（编号：050301）

项目编号	项目名称	项目特征	计量单位	工程量计算规则	工程内容
050301001	堆筑土山丘	山丘高度；山丘坡度要求；土丘底外接矩形面积	m³	按设计图示山丘水平投影外接矩形面积乘以高度的1/3以体积计算	取土、运土；堆砌、夯实；修整
050301002	堆砌石假山	堆砌高度；石料种类、单块重量；混凝土强度等级；砂浆强度等级、配合比	t	按设计图示尺寸以质量计算	选料；起重机搭、拆；堆砌、修整
050301003	塑假山	假山高度；骨架材料种类、规格；山皮料种类；混凝土强度等级；砂浆强度等级、配合比；防护材料种类	m²	按设计图示尺寸以展开面积计算	骨架制作；假山胎模制作；塑假山；山皮料安装；刷防护材料
050301004	石笋	石笋高度；石笋材料种类；砂浆强度等级、配合比	支	1.以块（支、个）计量，按设计图示数量计算 2.以吨计量，按设计图示石料质量计算	选石料；石笋安装
050301005	点风景石	石料种类；石料规格、重量；砂浆配合比	1.块 2.t		选石料；起重架搭、拆；点石
050301006	池、盆景置石	底盘种类；山石高度；山石种类；混凝土强度等级；砂浆强度等级、配合比	1.座 2.个		底盘制作、安装；池、盆景山石安装、砌筑
050301007	山（卵）石护角	石料种类、规格；砂浆配合比	m³	按设计图示尺寸以体积计算	石料加工；砌石
050301008	山坡（卵）石台阶	石料种类、规格；台阶坡度；砂浆强度等级	m²	按图示图示尺寸以水平投影面积计算	选石料；台阶砌筑

园林亭、廊常用原木、竹材料，并遵循建筑柱、梁、檩椽、板、墙、屋面等建筑结构形式。所以园林亭、廊一般包括清单项目原木（竹）柱、原木（竹）梁、原木（竹）檩椽（图2-6）、原木墙等。此外，园林亭、廊以及仿古建筑外墙还常用吊挂楣子的装饰手法。树枝吊挂楣子和竹吊挂楣子是两种典型的吊挂方式。

原木、竹构件清单子目的项目编码、项目名称、项目特征、计量单位、清单工程量计算规则和工程内容见表2-8所列。表2-8适用于用木、竹两种材料建造的亭廊柱、梁、檩、椽、墙和吊挂楣子。但亭廊屋面需要套取附录C.3子分部。亭廊屋面有草屋面、树皮屋面、竹屋面等，屋面造型以坡屋面、攒尖顶屋面和穹顶为主，不同于工业与民用建筑中常见的平屋面形式。图2-7为某别墅亭屋面是四坡屋面，材料采用油毡瓦。图

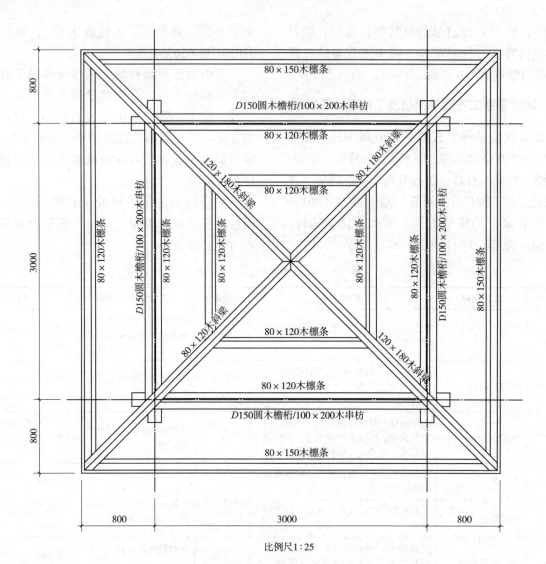

比例尺1:25

图2-6 休憩亭屋架平面图

图2-7 某别墅亭

图2-8 某休憩亭立面图

2-8为某休憩亭屋面是攒尖顶屋面，材料采用灰筒瓦。

亭廊屋面清单子目的项目编码、项目名称、项目特征、计量单位、清单工程量计算规则和工程内容见表2-9所列。

表2-8 原木、竹构件（编号：050302）

项目编号	项目名称	项目特征	计量单位	工程量计算规则	工程内容
050302001	原木（带树皮）柱、梁、檩、椽	原木种类；原木直（梢）径（不含树皮厚度）；墙龙骨材料种类、规格；墙底层材料种类、规格；构件联结方式；防护材料种类	m	按设计图示尺寸以长度计算（包括榫长）	构件制作；构件安装；刷防护材料
050302002	原木（带树皮）墙		m²	按设计图示尺寸以面积计算（不包括柱、梁）	
050302003	树枝吊挂楣子			按设计图示尺寸以框外围面积计算	
050302004	竹柱、梁、檩、椽	竹种类；竹直（梢）径；连接方式；防护材料种类	m	按设计图示尺寸以长度计算	
050302005	竹编墙	竹种类；墙龙骨材料种类、规格；墙底层材料种类、规格；防护材料种类	m²	按设计图示尺寸以面积计算（不包括柱、梁）	
050302006	竹吊挂楣子	竹种类；竹梢径；防护材料种类		按设计图示尺寸以框外围面积计算	

表2-9 亭廊屋面（编号：050303）

项目编号	项目名称	项目特征	计量单位	工程量计算规则	工程内容
050303001	草屋面	屋面坡度；铺草种类；竹材种类；防护材料种类	m²	按设计图示尺寸以斜面积计算	整理、选料；屋面铺设；刷防护材料
050303002	竹屋面			按设计图示尺寸以实铺面积计算（不包括柱、梁）	
050303003	树皮屋面			按设计图示尺寸以屋面结构外围面积计算	
050303004	油毡瓦屋面	冷底子油品种；冷底子油涂刷遍数；油毡瓦颜色规格		按设计图示尺寸以斜面积计算	清理基层；材料裁接；刷油；铺设
050303005	预制混凝土穹顶	穹顶弧长、直径；肋截面尺寸；板厚；混凝土强度等级；拉杆材质、规格	m³	按设计图示尺寸以体积计算	模板制作、运输、安装、拆除、保养；混凝土制作、运输、浇筑、振捣、养护；构件运输、安装；砂浆制作、运输；接头灌缝、养护
050303006	彩色压型钢板（夹心板）攒尖亭屋面板	屋面坡度；穹顶弧长、直径；彩色压型钢板（夹心板）品种、规格；拉杆材质、规格；嵌缝材料种类；防护材料种类	m²	按设计图示尺寸以实铺面积计算	压型板安装；护角、包角、泛水安装；嵌缝；刷防护材料
050303007	彩色压型钢板（夹心板）穹顶				
050303008	玻璃屋面	屋面坡度；龙骨材质、规格；玻璃材质、规格；防护材料种类			制作、运输、安装
050303009	木（防腐木）屋面	木（防腐木）种类；防护层处理			制作、运输、安装

花架是典型的园林景观,常见于城市公园和居住区公园。花架材料一般选用原木、混凝土或钢材,结构包括花架柱、花架梁和花架檩椽。如图 2-9 所示花架,根据《园林绿化工程工程量计算规范》(GB 50858—2013),可以套取木花架柱、梁和金属花架柱、梁等清单项目。

花架清单子目的项目编码、项目名称、项目特征、计量单位、清单工程量计算规则和工程内容见表 2-10 所列。

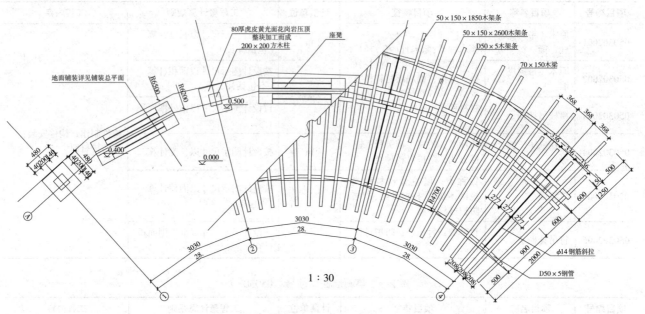

图2-9 花架平面图

表 2-10 花架(编号:050304)

项目编号	项目名称	项目特征	计量单位	工程量计算规则	工程内容
050304001	现浇混凝土花架柱、梁	柱截面、高度、根数;盖梁截面、高度、根数;连系梁截面、高度、根数;混凝土强度等级	m³	按设计图示尺寸以体积计算	模板制作、运输、安装、拆除、保养;混凝土制作、运输、浇筑、振捣、养护
050304002	预制混凝土花架柱、梁	柱截面、高度、根数;盖梁截面、高度、根数;连系梁截面、高度、根数;混凝土强度等级;砂浆配合比	m³	按设计图示尺寸以体积计算	模板制作、运输、安装、拆除、保养;混凝土制作、运输、浇筑、振捣、养护;构件运输、安装;砂浆制作、运输;接头灌缝、养护
050304003	金属花架柱、梁	钢材品种、规格;柱、梁截面;油漆品种、刷漆遍数	t	按设计图示尺寸以质量计算	制作、运输;安装;油漆
050304004	木花架柱、梁	木材种类;柱、梁截面;连接方式;防护材料种类	m³	按设计图示截面乘以长度(包括榫长)以体积计算	构件制作、运输、安装;刷防护材料、油漆

（续）

项目编号	项目名称	项目特征	计量单位	工程量计算规则	工程内容
050304005	竹花架柱、梁	竹种类；竹胸径；油漆品种、刷漆遍数	1. m 2. 根	1. 以长度计算，按设计图示花架构件尺寸以延长米计算 2. 以根计量，按设计图示花架柱、梁数量计算	制作；运输；安装；油漆

园林桌椅为游人休憩而设置，其中石桌石凳、塑树根桌凳、塑树节椅和铁艺金属椅独立成套，飞来椅则往往设置在树池、花坛和亭的四周以及廊的两侧。传统建筑、亭廊四周或两侧的飞来椅又称为"美人靠"。园林桌椅材料可用石材、木材、竹、钢筋混凝土和金属。例如，图 2-10 所示石桌凳，根据《园林绿化工程工程量计算规范》（GB 50858—2013），可以套取石桌石凳一个清单项目。

园林桌椅清单子目的项目编码、项目名称、项目特征、计量单位、清单工程量计算规则和工程内容见表 2-11 所列。

喷泉构造一般包括喷泉管道、电缆、水下艺术装饰灯具、电气控制柜和喷泉设备五部分。即一个喷泉项目（一张喷泉施工图中）至少包括上述 5 个清单项目（分项工程），否则清单项目列项不完整，将导致清单报价时分部分项工程量清单计价合计有缺陷。喷泉清单子目的项目编码、项目名称、项目特征、计量单位、清单工程量计算规则和工程内容见表 2-12 所列。

石灯、塑仿石音箱、标志牌沿园路设置，实现园路沿线照明和音乐播放的功能。石浮雕和石镌字常作为园林景墙（图 2-11）或石材地面铺装的装饰手法。但要注意在规范（GB 50500—2013）中石浮雕和石镌字列入了仿古建筑工程。此外园林中常见砖砌花池等构造，可套用花池项目。这些项目都归于杂项。

杂项清单子目的项目编码、项目名称、项目特征、计量单位、清单工程量计算规则和工程内容见表 2-13 所列。

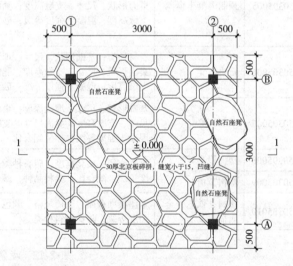

图 2-10 石桌凳剖面图

图 2-11 景 墙

表 2-11 园林桌椅（编号：050305）

项目编号	项目名称	项目特征	计量单位	工程量计算规则	工程内容
050305001	预制钢筋混凝土飞来椅	座凳面厚度、宽度；靠背扶手截面；靠背截面；座凳楣子形状、尺寸；混凝土强度等级；砂浆配合比	m	按设计图示尺寸以座凳面中心线长度计算	模板制作、运输、安装、拆除、保养；混凝土制作、运输、浇筑、振捣、养护；构件运输、安装；砂浆制作、运输、抹面、养护；接头灌缝、养护
050305002	水磨石飞来椅	座凳面厚度、宽度；靠背扶手截面；靠背截面；座凳楣子形状、尺寸；砂浆配合比			砂浆制作、运输；制作；运输；安装
050305003	竹制飞来椅	竹材种类；座凳面厚度、宽度；靠背扶手截面；靠背截面；座凳楣子形状；铁件尺寸、厚度；防护材料种类			座凳面、靠背扶手、靠背、楣子制作、安装；铁件安装；刷防护材料
050305004	现浇混凝土桌凳	桌凳形状；基础尺寸、埋设深度；桌面尺寸、支墩高度；凳面尺寸、支墩高度；混凝土强度等级；砂浆配合比			模板制作、运输、安装、拆除、保养；混凝土制作、运输、浇筑、振捣、养护；砂浆制作、运输
050305005	预制混凝土桌凳	桌凳形状；基础形状、尺寸、埋设深度；桌面形状、尺寸、支墩高度；凳面尺寸、支墩高度；混凝土强度等级；砂浆配合比			模板制作、运输、安装、拆除、保养；混凝土制作、运输、浇筑、振捣、养护；构件运输、安装；砂浆制作、运输；接头灌缝、养护
050305006	石桌石凳	石材种类；基础形状、尺寸、埋设深度；桌面尺寸、支墩高度；凳面尺寸、支墩高度；混凝土强度等级；砂浆配合比	个	按设计图示数量计算	土方挖运；桌凳制作、桌凳运输、桌凳安装；砂浆制作、运输
050305007	水磨石桌凳	基础形状、尺寸、埋设深度；桌面尺寸、支墩高度；凳面尺寸、支墩高度；混凝土强度等级；砂浆配合比			桌凳制作；桌凳运输；桌凳安装；砂浆制作、运输
050305008	塑树根桌凳	桌凳直径；桌凳高度；砖石种类；砂浆强度等级、配合比；颜料品种、颜色			砂浆制作、运输；砖石砌筑；塑树皮；绘制木纹
050305009	塑树节椅				
050305010	塑料、铁艺、金属椅	木座板面截面；座椅规格、颜色；混凝土强度等级；防护材料种类			制作；安装；刷防护材料

表 2-12 喷泉（编号：050306）

项目编号	项目名称	项目特征	计量单位	工程量计算规则	工程内容
050306001	喷泉管道	管材品种、规格；管道固定方式；防护材料种类	m	按设计图示数以长度计算	土石方挖动、管道安装、刷防护材料、回填
050306002	喷泉电缆	保护管品种规格、电缆品种规格			土石方挖动、电缆保护管安装、电缆敷设、回填
050306003	水下艺术装饰灯具	灯具品种规格、灯光颜色	套	按设计图示以数量计算	灯具安装、支架制作运输安装
050306004	电气控制柜	规格、型号、安装方式	台	按设计图示以数量计算	电气控制柜安装、调试
050306005	喷泉设备	设备品种、规格、型号；防护网品种、规格			设备安装、系统调试、防护网安装

表 2-13　杂项（编号：050307）

项目编号	项目名称	项目特征	计量单位	工程量计算规则	工程内容
050307001	石灯	石材种类、石灯截面高度、混凝土强度等级、砂浆配合比	个	按设计图示以数量计算	石灯（球）制作、石灯（球）安装
050307002	石球	石料种类、球体直径、砂浆配合比	个	按设计图示以数量计算	
050307003	塑仿石音箱	音箱石内空尺寸；铁丝型号；砂浆配合比；水泥漆品牌、颜色	个	按设计图示以数量计算	胎模、铁丝网制作安装；砂浆制作、运输、养护；喷水泥浆；埋仿石音箱
050307004	塑树皮梁柱	塑树、竹种类；砂浆配合比；水泥漆品牌、颜色	m²/m	以梁柱外表面积或构件长度计算	灰塑、刷涂颜料
050307005	塑竹梁柱				
050307006	铁艺栏杆	铁艺栏杆高度、单位长度重量、防护材料种类	m	按设计图示以长度计算	铁艺栏杆安装、刷防护材料
050307007	塑料栏杆	栏杆高度、塑料种类			下料、安装、校正
050307008	钢筋混凝土艺术围栏	围栏高度、混凝土强度等级、表面涂敷材料种类	m²	按设计图示尺寸以面积计算	安装、砂浆制作、运输、接头灌缝、养护
050307009	标志牌	材料；镌字、喷字；油漆种类、规格、品种、颜色	个	按设计图示以数量计算	选料、制作、雕凿、镌字、喷字、运输安装、刷油漆
050307010	景墙	土质类别；垫层材料种类；基础材料种类、规格；墙体材料种类、规格；墙体厚度；混凝土、砂浆强度等级、配合比；饰面材料种类	m³/段	以立方米计量，按设计图示尺寸以体积计算以段计量，按设计图示尺寸以数量计算	土（石）方挖运、垫层、基础铺设、墙体砌筑、面层铺贴
050307011	景窗	景窗材料品种、规格；混凝土强度等级、砂浆强度等级、配合比；涂刷材料品种	m²	按设计图示尺寸以面积计算	制作、运输、砌筑安放、勾缝、表面涂刷
050307012	花饰	花饰材料品种、规格、砂浆配合比、涂刷材料品种			
050307013	博古架	博古架材料品种、规格；混凝土强度等级；砂浆配合比；涂刷材料品种	m²/m/个	面积/长度/数量	
050307014	花盆（坛、箱）	花盆（坛）的材质及类型、规格尺寸；混凝土强度等级、砂浆配合比	个	数量	制作、运输、安放
050307015	花池	土质类别、池壁材料种类、规格；混凝土、砂浆强度等级、配合比；饰面材料种类、模板计量方式	m³/m/个	体积/长度/数量	垫层铺设、基础砌（浇）筑、墙体砌（浇）筑、面层铺贴
050307016	垃圾箱	垃圾箱材质、规格尺寸、混凝土强度等级、砂浆配合比	个	按设计图示以数量计算	制作、运输、安放
050307017	砖石砌小摆设	砖石种类规格、砂浆配合比、石表面加工要求、勾缝要求	m³（个）	按设计图示以体积或数量计算	砂浆制作运输、砌砖石、抹面、勾缝、石表面加工
050307018	其他景观小摆设	名称及材质、规格尺寸	个	按设计图示以数量计算	制作、运输、安装
050307019	柔性水池	水池深度、防水（漏）材料品种	m²	按设计图示尺寸以水平投影面积计算	清理基层、材料裁接、铺设

图 2-12 所示园林景观工程和园路园桥工程，根据《园林绿化工程工程量计算规范》（GB 50858—2013），可以套取园路、点风景石、树池、景墙、栏杆、山坡石台阶、木制步桥（平台）、亭廊柱梁檩椽、亭廊屋面等相应分项工程清单项目。

2.1.2.4 措施项目及工程量计算规则

园林工程措施项目包括脚手架工程，模板工程，树木支撑架、草绳绕树干、搭设遮阴（防寒）棚工程，围堰、排水工程和安全文明施工及其他措施项目五部分。其中脚手架工程、模板工程、树木支撑架、草绳绕树干、搭设遮阴（防寒）棚工程、围堰、排水工程等属于措施项目（二）中可以计算工程量的项目，以"量"计价；而安全文明施工及其他措施项目属于措施项目（一）中不可以计算工程量的项目，以"项"计价。

脚手架工程按园林建筑砌筑脚手架、抹灰脚手架、园林亭廊脚手架、堆砌假山脚手架、桥身脚手架、满堂脚手架和斜道等清单项目设置，其项目编码、项目名称、项目特征、计量单位、清单工程量计算规则和工程内容见表 2-14 所列。

模板工程按现浇混凝土园路的路基垫层、路面，现浇混凝土路牙、树池围牙模板，现浇混凝土花架柱梁模板，现浇混凝土花池模板，现浇混凝土桌凳模板，石桥拱券石、石券脸胎架等清单项目设置，其项目编码、项目名称、项目特征、计量单位、清单工程量计算规则和工程内容见表 2-15 所列。

树木支撑架、草绳绕树干、搭设遮阴（防寒）棚工程用于乔灌木种植和草坪地被铺种，其清单项目设置、项目编码、项目名称、项目特征、计量单位、清单工程量计算规则和工程内容见表 2-16 所列。

表 2-14 脚手架工程（编号：050401）

项目编码	项目名称	项目特征	计量单位	工程量计算规则	工作内容
050401001	砌筑脚手架	1. 搭设方式 2. 墙体高度	m²	按墙的长度乘墙的高度以面积计算（硬山建筑山墙高算至山尖）。独立砖石柱高度在3.6m以内时，以柱结构周长乘以柱高计算，独立砖石柱高度在3.6m以上时，以柱结构周长加3.6m乘以柱高计算。凡砌筑高度在1.5m以及上的砌体，应计算脚手架	1. 场内、场外材料搬运 2. 搭、拆脚手架、斜道、上料平台 3. 铺设安全网 4. 拆除脚手架后材料分类堆放
050401002	抹灰脚手架	1. 搭设方式 2. 墙体高度		按抹灰墙面的长度乘高度以面积计算（硬山建筑山墙高算至山尖）。独立砖石柱高度在3.6m以内时，以柱结构周长乘以柱高计算，独立砖石柱高度在3.6m以上时，以柱结构周长加3.6m乘以柱高计算	
050401003	亭脚手架	1. 搭设方式 2. 檐口高度	1. 座 2. m²	1. 以座计量，按设计图示数量计算 2. 以平方米计量，按建筑面积计算	
050401004	满堂脚手架	1. 搭设方式 2. 施工面高度		按搭设的地面主墙间尺寸以面积计算	
050401005	堆砌（塑）假山脚手架	1. 搭设方式 2. 假山高度	m²	按外围水平投影最大矩形面积计算	
050401006	桥身脚手架	1. 搭设方式 2. 桥身高度		按桥基础度面至桥面平均高度乘以河道两侧宽度以面积计算	
050401007	斜 道	斜道高度	座	按搭设数量计算	

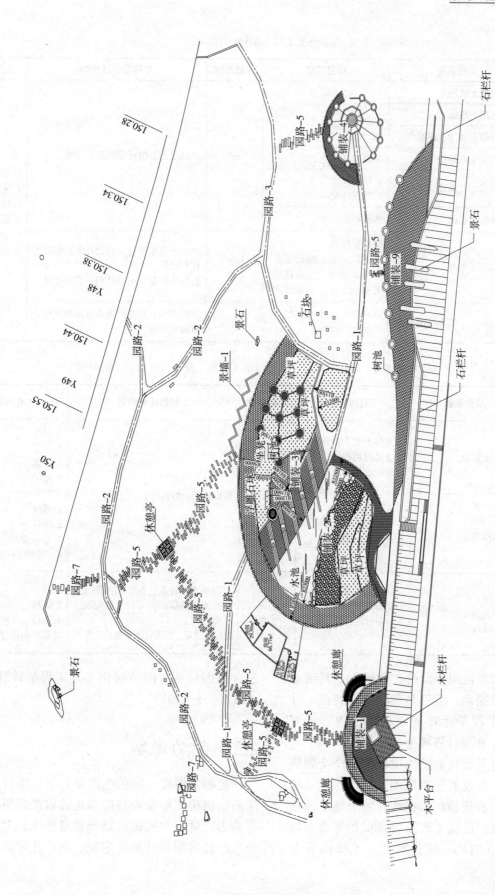

图2-12 园路、景石、山坡石台阶和栏杆

表 2-15 模板工程（编号：050402）

项目编码	项目名称	项目特征	计量单位	工程量计算规则	工作内容
050402001	现浇混凝土垫层	1. 厚度 2. 高度	m²	按混凝土与模板接触面积计算	1. 制作 2. 安装 3. 拆除 4. 清理 5. 刷隔离剂 6. 材料运输
050402002	现浇混凝土路面				
050402003	现浇混凝土路牙、树池围牙				
050402004	现浇混凝土花架柱	断面尺寸			
050402005	现浇混凝土花架梁	1. 断面尺寸 2. 梁底高度			
050402006	现浇混凝土花池	池壁断面尺寸			
050402007	现浇混凝土桌凳	1. 桌凳形状 2. 基础尺寸、埋设深度 3. 桌面尺寸、支墩高度 4. 凳面尺寸、支墩高度	1. m³ 2. 个	1. 以立方米计量，按设计图示混凝土体积计算 2. 以个计算，按设计图示数量计算	
050402008	石桥拱券石、石券脸胎架	1. 胎架面高度 2. 矢高、弦长	m²	按拱券石、石券脸弧形底面展开尺寸以面积计算	

表 2-16 树木支撑架、草绳绕树干、搭设遮阴（防寒）棚工程（编号：050403）

项目编码	项目名称	项目特征	计量单位	工程量计算规则	工作内容
050403001	树木支撑架	1. 支撑类型、材质 2. 支撑材料规格 3. 单株支撑材料数量	株	按设计图示数量计算	1. 制作 2. 运输 3. 安装 4. 维护
050403002	草绳绕树干	1. 胸径（干径） 2. 草绳所绕树干高度			1. 搬运 2. 绕杆 3. 余料清理 4. 养护期后清除
050403003	搭设遮阴（防寒）棚	1. 搭设高度 2. 搭设材料种类、规格	1. m² 2. 株	1. 以平方米计量，按遮阴（防寒）棚外围覆盖层的展开尺寸以面积计算 2. 以株计量，按设计图示数量计算	1. 制作 2. 运输 3. 搭设、维护 4. 养护期后清除

围堰、排水工程用于园桥工程施工，其清单项目设置、项目编码、项目名称、项目特征、计量单位、清单工程量计算规则和工程内容详见《园林绿化工程工程量计算规范》；

安全文明施工及其他措施项目按安全文明施工、夜间施工、非夜间施工照明、二次搬运、冬雨季施工、反季节栽植影响措施、地上地下设施的临时保护设施、已完工程及设备保护等清单项目设置，其项目编码、项目名称、工作内容及包含范围详见《园林绿化工程工程量计算规范》（GB 50858—2013）。

2.2 劳动定额

定额是指在一定的生产条件下，用科学的方法制定出生产质量合格的单位建筑产品所需要的劳动力、材料和机械台班等数量标准。定额可分为生产性定额和计价性定额。生产性定额通常指施工定额,又称为劳动定额或企业定额。计价性定额通常指预算定额和概算定额。

施工定额一般供施工企业内部使用,用于编制施工预算。例如1985年《全国统一建筑安装工程劳动定额》和1995年《全国统一建筑工程基础定额》都属于施工定额。施工定额项目划分很细,通常以工序为研究对象,它是工程施工的基础性定额,也是编制预算定额的依据。

2009年,人力资源和社会保障部与住房和城乡建设部联合发布的中华人民共和国劳动和劳动安全行业标准《建设工程劳动定额》全套5册,包括《建设工程劳动定额——建筑工程》(LD/T 72.1~11—2008)、《建设工程劳动定额——装饰工程》(LD/T 73.1~4—2008)、《建设工程劳动定额——安装工程》(LD/T 74.1~4—2008)、《建设工程劳动定额—市政工程》(LD/T 99.1—2008,LD/T 99.4~8—2008,LD/T 99.12—2008,LD/T 99.13—2008)、《建设工程劳动定额——园林绿化工程》(LD/T 75.1~3—2008)。

其中《建设工程劳动定额——园林绿化工程》(LD/T 75.1~3—2008)于2009年1月8日发布,2009年3月1日开始实施。该标准以1988年原建设部颁布的《仿古建筑及园林工程预算定额》、现行施工规范、施工质量验收标准、建筑安装工人安全技术操作规程和各省、自治区、直辖市及有关部门现行的定额标准以及其他有关劳动定额制定的技术测定和统计分析资料为依据,根据近年来施工生产水平,经过资料收集、整理和测算并广泛征求意见后编制而成。该标准含附录A和附录B。附录A是标准性附录,反映定额编制对应的施工方法、规定和示意图;附录B是资料性附录,反映编制说明。《建设工程劳动定额——园林绿化工程》(LD/T 75.1~3—2008)是园林企业编制施工作业计划、签发施工任务书、考核工效、实行按劳分配和经济核算的依据,是规范建筑劳务合同的签订和履行,指导施工企业劳务结算与支付管理的依据。

定额中的劳动消耗量均以"时间定额"表示,以"工日"为时间核算单位,每一工日按8h计算。

2.2.1 确定劳动定额的工作时间研究

2.2.1.1 工时研究

工作时间研究又称为工时研究,它是确定操作者作业时间总量的方法。工时研究的结果是确定时间定额。

工时研究的第一步是施工过程研究。施工过程一般分为工序和工作过程。工序是组织上分不开和技术上相同的施工过程,其特点是人员不变、地点不变、材料工具不变。如乔木起挖,乔木搬运、绑扎、修理,乔木回土填坑等都是工序。工作过程是由同一工人或班组完成的技术上相互联系的工序的总和。特点是人员不变、地点不变、而材料工具可以变换。例如起挖乔木(带土球)是一个工作过程。在劳动定额中,一个工作过程对应一个定额项目。工时研究是建立在施工过程基础上的,以工序和工作过程作为研究对象。

工时研究的第二步是确定工人的工作时间。工人的工作时间包括必须消耗的时间和损失时间。必须消耗的时间包括有效工作时间、休息时间和不可避免的中断时间。损失时间包括多余工作时间、偶然工作时间、停工时间和违背劳动纪律损失时间。有效工作时间包括基本工作时间、辅助工作时间、准备与结束工作时间。停工时间包括施工本身造成的停工时间和非施工本身造成的停工时间。例如,乔木起挖、包扎、出坑、搬运集中、回土填坑等工作消耗的时间属于基本工作时间,清理施工现场属于辅助工作时间,接受施工任务单、研究图纸、准备工具、领取材料、布置工作地点等属于准备与结束工作时间。重植质量不合格的乔灌木或花卉、抹灰工补上遗漏的墙洞等属于多余工作时间和偶然工作时间。组织不善、材料供应不及时、工作面准备不好属于施工原因造成的停工时间。停水、停电属于非施工原因造成的停工时间。图2-13反映了工人工作时间的分类以及在确定定额时间时是否应该考虑其影响。

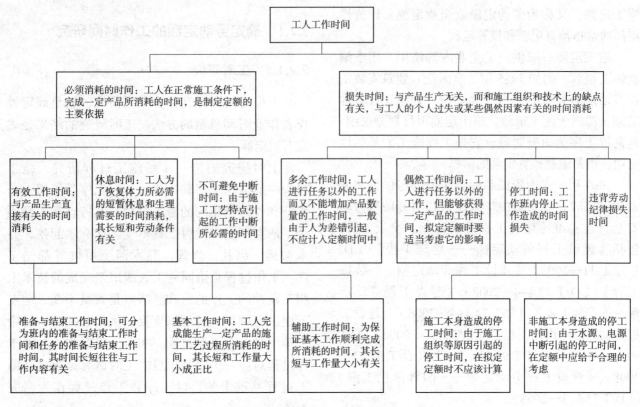

图2-13　工人工作时间分类图

2.2.1.2　工时定额的测定方法

工时定额的测定方法包括测时法、写实记录法和工作日写实法。

测时法适合测定那些定时重复循环工作的工时消耗，是精确度比较高的一种计时观察法。该法主要测定有效工作时间中的基本工作时间。测时法包括选择法测时和连续法测时。选择法测时又称间隔法测时，它是间隔选择施工过程中非紧连的组成部分（工序或操作）进行工时测定。采用选择法测时，当被观察的某一循环工作的组成部分开始，立即开动秒表；当该组成部分工作终止，则立即停止秒表。把秒表上指针的延续时间记录到选择法测时记录表上，并把秒针回位到零点。下一组成部分开始，再开动秒表。如此依次观察，依次记录下延续时间。连续法测时是连续测定一个施工过程各工序或操作的延续时间。连续法测时每次要记录各工序或操作的终止时间，

再计算本施工过程的延续时间。连续法测时比选择法测时准确、完善，但观察技术较复杂。当所测定的工序或操作的延续时间较短，连续测时比较困难时，用选择法测时。

写实记录法是一种研究各种性质的工作时间消耗的方法。该法测时用普通表进行，详细记录在一段时间内观察对象的各种活动及其时间消耗以及完成的产品数量。采用这种方法可以获得分析工作时间消耗的全部资料，并且精确度能达到0.5~1min。在实际工作中是一种值得提倡的方法。

工作日写实法是一种研究整个工作班内各种工时消耗的方法，包括研究有效工作时间、损失时间、休息时间、不可避免的中断时间等。运用工作日写实法有两个目的：一是取得编制定额的基础资料；二是检查定额的执行情况，找出缺点，改进工作。工作日写实法具有技术简便、省费、应用面广和资料全面的优点，在我国是一种应用

较广的定额编制方法。

2.2.2 劳动定额及其表达式

劳动定额根据表现形式不同，分为时间定额和产量定额；根据标定对象不同，分为单项工序定额和综合定额。

2.2.2.1 时间定额和产量定额

时间定额是指完成质量合格的单位产品所消耗的时间。时间定额的计算可采用公式（2-1）：

$$时间定额 = \frac{1}{每工产量} \text{ 或 } \frac{小组成员数}{小组每班产量} \quad (2-1)$$

时间定额的单位有：工日/株、工日/m、工日/m^2、工日/m^3、工日/t、工日/块、工日/件、工日/丛、工日/座等。

产量定额是指每工日完成的合格产品的数量。产量定额与时间定额的关系如公式（2-2）所示：

$$产量定额 = \frac{1}{时间定额} \quad (2-2)$$

产量定额的单位有：株/工日、m/工日、m^2/工日、m^3/工日、t/工日、块/工日、根/工日、件/工日、扇/工日等。

【例2-1】：栽植树木工程，工作内容为挖种植穴、栽植、浇水、覆土、保墒、整形、清理、养护等。栽1株乔木（带土球，土球直径300mm）的时间定额为0.070工日，记作0.070工日/株；则产量定额为1/0.070=14.286株，记作14.286株/工日。

2.2.2.2 单项工序定额和综合定额

单项工序定额表示生产质量合格产品需要的某项工序的时间。综合定额表示完成同一产品的各单项工序定额的综合。综合时间定额的计算如公式（2-3）所示，综合产量定额的计算如公式（2-4）所示：

$$综合时间定额 = \sum 各单项工序时间定额 \quad (2-3)$$

$$综合产量定额 = \frac{1}{综合时间定额} \quad (2-4)$$

【例2-2】：已知弹石片每10m^2园路的劳动定额。弹石片包括铺面、调制砂浆、运输三个工序，各工序的劳动定额分别为：1.014工日/10m^2、0.263工日/10m^2、0.611工日/10m^2。

问该弹石片园路的产量定额为多少？

解：弹石片园路综合时间定额=1.014+0.263+0.611=1.888（工日/10m^2）

弹石片园路的产量定额=1÷1.888×10
=5.30（m^2/工日）

2.2.3 制定劳动定额的方法

2.2.3.1 技术测定法

技术测定法的步骤如下：

（1）拟定正常的施工作业条件

包括施工作业内容、作业方法、作业地点的组织和作业人员的组织等。

（2）拟定施工作业的定额时间

定额时间包括基本工作时间、辅助工作时间、准备与结束时间、休息时间、不可避免的中断和休息时间。即：

定额时间=基本工作时间+辅助工作时间+准备与结束时间+不可避免的中断和休息时间

例如：

作业内容：砌砖景墙。

作业方法：抄平、放线、摆砖、立皮数杆挂线、砌筑、勾缝。

施工组织：运砖、运砂浆、砌筑（小工、大工）。

基本工作时间：砌砖、铺砂浆、勾缝、弹灰线。

辅助工作时间：摆砖、修理墙面。

准备与结束时间：接受施工任务单、研究图纸、准备工具、领取材料、布置工作地点等。

不可避免的中断和休息时间。

（3）确定时间定额

技术测定法确定时间定额的计算公式（2-5）为：

$$时间定额 = \frac{基本工作时间}{1-其他各项时间所占比例} \quad (2-5)$$

【例2-3】：人工伐树（胸径10cm），伐1株需要消耗基本工作时间25min，辅助工作时间占工作班延续时间的2%，准备与结束时间占1%，不可避免中断时间占1%，休息时间占20%。如何确定人工伐树（胸径10cm）的时间定额？

解：设工作班延续时间为 x，则
$25+2\%x+1\%x+1\%x+20\%x=x$
即 $x=25/[1-(2\%+1\%+1\%+20\%)]=33$（min）
换算为工日，时间定额 $=33/(60*8)$
$=0.069$（工日/株）

2.2.3.2 比较类推法

比较类推法是选定一个已经确定好的典型定额项目，经过对比分析，计算出同类型其他相邻项目定额的方法。采用这种方法工作量小、简单易行。该法适用于制定同类产品中其他品种项目的劳动定额。

比较类推法的计算公式（2-6）为：

$t=p \cdot t_0$ （2-6）

式中　t——同类相邻定额项目的时间定额或产量定额；
　　　t_0——典型项目的时间定额或产量定额；
　　　p——同类相邻项目耗用工时的比例。

例如，起挖带土球乔、灌木挖树塘（坑）土方人工产量定额，按每个工日挖方4.04m³乘以系数K。详见表2-17所列。

表2-17　起挖带土球乔、灌木挖树塘（坑）土方量表

（m³/工日）

项目	乔木	灌木
$D \leq 80cm$	$K=0.7$ $4.04 \times 0.7=2.83$（m³）	$K=0.6$ $4.04 \times 0.6=2.42$（m³）
$D \leq 140cm$	$K=0.6$ $4.04 \times 0.6=2.42$（m³）	$K=0.55$ $4.04 \times 0.55=2.22$（m³）

注：D为土球直径。

2.2.3.3 统计分析法

统计分析法是将以往施工中所累积的同类型工程项目的工时消耗加以科学地统计分析，并考虑施工技术与组织变化的因素，经分析研究后制定劳动定额的一种方法。为使定额保持平均先进水平，应该从统计资料中求取平均先进值。

平均先进值的计算步骤如下：
①删除统计资料中特别偏高、偏低以及明显不合理的数据。
②计算出算术平均值。
③在工时统计数组中，取小于上述算术平均值的数组，再计算其平均值，即为平均先进值。

【例2-4】：某木制飞来椅制作。根据统计资料，完成每米木制飞来椅所需要的时间有10组数据：23h，24h，21h，25h，28h，30h，26h，24h，27h，25h。试采用统计分析法确定木制飞来椅的时间定额。

解：先计算10个统计数据的算术平均值：
$(23+24+21+25+28+30+26+24+27+25) \div 10=25.2h$

去掉时间超过25.2h的数据，即去掉28h、30h、26h、27h，剩下数据再求平均值：
$(23+24+21+25+24+25) \div 6=24h$

则木制飞来椅的时间定额为：
$24 \div 8=3$（工日/m）

2.2.3.4 经验估计法

经验估计法是对生产产品所消耗的时间、原材料、机械台班等数量，根据定额管理人员、技术人员和工人的以往经验，结合图纸、现场观察、分解施工工艺、组织条件和操作方法等来估计。该法适用于制定多品种产品的定额。经验估计法技术简单、工作量小、速度快，缺点是人为因素影响较大，科学性和准确性不足。

2.2.4　园林绿化工程劳动定额

《建设工程劳动定额——园林绿化工程》（LD/T 75.1~3—2008）中定额编号用六位码标识。第一位码用英文大写字母标识，A代表建筑工程，B代表装饰工程，C代表安装工程，D代表市政工程，E代表园林工程。第二位码用英文大写字母标识，代表分册的顺序，如园林绿化工程第一分册"绿

化工程"是A，第二分册"园路、园桥及假山工程"是B，第三分册"园林景观工程"是C。第三至六位码用阿拉伯数字标识，是顺序码。具体如图2-14所示。

2.2.4.1 绿化工程

（1）范围

《建设工程劳动定额——园林绿化工程——绿化工程》（LD/T 75.1—2008）适用于城市园林和市政绿化工程，也适用于厂矿、机关、学校、宾馆、居住小区的绿化项目。图2-15为某乔灌木种植工程。

（2）使用规定和工作内容

①工程量计算规则 在此分册中，伐树、挖树根、砍灌木丛、起挖或栽植乔灌木和攀缘植物、栽植水生植物、乔灌木及攀缘植物的养护、树身涂白均以"株"计算工程量。

栽植色带、片植花卉及绿篱、栽植草皮及喷播草籽、遮阴棚搭设、成片绿篱、花卉、草坪的养护、水体护理、水池清洗、色带防寒均按面积以"平方米（m²）"计算。

栽植单、双排绿篱以长度计算，草绳绕树干以"延长米"计算。

②水平与垂直运输 绿化工程定额项目已包括施工地点至堆放地点距离≤50m的花草树木搬运。如果实际超运距用工每超过10m，按相应定额项目时间定额综合用工乘以1.5%计算。

屋面绿化工程，人力垂直运输增加用工，垂直运距每10m按相应定额项目时间定额综合用工乘以系数3.5%计算。

③使用系数 起挖或栽植树木定额中以一、二类土为准，如为三类土，时间定额乘以系数1.34，四类土时间定额乘以系数1.76，冻土时间定额乘以系数2.20。

片植匍匐的地被植物（图2-16）按片植花卉项目执行且乘以系数1.2。

清除匍匐的地被植物按清除草皮定额执行且乘以系数0.80。

在边坡起挖或栽植花草树木按相应定额项目乘以系数1.2。

④工作内容 除各项目规定的作业内容外，还包括下列内容：种植前的准备、种植时的用工，苗木、花卉栽培10d以内的养护工作；种植后绿化地周围距离≤2m的清理工作。

（3）时间定额表

人工、机械伐树，挖丛生竹、铲除草皮和整理绿化用地等绿地整理工程的综合时间定额见表2-18所列。

起挖乔木、灌木和散生竹等起挖花木及竹

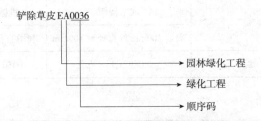

图2-14 LD/T 75.1~3—2008定额编号示例

图2-15 乔灌木种植

图2-16 匍匐的地被植物

类工程的综合时间定额和各工序的时间定额见表2-19。各项目的施工过程（综合）都包含起挖、搬运绑扎修理和回填土坑3个工序。

栽植乔木、灌木和散生竹等栽植花木及竹类工程的综合时间定额和各工序的时间定额见表2-20。各项目的施工过程（综合）都包含挖种植穴和栽植2个工序。

乔木、灌木、草坪和绿篱养护等绿化养护工程的综合时间定额见表2-21所列。其中成活养护乔木、球形植物和运动草坪按月计取劳动消耗，保存养护乔木和成片绿篱按年计取劳动消耗。

表2-18 绿地整理时间定额

定额编号	EA0001	EA0013	EA0029	EA0036	EA0037
项目	人工伐树	机械推树墩	挖丛生竹	铲除草皮	整理绿化用地
	离地200mm处直径≤100mm	树墩直径≤300mm	根盘直径≤400mm		
综合	0.069 工日/株	0.050 台班/株	0.130 工日/丛	0.300 工日/10m²	0.450 工日/10m²

表2-19 起挖花木及竹类时间定额　　　　　工日/株（m²）

定额编号	EA0041	EA0076	EA0082
项目	起挖乔木（土球直径≤200mm）	起挖灌木（灌丛高≤1000mm）	起挖散生竹（胸径≤60mm）
综合	0.045	0.021	0.070
起挖	0.019	0.009	0.030
搬运、绑扎、修理	0.019	0.009	0.030
回填土坑	0.007	0.003	0.010

表2-20 栽植花木及竹类时间定额　　　　　工日/株（m²）

定额编号	EA0091	EA0126	EA0132
项目	栽植乔木（土球直径≤200mm）	栽植灌木（灌丛高≤1000mm）	栽植散生竹（胸径≤60mm）
综合	0.040	0.030	0.070
挖种植穴	0.012	0.007	0.024
栽植	0.028	0.023	0.046

表2-21 绿化养护时间定额

定额编号	EA0266	EA0310	EA0329	EA0029	EA0367
项目	成活养护乔木	成活养护球形植物	成活养护运动草坪	保存养护乔木	保存养护成片绿篱
	胸径≤50mm	蓬径≤1000mm	播种	胸径≤50mm	高度≤500mm
综合	0.580 工日/10株·月	0.320 工日/10株·月	0.650 工日/10m²·月	1.971 工日/10株·年	1.040 工日/10m²·年

2.2.4.2 园路、园桥及假山工程

（1）范围

《建设工程劳动定额——园林绿化工程——园路、园桥及假山工程》（LD/T 75.2—2008）适用于公园、小游园、庭园的园路、园桥、假山、水域驳岸工程。图 2-17 为某公园园路。

（2）使用规定和工作内容

① 工程量计算规则　各种园路、卵石拼花、贴陶瓷片、嵌草砖铺装、石作栏板、山坡石台阶均按面积以 m^2 计算。园路垫层、园桥、拱碹石、碹脸石、地栿石均按体积以 m^3 计算。石栏杆柱以"根"计算，石作抱鼓以"块"计算。堆砌假山、布置景石、自然式石驳岸以"t"计算。塑假石山、贴卵石护岸按其表面积以 m^2 计算。堆筑土山丘按水平投影外接矩形面积乘以高度的 1/3 以体积计算。原木桩驳岸以桩长度乘以截面面积以体积计算。

② 水平运输　定额包括材料场内 ≤ 50m 的水平运输。

③ 使用系数　石作金刚墙按石桥墩项目执行，定额综合用工乘以系数 1.2。

若在满铺卵石地面中用砖、瓦、瓷片拼花时，拼花部分按相应的地面定额计算，定额综合用工乘以系数 1.5。满铺卵石地面若需要分色拼花时（图 2-18），定额综合用工乘以系数 1.2。

栏板望柱制作安装如为斜形或异形时，定额综合用工乘以系数 1.2。

在室内叠塑假山或作盆景式假山时，定额综合用工乘以系数 1.5。

本标准中同时使用两个或两个以上系数时，按连乘方法计算。

④ 工作内容　除各项目规定的作业内容外，还包括下列内容：

——园路地面定额标准已包括了结合层，不包括垫层。

——路沿、路牙材料与路面相同时，其用工已包括在定额内。

——砖地面、卵石地面和瓷片地面定额已包括了砍砖、筛选、清洗砖、瓷片等用工。

——石桥面已包括砂浆嵌缝的用工。

——地伏项目已综合了凿柱根卡口用工。

——素方头望板定额包括万字边、卷草、祥云等平浮雕、雕刻用工。

——堆砌假山、塑假石山、自然式驳岸定额项目内均未包括基础。另外，塑假山定额项目内也未包括制作安装钢骨架的用工。

——假山定额项目是按露天、地坪上施工考虑的，其中包括施工现场的相石、叠山、支撑、勾缝、养护等全部操作过程，但不包括采购山石前的选石。

（3）时间定额表

园路的综合时间定额和各工序时间定额见表 2-22。各项目的施工过程（综合）都包含铺面、调制砂浆/铺砂和运输砂浆和砂 3 个工序。

园桥的综合时间定额和各工序时间定额见表 2-23。各项目的施工过程（综合）都包含砌石/安装桥面、调制砂浆和运输砂石 3 个工序。

图2-17　园　路

图2-18　满铺卵石拼花地面

表 2-22　园路时间定额　　　　　　　　　　　工日 /10m²

定额编号	EB008	EB0018	EB0034
项目	满铺卵石面（拼花）	方整石板面层（平道）	弹石片
综合	17.850	3.090	1.888
铺面	17.461	2.145	1.014
调制砂浆 / 铺砂	0.221（调制砂浆）	0.186（铺砂）	0.263
运输	0.168	0.759	0.611

表 2-23　园桥时间定额　　　　　　　　　　　工日 /m³

定额编号	EB0040	EB0042	EB0050
项目	基础（毛石）	桥台（毛石）	石桥面（10m²）
综合	1.220	2.220	11.339
砌石 / 安装桥面	0.593（砌石）	1.668（砌石）	10.728（安装桥面）
调制砂浆	0.221	0.209	0.123
运输	0.406	0.343	0.448

表 2-24　假山、驳岸时间定额　　　　　　　　　　　工日 /t

定额编号	EB0082	EB0091	EB0096	EB0103	EB0110
项目	湖石假山	人造湖石峰	石笋安装	布置景石	自然式驳岸
	高度≤1000mm	高度≤3000mm	高度≤4000mm	重量≤5t	
综合	4.000	11.500	5.500	15.360	2.330
堆砌 / 安装 / 布石 / 砌石	3.745（堆砌）	11.124（安装）	5.127（安装）	15.157（布石）	2.127（砌石）
调制砂浆	0.022	0.028	0.017	0.028	0.028
混凝土搅捣	0.030	0.076	0.050	—	—
运输	0.203	0.272	0.306	0.175	0.175

假山、驳岸的综合时间定额和各工序时间定额见表2-24。各项目的施工过程（综合）都包含堆砌/安装、调制砂浆、混凝土搅捣和运输砂石4个工序。其中布置景石和自然式驳岸包含布石/砌石、调制砂浆和运输砂石3个工序。

2.2.4.3　园林景观工程

（1）范围

《建设工程劳动定额——园林绿化工程——园林景观工程》（LD/T 75.3—2008）适用于公园、小游园、庭园的景观工程。图2-19是小游园中典型的景墙、树池、铺装与石凳。图2-20为园林景观平面图显示常见的浮雕石球、树池坐凳、景墙、景石、水池、休憩廊等景观工程。

（2）使用规定和工作内容

①工程量计算规则　原木构件、现浇（预制）混凝土屋面板、现浇混凝土飞来椅工程量按体积以"立方米（m³）"计算。树皮（草类）屋面、混凝土屋面板模板、压型钢板屋面、现浇混凝土飞来椅模板、预制吴王靠背条、塑树皮梁（柱）、花坛铁艺栏杆、石浮雕、花瓦什锦窗工程量按面积以"平方米（m²）"计算。原木橡、木制飞来椅、现浇彩色

水磨石飞来椅、塑树根、预制混凝土花坛栏杆、砖檐、墙帽按"延长米"计算。石镌字按"个"计算。石作沟门、沟漏按"块"计算。

②水平运输 定额包括材料场内≤50m的水平运输。

③使用系数 亭廊屋面是按檐高≤3.6m编制的，檐高＞3.6m，其时间定额的综合用工乘以相应系数：檐高≤8m时，乘以系数1.15；檐高≤12m，乘以系数1.2；檐高≤16m，乘以系数1.25。

混凝土屋面板、混凝土飞来椅和混凝土花坛栏杆现浇时需要用木模板成型。木模板以二、三类木种混合使用为准，如使用一、四类木种者，其定额用工：一类木种制作安装项目乘以系数0.91，四类木种制作安装项目乘以系数1.25。

④工作内容 除各项目规定的作业内容外，还包括下列内容：

熟悉施工图纸，布置操作地点、领退料具、机具装拆、修磨、锉锯、改料、车间内材料、半成品运输、石作及雕刻工具打磨，操作完毕后场地清理等辅助工作。

（3）时间定额表

原木构件的综合时间定额和各工序时间定额见表2-25所列。各项目的施工过程（综合）包含

图2-19 景墙、树池围牙、铺装与石凳

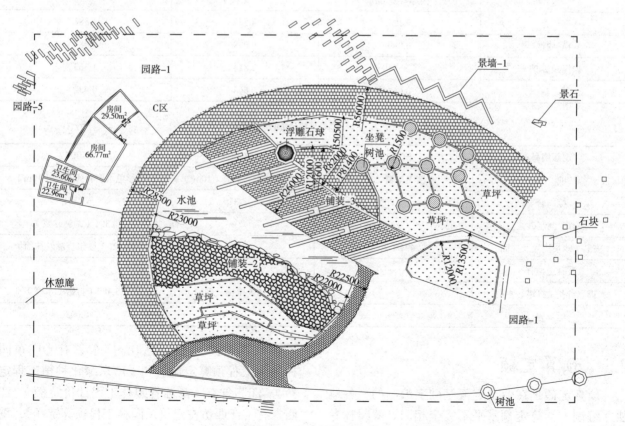

图2-20 园林景观平面图

制作、安装和运输原木3个工序。

混凝土亭廊坡屋面或攒尖亭屋面的综合时间定额和各工序时间定额见表2-26。各项目的施工过程（综合）都包含搅拌、振捣及养护和运输混凝土3个工序。

园林桌椅的综合时间定额和各工序时间定额见表2-27。木制飞来椅的施工过程（综合）包含制作和安装两个工序。混凝土飞来椅的施工过程（综合）包含混凝土搅拌、振捣及养护、运输混凝土3个工序。彩色水磨石飞来椅的施工过程（综合）包含调制砂浆、砂浆浇灌及抹面、打蜡水磨和运输4个工序。

表2-25 原木构件时间定额

定额编号	EC0001	EC0006
项目	原木柱、梁、檩（直径≤100 mm）	原木椽（直径≤100 mm）
综合	8.825（工日/m³）	4.694（工日/100m）
制作	3.713（工日/m³）	2.026（工日/100m）
安装	4.912（工日/m³）	2.477（工日/100m）
运输	0.200（工日/m³）	0.191（工日/100m）

表2-26 混凝土亭廊坡屋面或攒尖亭屋面时间定额　　　　　　　　　　　　　　工日/m³

定额编号	EC0018	EC0022	EC0029
项目	现浇混凝土不带椽屋面板 板厚≤60mm	现浇混凝土带椽戗翼板（爪角板）	预制混凝土老（仔）角梁
综合	3.114	3.577	1.881
搅拌	0.099	0.099	0.086
振捣及养护	2.351	2.814	1.363
运输	0.664	0.664	0.432

表2-27 园林桌椅时间定额　　　　　　　　　　　　　　工日/10m（10 m³）

定额编号	EC0036	EC0041	EC0043
项目	木制飞来椅（10m）	混凝土飞来椅（10m³）	彩色水磨石飞来椅（10m）
综合	30.800	2.319	61.191
制作/调制砂浆	28.379（制作）	—	0.391（调制砂浆）
安装/砂浆浇灌及抹面	2.421（安装）	—	27.320（砂浆浇灌及抹面）
混凝土搅拌	—	0.099	—
振捣、养护/打蜡、水磨	—	1.716（振捣、养护）	33.387（打蜡、水磨）
运输	—	0.504	0.093

2.3 预算定额

预算定额是在劳动定额基础上编制的。各地独立编制，预算定额水平不完全相同。就园林专业而言，浙江省有《浙江省园林绿化及仿古建筑工程预算定额》（2018版），广东省有《广东园林绿化工程预算定额》和《广东绿化种植工程定额》，江苏省有《江苏省园林工程计价定额》，江西省有《江西仿古建筑及园林工程预算定额》，重庆市有《重庆市园林工程消耗量定额综合单价

（2003）》，四川省有《四川省园林工程预算定额》《四川园林绿化养护工程》和《四川树木防寒风障工程定额》，广西壮族自治区有《广西园林工程预算定额》《广西绿化种植工程预算定额》和《广西绿化养护工程定额》，辽宁省有《辽宁省园林绿化工程计价定额（2008）》，吉林省有《仿古建筑及园林工程预算定额吉林省基价表（2册）》，黑龙江省有《黑龙江省园林工程预算定额》和《黑龙江省最新园林工程定额》等。各地定额适用于各省、自治区和直辖市。

2.3.1 预算定额的含义、作用和性质

2.3.1.1 预算定额的含义

预算定额一般包括消耗量定额和统一基价表。消耗量定额是确定一定计量单位分项工程或工程结构构件的人工、材料、机械消耗的数量标准。统一基价表由消耗量定额的人工、材料、机械消耗量分别乘以相应的人工单价、材料价格、机械台班单价后汇总而成，其包括分项工程人工费、分项工程材料费和分项工程机械费。

2.3.1.2 预算定额的作用

预算定额的作用有：

（1）预算定额是编制施工图预算的基础

编制园林工程施工图预算，如采用定额计价法，则需要直接套用预算定额基价；如采用清单计价法，则需要参考预算定额基价进行综合单价组价。很多工程在采用清单计价法编制投标报价时，直接套用预算定额基价组价。可见，园林预算定额对编制园林工程施工图预算非常重要，是预算编制的基础。

（2）预算定额是确定工程造价的依据

施工图预算是招标单位确定招标控制价、投标单位确定投标报价的基础。施工图预算所计算的建筑安装工程费也称为工程造价。由于施工图预算需要依据预算定额编制，所以预算定额是确定工程造价的依据。

（3）预算定额是决定建设单位工程费用支出和施工单位企业收入的重要因素

在园林工程招投标时，中标单位的投标报价（中标价）决定了施工合同的价款，也决定了建设单位的工程费用支出和施工单位的企业收入。因中标价很大程度上依赖于预算定额，所以预算定额是影响建设单位投资支出和施工单位工程价款收入的重要因素。

（4）预算定额是编制概算定额和概算指标的基础

概算定额中的人工、材料、机械消耗量和统一基价表一般根据预算定额综合考虑。概算指标的编制也很大程度上依赖预算定额和工程项目。所以，预算定额是编制概算定额和概算指标的基础。

2.3.1.3 预算定额的性质

（1）预算定额属于计价定额

预算定额是用来编制施工图预算的，作为计算工程造价的依据，预算定额是一种计价定额。

（2）预算定额反映了社会平均的生产消耗水平

与施工定额反映社会平均先进的生产消耗水平不同，预算定额反映的是社会平均的生产消耗量水平。即企业中大部分生产工人按一般速度工作在正常条件下能够达到的水平。预算定额以施工定额的消耗量为基础，考虑更多的可变因素和合理的幅度差。

（3）预算定额的研究对象为分项工程

预算定额的研究对象是分项工程。即按照园林工程不同的施工方法、材料的不同规格等划分的工程项目。如栽植乔木、栽植灌木、园路、嵌草砖铺装等。

2.3.2 预算定额编制的原则、依据和方法

2.3.2.1 预算定额编制的原则

预算定额根据社会平均水平、简明适用、统一性与差别性相结合3个原则编制。

（1）社会平均水平原则

编制预算定额时，按照"在现有的社会正常

的生产条件下，在社会平均的劳动熟练程度和劳动强度下制造某种使用价值所需要的劳动时间"来确定定额水平。这种社会平均水平是指在正常的施工条件、合理的施工组织和工艺条件、平均劳动熟练程度和劳动强度下，完成单位分项工程所需的劳动时间。

（2）简明适用原则

简明适用原则是指编制预算定额时，定额总说明、各章节说明和定额项目表都具备执行的可操作性且便于掌握。

（3）统一性和差别性相结合的原则

所谓统一性，是指制定全国统一市场规范和计价行为，如《全国统一安装工程预算定额》《全国统一建筑安装工程工期定额》等。所谓差别性，是指在统一性基础上，各省、自治区、直辖市建设行政主管部门可以在各自管辖范围内，根据本地区的具体情况制定地区定额、补充性制度和管理办法。

2.3.2.2 预算定额编制的依据

预算定额编制依据以下条件：

①全国统一劳动定额或基础定额。如《建设工程劳动定额——园林绿化工程》等。

②现行的工程设计规范、施工验收规范、质量评定标准和安全操作规程等。

③通用标准图集和已经确定的典型工程施工图纸。

④推广的新技术、新结构、新材料和新工艺。

⑤施工现场测定资料、实验资料和统计资料。

⑥地区人工工资标准、材料预算价格和机械台班单价。

⑦现行的预算定额。

2.3.2.3 预算定额编制的方法

（1）确定人工消耗量

预算定额的人工消耗量包含基本用工和其他用工。

基本用工是完成分项工程的主要用工量。例如栽植乔木、栽植灌木的苗木工用工等。其他用工是辅助基本用工所消耗的工时。其他用工包括超运距用工、辅助用工和人工幅度差。超运距用工是预算定额编制时采用的材料运距超过了劳动定额编制时采用的运距而需要增加的用工；辅助用工是指为完成基本用工而需要配合的用工；人工幅度差是指劳动定额未规定而施工中又不可避免的零星用工。人工幅度差包括：

①各专业工种之间的工序搭接不可避免的停歇时间。

②施工机械在场内变换位置引起的停歇时间。

③施工过程中引起的水电维修用工。

④隐蔽工程验收的时间。

⑤施工过程中工种之间交叉作业造成的不可避免的剔凿、修复、清理等用工。

人工幅度差的计算如公式（2-7）所示：

人工幅度差＝（基本用工＋辅助用工＋超运距用工）×人工幅度差系数 (2-7)

【例2-5】：在预算定额人工工日消耗量计算时，已知完成单位合格产品的基本用工为22工日，超运距用工为4工日，辅助用工为2工日，人工幅度差系数为12%，则预算定额的人工工日消耗量为多少？

解：人工幅度差＝（基本用工＋辅助用工＋超运距用工）×人工幅度差系数

＝（22+4+2）×12%=3.36（工日）

人工工日消耗量=22+4+2+3.36=31.36（工日）

（2）确定机械台班消耗量

预算定额的机械台班消耗量以施工定额的机械台班消耗量为基础，再考虑机械幅度差。

机械幅度差是指在施工定额中未包括而机械在合理的施工组织条件下所必须的停歇时间。机械幅度差包括：

①机械转移工作面及配套机械互相影响损失的时间；

②施工机械不可避免的工序间歇；

③检查工程质量影响机械操作的时间；

④临时水、电线路在施工中移位所发生的机

械停歇时间。

机械幅度差系数根据测定和统计资料确定，常用机械的幅度差系数为25%~33%。

机械台班消耗量计算分小组产量法和台班产量法两种方法，其计算如公式（2-8）和公式（2-9）所示：

小组产量法：

$$机械台班消耗量 = \frac{定额计量单位值}{小组产量} \quad (2\text{-}8)$$

台班产量法：

$$机械台班消耗量 = \frac{定额计量单位值}{台班产量} \times (1+机械幅度差系数) \quad (2\text{-}9)$$

【例2-6】：木栈道龙骨采用的木工圆锯机和木工平刨床机械台班消耗量计算。

解：查全国统一劳动定额，得木工圆锯机产量定额为2.02m³/台班，则预算定额的木栈道龙骨项目，其所需木工圆锯机台班消耗量=10÷2.02×1.25=6.18（台班/10 m³）

查全国统一劳动定额，得木工平刨床产量定额为4.72m³/台班，则预算定额的木栈道龙骨项目，其所需木工平刨床台班消耗量=10÷4.72×1.25=2.65（台班/10 m³）

2.3.3 预算定额人工、材料、机械台班单价的确定

2.3.3.1 人工单价

预算定额人工单价是指生产工人每工日的工资标准，它是生产工人一个工作日劳动应得的报酬。人工单价包括生产工人基本工资、工资性补贴、辅助工资、职工福利费和劳动保护费。基本工资与工人的技术等级有关；工资性补贴是指按规定标准发放的物价补贴；辅助工资是指生产工人年有效作业天数之外非作业天数的工资；职工福利费按规定标准计提；劳动保护费是指按规定发放的生产工人劳动保护用品的购置费和修理费、徒工服装补贴、防暑降温费和在有害环境中施工的保健费。人工单价的计算如公式（2-10）所示：

$$人工单价 = 基本工资 + 工资性补贴 + 辅助工资 + 职工福利费 + 劳动保护费 \quad (2\text{-}10)$$

《××省园林绿化及仿古建筑工程预算定额》（2018版）规定人工日工资单价按一类人工125元，二类人工135元，三类人工155元计算。其中园林绿化工程、土（石）方工程、垂直运输工程的日工资单价按一类人工125元计算；园路、园桥工程，园林景观工程，基础垫层及打圆木桩工程，砌筑工程，混凝土工程，围堰、脚手架工程的日工资单价按二类人工135元计算；其他工程的日工资单价按三类人工155元计算。

影响人工单价的因素有社会平均工资水平、生活消费指数、人工单价的组成内容、劳动力市场供需变化、政府推行的社会保障和福利政策等。

2.3.3.2 材料单价

材料单价也称为材料预算价格，是指材料由原产地或交货地点，经中间转运到达工地仓库或施工现场堆放点后的出库价格。材料单价由材料原价、供销部门手续费、材料包装费、运杂费和材料采购及保管费五项构成。材料单价的计算如公式（2-11）所示：

$$\begin{aligned}材料单价 &= 材料原价 + 供销部门手续费 + \\&\quad 包装费 + 运杂费 + 运输损耗 + 采购及保管费 \\&= [材料原价 \times (1+供销部门手续费率) + \\&\quad 包装费 + 运杂费] \times (1+运输损耗率) \times \\&\quad (1+采购保管费率) - 包装品的回收价值\end{aligned} \quad (2\text{-}11)$$

为简化起见，材料单价也可以理解为包括材料供应价、运杂费和采购及保管费三项。

《××省园林绿化及仿古建筑工程预算定额》（2018版）规定的部分主要材料单价见表2-28所列。

2.3.3.3 机械台班单价

机械台班单价又称为机械台班预算价格，是指施工机械正常作业时一个台班（8h）支出的各项费用之和。机械台班单价包括第一类费用和第二类费用。

第一类费用是不管机械的运转情况如何，都

必须按所需费用分摊到每一台班中的费用。包括折旧费、台班大修费、养路费及车船使用税等。

第二类费用只有机械运转时才发生，包括燃料动力费、人工费（指机上司机、司炉及其他操作人员的工资）、经常修理费、安拆费及场外运费。

机械台班单价＝折旧费＋大修费＋经常修理费＋安拆费＋人工费＋燃料动力费＋税费

其中，台班大修费的计算如公式（2-12）所示：

$$台班大修费 = \frac{一次大修费 \times 寿命期内大修次数}{耐用总台班}$$
（2-12）

《××省园林绿化及仿古建筑工程预算定额》（2018版）*规定的部分机械台班单价见表2-29所列。

2.3.3.4 预算基价

分项工程预算基价又称为工料单价，它由定额人工费、定额材料费和定额机械费组成。其计算公式分别如（2-13）~公式（2-16）所示。

定额人工费＝定额人工消耗量×人工单价
（2-13）

定额材料费＝∑定额材料消耗量×材料单价
（2-14）

定额机械费＝∑定额机械台班消耗量×机械单价
（2-15）

基价＝定额人工费＋定额材料费＋定额机械费
（2-16）

通常，分项工程基价、人工费、材料费和机械费共同组成定额单位估价表。定额单位估价表是确定园林工程人工费、材料费和机械费的主要依据。

《××省园林绿化及仿古建筑工程预算定额》（2018版）花卉片植分项工程单位估价表及人工、材料消耗量见表2-30所列。

表2-28　材料单价取定表（部分）

序号	材料名称	型号规格	单位	单价（元）
1	热轧带肋钢筋	HRB400综合	t	3849.00
2	热轧光圆钢筋	HPB300综合	t	3981.00
3	杉原木	综合	m³	1466.00
4	硬木	进口	m³	3276.00
5	水泥砂浆	1:1	m³	294.20
6	花岗岩板	δ80	m²	159.00
7	石球	φ500	个	522.00

表2-29　机械台班单价取定表（部分）

序号	机械名称	型号规格	单位	单价（元）
1	履带式推土机	90kW	台班	717.68
2	汽车式起重机	10t	台班	709.76
3	载货汽车	5t	台班	382.30
4	洒水车	4000L	台班	428.87
5	木工圆锯机	500mm	台班	27.50
6	木工平刨床	500mm	台班	21.04
7	灰浆搅拌机	200L	台班	154.97

---

* 本教材主要参照浙江省2018版的相关数据。

表 2-30 花卉片植定额项目表（计量单位：10m²）

定额编号				1-185
项　目				花卉片植（种植密度 36 盆/m² 以内）
基价（元）				84.41
其中	人工费（元）			81.63
	材料费（元）			2.78
	机械费（元）			—
名　称		单　位	单价（元）	消耗量
人工	一类人工	工日	125	0.653
材料	水	m³	4.27	0.650

2.3.4 《××省园林绿化及仿古建筑工程预算定额》（2018版）

《××省园林绿化及仿古建筑工程预算定额》（2018版）是指导××省园林建设行政主管部门、建设单位、设计单位和施工单位审核或编制园林工程造价文件的主要依据。这些造价文件包括园林工程设计概算、施工图预算、预算投资、招标控制价、风险控制价、投标报价等。定额由总说明、仿古建筑工程建筑面积计算规定、目录、各章（分部工程）说明、各章工程量计算规则和定额项目表组成。

定额分为上下两册，上册包括园林绿化，园路，园桥，园林景观，土石方，圆木桩，基础垫层，砌筑，装饰装修，砖细，石作，琉璃砌筑和混凝土及钢筋工程。下册包括屋面，仿古木作，地面，抹灰，油漆，脚手架，模板，垂直运输和其他措施工程。

2.3.4.1 上册

《××省园林绿化及仿古建筑工程预算定额》（2018版）上册包含园林绿化工程、园路园桥工程、园林景观工程等十个分部工程。其中，园林绿化工程、园路园桥工程、园林景观工程和土石方圆木桩基础垫层工程是园林典型的分部工程，园林工程中典型项目需要套取此4个分部工程中的子项目。砌筑工程、装饰装修工程、砖细工程、石作工程、琉璃砌筑工程和混凝土及钢筋工程是建筑工程或仿古建筑工程中典型的分部工程，园林建筑、园林仿古建筑、园林景观基础和结构以及地面铺装等需要套取此6个分部工程中的子项目。

（1）园林绿化工程（见定额第一章）

本章定额包括种植和养护两部分。具体包括绿地整理、栽植花木、大树迁移、喷灌配件安装、绿地养护、树木支撑、草绳麻布绕树干、搭设遮阴棚等。种植定额子目基价中未包括苗木、花卉的费用，其价格根据当时当地的价格确定。乔木的种植损耗按1%计算，灌木、草皮、竹类等种植损耗按5%计算。起挖或栽植树木均以一、二类土为计算标准，如为三类土，人工乘以系数1.34，四类土人工乘以系数1.76，冻土人工乘以系数2.20。

绿化养护定额子目适用于苗木种植后的初次成活养护，一般要求行道（包括道路绿化）成活率在95%以上，其他的成活率在98%以上，保存率为100%。定额子目的养护期为一年，实际养护期为两年的，第二年的养护费用按第一年的养护费用乘以系数0.7。实际养护期超过两年的，两年以后的养护费另外计算。本章定额未包括非适宜地树种的栽植养护；反季节栽植养护；古树名木和超规格大树栽植养护；水生植物、屋顶绿化、垂直绿化、高架绿化、边坡绿化的养护；屋顶绿化的垂直运输及设施保护费。图 2-21 乔灌木种植

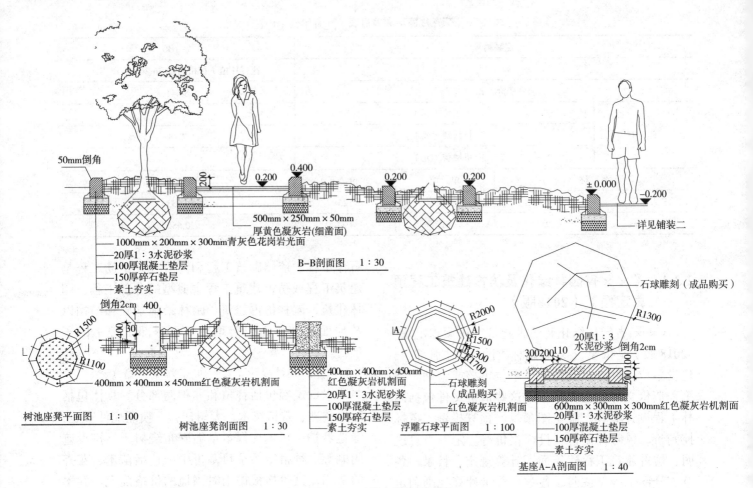

图2-21 乔灌木种植剖面图

施工图需要套取本章定额子目。

表2-31是园林绿化工程定额子目的节选。

（2）园路、园桥工程（见定额第二章）

本章定额包括园路、园桥及护岸工程。园路、园桥包括园路基层、园路面层、园桥及园路台阶；护岸包括自然式护岸、生态袋护岸、木桩护岸等。花岗岩机割石板地面定额，其水泥砂浆结合层按3cm厚编制。块料面层结合砂浆如采用干硬性水泥砂浆的，除材料单价换算外，人工乘以系数0.85。冰梅石板定额按250~300块/10m²编制；若冰梅石板在250块/10m²以内时，套用冰梅石板定额，其人工、切割锯片乘以系数0.9；若冰梅石板在300块/10m²以上时，套用冰梅石板定额，其人工、切割锯片乘以系数1.15。图2-22园路及园桥工程需要套取本章定额子目。

表2-32是园路、护岸工程定额子目的节选。

表2-33是园桥工程定额子目的节选。

图2-22 园路及园桥

表2-31 园林绿化工程定额项目表（计量单位：10株）

定额编号		1-42	1-50	1-76	1-109	1-165	1-222	1-250
项 目		起挖乔木（胸径11cm以内）	起挖乔木（裸根，胸径12cm以内）	起挖灌木、藤本（土球直径30cm以内）	栽植乔木（胸径11cm以内）	灌木片植（苗高50~100cm以内，种植密度9株/m²以内）计量单位：10m²	大树起挖（胸径35cm以内）计量单位：株	常绿乔木养护（胸径10cm以内）
基 价		982.70	204.00	38.45	780.01	54.77	980.58	308.62
其中	人工费	739.50	204.00	27.25	636.00	52.63	602.63	243.50
	材料费	112.00	—	11.20	12.81	2.14	102.64	23.52
	机械费	131.20	—	—	131.20	—	275.31	41.60

表2-32 园路、护岸工程定额项目表（计量单位：10m²）

定额编号		2-2	2-5	2-8	2-20	2-30	2-77
项 目		整理路床（机械打夯）	垫层（碎石）计量单位：10m³	水泥混凝土面层（厚12cm）	石板冰梅面（密缝，板厚4mm以内）	花岗岩机制板地面（板厚3~6cm）	自然式护岸（湖石）计量单位：t
基 价		29.26	2186.01	719.24	3014.90	2086.11	259.51
其中	人工费	11.88	549.86	334.94	1632.29	349.92	86.81
	材料费	—	1636.15	379.54	1382.61	1715.11	169.04
	机械费	17.38	—	4.76	—	21.08	3.66

表2-33 园桥工程定额项目表（计量单位：10m³）

定额编号		2-53	2-54	2-57	2-68	2-70	2-72
项 目		毛石基础	桥台（毛石）	砖砌拱券	石桥面（厚8cm）计量单位：10m²	木栈道（厚4cm）计量单位：10m²	木栈道龙骨
基 价		3836.30	4614.37	6391.74	2535.09	2025.21	22 525.90
其中	人工费	1571.13	2168.24	3094.20	838.62	291.87	4828.68
	材料费	2172.03	2358.57	3262.05	1696.47	1724.73	17 471.51
	机械费	93.14	87.56	35.49	—	8.61	225.71

（3）园林景观工程（见定额第三章）

本章定额包括堆砌假山、屋面、花架、园林桌椅及杂项。堆砌假山包括湖石、黄石假山堆砌，塑假石山、斧劈石堆砌、石峰、石笋堆砌及布置景石等。在室内叠塑假山或作盆景式假山时，执行本定额相应子目，其定额人工乘以系数1.15。堆砌假山定额项目内均未包括基础，基础部分套用基础工程相应定额。园林桌椅、垃圾箱、石灯笼、仿石音箱、花坛混凝土栏杆、金属栏杆、金属围网等均按成品安装编制。塑松（杉）树皮、塑竹节竹片、塑壁画面、塑木纹、塑树头等子目，仅考虑面层或表层的装饰抹灰和抹灰底层，基层材料均未包括在内。

表2-34是园林景观工程定额子目的节选。

（4）土石方、圆木桩、基础垫层工程（见定额第四章）

本章定额包括土石方工程、打圆木桩、基础垫层。混凝土基础与混凝土垫层的划分，一般以设计为准，如设计不明确，以厚度划分：15cm以内的为垫层，15cm以上的为基础。沟槽、基坑、一般土石方的划分：底宽≤7m，且底长＞3倍底宽为沟槽；底长≤3倍底宽，且底面积≤150m²为基坑；超出上述范围，又非平整场地的，为一般土石方。垫层材料的配合比设计与定额不同时，应进行换算；毛石灌浆如设计砂浆标号不同时，砂浆标号进行换算；碎石、砂垫层级配不同时，砂石材料数量进行换算。

表 2-35 是土石方、圆木桩、基础垫层工程定额子目的节选。

表 2-34　园林景观工程定额项目表（计量单位：10m²）

定额编号		3-41	3-75	3-81	3-83	3-102	3-125
项　目		草屋面（麦草150mm厚）	石球安装(球径800mm以内)计量单位：10个	塑松（杉）树皮	塑壁画面	花式栏杆安装（金属）计量单位：10m	木制花坛（厚3cm）
基　价		720.52	16 620.43	2102.10	1638.46	2240.40	1129.65
其中	人工费	391.50	542.84	1963.98	1573.29	198.72	379.49
	材料费	329.02	16 060.78	129.44	56.96	1985.12	750.16
	机械费	—	16.81	8.68	8.21	56.56	—

表 2-35　土石方、圆木桩、基础垫层工程定额项目表（计量单位：10m³）

定额编号		4-3	4-52	4-60	4-97	4-106	4-110
项　目		人工挖沟槽一、二类土（干土深3m以内）	人力车运土方（运距50m以内）	平整场地计量单位：10m²	推土机推土（运距20m以内，三类土）	打圆木桩（挖掘机打桩）	砂垫层
基　价		175.50	141.38	35.00	33.38	18 087.61	1902.68
其中	人工费	175.50	141.38	35.00	3.89	831.06	353.97
	材料费	—	—	—	—	15 811.18	1546.33
	机械费	—	—	—	29.49	1445.37	2.38

（5）砌筑工程（见定额第五章）

砌筑工程常见于园林建筑的墙体和基础，另在景墙基础、景墙墙身和砖砌花池中也较为常见。本章定额包括砖石基础，标准砖砌内墙，标准砖砌外墙，弧形砖墙，空斗墙，玻璃砖墙，空花墙，砖柱，多孔砖砌体，混凝土类砖砌体，轻质砌块专用连接件，柔性材料嵌缝，其他砌体，台阶，毛石，方整石砌体，护坡，散水，蘑菇石墙，浆砌冰梅花岗岩石墙，浆砌冰梅墙，浆砌细条石墙。基础与上部结构的划分：砖石基础与墙身以设计室内地坪为界，地坪有坡度时以地坪最低标高处为界；基础与墙身材料不同时，不同材料的分界线位于设计室内地坪±30cm以内时以不同材料的分界线为界，超过±30cm时仍按设计室内地坪为界。本定额所列砌筑砂浆如设计与定额不同时，应做换算。马头墙砌筑工程量并入墙体工程量计算，每个挑出的跺头另增加砌筑人工0.25工日。

图 2-23 园林建筑和图 2-24 院落、大门、花池，需要套取本章定额子目。

表 2-36 是砌筑工程定额子目的节选。

（6）装饰装修工程（见定额第六章）

本章定额包括楼地面，墙、柱、梁面，天棚，门窗等，适用于一般的装饰装修项目。古式装修及古式门窗套用其他章节相应子目。整体面层、

图2-23　园林建筑

图2-24 别墅围墙、大门及花池

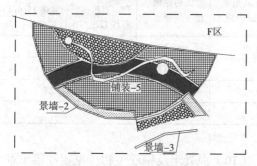

图2-25 广场铺装平面图

图2-26 广场铺装实景图

块料面层中的楼地面项目,均不包括找平层和踢脚线。找平层、整体面层设计厚度与定额不同时,按每增减5mm调整。踢脚线高度超过30cm时,套用墙、柱面工程相应定额。墙柱面一般抹灰定额均按三遍考虑,设计抹灰厚度及遍数与定额不同时按原则调整。天棚面层均以不带压条为准,如带压条另行计算。门窗安装按成品考虑。断桥隔热铝合金门窗成品安装套用相应铝合金门窗定额,除材料单价换算外,人工乘以系数1.1。图2-25和图2-26广场铺装需要套取本章定额子目。

表2-37是装饰装修工程定额子目的节选。

(7)砖细工程(见定额第七章)

本章定额包括做细望砖,砖细加工,砌城砖墙及清水墙,砖细及青条砖贴面,砖细镶边、月洞、地穴及门窗樘套,漏窗,砖细槛墙、坐槛栏杆,砖细构件,砖细小构件,砖雕及碑镌字。砖细制作按现场制作考虑,如实际加工方法与定额不一致时,不做调整。望砖加工定额包括刨平面、弧面、刨缝、补磨。本章定额除做细望砖、砖细加工及砖雕外,定额均包括制作安装。砖细加工作为一道施工工序,不计算原料,仅计算加工费。青条砖贴面,定额按成品考虑。青砖贴面按水泥砂浆粘结考虑,青条砖贴弧形面时,人工耗用量乘以系数1.15,材料耗用量乘以系数1.05。砖雕定额不计原材料,仅计算人工及辅助材料;定额不包括砖透雕;砖雕不包括砖细加工。

表2-38是砖细工程定额子目的节选。

表2-36 砌筑工程定额项目表(计量单位:10m³)

定额编号		5-2	5-12	5-22	5-49	5-58	5-59
项 目		浆砌毛石基础	标准砖砌外墙(1砖)	空花墙	毛石台阶 计量单位:10m²	蘑菇石墙	浆砌冰梅花岗石墙(双面,厚30cm)
基 价		3558.13	4296.08	3577.10	1251.35	13 189.03	30 866.03
其中	人工费	1297.89	1636.47	1702.08	534.60	2059.02	7754.54
	材料费	2167.26	2599.17	1833.18	698.15	10 992.86	23 046.40
	机械费	92.98	60.44	41.84	18.60	137.15	65.09

表 2-37 装饰装修工程定额项目表（计量单位：100m²）

定额编号		6-1	6-23	6-24	6-33	6-41	6-101
项目		细石混凝土找平层（厚30mm）	地砖楼地面（离缝8mm）	花岗岩（大理石）面层（板厚3cm以内）	地砖踢脚线	砖墙、砌块墙一般抹灰	墙面文化石
基价		1590.35	7172.87	18 666.04	7209.56	2282.06	10 843.47
其中	人工费	592.10	2184.88	1762.04	4996.89	1640.99	3294.99
	材料费	905.85	4933.75	16 846.66	2183.23	580.63	7511.29
	机械费	92.40	54.24	57.34	29.44	60.44	37.19

表 2-38 砖细工程定额项目表（计量单位：10m²）

定额编号		7-1	7-10	7-29	7-35	7-39	7-43
项目		望砖加工（粗直缝）计量单位：100块	砖细加工（青砖刨平面）	城砖墙 计量单位：10m³	砖细贴面（八角景，30cm×30cm以内）	青条砖贴墙面（勾缝）	砖细月洞、地穴、门窗樘套（侧壁，直折线形，宽在35cm以内，双线双出口）计量单位：10m
基价		144.20	891.13	18 344.97	8696.39	965.25	2981.21
其中	人工费	76.11	890.63	3005.30	5867.06	488.87	2345.93
	材料费	68.09	0.50	15 223.60	2829.33	472.66	635.28
	机械费	—	—	116.07	—	3.72	—

（8）石作工程（见定额第八章）

本章定额包括石料加工，用毛料石制作、安装，用机割石材制作构件。其中，用毛料石制作、安装包括台基及台阶、望柱、栏杆、磴、柱、梁、枋、门窗石、槛垫石、石屋面、石作配件、石雕及镌字；用机割石材制作构件包括台基及台阶、望柱、栏杆、磴、柱、梁、枋、门窗框。石料质地统一按普坚石为准，如使用特坚石，其制作人工耗用量乘以系数1.43，次坚石其人工耗用量乘以系数0.6。

表 2-39 是石作工程定额子目的节选。

（9）琉璃砌筑工程（见定额第九章）

本章定额包括琉璃墙身，琉璃其他配件，琉璃花窗等。定额子目综合了砌筑弧形墙、云墙等因素在内。琉璃梢子不包括圈挑檐点砌腮帮。琉璃山墙上摆砌琉璃梢子、圈挑檐点砌腮帮其工程量与墙身合并计算，其他山墙用琉璃砖圈挑檐点砌腮帮，琉璃砖砌筑套用相应定额乘以系数1.3。墙帽以双面出檐为准，若遇单面出檐套用相应定额乘以系数0.65。

表 2-40 是琉璃砌筑工程定额子目的节选。

（10）混凝土及钢筋工程（见定额第十章）

园林建筑的柱、梁、板、基础，景墙墙身、基础，石砌驳岸基础等通常为混凝土及钢筋混凝土结构。本章定额包括现浇现拌混凝土，现浇商品混凝土，预制混凝土，钢筋混凝土预制构件场外汽车运输，钢筋混凝土预制构件安装和钢筋制作、安装。其中现浇混凝土包括基础，柱、梁、桁、枋、机、墙、板和其他混凝土等；预制混凝土及钢筋混凝土预制构件场外运输、安装包括柱、梁、屋架、桁、机、板、椽和其他构件；钢筋制作、安装包括现浇构件、预制构件普通钢筋制作安装和钢筋植筋、预埋铁件、钢筋机械连接、焊接等。现场搅拌泵送混凝土，执行商品泵送混凝土定额子目时，除混凝土单价按现场搅拌泵送混凝土配合比组价外，应另行增加搅拌费、泵送费。定额混凝土的强度等级是按常规设计编制的，当混凝土的设计强度等级与定额不同时，应做换算。混凝土的石子粒径是按常用规格编制的，当粒径规格与定额不同时，应做换算。毛石混凝土中的毛石掺量按20%考虑，设计使用量不同时，其毛石和混凝土用量可按比例调整。图 2-27 钢筋混凝土独立基础和图 2-28 混凝土仿古栏杆需要套取本章定额子目。

表 2-41 是混凝土及钢筋工程定额子目的节选。

表 2-39 石作工程定额项目表（计量单位：10m²）

定额编号		8-5	8-33	8-73	8-136	8-149	8-174
项 目		石料表面加工（平面，二遍剁斧）	毛料石踏步、阶沿石制作（二遍剁斧，厚度8cm以内，长度2m以内）	毛料石栏板制作（断面在880 m²以内，直形二步做糙）计量单位：m³	石浮雕（素平，阴刻线）	机割石踏步、阶沿石制作（二遍剁斧，厚度15cm以内，长度2m以内）	机割石栏板制作（断面在880 m²以内，直形二步做糙）计量单位：m³
基 价		2004.76	8055.70	7950.05	15 813.80	4396.60	3697.94
其中	人工费	2002.76	5621.90	5111.13	14 697.10	1125.30	1498.70
	材料费	2.00	2433.80	2838.92	1116.70	3271.30	2199.24
	机械费	—	—	—	—	—	—

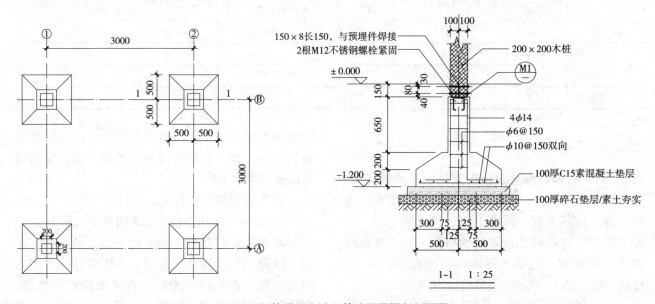

图2-27 钢筋混凝土独立基础平面图和剖面图

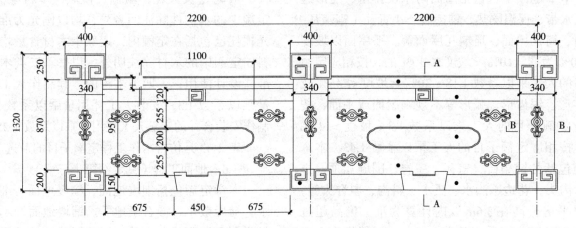

图2-28 混凝土仿古栏杆立面图

表 2-40 琉璃砌筑工程定额项目表（计量单位：10m²）

定额编号		9-1	9-9	9-13	9-15
项 目		平砌琉璃砖	琉璃梢子（无后续尾）计量单位：个	琉璃套兽 计量单位：个	琉璃花窗（50cm×35cm）
基 价		1639.30	33.26	14.66	3972.84
其中	人工费	1502.00	28.99	13.18	192.51
	材料费	126.50	3.96	1.48	3778.32
	机械费	10.80	0.31	—	2.01

表 2-41 混凝土及钢筋工程定额项目表（计量单位：10 m³）

定额编号		10-1	10-4	10-8	10-35	10-37	10-138
项 目		素混凝土垫层	钢筋混凝土杯形、独立、带形基础	圆形柱、矩形柱（断面周长100cm以内）	古式栏杆（简式）计量单位：10延长米	吴王靠（简式）计量单位：10m	现浇构件圆钢 HPB300（φ10以内）计量单位：t
基 价		3818.89	3756.26	4766.83	587.99	264.80	5450.89
其中	人工费	861.44	707.81	1521.18	229.64	101.66	1257.36
	材料费	2850.88	2947.24	3069.98	322.03	147.07	4120.16
	机械费	106.57	101.21	175.67	36.32	16.07	73.37

2.3.4.2 下册

《××省园林绿化及仿古建筑工程预算定额》（2018版）下册包含屋面工程、仿古木作工程、地面工程、抹灰工程、油漆工程、脚手架工程、模板工程、垂直运输工程和其他措施工程，并在附录中罗列砂浆、混凝土强度等级配合比，人工、材料（半成品）、机械台班单价取定表。

（1）屋面工程（见定额第十一章）

本章定额子目包括屋面防水及排水、变形缝与止水带、保温隔热、铺望砖、小青瓦（蝴蝶瓦）屋面、筒瓦屋面、琉璃瓦屋面等。平屋面以坡度≤10%为准，10%＜坡度≤30%的，按相应定额子目的人工乘以系数1.18；30%＜坡度≤45%及人字形、锯齿形、弧形等不规则屋面或平面，按相应定额子目的人工乘以系数1.3；坡度＞45%的，按相应定额子目的人工乘以系数1.43。本章定额包括的铺望砖、盖瓦、屋脊、围墙瓦顶、排山、沟头、花边、滴水、泛水、斜沟、屋脊头等，均以平房檐高在3.6m以内计算为准；檐高超过3.6m时，其人工乘以系数1.05，二层楼房人工乘以系数1.09，三层楼房乘以系数1.13，四层楼房乘以系数1.16，五层楼房乘以系数1.18，宝塔按五层楼房系数执行。

表 2-42 是屋面工程定额子目的节选。

（2）仿古木作工程（见定额第十二章）

本章定额包括柱、梁、桁（檩）条、枋、替木、搁栅、椽、戗角、斗拱、木作配件、古式木门窗、槛、框、门窗配件、古式木栏杆、坐凳、雨达板、鹅颈靠背、挂落、飞罩、木地板、木楼梯、板间壁及天花、匾额、楹联、木材雕刻等。定额中的木构件除注明者外，均以刨光为准，刨光损耗已包括在定额内，定额中木材含量均为毛料。定额中的木材除注明外，以一、二类木种为准。设计使用三、四类木种的，其制作人工耗用量乘以系数1.3，安装人工耗用量乘以系数1.15，制作安装合并的定额人工耗用量乘以系数1.25。

表 2-43 是仿古木作工程定额子目的节选。

（3）地面工程（见定额第十三章）

本章定额包括细墁地面、糙墁地面、细墁散水、糙墁散水、墁石子地等。铺墁地面均不包括找平层和踢脚线。方砖、城砖铺装项目的面层材料，定额按已完成铺装前各项加工的成品考虑，若要进行现场加工的，按相应定额子目计算。

表2-44是地面工程定额子目的节选。

（4）抹灰工程（见定额第十四章）

本章定额包括墙、柱面仿古抹灰，其他仿古抹灰。弧形墙面抹灰按相应定额项目人工乘以系数1.10，材料乘以系数1.02。其他零星项目抹灰是指山花象眼、穿插档、什锦窗侧壁、匾心、小红山及单块面积小于3m²的廊心墙等处的抹灰。单块面积大于3m²的廊心墙抹灰，应执行墙面定额。

表2-45是抹灰工程定额子目的节选。

表2-42　屋面工程定额项目表（计量单位：100m²）

定额编号		11-11	11-97	11-114	11-131	11-167	11-238
项　目		高分子卷材（胶粘法一层，平面）	聚氨酯硬泡（喷涂，40mm厚）	蝴蝶瓦屋面（亭、塔）	黏土筒瓦屋面（亭、塔）	屋脊头（烧制品，九套龙吻，长38cm）计量单位：只	琉璃瓦围墙瓦顶（宽85cm，双落水）计量单位：10m
基　价		3075.50	5106.89	19 767.80	20 721.90	1093.78	1245.97
其中	人工费	432.30	794.84	5262.30	7781.00	938.68	682.62
	材料费	2643.20	4002.65	14 423.40	12 877.40	155.10	563.35
	机械费	—	309.40	82.10	63.50		

表2-43　仿古木作工程定额项目表（计量单位：100m³）

定额编号		12-2	12-34	12-91	12-137	12-181	12-264
项　目		立贴式圆柱制作、安装（φ18cm以内）	圆梁（架梁、山界梁、双步川梁，φ24cm以内）	矩形椽子（周长30cm以内）	戗角（老戗木、由戗，周长110cm以内）	斗拱制作、安装（一斗三升，丁字型）（计量单位：座）	古式木长窗扇制作（宫式）（计量单位：10m²）
基　价		47 220.41	46 675.45	29 888.25	35 114.69	383.71	7506.96
其中	人工费	27 556.37	28 086.47	10 168.62	17 095.73	356.04	6569.06
	材料费	19 464.97	18 357.03	19 570.43	17 869.76	27.67	928.53
	机械费	199.07	231.95	149.20	149.20	—	9.37

表2-44　地面工程定额项目表（计量单位：10 m²）

定额编号		13-1	13-9	13-13	13-21	13-32	13-52
项　目		方砖细墁地面（300mm×300mm以内，砂基层）	大城砖细墁地面（480mm×240mm×128mm，砂基层）	方砖糙墁地面（300mm×300mm以内，砂基层）	大城砖糙墁地面（480mm×240mm×128mm，砂基层）	方砖细墁散水（300mm×300mm以内，砂基层）	满铺卵石面拼花（墁石子地）
基　价		2410.84	20 344.27	2099.47	19 820.67	2559.15	904.47
其中	人工费	502.74	757.08	219.38	273.24	492.75	695.66
	材料费	1908.10	19 587.19	1880.09	19 547.43	2066.40	202.77
	机械费	—	—	—	—	—	6.04

（5）油漆工程（见定额第十五章）

本章定额包括木材面油漆、混凝土构件油漆、抹灰面油漆、水质涂料、外墙涂料及金属漆、仿石纹（木纹）油漆、地仗等。

表2-46是油漆工程定额子目的节选。

（6）脚手架工程（见定额第十六章）

本章定额包括综合脚手架和单项脚手架。综合脚手架适用于仿古建筑工程及地下室脚手架，不适用构筑物、塔、围墙及无围护结构的廊、亭、阁、台、榭等工程。综合脚手架定额已综合内、外墙砌筑脚手架，外墙装饰脚手架，斜道和上斜平台。

表2-47是脚手架工程定额子目的节选。

（7）模板工程（见定额第十七章）

本章定额包括现浇钢筋混凝土模板和预制、预应力钢筋混凝土构件模板。其中现浇钢筋混凝土模板包括基础模板，柱、梁模板，桁、枋、连机模板，墙、板模板和其他混凝土模板；预制、预应力钢筋混凝土构件模板包括预制柱，梁，桁、枋，连机，板，椽，屋架的模板，其他预制构件模板和地膜、胎膜。

表2-48是模板工程定额子目的节选。

（8）垂直运输工程（见定额第十八章）

本章定额包括机械垂直运输和人工垂直运输。人工垂直运输是指不利用机械设备载运材料。檐口高度在3.6m以内的单层园林建筑，垂直运输定额乘以系数0.3。塑假山高度在6m以内的垂直运输定额乘以系数0.5。

表2-49是垂直运输工程定额子目的节选。

表2-45　抹灰工程定额项目表（计量单位：100 m²）

定额编号		14-1	14-3	14-6	14-11
项　目		混合砂浆底、纸筋灰面仿古抹灰（柱、梁面）	混合砂浆底、纸筋灰面其他仿古抹灰（各种剁头）	混合砂浆底、纸筋灰面其他仿古抹灰（地圆、地洞）	水泥砂浆须弥座、冰盘檐
基　价		3628.52	5002.98	7825.02	8383.77
其中	人工费	2821.00	4196.16	6971.28	7657.00
	材料费	747.86	747.16	794.08	667.11
	机械费	59.66	59.66	59.66	59.66

表2-46　油漆工程定额项目表（计量单位：100 m²）

定额编号		15-1	15-38	15-84	15-106	15-118	15-120
项　目		广漆三遍（木门窗）	聚酯清漆三遍（木门窗）	防火漆二遍（木门窗）	抹灰面乳胶漆（两遍）	外墙涂料（真石漆）	抹灰面仿石纹
基　价		9225.99	5261.76	2437.00	1493.71	8495.30	2014.48
其中	人工费	8602.50	3888.49	1667.03	1023.00	3002.20	1650.75
	材料费	623.49	1373.27	769.97	470.71	5493.10	363.73
	机械费	—	—	—	—	—	—

表 2-47 脚手架工程定额项目表（计量单位：100m²）

定额编号		16-1	16-13	16-21	16-23	16-32
项 目		综合脚手架（建筑物檐高7m以内，层高6m以内）	单项脚手架（外墙脚手架，建筑物檐高7m以内）	单项脚手架（满堂脚手架，基本层3.6~5.2m）	圆拱洞桥脚手架	搭拆水上打桩平台
基 价		2035.52	1269.59	1170.37	1018.78	5247.06
其中	人工费	1566.54	844.70	994.14	807.71	4300.16
	材料费	387.75	336.28	143.00	171.20	899.70
	机械费	81.23	88.61	33.23	39.87	47.20

表 2-48 模板工程定额项目表（计量单位：100m²）

定额编号		17-1	17-11	17-19	17-63	17-79
项 目		现浇混凝土垫层模板	现浇钢筋混凝土独立基础（复合木模）	现浇钢筋混凝土圆形柱（木模）	预制椽模板（方直形）	混凝土地膜
基 价		3976.21	4562.62	8078.52	1918.62	16 382.24
其中	人工费	2154.50	2633.14	5010.07	1472.50	7979.40
	材料费	1730.50	1851.11	2936.84	438.34	8116.96
	机械费	91.21	78.37	131.61	7.78	285.88

表 2-49 垂直运输工程定额项目表（计量单位：100m²）

定额编号		18-1	18-9	18-17	18-25
项 目		园林古建筑（机械，垂直高度20m以内）	民居建筑（机械，垂直高度20m以内）	塑假山（机械，垂直高度10m以内）	石板材（人工，高度9m以内）
基 价		3521.44	2347.63	1385.18	440.75
其中	人工费	—	—	—	440.75
	材料费	—	—	—	—
	机械费	3521.44	2347.63	1385.18	—

（9）其他措施工程（见定额第十九章）

本章定额包括建筑物超高施工增加费、围堰、湿土排水。超高施工增加费适用于建筑物檐高20m以上的工程。围堰包括土草围堰、筑岛填心等。排水包括湿土排水、抽水等。

表 2-50 是其他措施工程定额子目的节选。

（10）附录

《××省园林绿化及仿古建筑工程预算定额》（2018 版）下册的最后部分是附录。附录内容包括砂浆、混凝土强度等级配合比和人工、材料（半成品）、机械台班单价取定表。砂浆、混凝土强度等级配合比包括砂浆配合比、普通混凝土配合比、防水材料配合比、垫层及保温材料配合比、耐酸材料配合比、干混砂浆配合比。配合比表用于当设计砌筑砂浆强度等级、抹灰砂浆强度等级、混凝土强度等级与定额规定不同时对应分项工程（如砖墙，墙面抹灰，混凝土柱、梁、板等）定额基价的换算。例如定额砖墙砌筑砂浆的强度等级为 M5，墙面抹灰砂浆的强度等级为 M5，混凝土柱、梁、板的混凝土强度等级为 C20。如果园林工程施工图中对应分项工程砌筑砂浆或抹灰砂浆的强度等级为 M7.5 或 M10、混凝土强度等级为 C25 或 C30，则必须对分项工程进行定额基价换算。表 2-51、表 2-52 是砂浆、混凝土配合比定额子目的节选。

① 砂浆配合比

表 2-50 其他措施工程定额项目表（计量单位：万元）

定额编号		19-1	19-5	19-7	19-11	19-21
项目		建筑物超高人工降效增加费（檐高 30m 以内）	建筑物超高机械降效增加费（檐高 40m 以内）	建筑物超高加压水泵台班增加费（檐高 30m 以内）计量单位：100 m²	土草围堰（筑土围堰）计量单位：10m³	湿土排水 计量单位：100m³
基价		200	454.40	192.32	1764.21	730.49
其中	人工费	200	—	—	944.06	283.50
	材料费	—	—	100.00	793.78	—
	机械费	—	454.40	92.32	26.37	446.99

表 2-51 砌筑砂浆配合比（计量单位：m³）

定额编号			1	2	3	4
项目			混合砂浆			
			强度等级			
			M2.5	M5.0	M7.5	M10.0
基价（元）			219.46	227.82	228.35	231.51
名称		单位	单价	消耗量		
材料	水泥 42.5	kg	0.34	141.000	164.000	187.000	209.000
	石灰膏	m³	270.00	0.113	0.115	0.088	0.072
	黄砂（净砂）	t	92.23	1.515	1.515	1.515	1.515
	水	m³	4.27	0.300	0.300	0.300	0.300

表 2-52 泵送混凝土配合比（计量单位：m³）

定额编号			156	157	158	159
项目			碎石（最大粒径：16mm）			
			混凝土强度等级			
			C20	C25	C30	C35
基价（元）			298.24	316.77	325.07	339.69
名称		单位	单价	消耗量		
材料	水泥 42.5	kg	0.34	406.000	451.000	485.000	525.000
	黄砂（净砂）	t	92.23	0.675	0.710	0.730	0.730
	碎石（综合）	t	102.00	0.950	0.950	0.900	0.910
	水	m³	4.27	0.245	0.245	0.245	0.245

②普通混凝土配合比 此外，防水材料配合比包含石油沥青玛蹄酯、石油沥青砂浆、冷底子油等项目；垫层及保温材料配合比包含灰土、三合土、石灰炉（矿）渣、炉（矿）渣混凝土、水泥珍珠岩、水泥蛭石等项目；耐酸材料配合比包含水玻璃胶泥、水玻璃耐酸砂浆、水玻璃耐酸混凝土、耐酸沥青混凝土、耐酸沥青胶泥、耐酸沥青砂浆、硫磺砂浆、硫磺混凝土、环氧树脂胶泥、环氧煤焦油胶泥等项目；干混砂浆配合比包含砌筑砂浆、抹灰砂浆、地面砂浆、水泥基自流平砂浆等项目。

③人工、材料（半成品）、机械台班单价取定表 人工、材料（半成品）、机械台班单价用于定额分项工程人工费、材料费和机械费计算。计算方法为分项工程人工、材料、机械台班耗用量分别乘人工、材料、机械台班单价后汇总而成。表2-53是人工单价取定表，其他部分材料单价和机械台班单价见表2-28和表2-29所列。

表2-53 人工单价取定表

序号	人工名称	单位	单价（元）
1	一类人工	工日	125.00
2	二类人工	工日	135.00
3	三类人工	工日	155.00

2.3.4.3 预算定额的应用

在使用预算定额时，一般有预算定额的选用、直接套用和换算3种情况。

（1）定额项目的选用

【例2-7】：栽植香樟，胸径10cm，请选用合适的定额项目。

查表2-31，选用定额1-109，栽植乔木（带土球，胸径11cm以内），定额基价为780.01元/10株，定额人工费为636.00元/10株，定额材料费为12.81元/10株，定额机械费为131.20元/10株。其中定额材料费不包括主材香樟的费用。

（2）定额基价的直接套用

【例2-8】：某公园园路采用花岗岩荔枝面板材（板厚4cm），请选用合适的定额项目并套用基价。

解：查表2-32，直接套用定额2-30花岗岩机制板地面（板厚3~6cm），定额基价为2086.11元/10m^2，其中定额人工费为349.92元/10m^2，定额材料费为1715.11元/10m^2，定额机械费为21.08元/10m^2。

（3）定额基价的换算

定额基价的换算分砂浆强度等级换算、混凝土强度等级换算和主要材料换算等。

当设计要求的砂浆强度等级与预算定额规定的砂浆强度等级不同时，需要根据设计砂浆强度等级换算新的定额基价。其换算如公式（2-17）所示：

换算后的定额基价＝原定额基价＋定额砂浆用量×（换入砂浆基价－换出砂浆基价） （2-17）

【例2-9】：采用M10混合砂浆和标准砖砌筑公园景墙，墙厚240。请换算定额基价。

解：查表2-36，公园景墙可套用定额5-12标准砖砌外墙（1砖），原定额基价4296.08元/10m^3，定额采用M5.0混合砂浆，砂浆定额用量为2.360m^3/10m^3

查表2-51，砌筑混合砂浆M10单价为231.51元/m^3，砌筑混合砂浆M5.0单价为219.46元/m^3

则换算后的景墙定额基价＝4296.08+2.36×（231.51－219.46）=4324.52（元/10m^3）

当设计要求的混凝土强度等级与预算定额规定的混凝土强度等级不同时，需要根据设计混凝土强度等级换算新的定额基价。换算公式如公式（2-18）所示：

换算后的定额基价＝原定额基价＋定额混凝土用量×（换入混凝土基价－换出混凝土基价）
(2-18)

【例2-10】：某园林建筑现浇C30钢筋混凝土圆形柱的定额基价换算

解：查表2-41，现浇钢筋混凝土圆形柱定额10-8基价为4766.83元/10m^3，定额采用C20混凝土，混凝土定额用量为10.20m^3/10m^3

查表2-52，泵送C30混凝土单价为325.07元/m^3，泵送C20混凝土单价为298.24元/m^3

则换算后钢筋混凝土圆形柱定额基价=4766.83+10.2×（325.07－298.24）=5040.50（元/10m^3）

关于定额基价的换算，在后续章节中还将有更详细的阐述。

小结

本章立足园林工程计量与计价的依据，分规范、劳动定额和预算定额3部分阐述《建设工程工程量清单计价规范》（GB 50500—2013）、《园林绿化工程工程量计算规范》（GB 50858—2013）《建设工程劳动定额——园林绿化工程》（LD/T 75.1~3—2008）《××省园林绿化及仿古建筑工程预算定额》（2018版）等国家、地方标准。针对《建设工程工程量清单计价规范》，分总则、术语和一般规则进行阐述；针对《园林绿化工程工程量计算规范》，分绿化工程、园路园桥工程、园林景观工程和措施项目进行阐述；针对《建设工程劳动定额——园林绿化工程》，分范围、使用规定和工作内容、时间定额表进行阐述；针对《××省园林绿化及仿古建筑工程预算定额》（2018版），分上册和下册介绍其主要的分部工程（定额各章）及其定额子项的内容及相关计价规定。

习题

一、填空题

1. 《园林绿化工程工程量计算规范》GB 50858—2013 主要由_____、_____、_____及_____四部分构成。

2. 在《建设工程劳动定额——园林绿化工程》（LD/T 75.1~3—2008）中，屋面绿化工程，人力垂直运输增加用工，垂直运距每10m按相应定额项目时间定额综合用工乘以系数_____计算。

3. 措施项目（一）用于_____计算工程量的措施项目，以"项"为计量单位。

4. 《××省园林绿化及仿古建筑工程预算定额》（2018版）上册包括包含_____、_____、_____、_____、_____、_____、_____、_____、_____、_____10个分部工程。

二、单项选择题

1. 清单项目的项目编码由（　　）位阿拉伯数字构成。
A. 2　　　　　　　　B. 4　　　　　　　　C. 6　　　　　　　　D. 12

2. 针对清单项目"栽植乔木"，在描述其项目特征时不需要描述的内容是（　　）。
A. 土壤类别　　　　B. 乔木种类　　　　C. 胸径　　　　　　D. 养护期

3. 下列工人工作时间中，虽属于损失时间，但在拟定定额时又要适度考虑它的影响的是（　　）。
A. 施工本身导致的停工时间　　　　B. 不可避免的中断时间
C. 多余工作时间　　　　　　　　　D. 偶然工作时间

4. 通过计时观察资料得知：塑黄竹1m的基本工作时间为5.1h，辅助工作时间占工序作业时间的2%。准备与结束工作时间、不可避免的中断时间、休息时间分别占工作日的3%、2%、18%。则塑黄竹的时间定额是（　　）。
A. 0.75 工日/m　　　　　　　　　B. 0.85 工日/m
C. 0.95 工日/m　　　　　　　　　D. 1.05 工日/m

5. 某工程采购国产钢材10t，出厂价为5000元/t，材料运输费为50元/t运输耗损率2%，采购及保管费率为8%，则特种钢材的基价为（　　）元/t。
A. 5563　　　　　　B. 5360　　　　　　C. 5460　　　　　　D. 5500

6. 《建设工程劳动定额——园林绿化工程》定额项目表中某项目编码为"EB0018"，其中B代表的含义是（　　）。

A. 绿化工程 B. 园路园桥及假山工程
C. 园林景观工程 D. 土石方及基础工程

7. 在预算定额人工工日消耗量计算时，已知完成单位合格产品的基本用工为15工日，超运距用工为3工日，辅助用工为1工日，人工幅度差系数为12%，则预算定额中的人工工日消耗量为（　　）工日。

A. 19.00　　　　　B. 20.36　　　　　C. 21.28　　　　　D. 31.38

三、思考题

1．简述绿化工程清单工程量计算规则、劳动定额工程量计算规则和××省预算定额工程量计算规则之间的异同点。

2．简述清单规范和定额的差别。

3．简述《建设工程劳动定额——园林绿化工程》和《××省园林绿化及仿古建筑工程预算定额》（2018版）在确定分项工程人工消耗量方面的不同。

4．何谓预算定额单位估价表？其用途如何？

5．《××省园林绿化及仿古建筑工程预算定额》（2018版）附录中砌筑砂浆配合比、混凝土强度配合比的作用是什么？

6．如何确定人工、材料、机械台班单价？人工、材料、机械台班单价在定额中的作用如何？

四、案例分析

1．列出图2-29、图2-30景墙工程应该套用的清单项目和定额项目。清单项目要求写出项目编码、项目名称、项目特征、计量单位、工程量计算规则和工程内容。定额项目要求写出定额编号、定额基价、定额人工费、定额材料费和定额机械费。

2．某工地水泥从两个地方采购，采购量和有关费用见表2-54所列，求该工地水泥的单价。

表2-54　水泥采购量和有关费用

采购处	采购量	原　价	运杂费	运输损耗率	采购及保管费费率
来源一	300t	240元/t	20元/t	0.5%	3%
来源二	200t	250元/t	15元/t	0.4%	

3．已知某挖掘机挖土，一次正常循环工作时间是40s，每次循环平均挖土量0.3m³，机械正常利用系数为80%，机械幅度差系数为25%。求该挖掘机挖土方100m³的预算定额机械台班消耗量。

推荐阅读书目

[1]《建设工程工程量清单计价规范》（GB 50500—2013）．住房和城乡建设部．中国计划出版社，2013．

[2]《园林绿化工程工程量计算规范》（GB 50858—2013）．住房和城乡建设部．中国计划出版社，2013．

[3]《建设工程劳动定额——园林绿化工程》（LD/T 75.1~3—2008）．人力资源和社会保障部与住房和城乡建设部，2009．

[4]《浙江省园林绿化及仿古建筑工程预算定额》（2018版）．中国计划出版社，2018．

相关链接

中华人民共和国住房和城乡建设部标准定额　　http://www.mohurd.gov.cn

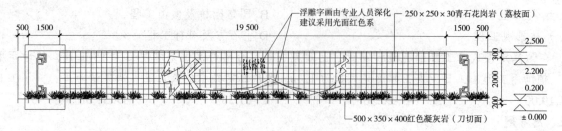

图2-29 景墙立面图

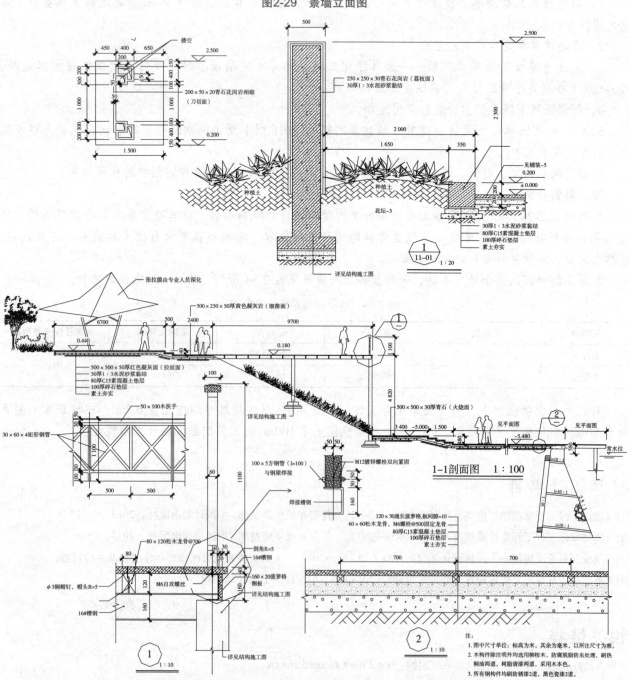

图2-30 景墙剖面图

经典案例

英国皇家特许测量师学会（RICS）（图2-31）

英国皇家特许测量师学会简称RICS，英文名Royal Institution of Chartered Surveyor，是个有着140余年历史，被全球广泛一致认可的专业性学会。它是全球范围内对工程进行工料测量的先驱。中国的造价工程师协会与其有相似的属性。早在1868年，20名测量师汇聚于英国伦敦的威斯敏斯特宫殿酒店，在John Clutton的主持下组成一个小组委员会来起草决议、流程和规章并达成一致意见，最终筹建而成。John Clutton被推选为测量师学会的首届主席。办公室就设在伦敦著名的大本钟对面，至今这里仍然是RICS的全球行政总部。目前RICS有逾14万会员分布在全球146个国家；拥有400多个RICS认可的相关大学学位专业课程，每年发表超过500份研究及公共政策评论报告，向会员提供覆盖17个专业领域和相关行业的最新发展趋势。

图2-31 RICS的LOGO及图书馆

第3章
园林工程计价的费用构成

【本章提要】园林工程计价是以园林工程分部分项工程量为基础，计算工程建设费用的经济活动。园林工程计价的目的是形成工程造价。无论是投资估算、设计概算还是施工图预算，工程造价的费用构成是相对固定的，其内容主要反映为工程建设所需的固定资产投资和建筑安装工程费。根据《建设项目经济评价方法与参数（第三版）》（发改投资〔2006〕1325号）和《建筑安装工程费用项目组成》（建标〔2013〕44号），结合国内外工程造价相关理论与实践，本章详细阐述了园林工程固定资产投资的构成和建筑安装工程费用的构成，并分别对清单计价法和定额计价法进行说明。

园林工程计价是以园林分部分项工程量为基础，计算园林工程建设费用的经济活动。园林工程计价的成果是工程造价。在国外，根据世界银行和国际咨询工程师联合会的规定，工程造价是指工程建设的总成本。在我国，针对工程建设的不同阶段，工程造价的内含与费用构成有差别，依据的计价规范和定额标准也不同，计价的方法也存在差异。在项目立项和可行性研究阶段编制投资估算时，工程计价计算项目的固定资产投资，计价的主要依据是投资估算指标或概算指标，方法采用指标估算法；在项目初步设计阶段编制设计概算时，工程计价计算项目的固定资产投资，计价的主要依据是概算定额或概算指标，方法采用概算定额法或概算指标估算法；在项目施工图设计阶段编制施工图预算时，工程计价一般计算项目的建筑安装工程费，计价的主要依据是预算定额，方法采用清单计价法或定额计价法。清单计价法和定额计价法又称为综合单价法和工料单价法。

3.1 国内外园林工程造价的费用构成

1978年，世界银行（World Bank）和国际咨询工程师联合会（法文缩写FIDIC，International Federation of Consulting Engineers）对项目的总建设成本作了统一规定，内容包括项目直接建设成本和间接建设成本。其中，项目直接建设成本是直接与工程产品的建造相关联的费用，间接建设成本是一个不具有关联产品的成本。以人工费为例，直接建设成本如施工一线工人的工资，如苗圃工、苗木养护工的工资等；间接建设成本是工程技术人员和项目经理的工资等。美国新泽西洲居民和工程师梅尔·巴塞洛缪提倡的韦恩社区花园项目使用1976年提出的"平方英尺园艺方法"。这种方法在40年后已经成为最为有效、成本最低、收益最高的后院种植形式。平方英尺花园投资一般只需要4639美元，包括40平方英尺的菜（果）园和60平方英尺的花园空间，约合460美元$/m^2$。

国内园林工程造价的费用构成以《建设项目经济评价方法与参数》（第三版）（发改投资〔2006〕1325号）、建设部和财政部印发的《建筑安装工程费用项目组成》（建标〔2013〕44号）为主要依据。前者将园林工程造价定义为园林工程的固定资产投资,后者对园林工程固定资产投资中建筑安装工程费的构成进行了明确划分。

3.1.1 国外园林工程造价的构成

3.1.1.1 项目直接建设成本

项目直接建设成本支出将形成工程实体。直接建设成本由直接人工费、直接材料费和直接机械费等构成。所有在工程上直接作业的工人全部加在一起的劳动力成本,是总的直接人工费。直接材料费是工程所需的全部材料费用。直接人工费、直接材料费和直接机械费合计,构成了直接建设成本的主体。

世界银行规定的直接建设成本构成包括以下内容：

①直接人工费。
②直接材料费。
③直接机械费。
④土地征购费。
⑤场外设施费,如输电线路等设施费用。
⑥场地费用,如场地准备、场内道路、围栏、场内设施等建设费用。
⑦工艺设备费,指主要设备、辅助设备及零配件的购置费用。
⑧设备安装费。
⑨管道系统费。
⑩电气设备。
⑪电气安装费。
⑫仪器仪表费,指所有自动仪表、控制板、配线和辅助材料的费用以及供应商的监理费用、外国或本国劳务及工资费用、承包商的管理费和利润。
⑬机械绝缘和油漆费,指与机械及管道的绝缘和油漆相关的全部费用。
⑭工艺建筑费,指与基础、建筑结构、屋顶、内外装修、公共设施有关的全部费用。
⑮服务性建筑费,其内容与第14项相似。
⑯普通公共设施费,指与供水、下水道、污物处理等公共设施有关的费用。
⑰车辆费。
⑱其他当地费用。指那些不能归于以上任何一个项目,不能计入工程的间接建设成本,但在建设期又必不可少的当地费用。如临时设备、临时公共设施及场地的维持费,营地设施及其管理、建筑保险和债券、杂项开支等费用。

3.1.1.2 项目间接建设成本

世界银行规定的项目间接建设成本构成包括以下内容。

（1）项目管理费

①总部人员的薪金和福利费,以及用于工程设计、采购、时间和成本控制、行政和其他一般管理的费用。

②施工现场管理人员的薪金、福利费和用于施工现场监督、质量保证、现场采购、时间及成本控制、行政及其他施工管理的费用。

③零星杂项费用,如返工、旅行、生活津贴、业务支出等。

④各种酬金。

（2）开工试车费

这是指设备试车必需的劳务和材料费用。

（3）业主行政性费用

这是指业主的项目管理人员费用及支出。

（4）生产前费用

这是指项目生产前的准备费用。

（5）运费和保险费

这是指海运、国内运输、许可证及佣金、综合保险等费用。

（6）地方税

这是指地方关税、地方税及对特殊项目征收的税金。

3.1.1.3 应急费

应急费用于估算暂时不能明确的潜在项目的费用和应对社会经济因素变化的费用。包括未明确项目准备金和不可预见准备金。

（1）未明确项目准备金

此项准备金用于估算不可能明确的潜在项目,

包括那些在做成本估算时因为缺乏完整、准确和详细的资料而不能完全预见和不能注明的项目，并且这些项目是必须完成的，或它们的费用是必定要发生的。它是世界银行规定工程造价构成中不可缺少的组成部分。

（2）不可预见准备金

此项准备金用于估算项目达到一定完整性并符合技术标准的基础上，由于物质、社会和经济的变化，导致费用增加的情况。不可预见准备金只是一种储备，可能不动用。

3.1.1.4 建设成本上升费用

通常，工程项目的建设期都在一年以上。从建设期初至建设期末，生产要素会产生价格上涨现象，所以工程造价核算时必须在已知成本基础上对项目的直接建设成本和间接建设成本进行调整，以补偿直至工程结束时的未知价格增长。这就是建设成本上升费用。

国外对建设成本上升费用的估算采用点值估算法。即在工程各主要组成部分细目划分后，确定每个主要组成部分的增长率。这个增长率是一项判断因素，它以公开的国内和国际成本指数、公司记录等为依据，并与实际供应商核对，然后

根据确定的增长率和从工程进度表中获得的每项活动的中点值，计算出每个主要组成部分的成本上升值。

图 3-1 反映了采用世界银行贷款的项目其工程造价的构成。

3.1.2 国内园林工程造价的构成

3.1.2.1 园林工程固定资产投资

2006 年，国家发展和改革委员会颁布了《建设项目经济评价方法与参数》（第三版），明确我国建设项目总投资的构成。在我国，工程建设项目总投资由固定资产投资和流动资金投资构成。对工业生产项目一般除需要估算固定资产投资外，还需要估算项目的流动资金和铺底流动资金。民用建设项目则只需要估算固定资产投资。所以，通常所说的工程造价是指固定资产投资，工程造价的构成也就是指固定资产投资的构成。园林工程建设项目作为建设项目中的一种，其工程造价的构成同样遵守《建设项目经济评价方法与参数》（第三版）。

根据《建设项目经济评价方法与参数》（第三版），固定资产投资的构成包括工程费用、工程建设其他费用、预备费和建设期贷款利息。工程费用包括建筑安装工程费和设备及工器具购置费。工程建设其他费用包括土地使用费、与项目建设有关的其他费用、与项目生产有关的其他费用等。用于购买项目所需设备、工器具的费用称为设备及工器具购置费；用于建筑施工和安装施工的费用称为建筑安装工程费；用于工程设计的费用称为勘察设计费；用于购置土地的费用称为土地使用费。

所以，我国现行建设项目总投资的构成如图 3-2 所示。

3.1.2.2 园林工程建筑安装工程费

2013 年，住建部、财政部发布"关于印发《建筑安装工程费用项目组成》的通知"（建标〔2013〕44 号）。通知指出：建筑安装工程费按费用构成要素分为人工费、材料费、施工机具使用费、企业管理

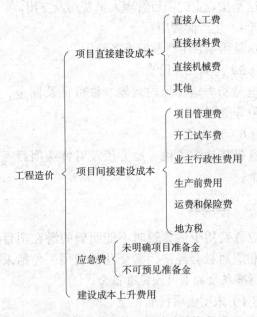

图 3-1 世界银行工程造价的构成

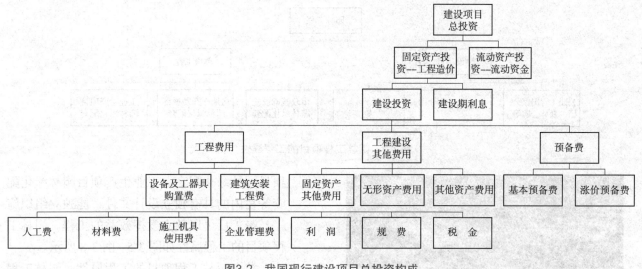

图3-2 我国现行建设项目总投资构成

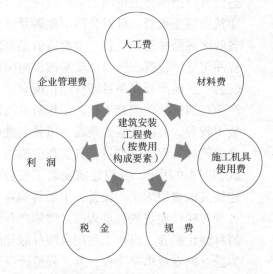

图3-3 建筑安装工程费的构成（按费用构成要素）

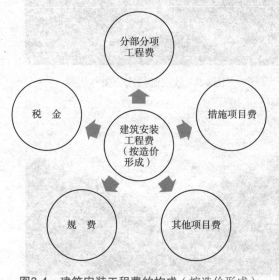

图3-4 建筑安装工程费的构成（按造价形成）

费、利润、规费和税金，如图3-3所示。建筑安装工程费按造价形成分为分部分项工程费、措施项目费、其他项目费、规费和税金，如图3-4所示。

实践中，可根据园林工程投资主体和资金来源的不同，分别采用按费用构成要素计算建筑安装工程费和按造价形成计算建筑安装工程费的方法。《建设工程工程量清单计价规范》（GB 50500—2013）规定，国有资金投资或以国有资金投资为主的工程项目，应该采用清单计价模式，即按造价形成计算建筑安装工程费。企业投资的项目，可由投资主体自主选择计价模式。如果投资主体选择了定额计价模式，则按费用构成要素计算建筑安装工程费；如果投资主体选择了清单计价模式，则按造价形成计算建筑安装工程费。

3.1.2.3 园林工程属性与工程造价

园林工程通常被分为园林建设项目和园林单项工程两个层面。园林建设项目是指公园、旅游景区、风景名胜区等具有独立计划和总体设计文件，并能按总体设计要求组织施工，工程完工后可以形成独立使用功能的工程。园林单项工程则指包括市政基础设施园林绿化配套、房地产开发

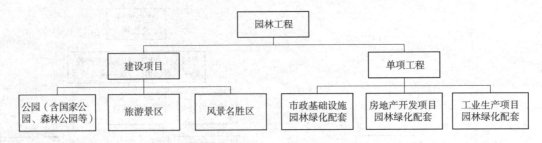

图3-5　园林工程项目的工程属性

图3-6　钱江源国家公园

图3-7　市政基础设施园林绿化配套

图3-8　住宅小区绿化配套

项目园林绿化配套、工业生产项目园林绿化配套等在内的具有独立设计文件，能独立组织施工，竣工后可以独立发挥效益的工程。园林工程项目的工程属性如图3-5~图3-8所示。

结合园林工程项目的工程属性，园林工程造价可以指园林工程固定资产投资或园林工程建筑安装工程费。针对公园、旅游景区、风景名胜区等园林建设项目，工程造价是指园林工程固定资产投资。针对市政基础设施园林绿化配套、房地产开发项目园林绿化配套、工业生产项目园林绿化配套工程，工程造价指建筑安装工程费。公园、旅游景区、风景名胜区等独立的园林工程建设项目，其工程造价的费用构成如图3-9所示，其以建筑安装工程费和工程建设其他费用为主，设备、工器具购置费、预备费和建设期贷款利息为次。房地产开发项目园林绿化配套、市政工程项目园林绿化配套作为独立的专业单项工程，其工程造价一般只计算建筑安装工程费，固定资产投资的其他费用在房地产开发项目或市政工程项目工程造价中计算，如图3-10所示。其以人工费、材料费和施工机具使用费为主，企业管理费、利润、规费和税金为次。

当计算园林单项工程的建筑安装工程费时，经常将工程划分为园林绿化和园林建筑两部分。这两部分工程的属性介于园林土建单位工程和园林土建分部工程之间，有时也称为园林绿化和硬质景观工程。而园林安装工程的建筑安装工程费通常并入建筑或市政的安装工程中一并计算。

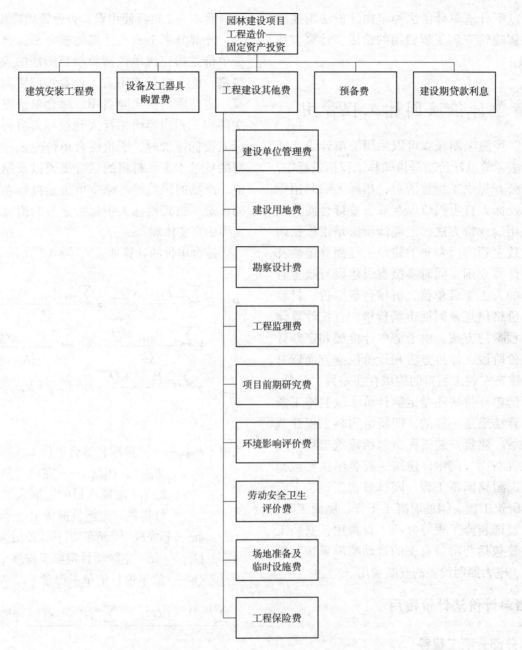

图3-9 园林建设项目工程造价的构成

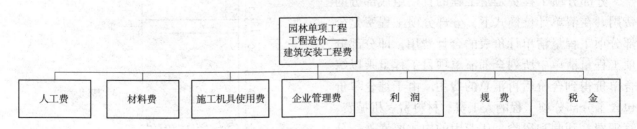

图3-10 园林单项工程工程造价的构成

本章以下分清单计价法和定额计价法阐述园林单项工程建筑安装工程费用的构成、计算方法和计算程序。

3.2 清单计价法园林工程费用

园林工程施工图预算可以采用清单计价法或定额计价法。清单计价法是指园林工程招投标中，由招标人公开提供工程量清单，招标人编制招标控制价、投标人自主报价以及双方签订合同价款等活动采用的计价方法。定额计价法是指根据国家建设行政主管部门发布的建设工程预算定额及其工程量计算规则，同时参照省级建设行政主管部门发布的人工工日单价、机械台班单价、材料以及设备价格信息及同期市场价格，直接计算建筑安装工程费的方法。由于清单计价法和定额计价法在计价阶段、计价方法和计价依据方面皆有不同，其建筑安装工程费的构成存在差异。但是，无论采用清单计价法还是定额计价法编制施工图预算，计算结果是一样的，即得出园林工程建筑安装工程费。建筑安装工程费包括建筑工程费用和安装工程费用，其中，建筑工程费用主要包括绿化工程、园路园桥工程、园林景观工程、土石方工程、砌筑工程、钢筋混凝土工程、屋面工程、脚手架、装饰装修工程等分部工程费用，安装工程费用主要包括与项目有关的自动喷淋系统、给排水系统、电力照明设备的安装费用。

3.2.1 清单计价法计价费用

3.2.1.1 分部分项工程费

分部分项工程费是指工程的直接组成部分的费用。在清单计价模式下，分部分项工程费是分部分项工程量清单计价表的合计费用，即分部分项工程量清单中所列全部清单项目工程量乘以综合单价得到合价后再汇总的费用。由于综合单价包含了分部分项工程的人工费、材料费、机械费、管理费、利润和风险，从费用的构成要素看，分部分项工程费包括建筑安装工程费中的人工费、材料费、施工机具使用费、企业管理费和利润。

分部分项工程费计算的核心是综合单价。综合单价是指完成单位清单项目所需的人工费、材料费、施工机具使用费、企业管理费和利润，以及一定范围内的风险费用。综合单价应根据设计文件和工程内容由招标人和投标人自行确定。投标人投标报价时，所报综合单价应该考虑企业自身的技术水平、材料的供应渠道以及期望的利润值、市场的风险等。综合单价是投标人能否中标的关键，也是投标人中标后盈亏的衡量值和企业实力的真实体现。

综合单价的计算如公式（3-1）所示：

$$P_{综合} = \frac{\sum_{i=1}^{m} P_{人工-i} \times Q_{n-i}}{Q_1} + \frac{\sum_{i=1}^{m} P_{材料-i} \times Q_{n-i}}{Q_1}$$
$$+ \frac{\sum_{i=1}^{m} P_{机械-i} \times Q_{n-i}}{Q_1} + (\frac{\sum_{i=1}^{m} P_{人工-i} \times Q_{n-i}}{Q_1}$$
$$+ \frac{\sum_{i=1}^{m} P_{机械-i} \times Q_{n-i}}{Q_1}) \times (R_{管理} + R_{利润} + R_{风险})$$

（3-1）

式中 $P_{综合}$——清单项目综合单价；

$P_{人工-i}$，$P_{材料-i}$，$P_{机械-i}$——完成清单项目所需的第 i 定额项目的定额人工费，定额材料费，定额机械费；

m——指完成一个清单项目所需的定额项目数；

Q_{n-i}——第 i 定额项目定额工程量；

Q_1——清单项目清单工程量；

$(\frac{\sum_{i=1}^{m} P_{人工-i} \times Q_{n-i}}{Q} + \frac{\sum_{i=1}^{m} P_{材料-i} \times Q_{n-i}}{Q})$

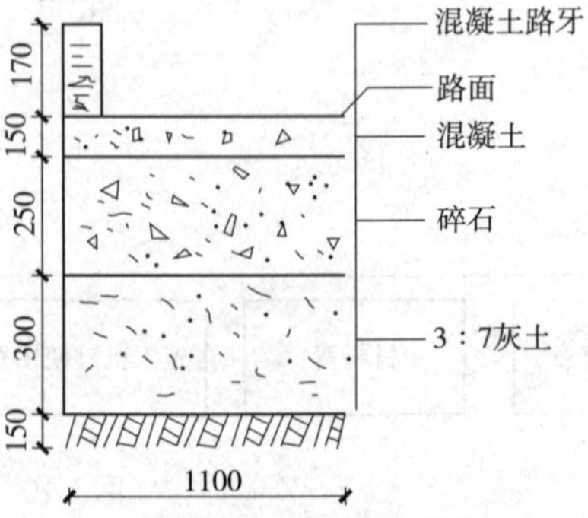

图3-11 某混凝土园路半侧断面图

为清单项目人工费与机械费合计；$R_{管理}$、$R_{利润}$、$R_{风险}$分别为管理费率、利润率和风险率。

【例3-1】：根据图3-11某混凝土园路半侧断面图，已知该园路清单工程量为37.4m²，试计算完成该园路所需的定额项目工程量，并确定定额子目与定额人工费、定额材料费和定额机械费。如果企业管理费及风险率为19%，利润率为11%，试计算该园路的综合单价（表3-1）。

表3-1 定额节选

定额编号		4-116	2-8	2-9	4-109
项 目		碎石垫层（10m³）	水刷混凝土面（10m²）	水刷面每增减1cm（10m²）	3：7灰土垫层（10m³）
		干 铺	厚12cm		
基价（元）		2223.79	719.24	38.63	1570.71
其 中	人工费（元）	368.42	334.94	8.37	441.32
	材料费（元）	1844.16	379.54	29.91	1117.06
	机械费（元）	11.21	4.76	0.35	12.33

解：（1）碎石垫层：执行第四章相应定额子目，套用定额4-116。在本章定额缺项时，套用其他章节定额子目，其合计工日乘以系数1.10。

换算后的定额人工费：368.42×1.1=405.26元/10m³，定额材料费为1844.16元/10m³，定额机械费为11.21元/10m³。

碎石垫层的定额工程量：
Q_{n-1}=37.4×0.25=0.935（10m³）

（2）水刷混凝土路面：水刷混凝土路面厚15cm，需套用定额2-8和2-9，

换算后定额人工费为
334.94+8.37×3=360.05元/10m²

换算后定额材料费为
379.54+29.91×3=469.27元/10m²

换算后定额机械费为
4.76+0.35×3=5.81元/10m²

水刷混凝土路面的定额工程量：
Q_{n-2}=3.74（10m²）

（3）3：7灰土垫层：执行第四章相应定额子目，套用定额4-109。在本章定额缺项时，套用其他章节定额子目，其合计工日乘以系数1.10。

换算后的定额人工费：441.32×1.1=485.45元/10m³，定额材料费为1117.06元/10m³，定额机械费为12.33元/10m³。

3：7灰土垫层的定额工程量：
Q_{n-3}=37.4×0.3=1.122（10m³）

则水刷混凝土园路综合单价计算如下：

$$P_{综合}=\frac{\sum_{i=1}^{m}P_{人工-i}\times Q_{n-i}}{Q_1}+\frac{\sum_{i=1}^{m}P_{材料-i}\times Q_{n-i}}{Q_1}$$

$$+\frac{\sum_{i=1}^{m}P_{机械-i}\times Q_{n-i}}{Q_1}+(\frac{\sum_{i=1}^{m}P_{人工-i}\times Q_{n-i}}{Q_1}$$

$$+\frac{\sum_{i=1}^{m}P_{机械-i}\times Q_{n-i}}{Q_1})\times(R_{管理}+R_{利润}+R_{风险})$$

$$=\frac{405.26\times0.935+360.05\times3.74+485.45\times1.122}{37.4}+$$

$$\frac{1844.16\times0.935+469.27\times3.74+1117.06\times1.122}{37.4}+$$

$$\frac{11.21\times0.935+5.81\times3.74+12.33\times1.122}{37.4}+$$

$$(\frac{405.26\times0.935+360.05\times3.74+485.45\times1.122}{37.4}+$$

$$\frac{11.21\times0.935+5.81\times3.74+12.33\times1.122}{37.4})\times$$

$$(19\%+11\%)=207.05(元/m^2)$$

分部分项工程综合单价计算除利用公式外，也可以通过综合单价分析表完成。工程量清单综合单价分析表见表3-2所列。

得出所有分部分项工程综合单价后，可以填写分部分项工程量清单计价表，计算分部分项工程费。分部分项工程量清单与计价表见表3-3所列。

表 3-2　工程量清单综合单价分析表

工程名称：　　　　　　　　　　　　标段：　　　　　　　　　　　　　　　　第　页　共　页

定额编号	定额名称	定额单位	数量	单价				合价			
				人工费	材料费	机械费	管理费和利润	人工费	材料费	机械费	管理费和利润
人工单价				小计							
元/工日				未计价材料费							
清单项目综合单价											
材料费明细	主要材料名称、规格、型号			单位	数量	单价（元）	合价（元）	暂估单价（元）	暂估合价（元）		
	其他材料费					—		—			
	材料费小计					—		—			

注：1. 如不使用省级或行业建设主管部门发布的计价依据，可不填定额项目、编号等。
　　2. 招标文件提供了暂估单价的材料，按暂估的单价填入表内"暂估单价"栏及"暂估合价"栏。

表 3-3　分部分项工程量清单与计价表

工程名称：　　　　　　　　　　　　标段：　　　　　　　　　　　　　　　　第　页　共　页

序号	项目编码	项目名称	项目特征	计量单位	工程量	金额（元）		
						综合单价	合价	其中：暂估价
本页小计								
合计								

3.2.1.2　措施项目费

措施项目费是指为完成建设工程施工，发生于工程施工前和施工过程中的技术、生活、安全、环境保护等措施的费用。在清单计价模式下，措施项目费是措施项目清单与计价表的合计费用。根据《建设工程工程量清单计价规范》（GB 50500—2013），措施项目清单与计价表分为措施项目清单与计价表（一）和措施项目清单与计价表（二）。其中，措施项目清单与计价表（一）在施工组织措施项目费用明细基础上以计算基数乘以相应费率计算。措施项目清单与计价表（二）在施工技术措施项目基础上，以技术措施项目清单工程量乘以综合单价确定。措施项目清单与计价表（二）由于考虑了综合单价，其费用构成要素体现了施

表 3-4 措施项目清单与计价表（一）

工程名称：　　　　　　　　　　　　标段：　　　　　　　　　　　　　　　　第 页 共 页

序 号	项目名称	计算基础	费率（%）	金额（元）
	安全文明施工			
	夜间施工			
	二次搬运			
	冬雨季施工			
	非夜间施工照明			
	反季节栽植影响措施			
	地上、地下设施的临时保护设施			
	已完工程及设备保护			
	合　计			

表 3-5 措施项目清单与计价表（二）

工程名称：　　　　　　　　　　　　标段：　　　　　　　　　　　　　　　　第 页 共 页

序 号	项目编码	项目名称	项目特征	计量单位	工程量	金额（元）	
						综合单价	合 价
本页小计							
合　计							

工技术措施项目的人工费、材料费、机械费、企业管理费和利润。而措施项目清单与计价表（一）的费用构成要素体现为管理费。措施项目清单与计价表（一）、（二）见表 3-4 和表 3-5 所列。

（1）施工组织措施费［措施项目清单与计价表（一）］

①安全文明施工费　是投标人按照国家法律、法规规定，在合同履行中为保证安全施工、文明施工，保护现场内外环境等所采取措施发生的费用。安全文明施工费应该按照国家或省级、行业建设主管部门规定计提，不得作为竞争性费用。其在措施项目清单与计价表（一）中通常不能少。安全文明施工费计算公式为：

安全文明施工费 = 计算基数 × 安全文明施工费费率（%）　　　　　　　　　　　　　　（3-2）

计算基数为工程人工费和机械费合计，费率由工程造价管理机构根据各专业工程的特点确定。《××省建设工程计价规则》（2018 版）规定园林绿化及仿古建筑工程安全文明施工费当采用一般计税法时，非市区工程采用中值 5.32%，市区工程采用中值 6.41%；采用简易计税法时，非市区工程采用中值 5.59%，市区工程采用中值 6.73%。

②冬雨季施工增加费　是指冬雨季施工时增加的临时设施搭设、拆除，对植物、砌体、混凝土等采用特殊加温、保温和养护措施，施工现场的防滑处理，对影响施工的雨雪的清除，施工人员的劳动保护用品、冬雨季施工劳动效率降低等

费用。其计算公式为：

冬雨季施工增加费 = 计算基数 × 冬雨季施工增加费费率（%）　　　　　　　　　　（3-3）

计算基数为工程人工费和机械费合计。《××省建设工程计价规则》（2018版）规定园林绿化及仿古建筑工程冬雨季施工增加费当采用一般计税法时，采用中值0.15%；采用简易计税法时，采用中值0.16%。

③二次搬运费　是指因施工场地狭小等特殊情况而发生的二次搬运费用。其计算公式为：

二次搬运费 = 计算基数 × 二次搬运费费率（%）　　　　　　　　　　　　　　（3-4）

计算基数为工程人工费和机械费合计。《××省建设工程计价规则》（2018版）规定园林绿化及仿古建筑工程二次搬运费当采用一般计税法时，采用中值0.13%；采用简易计税法时，采用中值0.14%。

④已完工程及设备保护费　是指竣工验收前，对已完工程和设备进行保护所需的费用。其计算公式为：

已完工程及设备保护费 = 计算基数 × 已完工程及设备保护费费率（%）　　　　　（3-5）

计算基数为工程人工费和机械费合计。

此外，《××省建设工程计价规则》（2018版）规定园林绿化及仿古建筑工程其他施工组织措施费的费率区间见表3-6所列。

表3-6　施工组织措施费费率表

定额编号	项目名称	计算基数	费率（%）
E3-2	标化工地增加费	人工费 + 机械费	0.94 ~ 1.68
E3-3	提前竣工增加费	人工费 + 机械费	0.01 ~ 2.91
E3-6	行人、行车干扰增加费	人工费 + 机械费	0.64 ~ 1.34

注：单独绿化工程安全文明施工费费率乘以系数0.7。
　　专业土石方工程的施工组织措施费费率乘以系数0.35。
　　标化工地增加费，县市区级标化工地的费率按费率中值乘以系数0.7。

（2）施工技术措施费［措施项目清单与计价表（二）］

工程施工前和施工过程中常用的技术措施包括混凝土模板及支架和脚手架。混凝土、钢筋混凝土模板及支架是指混凝土施工过程中需要的各种钢模板、木模板、支架等的支、拆、运输费用及模板、支架的摊销（或租赁）费用。具体包括：现浇基础垫层模板；现浇独立基础复合木模、钢模板；现浇基础梁复合木模、钢模板；现浇矩形梁复合木模、钢模板；现浇混凝土板复合木模、钢模板；现浇混凝土柱复合木模、钢模板；现浇混凝土悬挑阳台、雨篷复合木模、钢模板等。具体计算公式如公式（3-6）、公式（3-7）所示。

模板费用（含人材机费） = 定额基价 × 相应混凝土构件工程量 × 混凝土构件含模量系数　（3-6）

模板综合单价 = 模板费用 × （1+ 管理费率 + 利润率 + 风险率）/ 模板清单工程量　　（3-7）

其中，混凝土构件含模量系数在《××省园林绿化及仿古建筑工程预算定额》（2018版）下册第十七章模板工程工程量计算规则"每立方米现浇混凝土构件含模量参考表"中列出。

【例3-2】：某园林景亭圆形柱采用现浇混凝土工艺施工，模板采用圆形柱木模，已知圆形柱工程量为0.85m^3，直径300mm以内，查《××省园林绿化及仿古建筑工程预算定额》（2018版）下册得知混凝土圆形柱含模量系数为17.78、混凝土圆形柱木模定额基价为 8078.52 元 /100m^2，其中定额人工费和机械费合计为 5141.68 元 /100m^2。如果管理费费率 18%，利润率 10%，试计算该工程圆形柱模板工程量、措施费和综合单价。

解：此例中，模板清单工程量=模板定额工程量=0.85×17.78 = 15.11（m^2）

圆形柱模板措施费 =8078.52×15.11÷100
=1221（元）

其中人工费+机械费 =5141.68×15.11÷100
=777（元）

圆形柱模板综合单价 =[1221+777×（18%+10%）]/15.11
=95.21（元 /m^2）

3.2.1.3 其他项目费

其他项目费是指列入建筑安装工程费内暂列金额、暂估价、总承包服务费和计日工等估算金额的总和。在清单计价模式下，其他项目费是其他项目清单与计价表的合计费用。其他项目清单与计价表分为招标人部分和投标人部分，招标人部分包括暂列金额和暂估价，投标人部分包括计日工和总承包服务费。

暂列金额由招标人根据工程特点，按有关计价规定进行估算确定。为保证工程施工建设的顺利实施，在编制招标控制价时应对施工过程中可能出现的各种不确定因素对工程造价的影响进行估算，列出一笔暂列金额。暂列金额可根据工程的复杂程度、设计深度、工程环境条件（包括地质、水文、气候条件等）进行估算，一般可按分部分项工程费的 10%~15% 作为参考。暂估价包括材料暂估价和专业工程暂估价。在工程投标时，材料暂估价应计入分部分项工程的综合单价报价中，在分部分项工程量清单与计价表中暂定并列取，实际发生后在工程结算时按实际发生量和价调整。暂估价中的材料单价应按照工程造价管理机构发布的工程造价信息或参考市场价格确定；暂估价中的专业工程暂估价应分不同专业，按有关计价规定估算。

计日工是指在施工过程中，承包人完成发包人提出的施工图纸以外的零星工作项目，按合同约定的综合单价计价。计日工包括计日工人工、材料和施工机械。在编制招标控制价时，对计日工中的人工单价和施工机械台班单价应按省级、行业建设主管部门或其授权的工程造价管理机构公布的单价计算；材料应按工程造价管理机构发布的工程造价信息中的材料单价计算，工程造价信息未发布材料单价的材料，其价格应按市场调查确定的单价计算。计日工以完成零星工作所消耗的人工工时、材料数量和机械台班进行计量，并按照计日工表中填报的适用项目单价进行计价。

总承包服务费是指总承包人为配合、协调建设单位进行的专业工程发包，对建设单位自行采购的材料、工程设备等进行保管以及施工现场管理、竣工资料汇总整理等服务所需的费用。清单计价模式下，总承包服务费包含了总包向分包收取的配合费与管理费。总承包服务费应根据招标文件中列出的内容和招标人向总承包人提出的要求，参照下列标准计算：

①招标人权要求对分包的专业工程进行总承包管理和协调时，按分包的专业工程估算造价的 1.5% 计算；

②招标人要求对分包的专业工程进行总承包管理和协调，并同时要求提供配合服务时，根据招标文件中列出的配合服务内容和提出的要求，按分包的专业工程估算造价的 3%~5% 计算；

③招标人自行供应材料的，按招标人供应材料价值的 1% 计算。总承包服务费工程结算时按实际签证确认的数值调整。

从费用的构成要素看，暂列金额有预备费的性质，严格意义上不属于建筑安装工程费；材料暂估价属于建筑安装工程费中的材料费，专业工程暂估价属于建筑安装工程费；计日工包括人工费、材料费、施工机具使用费、企业管理费和利润。

其他项目清单与计价表见表 3-7 所列。

表 3-7 其他项目清单与计价表

工程名称：　　　　　标段：　　　　　　　第　页　共　页

序　号	项目名称	计量单位	金额(元)	备注
1	暂列金额			
2	暂估价			
2.1	材料暂估价			
2.2	专业工程暂估价			
3	计日工			
4	总承包服务费			

注：材料暂估价进入清单项目综合单价，此处不汇总。

3.2.1.4 规费和税金

规费是指政府机关在为特定人履行一定行为时，依法向其征收的行政手续费。针对建筑行业，规费是政府和有关权力部门规定必须缴纳的费用，包括社会保险费、住房公积金和工程排污费。

税金是指增值税。

招标控制价的规费和税金必须按国家或省级、行业建设主管部门的规定计算。

规费、税金清单与计价表见表3-8所列。

表 3-8 规费、税金清单与计价表

工程名称：　　　　　　　　　标段：　　　　　　　　　　　第　页　共　页

序　号	项目名称	计算基础	费率(%)	金额(元)
1	规　费			
1.1	工程排污费			
1.2	社会保险费			
(1)	养老保险费			
(2)	失业保险费			
(3)	医疗保险费			
(4)	生育保险费			
(5)	工伤保险费			
1.3	住房公积金			
2	税　金	分部分项工程费＋措施项目费＋其他项目费＋规费		
	合　计			

从计价方法看，分部分项工程费和措施项目费（二）采用综合单价法，措施项目费（一）、规费和税金根据费率计算，其他项目费根据估算。具体内容见表3-9所列。

表 3-9 清单计价模式园林工程造价计算方法

序　号	名　称	计算方法
1	分部分项工程费	∑分部分项工程清单工程量 × 综合单价
2	措施项目费（二）	∑措施项目清单工程量 × 综合单价
3	措施项目费（一）	∑（1+2）中（人工费＋机械费）× 费率

(续)

序号	名称		计算方法
4	其他项目费	招标人部分	按估算金额确定
		投标人部分	根据招标人提出要求所发生费用确定
5	规费		∑（1+2）中（人工费+机械费）×费率
6	税金		（1+2+3+4+5）×增值税税率
7	工程造价		1+2+3+4+5+6

3.2.2 清单计价法计价程序

工程招投标采用工程量清单时，工程量清单计价有两种目的：一是招标人（建设单位）在招标文件发售前编制招标控制价；二是投标人（施工单位）在购买招标文件后进行投标报价，编制商务标。

招标控制价是招标人根据国家或省级、行业建设主管部门颁发的有关计价依据和办法，以及拟定的招标文件和招标工程量清单，结合工程具体情况编制的招标工程的最高投标限价。招标控制价应由具有编制能力的招标人或受其委托、具有相应资质的工程造价咨询人编制。《建设工程工程量清单计价规范》（GB 50500—2013）规定，国有资金投资的工程建设项目应实行工程量清单招标，并应编制招标控制价。招标控制价超过批准的概算时，招标人应将其报原概算审批部门审核。

投标报价是指投标人采取投标方式承揽工程项目时，计算和确定承包该工程的投标总价格。投标报价由投标人自己确定，风险自行承担，但是必须执行《建设工程工程量清单计价规范》（GB 50500—2013）的强制性规定。投标人的投标报价不得低于工程成本。

在清单计价模式下，招标人编制招标控制价和投标人编制投标报价都采用清单计价法，但两种清单计价流程略有不同。

3.2.2.1 园林工程招标控制价

（1）招标控制价编制原则

①中国对国有资金投资项目的投资控制实行的是投资概算审批制度，国有资金投资的工程原则上不能超过批准的投资概算。因此，在工程招标发包时，当编制的招标控制价超过批准的概算，招标人应当将其报原概算审批部门重新审核。

②国有资金投资的工程进行招标，根据《中华人民共和国招标投标法》的规定，招标人可以设标底。当招标人不设标底时，为有利于客观、合理地评审投标报价和避免哄抬标价，造成国有资产流失，招标人应编制招标控制价。《招标投标法实施条例》第二十七条规定：招标人可以自行决定是否编制标底。一个招标项目只能有一个标底。标底必须保密。接受委托编制标底的中介机构不得参加受托编制标底项目的投标，也不得为该项目的投标人编制投标文件或者提供咨询。招标人设有最高投标限价的，应当在招标文件中明确最高投标限价或者最高投标限价的计算方法。招标人不得规定最低投标限价。

③国有资金投资的工程，招标人编制并公布的招标控制价相当于招标人的采购预算，同时要求其不能超过批准的概算，因此，招标控制价是招标人在工程招标时能接受投标人报价的最高限价。国有资金中的财政性资金投资的工程在招标时还应符合《中华人民共和国政府采购法》相关条款的规定。如该法第三十六条规定："在招标采购中，出现下列情形之一的，应予废标……（三）投标人的报价均超过了采购预算，采购人不能支付的。"所有国有资金投资的工程，投标人的投标报价不能高于招标控制价，否则，其投标将被拒绝。

（2）招标控制价编制依据

①《建设工程工程量清单计价规范》（GB 50500—2013）。

②国家或省级、行业建设主管部门颁发的计

价定额和计价办法。
③建设工程设计文件及相关资料。
④招标文件中的工程量清单及有关要求。
⑤与建设项目相关的标准、规范、技术资料。
⑥工程造价管理机构发布的工程造价信息；工程造价信息没有发布的参照市场价。
⑦其他相关资料。主要指施工现场情况、工程特点及常规施工方案等。

按上述依据进行招标控制价编制，应注意以下事项：
①使用的计价标准、计价政策应是国家或省级、行业建设主管部门颁布的计价定额和相关政策规定。
②采用的材料价格应是工程造价管理机构通过工程造价信息发布的材料单价，工程造价信息未发布材料单价的材料，其材料价格应通过市场调查确定。
③国家或省级、行业建设主管部门对工程造价计价中费用或费用标准有规定的，应按规定执行。

（3）招标控制价编制程序
园林工程招标控制价的编制流程如图3-12所示。

3.2.2.2 园林工程投标报价

（1）投标报价编制原则
①投标报价由投标人自己确定，但是必须执行《建设工程工程量清单计价规范》的强制性规定。
②投标人的投标报价不得低于工程成本。
③投标人必须按工程量清单填报价格。
④投标报价要以招标文件中设定的承发包双方责任划分，作为设定投标报价费用项目和费用计算的基础。
⑤投标报价应该以施工方案、技术措施、组织措施等作为报价计算的基本条件。

（2）投标报价编制依据
①招标文件。
②招标人提供的设计图纸及有关技术说明书等。
③工程所在地现行的定额及与之配套执行的各种造价信息、规定等。
④招标人书面答复的有关资料。
⑤企业定额、类似工程的成本核算资料。
⑥施工现场情况、工程特点及拟定的施工组织设计或施工方案。

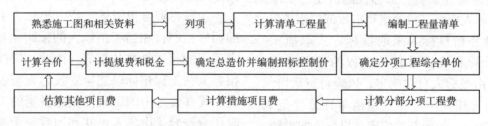

图3-12 园林工程招标控制价编制流程

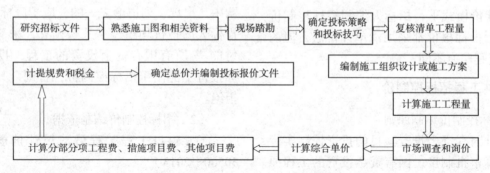

图3-13 园林工程投标报价编制流程

⑦其他与报价有关的各项政策、规定及调整系数等。

在标价的计算过程中，对于不可预见费用的计算必须慎重考虑，不要遗漏。

（3）园林工程投标报价编制程序

园林工程投标报价的编制流程如图3-13所示。

投标报价时投标人应依据招标文件及招标工程量清单自主确定综合单价和投标总价，按招标工程量清单填报价格。分部分项工程量清单与计价表填报时，项目编码、项目名称、项目特征、计量单位、工程量必须与招标工程量清单一致。措施项目清单与计价表填报时，投标人可根据工程实际结合施工组织设计，对招标人所列措施项目进行增补。措施项目费应根据招标文件中的措施项目清单及投标时拟定的施工组织设计或施工方案按规范自主确定。

从招标控制价和投标报价编制流程的对比，可以看出投标报价需要现场踏勘、确定投标策略和投标技巧、复核清单工程量并计算施工工程量（定额工程量）、在市场调查和询价后报价，而招标控制价则可直接根据工程量清单和常规施工方案进行综合单价计算并得出控制价总价。

3.3 定额计价法园林工程费用

3.3.1 定额计价法计价费用

采用定额计价法编制园林工程设计概算或施工图预算，其成果建筑安装工程费的构成即为44号文中按费用构成要素划分的内容（见图3-3和图3-7）。由于缺乏概算定额，当前国内很多省份编制园林工程设计概算时依据预算定额，采用定额计价法。《××省建设工程计价规则》（2018版）将企业管理费和利润合并为综合费用，统一取费或分开取费。

3.3.1.1 人工费

人工费是指按工资总额构成规定，支付给从事建筑安装工程施工的生产工人和附属生产单位工人的各项费用。人工费的计算如公式（3-8）和公式（3-9）所示：

$$定额人工费 = 分项工程人工消耗量 \times 生产工人日工资单价 \quad (3-8)$$

$$\begin{aligned}人工费 &= \sum(分项工程工程量 \times 分项工程人工消耗量 \times 生产工人日工资单价)\\ &= \sum(分项工程工程量 \times 定额人工费)\end{aligned} \quad (3-9)$$

日工资单价指施工企业平均技术熟练程度的生产工人在每工作日（国家法定工作时间内）按规定从事施工作业应得的日工资总额。日工资单价可用公式（3-10）计算：

$$日工资单价 = \frac{生产工人平均月工资(计时、计件) + 平均月(奖金 + 津贴补贴 + 特殊情况下支付的工资)}{年平均每月法定工作日} \quad (3-10)$$

工程造价管理机构确定日工资单价应通过市场调查、根据工程项目的技术要求，参考实物工程量人工单价综合分析确定，最低日工资单价不得低于工程所在地人力资源和社会保障部门所发布的最低工资标准的若干倍，例如，普工1.3倍、一般技工2倍、高级技工3倍。工程计价定额不可只列一个综合工日单价，应根据工程项目技术要求和工种差别适当划分多种日人工单价，确保各分部工程人工费的合理构成。

3.3.1.2 材料费

材料费是指施工过程中耗费的原材料、辅助材料、构配件、零件、半成品或成品、工程设备的费用。内容包括：材料原价、运杂费、运输损耗费、采购及保管费。

材料费的计算如公式（3-11）、公式（3-12）所示，材料单价的计算如公式（3-13）所示：

（1）材料费

$$定额材料费 = \sum(分项工程材料消耗量 \times 材料单价) \quad (3-11)$$

材料费 = ∑（分项工程工程量 × 定额材料费）
（3-12）

材料单价 = {（材料原价 + 运杂费）×[1+ 运输损耗率（%）]}×[1+ 采购保管费率（%）]（3-13）

（2）工程设备费

工程设备费和工程设备单价的计算如公式（3-14）、公式（3-15）所示：

工程设备费 = ∑（工程设备量 × 工程设备单价）
（3-14）

工程设备单价 =（设备原价 + 运杂费）× [1+ 采购保管费率（%）]（3-15）

3.3.1.3 施工机具使用费

施工机具使用费是指施工作业所发生的施工机械、仪器仪表使用费或其租赁费。其中施工机械使用费以施工机械台班消耗量乘以施工机械台班单价表示。仪器仪表使用费是指工程施工所需使用的仪器仪表的摊销及维修费用。

（1）施工机械使用费

施工机械使用费和机械台班单价的计算如公式（3-16）~公式（3-18）所示：

定额施工机械使用费 = ∑（分项工程施工机械台班消耗量 × 机械台班单价）（3-16）

施工机械使用费 = ∑（分项工程工程量 × 定额施工机械台班消耗量 × 机械台班单价）= ∑（分项工程工程量 × 定额施工机械使用费）（3-17）

机械台班单价 = 台班折旧费 + 台班大修费 + 台班经常修理费 + 台班安拆费及场外运费 + 台班人工费 + 台班燃料动力费 + 台班税费（3-18）

工程造价管理机构在确定计价定额中的施工机械使用费时，应根据《建筑施工机械台班费用计算规则》结合市场调查编制施工机械台班单价。施工企业可以参考工程造价管理机构发布的台班单价，自主确定施工机械使用费的报价。如为租赁施工机械，公式为：施工机械使用费 = ∑（施工机械台班消耗量 × 机械台班租赁单价）

（2）仪器仪表使用费

仪器仪表使用费的计算如公式（3-19）所示：

仪器仪表使用费 = 工程使用的仪器仪表摊销费 + 维修费（3-19）

3.3.1.4 企业管理费

企业管理费是指建筑安装企业组织施工生产和经营管理所需的费用。内容包括：

（1）管理人员工资

管理人员工资是指按规定支付给建筑安装企业管理人员的计时工资、奖金、津贴补贴、加班加点工资及特殊情况下支付的工资等。

（2）办公费

办公费是指建筑安装企业管理办公用的文具、纸张、账表、印刷、邮电、书报、办公软件、现场监控、会议、水电、烧水和集体取暖降温（包括现场临时宿舍取暖降温）等费用。

（3）差旅交通费

差旅交通费是指建筑安装企业职工因公出差、调动工作的差旅、住勤补助费，市内交通费和误餐补助费，职工探亲路费，劳动力招募费，职工离退休、退职一次性路费，工伤人员就医路费，工地转移费以及管理部门使用的交通工具的油料、燃料、养路费及牌照费等。

（4）固定资产使用费

固定资产使用费是指建筑安装企业管理和试验部门及附属生产单位使用的属于固定资产的房屋、设备、仪器等的折旧、大修、维修或租赁费。

（5）工具用具使用费

工具用具使用费是指建筑安装企业施工生产和管理使用的不属于固定资产的工具、器具、家具、交通工具和检验、试验、测绘、消防用具等的购置、维修和摊销费。

（6）劳动保险费和职工福利费

劳动保险费是指由建筑安装企业支付的职工退职金、按规定支付给离休干部的经费、集体福利费、夏季防暑降温、冬季取暖补贴、上下班交通补贴等。

（7）劳动保护费

劳动保护费是指建筑安装企业按规定发放的劳动保护用品的支出。如工作服、手套、防暑降温饮料以及在有碍身体健康的环境中施工的保健费用等。

（8）检验试验费

检验试验费是指建筑安装企业按照有关标准规定对建筑以及材料、构件和建筑安装物进行一般鉴定、检查所发生的费用。包括自设试验室进行试验所耗用的材料等费用，不包括新结构、新材料的试验费、对构件做破坏性试验及其他特殊要求检验试验的费用和建设单位委托检测机构进行检测的费用。对此类检测发生的费用由建设单位在工程建设其他费用中列支。但对施工企业提供的具有合格证明的材料进行检测不合格的，该检测费用由施工企业支付。

（9）工会经费

工会经费是指建筑安装企业按《中华人民共和国工会法》规定的全部职工工资总额比例计提的工会经费。

（10）职工教育经费

职工教育经费是指按职工工资总额的规定比例计提，企业为职工进行专业技术和职业技能培训，专业技术人员继续教育、职工职业技能鉴定、职业资格认定以及根据需要对职工进行各类文化教育所发生的费用。

（11）财产保险费

财产保险费是指施工管理用财产、车辆等的保险费用。

（12）财务费

财务费是指企业为施工生产筹集资金或提供预付款担保、履约担保、职工工资支付担保等所发生的各种费用。

（13）税金

税金是指企业按规定缴纳的房产税、车船使用税、土地使用税、印花税等。

（14）其他

包括技术转让费、技术开发费、投标费、业务招待费、绿化费、广告费、公证费、法律顾问费、审计费、咨询费、保险费等。

企业管理费的计算如公式（3-20）所示：

企业管理费＝∑（人工费＋机械费）×企业管理费率　　　　　　　　　　　　　　　（3-20）

《××省建设工程计价规则》（2018）中规定企业管理费率分仿古建筑工程、园林绿化及景观工程、专业土石方工程和单独绿化工程，结合增值税计税方法分别确定，见表3-10所列。

表3-10　企业管理费费率

定额编号	项目名称	计算基数	一般计税费率（%）			简易计税费率（%）		
			下限	中值	上限	下限	中值	上限
E1-1	仿古建筑工程	人工费＋机械费	12.59	16.78	20.97	12.51	16.68	20.85
E1-2	园林绿化及景观工程	人工费＋机械费	13.88	18.51	23.14	13.82	18.43	23.04
E1-3	单独绿化工程	人工费＋机械费	13.42	17.89	22.36	13.37	17.82	22.27
E1-4	专业土石方工程	人工费＋机械费	3.31	4.41	5.51	3.05	4.07	5.09

注：专业土石方工程仅适用于单独承包的土石方专业发包工程。

3.3.1.5　利润

利润是指建筑安装企业完成承包工程所获得的盈利。施工企业根据企业自身需求并结合建筑市场实际自主确定利润并将其列入报价中。工程造价管理机构在确定计价定额中利润时，应以定额人工费或（定额人工费＋定额机械费）作为计算基数，其费率根据历年工程造价积累的资料，并结合建筑市场实际确定，以单位（单项）工程测算。利润在税前建筑安装工程费的比重可按不低于5%且不高于7%的费率计算。利润应列入分部分项工程和措施项目中。

《××省建设工程计价规则》（2018）中规定

园林绿化及仿古建筑工程的利润率，结合增值税计税方法分别确定，取费基数是（人工费＋机械费）合计，见表3-11所列。

利润的计算如公式（3-21）所示：

$$利润 = \sum（人工费 + 机械费）\times 利润率 \quad (3-21)$$

表3-11 利润率

定额编号	项目名称	计算基数	一般计税费率（%）			简易计税费率（%）		
			下限	中值	上限	下限	中值	上限
E2-1	仿古建筑工程	人工费＋机械费	5.70	7.60	9.50	5.67	7.56	9.45
E2-2	园林绿化及景观工程	人工费＋机械费	8.30	11.07	13.84	8.24	10.99	13.47
E2-3	单独绿化工程	人工费＋机械费	9.91	13.21	16.51	9.83	13.11	16.39
E2-4	专业土石方工程	人工费＋机械费	2.03	2.70	3.37	1.87	2.49	3.11

3.3.1.6 规费

规费是指按国家法律、法规规定，由省级政府和省级有关权力部门规定必须缴纳或计取的费用。包括以下几项内容。

（1）社会保险费

①养老保险费 是指企业按照规定标准为职工缴纳的基本养老保险费。

②失业保险费 是指企业按照规定标准为职工缴纳的失业保险费。

③医疗保险费 是指企业按照规定标准为职工缴纳的基本医疗保险费。

④生育保险费 是指企业按照规定标准为职工缴纳的生育保险费。

⑤工伤保险费 是指企业按照规定标准为职工缴纳的工伤保险费。

（2）住房公积金

住房公积金是指企业按规定标准为职工缴纳的住房公积金。

（3）工程排污费

工程排污费是指按规定缴纳的施工现场工程排污费。

社会保险费和住房公积金应以定额人工费为计算基础，根据工程所在地省、自治区、直辖市或行业建设主管部门规定费率计算。如公式（3-22）所示：

$$社会保险费和住房公积金 = \sum（工程定额人工费 \times 社会保险费和住房公积金费率） \quad (3-22)$$

公式（3-22）中，社会保险费和住房公积金费率可以每万元发承包价的生产工人人工费和管理人员工资含量与工程所在地规定的缴纳标准综合分析取定。

工程排污费等其他应列入而未列入的规费应按工程所在地环境保护等部门规定的标准缴纳，按实计取列入。

《××省建设工程计价规则》（2018）中规费的计算方法是把社会保险费、住房公积金、工程排污费等费用合并取定。规费的计算如公式（3-23）所示：

$$规费 = \sum（人工费 + 机械费）\times 规费率 \quad (3-23)$$

《××省建设工程计价规则》（2018）中规定规费费率分仿古建筑工程、园林绿化及景观工程、专业土石方工程和单独绿化工程，结合增值税计税方法分别确定，见表3-12所列。

表 3-12 规费费率

定额编号	项目名称	计算基数	一般计税费率（%）	简易计税费率（%）
E1-1	仿古建筑工程	人工费 + 机械费	31.75	31.59
E1-2	园林绿化及景观工程	人工费 + 机械费	30.97	30.75
E1-3	单独绿化工程	人工费 + 机械费	30.61	30.37
E1-4	专业土石方工程	人工费 + 机械费	12.62	11.65

3.3.1.7 税金

2016年3月18日，国务院常务会议审议通过了全面"营改增"试点方案。明确自2016年5月1日起，全面推开"营改增"试点，将建筑业、房地产业、金融业、生活服务业纳入试点范围。从那时起，增值税代替营业税成为建筑安装工程费中税金的重要组成部分。

增值税是以商品（含应税劳务）在流转过程中产生的增值额作为计税依据而征收的一种流转税，是对销售货物或者提供加工、修理修配劳务以及进口货物的单位和个人就其实现的增值额征收的一个税种。从计税原理上说，增值税是对商品生产、流通、劳务服务中多个环节的新增价值或商品的附加值征收的一种流转税。增值税实行价外税，也就是由消费者负担，有增值才征税，没增值不征税。

《中华人民共和国增值税暂行条例》（国务院〔2017〕691号）规定在我国境内销售货物或者加工、修理修配劳务，销售服务、无形资产、不动产以及进口货物的单位和个人，为增值税的纳税人，应当缴纳增值税。纳税人销售交通运输、邮政、基础电信、建筑、不动产租赁服务，销售不动产，转让土地使用权，销售或者进口货物，税率为11%。

2017年，财政部和国家税务总局发布《关于简并增值税税率有关政策的通知》，通知指出：从7月1日起，简并增值税税率结构，取消13%的增值税税率，并明确了适用11%税率的货物范围和抵扣进项税额规定。2018年3月28日，国务院常务会议决定：从5月1日起，将制造业等行业增值税税率从17%降至16%，将交通运输、建筑、基础电信服务等行业及农产品等货物的增值税税率从11%降至10%。

2019年，根据《财政部 税务总局 海关总署关于深化增值税改革有关政策的公告》（财政部 税务总局 海关总署公告2019年第39号）的规定，自2019年4月1日起，建筑服务的增值税税率从10%降为9%。

纳税人销售货物、劳务、服务、无形资产、不动产，应纳税额为当期销项税额抵扣当期进项税额后的余额。应纳税额的计算如公式（3-24）~公式（3-27）所示：

（1）一般纳税人

应纳税额 = 当期销项税额 − 当期进项税额　（3-24）

销项税额是指纳税人提供应税服务按照销售额和增值税税率计算的增值税额。进项税额是指纳税人购进货物或者接受加工修理修配劳务和应税服务，支付或者负担的增值税额。当期销项税额小于当期进项税额不足抵扣时，其不足部分可以结转下期继续抵扣。纳税人发生应税销售行为，应当向索取增值税专用发票的购买方开具增值税专用发票，并在增值税专用发票上分别注明销售额和销项税额。

销项税额 = 销售额 × 税率　（3-25）

销售额 = 含税销售额 ÷（1+ 税率）　（3-26）

销项税额 = 含税销售额 ÷（1+ 税率）× 税率　（3-27）

（2）小规模纳税人

小规模纳税人发生应税销售行为，实行按照销售额和征收率计算应纳税额的简易办法,并不得抵扣进项税额。小规模纳税人增值税征收率为3%,应纳增值税的计算如公式(3-28)~公式(3-30)所示:

应纳税额 = 销售额 × 征收率 　　　　(3-28)

销售额 = 含税销售额 ÷ (1+ 征收率) 　(3-29)

应纳税额 = 含税销售额 ÷ (1+ 征收率) × 征收率
　　　　　　　　　　　　　　　　(3-30)

《××省建设工程计价规则》(2018)规定园林绿化及仿古建筑工程税金税率分一般计税法和简易计税法确定,计算基数为税前工程造价。一般计税法增值税销项税的税率为9%,简易计税法增值税的征收率为3%。

【例3-3】:某园林企业5月购买材料、设备支付货款206万元,增值税进项税额17万元,取得增值税专用发票。该企业5月的工程合同收入含税销售额为234万元,增值税税率为9%。问该园林企业5月工程合同收入中销售额和销项税额是多少?应缴的增值税是多少?

解:销售额 =234/(1+9%)=214.68(万元)

销项税额 =234/(1+9%)×9%=19.32(万元)

进项税额 =17万元

应纳增值税额 =19.32-17=2.32(万元)

3.3.2　定额计价法计价程序

当采用定额计价法编制园林工程设计概算或施工图预算时,需要套用定额工料单价。工料单价包含定额人工费、定额材料费和定额机械费,但不包含企业管理费、利润、规费和税金。

3.3.2.1　计价程序

从园林单项工程建筑安装工程费计算的角度,采用定额计价模式编制园林工程施工图预算书的流程如图3-14所示。

3.3.2.2　建筑安装工程费计算方法

在定额计价模式下,园林单项工程工程造价(建筑安装工程费)的计算可分以下两种情况考虑。

当税金只考虑增值税,且纳税人为一般纳税人时,工程造价(含税销售额)的计算如公式(3-31)所示:

工程造价 = (人工费 + 材料费 + 施工机具使用费 + 企业管理费 + 利润 + 规费) × (1+ 增值税率)
= (人工费 + 材料费 + 施工机具使用费 + 企业管理费 + 利润 + 规费) × (1+9%)
　　　　　　　　　　　　　　　　(3-31)

当税金只考虑增值税,且纳税人为小规模纳税人时,工程造价(含税销售额)的计算如公式(3-32)所示:

工程造价 = (人工费 + 材料费 + 施工机具使用费 + 企业管理费 + 利润 + 规费) × (1+ 征收率)
= (人工费 + 材料费 + 施工机具使用费 + 企业管理费 + 利润 + 规费) × (1+3%)
　　　　　　　　　　　　　　　　(3-32)

综上所述,根据建筑安装工程费的费用构成要素,采用定额计价法,税金只考虑增值税且纳税人为一般纳税人时,计算工程造价的步骤如下:

①人工费 = ∑(分项工程工程量 × 定额人工费)

②材料费 = ∑(分项工程工程量 × 定额材料费)

工程设备费 = ∑(工程设备量 × 工程设备单价)

③施工机械使用费 = ∑(分项工程工程量 × 定额机械费)

仪器仪表使用费 = 工程使用的仪器仪表摊销费 + 维修费

④企业管理费 = ∑(人工费 + 机械费) × 企

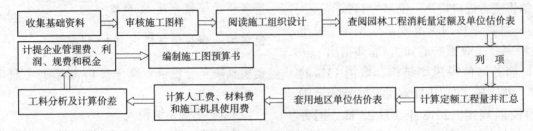

图3-14　园林工程预算书编制流程

业管理费率

⑤利润=∑（人工费+机械费）×利润率

⑥规费=∑（人工费+机械费）×规费率

⑦税金（增值税销项税额）=（人工费+材料费+施工机具使用费+企业管理费+利润+规费）×增值税率

⑧工程造价=（人工费+材料费+施工机具使用费+企业管理费+利润+规费）×（1+增值税率）

3.3.2.3 园林工程建筑安装工程费计算示例

【例3-4】：某市公园占地面积9000m²。通过工程算量及定额基价的套用并汇总得人工费、材料费和施工机具使用费合计500万元，其中人工费、机械费合计237万元。已知企业管理费率为18.51%、利润率为11.07%、规费费率为30.97%、增值税税率为9%（只考虑增值税，一般纳税人），试计算该园林工程的建筑安装工程费和单方造价指标。

解：该市滨江公园的建筑安装工程费计算步骤如下：

（1）建筑安装工程费

①人工费+材料费+施工机具使用费=500万元，其中，人工费+机械费=237万元

②企业管理费=237×18.51%=43.87（万元）

③利润=237×11.07%=26.24（万元）

④规费=237×30.97%=73.40（万元）

⑤增值税销项税额=（500+43.87+26.24+73.40）×9%=57.92（万元）

⑥建筑安装工程费=500+43.87+26.24+73.40+57.92=701.42（万元）

（2）单方造价指标

造价指标=建筑安装工程费÷公园占地面积
=7 014 200（元）÷9000（m²）
=779.36（元/m²）

3.3.3 园林工程设计概算案例

××省××县滨江公园初步设计概算采用定额计价法（图3-15）。由于该省没有园林工程和市政工程概算定额，故部分内容采用了预算定额作为概算编制的依据。

3.3.3.1 概算编制说明

（1）编制内容

本项目为公园景观设计。主要工程内容包括园林绿化、景观铺装等所有道路相关附属工程。

（2）编制依据

①建设部建标〔2007〕240号《市政工程投资估算指标》。

②《××省××县滨江公园景观设计》初步设计图及主要工程量。

③《××省市政工程预算定额》（2018版）。

④《××省园林绿化及仿古建筑工程预算定额》（2018版）。

⑤《××省安装工程概算定额》（2018版）。

⑥《××省建设工程计价规则》（2018版）。

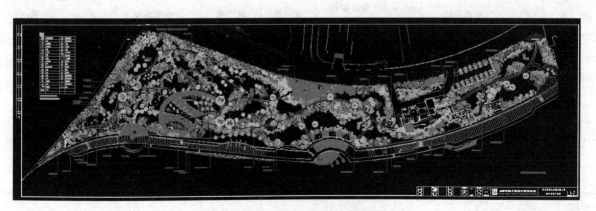

图3-15 ××县滨江公园初步设计图

⑦《××省工程建设其他费用定额》(2003版)。

⑧《××省造价信息》2018版第9期主要建材市场价格信息。

⑨类似工程概、预算价格及相关技术经济指标价格。

（3）取费说明

①综合费用费率根据费用定额规定划分工程类别计取，以（人工费+机械费）合计为计算基数，包括施工组织措施费、企业管理费、利润、规费四项费用。

②场地准备及临时设施费按工程费用的0.75%计取，市政工程附加系数按1.2计取。

③测量费按工程费用的0.6%计取。

④工程保险费按工程费用的0.3%计取。

⑤定额单价取定：人工单价一类人工为125元/工日，二类人工为135元/工日，材料单价和机械台班单价按《××省园林绿化及仿古建筑工程预算定额》(2018版)取定。

（4）其他说明

①建设单位管理费依据财建[2002]394号文件。

②建设管理其他费依据计标[1985]352号文件、浙价服[2003]77号文件、浙价格[2002]1980号文件、浙价服[2003]112号文件、浙价服[2001]262号文件。

③设计费按国家发展与改革委员会、建设部颁布的《工程勘察设计收费标准》(2002年)修订本，

计价格[2002]10号文件，按收费标准的0.8计算。

④工程监理费按国家发展与改革委员会、建设部关于印发《建设工程监理与相关服务收费管理规定》的通知（发改价格[2007]670号）文件。

⑤预备费按工程费用及工程建设其他费用之和的5%计列。

3.3.3.2 工程概算投资

××省××县滨江公园初步设计概算投资见表3-13所列。该投资费用是不包括建设用地费、建设期贷款利息和涨价预备费在内的固定资产投资。建设期贷款利息应由建设单位根据工程项目的资金来源编制。涨价预备费需要建设单位考虑建设期内人工、材料和施工机具的价格上涨情况。××省××县滨江公园初步设计概算由设计单位编制，故此三项未列。

3.3.3.3 固定资产投资费用

××省××县滨江公园初步设计概算固定资产投资费用明细见表3-14所列。

表3-13 ××省××县滨江公园初步设计概算

工程或费用名称	费用（万元）	备注
工程费用	13 228.61	
工程建设其他费用	1413.73	
预备费	732.12	
工程概算投资	15 374.46	

表3-14 工程概算费用表

工程名称：公园景观及相关配套工程

序号	费用名称	费用金额（万元）	单位	数量	概算指标（元）	备注
一	第一部分 工程费用	13 228.61	项	1	132 286 077	
1	公园铺装及构筑物	6668.69	m²	82 317	810	
2	公园绿化	6559.92	m²	108 436	605	
二	第二部分 工程建设其他费用	1413.73				
1	建设管理费	280.27				
1.1	建设单位管理费	201.52				
1.2	建设单位其他费	78.75				

（续）

序号	费用名称	费用金额（万元）	单位	数量	概算指标（元）	备注
2	工程监理费	287.40				
3	设计文件审查费	4.00				工程费用×0.03%
4	建设用地费					
5	项目前期研究费	37.91				工程费用×0.284%
6	勘察设计费	617.40				
6.1	测量费	80.10				工程费用×0.6%
6.2	设计费	537.3				
7	环境影响评价费	21.88				
8	劳动安全卫生评价费	4.67				工程费用×0.035%
9	场地准备及临时设施费	120.15				工程费用×0.9%
10	工程保险费	40.05				工程费用×0.3%
三	预备费	732.12				
1	基本预备费	732.12				(一+二)×5%
四	设计概算投资	15 374.46				一+二+三

表 3-15　绿化工程建筑安装工程费计算表

单位及专业工程名称：公园景观及相关配套工程——绿化　　　　　　　　　　　　　　　　第 1 页　共 1 页

序号	费用名称	计算方法	金额（元）
一	人工费+材料费+机械费	人工、材料、机械台班单价按市场价计取	51 835 723
	其中 1. 人工费+机械费	∑（人工费+机械费）	21 771 004
二	综合费用	∑（人工费+机械费）×38.34%	8 347 003
三	税金（增值税销项税额）	（一+二）×9%	5 416 445
四	单位工程概算	一+二+三	65 599 171

表 3-16　铺装工程建筑安装工程费计算表

单位及专业工程名称：公园景观及相关配套工程——铺装　　　　　　　　　　　　　　　　第 1 页　共 1 页

序号	费用名称	计算方法	金额（元）
一	人工费+材料费+机械费	人工、材料、机械台班单价按市场价计取	52 695 239
1	其中 1. 人工费+机械费	∑（人工费+机械费）	22 132 000
二	综合费用	∑（人工费+机械费）×38.34%	8 485 409
三	税金（增值税销项税额）	（一+二）×9%	5 506 258
四	单位工程概算	一+二+三	66 686 906

3.3.3.4 建筑安装工程费

××省××县滨江公园初步设计概算中绿化工程和铺装工程建筑安装工程费用明细见表3-15、表3-16所列。

3.3.3.5 人工费、材料费和机械费

××省××县滨江公园初步设计概算绿化工程和铺装工程分部分项工程费和施工技术措施费中的人工费、材料费、机械费明细见表3-17、表3-18所列。

表 3-17 绿化工程人工费、材料费和机械费计算表

单位及专业工程名称：公园景观及相关配套工程——绿化　　　　　　　　　　　　　　　　　　第1页 共8页

序号	定额编号	名称及说明	单位	工程数量	工料单价（元）	合价（元）
		枫香 ϕ=12cm H=4.5~5m P=3.5~4m		1.000	677 755.90	677 755.90
1	1-58	栽植乔木 土球直径 80cm 以内	10株	179.200	355.04	63 623.17
2	材料	枫香 ϕ=12cm H=4.5~5m P=3.5~4m	株	1792.000	260.00	465 920.00
3	1-194	支撑毛竹桩 三脚桩	10株	179.200	431.47	77 319.42
4	1-199	草绳绕树干 胸径 15cm 以内	10m	179.200	33.04	5920.77
5	1-247	落叶乔木养护 胸径 20cm 以内	10株	179.200	362.57	64 972.54
		小香樟 ϕ=10cm H=4.5~5m P=2~2.5m		1.000	101 725.62	101 725.62
6	1-57	栽植乔木 土球直径 60cm 以内	10株	57.200	130.95	7490.34
7	材料	小香樟 ϕ=10cm H=4.5~5m P=2~2.5m	株	572.000	100.00	57 200.00
8	1-194	支撑毛竹桩 三脚桩	10株	57.200	431.47	24 680.08
9	1-198	草绳绕树干 胸径 10cm 以内	10m	57.200	23.84	1363.65
10	1-240	常绿乔木养护 胸径 10cm 以内	10株	57.200	192.16	10 991.55
		香樟 ϕ=12cm H=2~5.5m P=3~3.5m		1.000	109 290.24	109 290.24
11	1-57	栽植乔木 土球直径 60cm 以内	10株	32.000	130.95	4190.40
12	材料	香樟 ϕ=12cm H=2~5.5m P=3~3.5m	株	320.000	250.00	80 000.00
13	1-194	支撑毛竹桩 三脚桩	10株	32.000	431.47	13 807.04
14	1-198	草绳绕树干 胸径 10cm 以内	10m	32.000	23.84	762.88
15	1-241	常绿乔木养护 胸径 20cm 以内	10株	32.000	329.06	10 529.92
		……				
		毛竹 ϕ=6cm H=6m		1.000	255 357.10	255 357.10
51	1-127	栽植散生竹类 胸径 6cm 以内	10株	872.300	25.96	22 644.91
52	材料	毛竹 ϕ=6cm H=6m	株	8723.000	25.00	218 075.00
53	1-294	竹类养护（散生竹、丛生竹）	10株	872.300	16.78	14 637.19
		二月蓝		1.000	251 564.48	251 564.48
54	1-122	栽植草皮喷播	100m²	145.870	216.98	31 650.87
55	材料	二月蓝	m²	14 587.000	10.00	145 870.00
56	1-303	草本花卉养护	10m²	1458.700	50.76	74 043.61

（续）

序号	定额编号	名称及说明	单位	工程数量	工料单价（元）	合价（元）
		紫穗狼尾草 H=0.5		1.000	1 646 438.31	1 646 438.31
57	1-123 换	栽植花卉 草本花卉	100 株	40 016.000	10.51	420 568.16
58	材料	紫穗狼尾草 H=0.5	株	4 001 600.000	0.30	1 200 480.00
59	1-303	草本花卉养护	10m²	500.200	50.76	25 390.15
		……				
		合　计				51 835 723.36

表3-18　铺装工程人工费、材料费和机械费计算表

单位及专业工程名称：公园景观及相关配套工程——铺装　　　　　　　　　　　　第 1 页　共 7 页

序号	定额编号	名称及说明	单位	工程数量	工料单价（元）	合价（元）
		50 厚 200×100 黄色火山凝灰岩铺装		1.000	2 179 854.98	2 179 854.98
1	2-76 换	铺设花岗岩机制板地面 板厚 3~5cm~ 黄砂细砂	10m²	974.300	1742.12	1 697 347.52
2	2-45	铺设园路砂垫层	10m³	48.715	1598.90	77 890.41
3	2-48	铺设园路混凝土垫层	10m³	97.430	3126.49	304 613.92
4	2-47	铺设园路碎石垫层	10m³	97.430	977.41	95 229.06
5	4-61	素土夯实（夯实系数 0.93）	10m²	974.300	4.90	4774.07
		……				
		1.5m 宽公园主路树池		1.000	859 129.43	859 129.43
11	2-76 换	铺设花岗岩机制板地面 板厚 3~5cm~ 水泥砂浆 1∶3	10m²	245.600	1849.03	454 121.77
12	土 7-31	屋面不锈钢板泛水	100m²	24.560	16 490.54	405 007.66
		100 厚 500×200 黄色火山凝灰岩收边（顶面凿平，密缝）		1.000	180 261.56	180 261.56
13	2-76 换	铺设花岗岩机制板地面 板厚 3~5cm~ 水泥砂浆 1∶3	10m²	56.500	2775.18	156 797.67
14	2-48	铺设园路混凝土垫层	10m³	5.650	3126.49	17 664.67
15	2-47	铺设园路碎石垫层	10m³	5.650	977.41	5522.37
16	4-61	素土夯实（夯实系数 0.93）	10m²	56.500	4.90	276.85
		100 厚 10~15 深灰色碎石散铺		1.000	855 820.26	855 820.26
17	2-49 换	铺设园路碎石面层	10m²	870.080	890.47	774 780.14
18	市 2-43	200 厚三合土（石灰、黄黏土、碎石 1∶2∶3）基层 厂拌 厚20cm	100m²	87.008	882.41	76 776.73
	0409521	三合土	t	33.456	20.00	669.12
19	4-61	素土夯实（夯实系数 0.93）	10m²	870.080	4.90	4263.39
		……				

（续）

序号	定额编号	名称及说明	单位	工程数量	工料单价（元）	合价（元）
		厚细粒式沥青路面，车行道面积		1.000	1 544 381.50	1 544 381.50
78	市2-191 换	机械摊铺细粒式沥青混凝土路面 厚5cm	100m²	113.360	4046.90	458 756.58
79	2-48 换	C20 铺设园路混凝土垫层	10m³	226.720	3297.78	747 672.68
80	2-47	铺设园路碎石垫层	10m³	340.080	977.41	332 397.59
81	4-61	素土夯实（夯实系数0.93）	10m²	1133.600	4.90	5554.64
		……				
		合　计				52 695 239.13

小结

本章从世界银行工程造价的构成出发，依据《建设项目经济评价方法与参数》（第三版）、《建筑安装工程费用项目组成》和《建设工程工程量清单计价规范》，结合园林工程的项目属性以及造价文件的编制阶段，阐述国内外园林工程造价的构成、清单计价法园林工程费用和定额计价法园林工程费用。针对园林工程的建设项目属性和单项工程属性，定义了园林工程造价的内含分别是指固定资产投资和建筑安装工程费。针对建筑安装工程费的构成，分清单计价法和定额计价法阐述其按造价形成划分和按费用构成要素划分的项目组成。并在清单计价法中重点阐述招标控制价和投标报价的编制原则、编制依据和编制程序，在定额计价法中重点阐述园林工程预算书的编制程序、建筑安装工程费计算方法和设计概算案例。

习题

一、填空题

1. 在世界银行工程造价的构成中，应急费包括＿＿＿＿和＿＿＿＿。
2. 分部分项工程费是指＿＿＿＿的费用，它包含建安工程费中的＿＿＿、＿＿＿、＿＿＿和＿＿＿。
3. 环境保护费和文明施工费属于＿＿＿费。
4. 无论采用清单计价法还是定额计价法，费用计算的目标都是指＿＿＿费。

二、单项选择题

1. 根据世界银行工程造价的构成，项目直接建设成本不包括（　　）。
   A. 工艺设备费　　　B. 土地征购费　　　C. 设备安装费　　　D. 开工试车费
2. 某园林工程建筑工程费2000万元，安装工程费700万元，设备购置费1100万元，工程建设其他费450万元，预备费180万元，建设期贷款利息120万元，流动资金500万元，则该项目的建设投资为（　　）万元。
   A.4250　　　　　　B.4430　　　　　　C.4550　　　　　　D.5050
3. 建筑安装工程费的构成分为（　　）两种形式。
   A. 人工费和措施费　　　　　　　　　B. 清单计价费用和定额计价费用
   C. 按费用构成要素划分和按造价形成划分　　D. 直接费和间接费

4. 以下其他项目费用中属于投标人部分的是（　　）。
A. 暂列金额　　　　B. 暂估价　　　　C. 专业工程暂估价　　　D. 总承包服务费
5. 根据《建筑安装工程费用项目组成》建标〔2013〕44号规定，下列属于材料费的是（　　）。
A. 塔吊基础的混凝土费用　　　　　　　B. 现场预制构件地胎模的混凝土费用
C. 保护已完石材地面而铺设的大芯板费用　D. 独立柱基础混凝土垫层费用
6. 根据《建筑安装工程费用项目组成》建标〔2013〕44号规定，大型机械进出场及安拆费应计入（　　）。
A. 材料费　　　　B. 设备费　　　　C. 施工机具使用费　　　D. 措施项目费
7. 根据《建筑安装工程费用项目组成》建标〔2013〕44号规定，下列属于规费的是（　　）。
A. 环境保护费　　　B. 工程排污费　　　C. 安全施工费　　　D. 文明施工费
8. 有关招标控制价，下列说法错误的是（　　）。
A. 招标控制价应由具有编制能力的招标人或受其委托，具有相应资质的工程造价咨询人编制。
B. 国有资金投资的工程建设项目应实行工程量清单招标，并应编制招标控制价。
C. 招标控制价超过批准的概算时，招标人应将其报原概算审批部门审核。
D. 招标控制价与标底类似，在开标前需要保密。
9. 关于暂列金额，下列说法错误的是（　　）。
A. 暂列金额只能按照发包人的指示使用，并对合同价格进行相应调整。
B. 尽管暂列金额列入合同价格，但并不属于承包人所有，也不必然发生。
C. 暂列金额只有按照合同约定实际发生后，才成为承包人的应得金额，纳入合同结算价款中。
D. 扣除实际发生额后的暂列金额余额仍属于发包人所有。

三、思考题

1. 简述园林工程项目的属性及其对应的工程造价内容。
2. 对清单计价费用和定额计价费用进行比较，指出其分别对应的建筑安装工程费的构成。
3. 分析清单计价费用中综合单价的组成和具体计算方法。
4. 企业管理费、利润和规费的计算基数是什么？
5. 简述增值税的计算公式。

四、案例分析

某园林工程采用工程量清单招标。按工程所在地计价依据规定，措施费和规费均以分部分项工程费中人工费和机械费合计为计算基础，经计算该工程分部分项工程费总计为3 300 000元，其中人工费和机械费合计为1 386 000元。其他有关工程造价方面的背景材料如下：

（1）木制飞来椅工程量160m，栽植乔木工程量1200株。

园林建筑现浇钢筋混凝土矩形梁模板及支架工程量420m^2，支模高度2.6m。现浇钢筋混凝土有梁板模板及支架工程量800m^2，梁截面250mm×400mm，梁底支模高度2.6m，板底支模高度3m。

（2）安全文明施工费率6%，夜间施工费率0.05%，二次搬运费率0.13%，冬雨季施工费率0.15%。

按照施工组织设计，该工程需要反季节栽植影响措施费16 000元，湿土排水费13 400元，垂直运输费8000元，脚手架费46 000元，各项费用均已包含人工费、材料费、机械费、企业管理费和利润。

（3）招标文件指出，该工程暂列金额130 000元，材料暂估价0元，计日工费用20 000元，总承包服务费20 000元。

（4）社会保险费中养老保险费率16%，失业保险费率2%，医疗保险费率6%，工伤保险费率0.18%。住房公积金率6%，增值税率9%。

问题：

根据《建设工程工程量清单计价规范》（GB 50500—2013），结合案例背景及所在地计价依据规定，编制该工程的招标控制价。

①编制木制飞来椅和栽植乔木的分部分项工程量清单与计价表。木制飞来椅综合单价为 340.18 元/m，栽植乔木综合单价 179.11 元/株。

②编制该工程措施项目清单与计价表，填入"措施项目清单与计价表（一）"和"措施项目清单与计价表（二）"。补充的现浇钢筋混凝土模板及支架项目编码：梁模板及支架 AB001，有梁板模板及支架 AB002。梁模板及支架综合单价 85.60 元/m²，有梁板模板及支架综合单价 53.20 元/m²。

③编制该工程其他项目清单与计价表。

④编制该工程规费、税金清单与计价表。

⑤编制该工程招标控制价汇总表。（计算结果均保留两位小数）

推荐阅读书目

[1]《建设工程工程量清单计价规范》（GB 50500—2013）.住房和城乡建设部.中国计划出版社，2013.
[2]《建筑安装工程费用项目组成》（建标〔2013〕44号）.住房和城乡建设部、财政部，2013.
[3]《建设项目经济评价方法与参数（第三版）》（发改投资〔2006〕1325号）.国家发展与改革委员会，2006.
[4]《中华人民共和国增值税暂行条例》（国务院〔2017〕691号）.国务院办公厅，2017.
[5]《浙江省园林绿化及仿古建筑工程预算定额》（2018版）.中国计划出版社，2018.
[6]《浙江省建设工程计价规则》（2018版）.中国计划出版社，2018.

相关链接

两位造价员的心路历程　　http://zj.zhulong.com/topic_ZJGS.html；http://zj.zhulong.com/topic_ZJGS.html

经典案例

万科某景观工程造价案例分析：万科某房地产开发项目园林绿化配套工程占地 85 259m²，分大门、绿化、道路、铺地、停车位、围墙、景墙、室外照明及水电、临时设施等部分。

（1）工程造价

该园林景观工程投资估算费用见表 3-19 所列。总估算费用 3410 万元，单方造价指标 400 元/m²。

（2）各项费用比例

总费用中，绿化建设费占 39%，铺地景观占 18%，道路建设费占 11%，大门、停车位、滤水层、围墙、景墙等占 15.4%，水电安装及室外零星设施占 7.4%，签证变更及不可预见费占 9.1%。投资估算费用明细见表 3-20 所列。

（3）绿化各区域比例

总费用中，一期景观区占 11.38%，景观活动区占 5.89%，入口景观区占 3.58%，中心景观区占 6.76%，次活动区占 2.31%，周边绿化区占 10.66%，普通景观区占 59.41%。绿化各区域费用比例和单方造价见表 3-21 所列。

表 3-19　万科某房地产开发项目园林绿化配套投资估算费用

技术指标			
总景观面积	85 259.23	m²（估算面积）	
总费用（单方400元）	34 103 692	元	
硬质景观面积	28 375	m²（估算面积）	33%
软景面积	56 884	m²（估算面积）	67%

表 3-20　投资估算费用明细

序号	成本项目	单位	工作量	单价（元/m²）	合价（万元）	比例
	园林环境费	m²	85 259	396	3376	100%
一	绿化建设费	m²	40 077	329	1319	39.1%
二	大门	项	1	400 000	40	1.2%
三	道路建造费	m²	18 231	198	361	10.7%
四	铺地景观区	m²	16 775	369	619	18.3%
五	停车位	m²	10 176	111	113	3.3%
六	滤水层（基层）	m²	75 000	22	165	4.9%
七	围墙建造费	m	830	1994	166	4.9%
八	景墙	个	25	15 000	38	1.1%
九	室外照明及水电费	m²	85 250	20	171	5.1%
十	室外零星设施	项	1	770 000	77	2.3%
十一	可预见费	项	1	307	307	9.1%

表 3-21　绿化各区域费用比例和单方造价

	绿化面积（m²）	单方造价（元/m²）	比例
全期	50 253	270	100%
一期景观区	4882	316	11.38%
景观活动区	2707	295	5.89%
入口景观区	1000	486	3.58%
中心景观区	2147	427	6.76%
次活动区	1120	280	2.31%
周边绿化区	6092	237	10.66%
普通景观区	32 305	250	59.41%

第4章 绿化工程计量与计价

【本章提要】绿化种植工程是园林工程中最重要的组成部分之一，绿化部分造价占总造价的比例颇高。绿化材料种类繁多，涉及乔木、灌木、地被、草坪、常绿树、落叶树，水生植物、陆生植物，植物材料的多样性造成了绿化种植工程计量与计价的复杂性。本章详细阐述《园林绿化工程工程量计算规范》（GB 50858—2013）绿化种植清单项目的设置，《××省园林绿化及仿古建筑工程预算定额》（2018）定额的套用与换算。

园林绿地是园林必不可缺的一部分，它在园林中占有很重要的地位。园林绿地分为公园绿地、生产绿地、防护绿地、附属绿地和其他绿地。其中，公园绿地可分为综合绿地、社区绿地、专类绿地、带状绿地、街旁绿地等；附属绿地可分为居住绿地、公共设施绿地、工业绿地、仓储绿地、对外交通绿地、道路绿地、市政设施绿地、特殊绿地。每种类型的绿地工程造价不一，高者可以达到每平方米400元以上，简单的绿地则可以降低至每平方米80元左右，本章将重点阐述绿化种植工程的计量与计价。

4.1 绿化种植工程概述

绿化工程计量与计价和绿化工程的施工工艺有着紧密的联系，绿化工程的施工工艺主要包括地形整理、苗木起挖、苗木装卸与运输、苗木栽植、苗木支撑与草绳绕树干、苗木修剪和苗木养护。

4.1.1 地形整理

地形整理是指对地形进行适当松翻、去除杂物碎土、找平、整平、填压土壤，地面不得有低洼积水。

地形整理前应对施工场地作全面的了解，尤其是地下管线要根据实际情况加以保护或迁移，并全部清除地面上的灰渣、砂石、砖石、碎木、建筑垃圾、杂草、树根及盐渍土、油污土等不适合植物生长的土壤，换上或加填种植土，并最终达到设计标高。如图4-1、图4-2所示。

图4-1 施工现场板结土壤，不适合植物生长

图4-2 适合苗木生长的种植土

苗木栽植土壤要求土质肥沃、疏松、透气、排水良好。土层厚度应满足以下条件：浅根乔木≥80cm，深根乔木≥120cm，小灌木、小藤本植物≥40cm，大灌木、大藤本植物≥60cm。栽植土的pH值应控制在6.5~7.5，对喜酸性的植物pH值应控制在5.5~6.5。

4.1.2 苗木起挖

4.1.2.1 苗木起挖时间

春季起挖。当土壤开始解冻但树液尚未开始流动时立即进行，根据苗木发芽的早晚，合理安排起挖顺序。落叶树早挖，常绿树后挖。南方（喜温暖）的树种（如柿树、香樟、乌桕、喜树、枫杨、重阳木等）在芽开始萌动时起挖，才易成活。

秋季起挖。在树木地上部分生长缓慢或停止生长后，即落叶树开始落叶、常绿树生长高峰过后至土壤封冻前进行。

雨季起挖。南方在梅雨初期，北方在雨季刚开始时，适宜起挖常绿树及萌芽力较强的树种。此时雨水多，空气湿度大，大树移植后蒸腾量小，根系生长迅速，易于成活。

非适宜季节起挖。因有特殊需要的临时任务或受其他工程的影响，不能在适宜季节起挖时，可按照不同类别树种采取不同措施。随着科学技术的发展，大容器育苗和移植机械的推出，终年移植已成为可能。

4.1.2.2 起苗方法

起苗方法有2种：裸根起苗法和带土球起苗法。裸根起苗法适用于大部分落叶树休眠期的起挖，苗木起出后要注意保持根部湿润，避免因风吹日晒而失水干枯，并做到及时装运、及时种植，根系应打浆保护。带土球起苗法适用于常绿树种、珍贵落叶树种和花灌木的起挖。带土球起掘不得掘破土球，原则上土球破损的苗木不得出圃。包扎土球的绳索要粗细适宜、质地结实，以草麻绳为宜。土球包扎形式应根据树种的规格、土壤的质地、运输的距离等因素来选定，应保证包扎的牢固，严防土球破碎。土球的包扎可分为橘子包、井字包和五角包3种形式，如图4-3~图4-6所示。

4.1.3 苗木装卸与运输

树木挖好后应"随挖、随运、随栽"，即尽量在最短的时间内将其运至目的地栽植。树木装运过程中，应做到轻抬、轻装、轻卸、轻放、不拖、不拉，使树木土球不破损碎裂，根盘不擦伤、不撕裂，不伤枝干。对有些树冠展开较大的树木应使用绳索绑扎树冠，其根部必须放置在车头部位，树冠倒向车尾，叠放整齐，过重苗木不宜重叠，树身与车板接触处应使用软物衬垫固定，如图4-7、图4-8所示。

4.1.4 苗木栽植

苗木起挖后，如遇气温骤升骤降、大风大

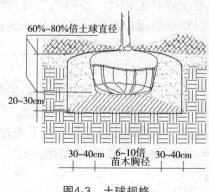

图4-3 土球规格

图4-4 确定苗木土球高度

图4-5 土球包扎

图4-6 断根起苗

图4-7 苗木起吊

图4-8 苗木运输

雨等特殊天气不能及时种植时，应采取临时保护措施，如覆盖、假植等。树穴的规格大小、深浅，应按植株的根盘或土球直径适当放大，使根盘能充分舒展。高燥地树穴稍深，低洼地树穴稍浅。树穴的直径一般比树木的土球或根盘直径大20~40cm；树穴的深度一般是树木穴径的2/3倍。如穴底需要施堆肥或设置滤水层，应按设计要求加深树穴的深度。

挖掘树穴时，遇夹层、块石、建筑垃圾及其他有害物必须清除，并换上种植土。树穴应挖成直筒形，严防锅底形。表土应单独堆放，覆土时先将表土放入树穴，如图4-9、图4-10所示。

栽植时应选择丰满完整的植株，并注意树干的垂直面及主要观赏面的摆放方向。植株放入穴内待土填至土球深度的2/3时，浇足第一次水；经渗透后继续填土至地表持平时，再浇第二次水，以不再向下渗透为宜；3日内再复水一次，复水后若发现泥土下沉，应在根部补充种植土。树木栽植后，应沿树穴的外缘覆土保墒，高度为10~20cm，以便灌溉，防止水土流失。

4.1.5 苗木支撑与绕干

胸径在5cm以上的树木定植后应立支架固定，特别是在栽植季节有大风的地区，以防冠动根摇影响根系恢复生长，但要注意支架不能打在土球或骨干根上。可以用毛竹、木棍、钢管或混凝土作为支撑材料，常用的支撑形式有铁丝吊桩、短单桩、长单桩、扁担桩、三脚桩、四脚桩等，如图4-11所示。支撑桩的埋设深度，可按树种规格和土质确定，支撑高度一般是在植株高度的1/2以上。

草绳绕树干是指树木栽植后，为防止新种树木因树皮缺水而干死，用草绳将树干缠绕起来，以减少水分从树皮蒸发，同时也能将水喷洒在草绳上以保持树皮的湿润，提高树木成活率的一种保护措施。树木干径在5cm以上的乔木和珍贵树木栽植后，在主干与接近主干的主枝部分，应用草绳等绕树干，以保护主干和接近主干的主枝不易受伤和抑制水分蒸发，如图4-12所示。

4.1.6 苗木修剪

苗木栽植后为确保植株成活，必须修剪。修剪要结合树冠形状，将枯枝及损伤枝剪除，剪口必须平整，稍倾斜，必要时剪口应采取封口措施以减少植株水分蒸发。植株初剪后，必须摘除部分叶片。

4.1.7 苗木养护

（1）灌溉与排水

树木栽植后应根据树种和立地条件及水文、气候情况的不同，进行适时适量的灌溉，以保持土壤中的有效水分。生长在立地条件较差或对水分和空气湿度要求较高的树种，还应适当进行叶面喷水、喷雾。夏季浇水以早晚为宜，冬季浇水以中午为宜。如发现雨后积水应立即排除。

（2）中耕除草、施肥

新栽树木长势较弱，应及时清除影响其生长的杂草，并及时给因浇水而板结的土壤松土。除草可结合中耕进行，中耕深度以不影响根系为宜。同时，应按树木的生长情况和观赏要求适当施肥。

（3）整形修剪

新栽树木可在原树形或造型基础上进行适度

图4-9 种植穴

图4-10 苗木入穴栽植

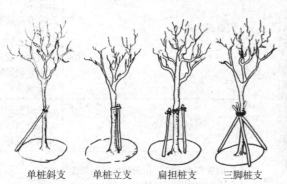

单桩斜支　单桩立支　扁担桩支　三脚桩支

图4-11 树木支撑形式

图4-12 草绳绕干

修剪。通过修剪，调整树形，促进树木生长；新栽观花或观果树木，应适当疏蕾摘果。主梢明显的乔木类，应保护顶芽。孤植树应保留下枝，保持树冠丰满。花灌木的修剪，应有利于促进短枝和花芽形成，促其枝叶繁茂、分布匀称。修剪应遵循"先上后下、先内后外、去弱留强、去老留新"的原则。藤本攀缘类木本植物为促进其分枝，宜适度修剪，并设攀缘设施。新栽绿篱按设计要求进行适当修剪整形，促其枝叶茂盛。

4.2 绿化种植工程计量

园林绿化工程主要是在园林建设中对一定区域应用艺术手段对原有的土地和山石等进行重新建构，同时搭配各种树木和花草，通过景观和树木花草的布置，为人们营造一个放松舒适的生活环境。绿化材料丰富多样，涉及乔木、灌木、草花、地被、草坪等植物材料，在工程计价前，需事先准确进行清单列项与工程量的计算。

4.2.1 绿化种植工程工程量清单的编制

《园林绿化工程项目按建设工程工程量清单计价规范》（GB 50858—2013）附录A列项：包括绿地整理；栽植花木；绿地喷灌3个小节共29个清单项目。

4.2.1.1 绿化种植工程清单工程量计算规则

（1）绿地整理工程清单工程量计算规则

绿地整理包括砍伐乔木、挖树根（蔸）、砍挖灌木丛及根、砍挖竹及根、砍挖芦苇及根、清除草皮、清除地被植物、屋面清理、种植土回（换）填、整理绿化用地、绿地起坡造型，屋顶花园基底处理12个项目，项目编码为050101001~050101012，见表4-1所列。

表 4-1 绿地整理（编号：050101）

项目编码	项目名称	项目特征	计量单位	工程量计算规则	工作内容
050101001	砍伐乔木	树干胸径	株	按数量计算	1. 砍伐 2. 废弃物运输 3. 场地清理
050101002	挖树根（蔸）	地径	株	按数量计算	1. 挖树根 2. 废弃物运输 3. 场地清理
050101003	砍挖灌木丛及根	丛高或蓬径	1. 株 2. m²	1. 以株计量，按数量计算 2. 以平方米计量，按面积计算	1. 砍挖 2. 废弃物运输 3. 场地清理
050101004	砍挖竹及根	根盘直径	株（丛）	按数量计算	
050101005	砍挖芦苇（或其他水生植物）及根	根盘丛径			
050101006	清除草皮	草皮种类	m²	按面积计算	1. 除草 2. 废弃物运输 3. 场地清理
050101007	清除地被植物	植物种类			1. 清除植物 2. 废弃物运输 3. 场地清理
050101008	屋面清理	1. 屋面做法 2. 屋面高度		按设计图示尺寸以面积计算	1. 原屋面清扫 2. 废弃物运输 3. 场地清理
050101009	种植土回（换）填	1. 回填土质要求 2. 取土运距 3. 回填厚度 4. 弃土运距	1. m³ 2. 株	1. 以立方米计量，按设计图示回填面积乘以回填厚度以体积计算 2. 以株计量，按设计图示数量计算	1. 土方挖、运 2. 回填 3. 找平、找坡 4. 废弃物运输
050101010	整理绿化用地	1. 回填土质要求 2. 取土运距 3. 回填厚度 4. 找平找坡要求 5. 弃渣运距	m²	按设计图示尺寸以面积计算	1. 排地表水 2. 土方挖、运 3. 耙细、过筛 4. 回填 5. 找平、找坡 6. 拍实 7. 废弃物运输
050101011	绿地起坡造型	1. 回填土质要求 2. 取土运距 3. 坡起平均高度	m³	按设计图示尺寸以体积计算	1. 排地表水 2. 土方挖、运 3. 耙细、过筛 4. 回填 5. 找平、找坡 6. 废弃物运输
050101012	屋顶花园基底处理	1. 找平层厚度、砂浆种类、强度等级 2. 防水层种类、做法 3. 排水层厚度、材质 4. 过滤层厚度、材质 5. 回填轻质土厚度、种类 6. 屋面高度 7. 阻根层厚度、材质、做法	m²	按设计图示尺寸以面积计算	1. 抹找平层 2. 防水层铺设 3. 排水层铺设 4. 过滤层铺设 5. 填轻质土壤 6. 阻根层铺设 7. 运输

①伐树、挖树根 伐树包括砍、伐、挖、清除、整理、堆放。挖树根是将树根拔除。清理树墩除用人工挖掘外,直径在50cm以上的大树墩可用推土机或用爆破方法清除。建筑物、构筑物基础下土方中不得混有树根、树枝、草及落叶等。凡土方开挖深度不大于50cm或填方高度较小的土方施工,对于现场及排水沟中的树木移除应按当地有关部门的规定办理审批手续,若遇到古树名木必须注意保护,并做好移植工作。

②砍挖竹及根 丛生竹靠地下茎竹蔸上的笋芽出土成竹,无延伸的竹鞭,竹秆紧密相依,在地面形成密集的竹丛,如图4-13、图4-14所示。

散生竹在土中有横向生长的竹鞭,竹鞭顶芽通常不出土,由鞭上侧芽成竹,竹秆在地面上散生,如图4-15、图4-16所示。

挖掘丛生竹母竹：丛生茎竹类无地下鞭茎,其笋芽生长在每竹竿两侧。秆基与较其老1~2年的植株相连,新竹互生枝伸展方向与其相连老竹枝条伸展方向正好垂直,而新竹梢部则倾向于老竹外侧,但有时因风向关系不易辨别。故宜在竹丛周围选取丛生茎竹类母竹,以便挖掘。先在选定的母竹外围距离17~20cm处挖,并按前述新老竹相连的规律,找出其秆基与竹丛相连处,用利刀或利锄靠竹丛方向砍断,以保护母竹秆基两侧的笋牙,要挖至自倒为止。母竹倒下后,仍应切干,包扎或湿润根部,防止根系干燥,否则恐不易成活。

挖掘散生竹母竹：常用的工具是锋利山锄,挖掘时要先在要挖掘的母竹周围轻挖、浅挖,找出鞭茎。宜先按竹株最下一盘枝丫生长方向找,找到后,分清来鞭和去鞭,来鞭留长33cm,去鞭留长45~60cm,面对母竹方向用山锄将鞭茎截断。这样可使截面光滑,鞭茎不致劈裂。鞭上必须带有3~5个健壮鞭芽。截断后再逐渐将鞭两侧土挖松,连同母竹一起掘出。挖出母竹应留枝丫5~7盘,斩去顶梢。

③砍挖芦苇及根 芦苇根细长、坚韧,挖掘工具要锋利,芦苇根必须清除干净。

④清除草皮、清除地被植物 杂草与地被植物的清除,是为了便于土地的耕翻与平整。杂草、地被植物的清除主要是为了消灭多年生的杂草,为避免草坪建成后杂草与草坪争水分、养料,所以在种草前应彻底清除。此外,还应把瓦块、石砾等杂物全部清出场地外。

⑤整理绿化用地 在进行绿化施工之前,绿化用地上所有建筑垃圾和其他杂物,都要清除干净。若土质已遭碱化或其他污染,要清除恶土,置换肥沃客土。

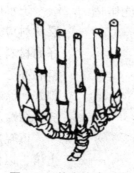

图4-13 丛生竹地下茎

图4-14 丛生竹——翠竹

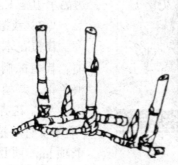

图4-15 散生竹地下茎

图4-16 散生竹

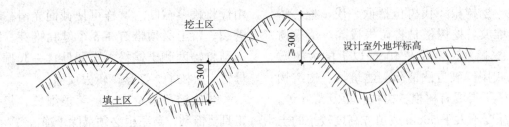

图4-17 绿地整理示意图

整理绿化用地项目包含300mm以内回填土（图4-17），厚度300mm以上回填土，应按房屋建筑与装饰工程计量规范相应项目编码列项。

⑥绿地起坡造型　绿地起坡造型，适用于松填、抛填。

⑦屋顶花园基底处理（图4-18）抹找平层。抹水泥砂浆找平层应分为洒水湿润，贴点标高、冲筋，铺水泥砂浆及养护4个步骤，具体操作如下：

洒水湿润　抹水泥砂浆找平层前，应适当洒水湿润基层表面，主要是利于基层与找平层的结合，但不可洒水过量，以免影响找平层表面的干燥，防水层施工后窝住水汽，使防水层产生空鼓。所以洒水以达到基层和找平层能牢固结合为度。

贴点标高、冲筋　根据坡度要求，拉线放坡，一般按1~2m贴点标高（贴灰饼），铺抹找平砂浆时，先按流水方向以距1~2m冲筋，并设置找平层分格缝，宽度一般为20mm，并且将缝与保温层连通，分格缝最大间距为6m。

铺水泥砂浆　按分格块装灰、铺平，用刮扛靠冲筋条刮平，找坡后用木抹子搓平，铁抹子压光。待浮水沉失后，人踏上去有脚印但不下陷为度，再用铁抹子压第二遍即可交活。找平层水泥砂浆配合比一般为1:3，拌和物稠度控制在7cm。

养护　找平层抹平、压实以后24h可浇水养护，养护期一般为7d，经干燥后铺设防水层。

防水层铺设　种植屋面应先做防水层，防水层材料应选用耐腐蚀、耐碱、耐霉烂和耐穿刺性好的材料，为提高防水设防的可靠性，宜采用涂料和高分子卷材复合，高分子卷材强度高、耐穿刺好，涂料是无接缝的防水层，可以弥补卷材接缝可靠性差的缺陷。

填轻质土壤　人工轻质土壤是使用不含天然土壤，以保湿性强的珍珠岩轻质混凝土为主要成分的土壤，其在潮湿状态下容重为0.6~0.8。人工轻质土壤泥泞程度小，可在雨天施工，施工条件非常好。使用轻质土壤，因其干燥时易飞散，应边洒水边施工。施工中遇强风，则应中止作业。

（2）栽植花木工程清单工程量计算规则

栽植花木包括栽植乔木、栽植灌木、栽植竹类、栽植棕榈类、栽植绿篱、栽植攀缘植物、栽植色带、栽植花卉、栽植水生植物、垂直墙体绿化种植、花卉立体布置、铺种草皮、喷播植草（灌木）籽、植草砖内植草、挂网、箱/钵栽植16个项目，项目编码为050102001~050102016，见表4-2所列。

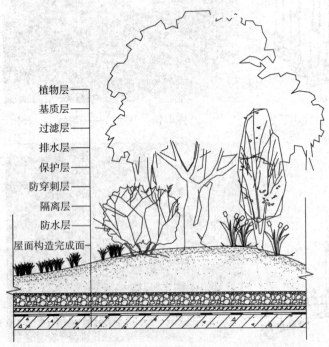

图4-18 屋顶花园构造

表4-2　栽植花木（编号：050102）

项目编码	项目名称	项目特征	计量单位	工程量计算规则	工作内容
050102001	栽植乔木	1. 乔木种类 2. 胸径或干径 3. 株高、冠径 4. 起挖方式 5. 养护期	株	按设计图示数量计算	1. 起挖 2. 运输 3. 栽植 4. 养护
050102002	栽植灌木	1. 种类 2. 根盘直径 3. 冠丛高 4. 蓬径 5. 起挖方式 6. 养护期	1. 株 2. m²	1. 以株计量，按设计图示数量计算 2. 以平方米计量，按设计图示尺寸以绿化水平投影面积计算	
050102003	栽植竹类	1. 竹种类 2. 竹胸径或根盘丛径 3. 养护期	株（丛）	按设计图示数量计算	
050102004	栽植棕榈类	1. 种类 2. 株高、地径 3. 养护期	株		
050102005	栽植绿篱	1. 种类 2. 篱高 3. 行数、蓬径 4. 单位面积株数 5. 养护期	1. m 2. m²	1. 以米计量，按设计图示长度以延长米计算 2. 以平方米计量，按设计图示尺寸以绿化水平投影面积计算	
050102006	栽植攀缘植物	1. 植物种类 2. 地径 3. 单位长度株数 4. 养护期	1. 株 2. m	1. 以株计量，按设计图示数量计算 2. 以米计量，按设计图示种植长度以延长米计算	
050102007	栽植色带	1. 苗木、花卉种类 2. 株高或蓬径 3. 单位面积株数 4. 养护期	m²	按设计图示尺寸以绿化水平投影面积计算	
050102008	栽植花卉	1. 花卉种类 2. 株高或蓬径 3. 单位面积株数 4. 养护期	1. 株（丛、缸） 2. m²	1. 以株（丛、缸）计量，按设计图示数量计算 2. 以平方米计量，按设计图示尺寸以水平投影面积计算	
050102009	栽植水生植物	1. 植物种类 2. 株高或蓬径或芽数/株 3. 单位面积株数 4. 养护期	1. 丛（缸） 2. m²		
050102010	垂直墙体绿化种植	1. 植物种类 2. 生长年数或地（干）径 3. 栽植容器材质、规格 4. 栽植基质种类、厚度 5. 养护期	1. m² 2. m	1. 以平方米计量，按设计图示尺寸以绿化水平投影面积计算 2. 以米计量，按设计图示种植长度以延长米计算	

（续）

项目编码	项目名称	项目特征	计量单位	工程量计算规则	工作内容
050102011	花卉立体布置	1. 草本花卉种类 2. 高度或蓬径 3. 单位面积株数 4. 种植形式 5. 养护期	1. 单体（处） 2. m²	1. 以单体（处）计量，按设计图示数量计算 2. 以平方米计量，按设计图示尺寸以面积计算	1. 起挖 2. 运输 3. 栽植 4. 养护
050102012	铺种草皮	1. 草皮种类 2. 铺种方式 3. 养护期	m²	按设计图示尺寸以绿化水平投影面积计算	1. 基层处理 2. 坡地细整 3. 喷播 4. 覆盖 5. 养护
050102013	喷播植草（灌木）籽	1. 基层材料种类规格 2. 草（灌木）籽种类 3. 养护期			
050102014	植草砖内植草	1. 草坪种类 2. 养护期			1. 起挖 2. 运输 3. 覆土（砂） 4. 铺设 5. 养护
050102015	挂 网	1. 种类 2. 规格	m²	按设计图示尺寸以挂网投影面积计算	1. 制作 2. 运输 3. 安放
050102016	箱/钵栽植	1. 箱/钵体材料品种 2. 箱/钵外型尺寸 3. 栽植植物种类、规格 4. 土质要求 5. 防护材料种类 6. 养护期	个	按设计图示箱/钵数量计算	1. 制作 2. 运输 3. 安放 4. 栽植 5. 养护

①栽植乔木　乔木是指树身高大、具有明显主干，由根部发独立的主干，树干和树冠有明显区分的树木（图4-19）。如香樟、银杏、雪松、杜英、广玉兰、白玉兰、重阳木、悬铃木、栾树、无患子、合欢、红枫、鸡爪槭、马褂木、龙柏、柳杉、池杉、马尾松等。

乔木按其树体高大程度可分为伟乔（特大乔木树高超过30m以上）、大乔（树高20~30m）、中乔（树高10~20m）、小乔（树高6~10m）。乔木又分为常绿乔木和落叶乔木两大类。常绿乔木有香樟、雪松、杜英、广玉兰、柳杉、马尾松等，落叶乔木有银杏、白玉兰、重阳木、悬铃木、栾树、无患子、合欢、红枫、鸡爪槭、池杉等。

城市道路主干道、广场、公园等绿地种植的乔木要求树干主干挺直，树冠枝叶茂密、层次分明、冠形匀称，根系完整，植株无病害。次干道及上述绿地以外的其他绿地种植的乔木要求树干主干不应有明显弯曲，树冠冠形匀称、无明显损伤，根系完整，植株无明显病害。林地种植的乔木要求树干主干弯曲不超过1次，树冠无严重损伤，根系完整，植株无明显病害。

②栽植灌木　灌木是指没有明显的主干、呈丛生状态的树木（图4-20）。如'金叶'女贞、海桐、蜡梅、夹竹桃、绣线菊、紫荆、寿星桃、倭海棠、月季、茶梅、含笑、龟甲冬青、八角金盘、桃叶珊瑚、十大功劳、榆叶梅、丁香等。灌木又分为常绿灌木和落叶灌木两大类。常绿灌木有海桐、夹竹桃、茶梅、含笑、龟甲冬青、八角金盘、

图4-19 乔 木

桃叶珊瑚、十大功劳等。落叶灌木有蜡梅、绣线菊、紫荆、寿星桃、月季、倭海棠、木槿、榆叶梅、丁香等。

自然式种植的灌木要求姿态自然、优美、丛生灌木分枝不少于5根,且生长均匀无明显病害。整形式种植的灌木要求冠形呈规则式,根系完整,土球符合要求,无明显病害。

③栽植竹类 竹类植物是指禾本科竹亚科植物。如毛竹、刚竹、四季竹、紫竹、箬竹、方竹等。

竹类植物要求为:散生竹宜选2~3年生母竹,主干完整,来鞭35cm左右,去鞭70cm左右;丛生竹来鞭20cm左右,去鞭30cm左右,同时要求植株根蒂(竹秆与竹鞭之间的着生点)及鞭芽无损伤。

④栽植棕榈类 棕榈树类为属常绿乔木,树干圆形,常残存有老叶柄及其下部的叶鞘,叶簇竖干顶,形如扇,掌状裂深达中下部(图4-21)。棕榈类栽于庭院、路边及花坛之中,树势挺拔,叶色葱茏,适于四季观赏。

⑤栽植绿篱 绿篱又称为植篱或树篱,是指密集种植的园林植物经过修剪整形而形成的篱垣(图4-22),其功能是用来分隔空间和作为屏障以及美化环境等。选择绿篱的树种要求为:耐整体修剪,萌发力强,分枝丛生,枝叶茂密;能耐阴;

图4-20 灌 木

图4-21 棕榈类

外界机械损伤抗性强；能耐密植，生长力强。作为绿篱的树种，在形态上常以枝细、叶小、常绿为佳；在习性上还要具有"一慢三强"的特性，即枝叶密集，生长缓慢，下枝不易枯萎；基部萌芽力或再生力强；能适应或抵抗不良环境，生命力强。

⑥栽植攀缘植物 攀缘植物，也称为藤本植物，是指植物茎叶有钩刺附生物，可以攀缘峭壁或缠绕附着物生长的植物（图4-23）。这个特性使园林绿化能够从平面向立体空间延伸，丰富了城市绿化方式。攀缘植物具有很高的生态学价值及观赏价值，可用于降温、减噪，观叶、观花、观

图4-22 绿 篱

爬山虎

紫藤

紫藤

图4-23　攀缘植物

千屈菜

梭鱼草

睡莲

图4-24　水生植物

果等。而且攀缘植物没有固定的株形，具有很强的空间可塑性，可以营造不同的景观效果，被广泛用于建筑、墙面、棚架、绿廊、凉亭、篱垣、阳台、屋顶等处。

攀缘植物种类繁多、千姿百态。根据茎质地的不同，又可分为木质藤本（如葡萄、紫藤、凌霄等）与草质藤本（如牵牛花等）。根据其攀爬方式的不同，可以分为缠绕藤本（如牵牛）、吸附藤本（如常春藤）、卷须藤本（如葡萄）和攀缘藤本（如藤棕）。还有一种特殊的藤本蕨类植物，并不依靠茎攀爬，而是依靠不断生长的叶子，逐渐覆盖攀爬到依附物上。藤本植物要求具有攀缘性，根系发达，枝叶茂密，无明显病害，苗龄一般以2~3年生为宜。

⑦栽植色带　色带是一定地带同种或不同种花卉及观叶植物配合起来所形成的具有一定面积的有观赏价值的风景带。栽植色带最需要注意的是将苗木栽植成带状，并且配置有序，使之具有一定的观赏价值。

⑧栽植花卉　花卉包括广义和狭义两种。狭义的花卉是指具有观赏价值的草本植物，如凤仙花、菊花、一串红等。广义的花卉除具有观赏价值的草本植物外，还包括草本或木本的地被植物、花灌木、开花乔木以及盆景等，如月季、桃、茶花、梅等。清单计价规范与定额中的花卉通常是指狭义概念的花卉。

⑨栽植水生植物　水生植物是指生长在湿地或水里的植物（图4-24），如千屈菜、梭鱼草、鸢尾、荷花、睡莲、菖蒲、水葱、水芹菜、浮萍、凤眼蓝等。

⑩垂直墙体绿化种植　垂直墙体绿化又称为立体绿化。由于城市土地有限，为此要充分利用空间，在墙壁、阳台、窗台、屋顶、棚架等处，栽植各种植物。绿化墙体一般外表面覆盖攀缘植物，常见的适合垂直绿化的藤本植物有爬山虎、常春藤、凌霄、金银花、扶芳藤等，其中，爬山虎是应用最为广泛的墙体绿化材料。

⑪花卉立体布置　花卉立体布置是相对于

一般平面花卉布置而言的一种园林装饰手法，即通过适当的载体，结合园林色彩美学及装饰绿化原理，经过合理的植物配置，将植物的装饰功能从平面延伸到空间，形成立体或三维的装饰效果。

⑫铺种草皮　草坪是指经过人工选育的多年生矮生密集型草本植被，经过修剪养护，形成整齐均匀状如地毯，起到绿化保洁和美化环境的草本植物。按种植类型不同可分为单纯型草坪与混合型草坪；按对温度的生态适应性不同分可分为冷季型草坪与暖季型草坪。冷季型草坪草有早熟禾、黑麦草、高羊茅、剪股颖等。暖季型草坪草有狗牙根、画眉草、地毯草、结缕草、假俭草等。

⑬喷播植草（灌木）籽　喷播植草的喷播技术是结合喷播和免灌2种技术而成的新型绿化方法，将绿化用草（灌木）籽与保水剂、胶黏剂、绿色纤维覆盖物及肥料等，在搅拌容器中与水混合成胶状的混合浆液，用压力泵将其喷播于待播土地上。

⑭植草砖内植草　植草砖既可以形成一定覆盖率的草地，又可用作"硬"地使用，绿化与使用两不误，为此近年来被大量使用，特别是用于室外停车场地面铺装。大量使用的植草砖主要为孔穴式植草砖，在砖洞内填种植土，洒上草籽或直接铺草。

⑮挂网　通常与喷播相结合，用于边坡绿化和垂直绿化。挂网喷播通常在边坡上锚固金属网、钢筋网或高强塑料三维网中的一种，采用压缩空气喷枪将混合好的客土喷射到坡面上，再在其上喷射种子。

⑯箱/钵栽植　花箱/花钵是用木材、木质混合材料、复合材料或石材制成的一种栽植容器，具有外观漂亮、结实耐用、移动方便的优点。可以根据箱/钵样式、大小的不同，进行组合配置，组合的形式可以是几何式、自然式、混合式、集中布置、散置等，具体布局形式由美化地点的具体情况决定。

（3）绿地喷灌工程清单工程量计算规则

绿地喷灌设有喷灌管线安装、喷灌配件安装2个项目，项目编码为050103001、050103002，见表4-3所列。

（4）绿化种植技术措施工程清单工程量计算规则

绿化种植技术措施设有树木支撑架、草绳绕树干、搭设遮阴（防寒）棚工程3个项目，项目编码为050403001~050403003，见表4-4所列。

表4-3　绿地喷灌（编号：050103）

项目编码	项目名称	项目特征	计量单位	工程量计算规则	工作内容
050103001	喷灌管线安装	1. 管道品种、规格 2. 管件品种、规格 3. 管道固定方式 4. 防护材料种类 5. 油漆品种、刷漆遍数	m	按设计图示管道中心线长度以延长米计算，不扣除检查（阀门）井、阀门、管件及附件所占的长度	1. 管道铺设 2. 管道固筑 3. 水压试验 4. 刷防护材料、油漆
050103002	喷灌配件安装	1. 管道附件、阀门、喷头品种、规格 2. 管道附件、阀门、喷头固定方式 3. 防护材料种类 4. 油漆品种、刷漆遍数	个	按设计图示数量计算	1. 管道附件、阀门、喷头安装 2. 水压试验 3. 刷防护材料、油漆

表4-4 树木支撑架、草绳绕树干、搭设遮阴（防寒）棚工程（编号：050403）

项目编码	项目名称	项目特征	计量单位	工程量计算规则	工作内容
050403001	树木支撑架	1. 支撑类型、材质 2. 支撑材料规格 3. 单株支撑材料数量	株	按设计图示数量计算	1. 制作 2. 运输 3. 安装 4. 维护
050403002	草绳绕树干	1. 胸径（干径） 2. 草绳所绕树干高度			1. 搬运 2. 绕杆 3. 余料清理 4. 养护期后清除
050403003	搭设遮阴（防寒）棚	1. 搭设高度 2. 搭设材料种类、规格	1. m² 2. 株	1. 以平方米计量，按遮阴（防寒）棚外围覆盖层的展开尺寸以面积计算 2. 以株计量，按设计图示数量计算	1. 制作 2. 运输 3. 搭设、维护 4. 养护期后清除

表4-5 某校绿地苗木表

序号	苗木	规格	单位	数量
1	银杏	ϕ16cm	株	8
2	香樟	ϕ15cm	株	8
3	金桂	H271~300cm P201~250cm	株	17
4	红枫	D5cm	株	4
5	鸡爪槭	D5cm	株	10
6	冬红山茶	H211~230cm P121~150cm	株	1
7	晚樱	D5cm	株	3
8	'红梅'	D5cm	株	3
9	红叶石楠球	H80~90cm P101~120cm	株	6
10	紫薇	D5cm	株	9
11	石榴	H211~240cm P91~100cm	株	2
12	常春藤	L1.0~1.5m	m²	80（36株/m²）
13	'百慕大'	满铺	m²	500

4.2.1.2 绿化种植工程工程量清单编制

【例4-1】：某校大门入口有一处绿地600m²，植物配置如图4-25和表4-5所示，场地需要进行平整，土壤类型为三类土，需回填种植土80cm，种植后胸径5cm以上的乔木采用树棍桩三脚桩支撑，胸径5cm以上的乔木进行草绳绕干，所绕高度1.5m/株，苗木养护期为2年。请编制分部分项工程量清单与技术措施项目清单。

解：见表4-6、表4-7所列。

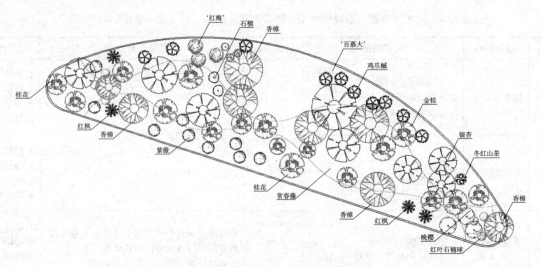

图4-25 某校大门入口绿地绿化平面图

表4-6 某校绿地分部分项工程量清单及计价表

工程名称：某校大门入口绿地工程　　　　　　　　　　　　　　　　　　　第1页 共1页

序号	项目编码	项目名称	项目特征描述	计量单位	工程量	综合单价（元）	合价（元）	其中		备注
								人工费	机械费	
1	050101010001	整理绿化用地	种植土回填80cm	m^2	600					
2	050102001001	栽植乔木	银杏 ϕ16cm，养护2年	株	8					
3	050102001002	栽植乔木	香樟 ϕ15cm，养护2年	株	8					
4	050102002001	栽植灌木	金桂 H271~300cm$P$201~250cm，养护2年	株	17					
5	050102001003	栽植乔木	红枫 D5cm，养护2年	株	4					
6	050102001004	栽植乔木	鸡爪槭 D5cm，养护2年	株	10					
7	050102002002	栽植灌木	美人茶 H211~230cm$P$121~150cm，养护2年	株	1					
8	050102001005	栽植乔木	晚樱 D5cm，养护2年	株	3					
9	050102001006	栽植乔木	'红梅' D5cm，养护2年	株	3					
10	050102002003	栽植灌木	红叶石楠球 H80~90cm$P$101~120cm，养护2年	株	6					
11	050102001007	栽植乔木	紫薇 D5cm，养护2年	株	9					
12	050102002004	栽植灌木	石榴 H211~240cm$P$91~100cm，养护2年	株	2					
13	050102008001	栽植花卉	常春藤 L1.0~1.5m，36株/m^2，养护2年	m^2	80					
14	050102012001	铺种草皮	'百慕大'，满铺，养护2年	m^2	500					
			合　计							

投标人：（盖章）　　　　　　　　　　　　　　　　　　　　　　　法定代表人或委托代理人：（签字或盖章）

表 4-7 某校绿地技术措施项目清单及计价表

工程名称：某校大门入口绿地工程　　　　　　　　　　　　　　　　　　　　　　　　　　第1页 共1页

序号	项目编码	项目名称	项目特征描述	计量单位	工程量	综合单价（元）	合价（元）	其中		备注
								人工费	机械费	
1	050404002001	草绳绕树干	胸径16m，所绕树干高度1.5m	株	8					
2	050404002002	草绳绕树干	胸径15m，所绕树干高度1.5m	株	8					
3	050404001001	树木支撑架	树棍三脚桩	株	16					
		合　计								

投标人：（盖章）　　　　　　　　　　　　　　　　　　　　　　　　　　　法定代表人或委托代理人：（签字或盖章）

4.2.2 绿化种植工程定额工程量的计算

4.2.2.1 绿化种植工程预算定额工程量的计算规则

《××省园林绿化及仿古建筑工程预算定额》（2018版）工程量计算规则：园林绿化工程定额包括绿地整理，栽植花木，大树迁移，喷灌配件安装，绿地养护，树木支撑、草绳麻布绕树干、搭设遮阴棚6部分。

①绿地细平整及绿地起坡造型工程量均按水平投影面积计算。

②乔木、亚乔木、灌木的种植、养护以"株"计算。

③灌木片植的种植、养护以"平方米（m^2）"计算。

④攀缘植物的种植以"株"计算，攀缘植物的片植以"平方米（m^2）"计算；攀缘植物的养护按照生长年数分3年内和3年以上，以"株"计算。

⑤单排、双排、三排的绿篱种植、养护，均以"延长米"计算。

⑥花卉的种植以"株"计算，花卉片植按"平方米（m^2）"计算。

⑦草本花卉、地被植物的养护按"平方米（m^2）"计算。

⑧湿生植物、沉水植物、挺水植物和浮叶植物以"株（丛）"计算，漂浮植物以"平方米（m^2）"计算。

⑨草皮的种植、草坪养护以"平方米（m^2）"计算。

⑩植草砖内植草、播草籽按植草砖面积以"平方米（m^2）"计算。

⑪散生竹类养护以"株"计算，丛生竹养护以"丛"计算。

⑫球形植物的养护以"株"计算。

⑬草绳绕树干、麻布绕树干的长度按草绳、麻布所绕部分的树干长度以"米（m）"计算。

⑭遮阴棚工程量按展开面积计算。

4.2.2.2 绿化种植工程预算定额工程量的计算

【例4-2】：根据【例4-1】计算定额工程量。

解：绿地栽植工程中定额工程量包括绿地整理，苗木栽植，苗木养护，支撑、卷干等。

绿地整理：600m^2；

种植土回填：600×0.8=480m^3。

苗木栽植：栽植银杏ϕ16cm，8株；栽植香樟ϕ15cm，8株；栽植金桂H271~300cm P201~250cm，17株；栽植红枫D5cm，4株；栽植鸡爪槭D5cm，10株；栽植冬红山茶P121~150cm，1株；栽植晚樱D5cm，3株；栽植'红梅'D5cm，3株；栽植红叶石楠球P101~120cm，6株；栽植紫薇D5cm，9株；栽植石榴P91~100cm，2株；栽植常春藤L1.0~1.5m，80m^2，铺种草皮500m^2。

苗木养护：养护银杏ϕ16cm，8株；养护香樟ϕ15cm，8株；养护金桂P201~250cm，17株；养护红枫D5cm，4株；养护鸡爪槭D5cm，10株；养护美人茶P121~150cm，1株；养护晚樱D5cm，3株；养护'红梅'D4cm，3株；养护红叶石楠球P101~120cm，6株；养护紫薇D5cm，9株；养护石榴P91~100cm，2株；养护常春藤L1.0~1.5m，80m^2，养护草坪500m^2。

树木支撑：银杏、香樟等2种植物需要进行支撑，共计8+8=16株。

草绳绕树干：胸径在5cm以上时，需要进行草绳绕树干，草绳绕树干以所绕树干的高度计算，一般草绳绕到树木的枝下高。银杏、香樟2种植物均绕1.5m，即1.5×8=12m。

4.3 绿化种植工程计价

绿化种植工程计价主要包括两种计价方法：定额计价法和清单计价法。定额计价法的单价一般采用工料单价，而清单计价法的单价则主要是指综合单价。本节将重点阐述定额计价法绿化种植工程计价和清单计价法绿化种植工程计价。

4.3.1 定额计价法绿化种植工程计价

4.3.1.1 绿化种植工程的定额套取与换算

《××省园林绿化及仿古建筑工程预算定额》（2018版）计价说明规定：

①绿地细平整适用于绿化种植前绿地的松翻、扒细等工作。

②苗木栽植以原土为准，如需换土，按"种植土回（换）填"定额子目另行计算。回填种植土分为人工回填和机械回填，种植土按照松填考虑。

③绿地起坡造型定额子目适用于土坡高差在0.3m以上。根据绿地起坡情况分列机械造型和机械起坡2个子目。机械造型是设计有明显起伏的绿地；机械起坡是指设计坡度单一的绿地。机械起坡定额子目按坡度在3%~15%考虑。

④起挖或栽植树木均以一、二类土为计算标准，如为三类土，人工乘以系数1.34，四类土人工乘以系数1.76，冻土人工乘以系数2.20。

⑤本章定额苗木起挖、种植根据土球情况不同分为带土球及裸根2类。带土球乔木按其胸径大小套用相应定额子目；带土球棕榈按其干径大小套用相应定额子目；带土球灌木按其土球直径大小套用相应定额子目。

⑥灌木土球直径设计未注明的，按其蓬径的1/3计算土球直径。

⑦丛生乔木的胸径，按照每根树干胸径之和的0.75倍计算，其中树干胸径≤6cm（干径≤7cm）不列入计算胸径范围。当胸径在6cm以上的树干少于2根时，其胸径按每根树干胸径之和的0.85倍计算。

⑧只能测量干径难以测量胸径的乔木，胸径按其干径的0.86倍计算。

⑨反季节种植的人工、材料、机械及养护等费用按实结算。根据植物品种在不适宜其种植的季节（一般在每年的1月、6月、7月、8月）种植，视作反季节种植。

⑩水生植物分为湿生植物、沉水植物、挺水植物、浮叶植物、漂浮植物，定额子目只考虑在有水的塘中种植水生植物。

⑪片植是指种植面积在5m²以上，种植密度大于6株/m²，且3排以上排列的一种成片栽植形式。片植种植面积在5m²以内，套用相应定额子目，人工乘以系数1.15。

⑫攀缘类植物用作地被时按地被植物定额执行。本定额子目的地被植物是指株丛密集、多年生低矮草本植物。

⑬绿化养护定额适用于苗木种植后的初次养护。定额的养护期为1年。实际养护期为2年的，第二年的养护费用按第一年的养护费用乘以系数0.7计算。

【例4-3】：某公园内有一绿地，现重新整修，需要把以前所种的植物全部以带土球的方式移走，绿地面积为500m²，绿地中有广玉兰ϕ10cm、构树ϕ12cm、香樟ϕ8cm、紫穗槐ϕ5cm、红叶李ϕ4cm、龙柏球H100cm$P$120cm、海桐球H80cm$P$100cm、麦冬H15cm400m²。已知场地土壤类型为三类，请确定定额子目与基价。

解：

（1）起挖广玉兰ϕ10cm：套用定额子目1-42（表4-8），土壤类型为三类土，人工系数乘以1.34，换算后基价为：739.50×1.34+112.00+131.20=1234.13元/10株。

（2）起挖构树ϕ12cm：套用定额子目1-43，

土壤类型为三类土，人工系数乘以1.34，换算后基价为：1116.88×1.34+168.00+183.24=1847.86元/10株。

（3）起挖香樟 ϕ 8cm：套用定额子目1-41，土壤类型为三类土，人工系数乘以1.34，换算后基价为：341.75×1.34+67.20+111.41=636.56元/10株。

（4）起挖紫穗槐 ϕ 5cm：套用定额子目1-39，土壤类型为三类土，人工系数乘以1.34，换算后基价为：66.25×1.34+22.40=111.18元/10株。

（5）起挖红叶李 ϕ 4cm：套用定额子目1-39，土壤类型为三类土，人工系数乘以1.34，换算后基价为：66.25×1.34+22.40=111.18元/10株。

（6）起挖龙柏球 H 100cm P 120cm：土球直径为其蓬径的1/3，土球直径为120÷3=40cm，套用定额子目1-77，土壤类型为三类土，人工系数乘以1.34，换算后基价为：51.00×1.34+16.80=85.14元/10株。

（7）起挖海桐球 H 80cm P 100cm：土球直径为100÷3=33cm，套用定额子目1-77，土壤类型为三类土，人工系数乘以1.34，换算后基价为：51.00×1.34+16.80=85.14元/10株。

（8）起挖麦冬：套用定额子目1-93，土壤类型为三类土，人工系数乘以1.34，换算后基价为：25.25×1.34=33.84元/10m²。

【例4-4】：根据【例4-1】确定相应定额子目与基价。

表4-8 定额节选（计量单位：10株）

定额编号	1-38	1-39	1-40	1-41	1-42	1-43	1-76	1-77	1-93
项 目	起挖乔木（带土球）						起挖灌木（带土球）		起挖地被（10m²）
	胸径（cm以内）						土球直径（cm以内）		
	3	5	7	9	11	14	30	40	
基价（元）	31.58	88.65	218.18	520.36	982.70	1468.12	38.45	67.80	25.25
人工费（元）	20.38	66.25	173.38	341.75	739.50	1116.88	27.25	51.00	25.25
材料费（元）	11.20	22.40	44.80	67.20	112.00	168.00	11.20	16.80	—
机械费（元）	—	—	—	111.41	131.20	183.24	—	—	—

表4-9 定额节选（计量单位：10株）

定额编号	1-5	1-6	1-188	1-189	1-214	1-215	1-31
项 目	人工回填种植土	机械回填种植土	地被植物片植[丛（株）/m²]10m²		栽植草皮 100m²		绿地细平整
	10m³		25以内	36以内	散铺	满铺	
基价（元）	187.50	50.56	34.81	48.16	434.48	587.35	38.00
人工费（元）	187.50	7.50	32.25	45.38	413.13	566.00	38.00
材料费（元）	—	—	2.56	2.78	21.35	21.35	—
机械费（元）	—	43.06	—	—	—	—	—

注：种植土消耗量为10.200m³。

表 4-10 定额节选（计量单位：10 株）

定额编号	1-105	1-106	1-110	1-111	1-143	1-144	1-145	1-146	1-147
项目	栽植乔木（带土球）				栽植灌木（带土球）				
	胸径（cm 以内）				土球直径（cm 以内）				
	3	5	14	17	30	40	50	60	70
基价（元）	31.07	92.14	1130.32	1883.01	35.07	53.14	81.45	147.02	236.11
人工费（元）	30.00	90.00	930.00	1398.00	34.00	51.00	78.25	142.75	156.38
材料费（元）	1.07	2.14	17.08	21.35	1.07	2.14	3.20	4.27	5.34
机械费（元）	—	—	183.24	463.66	—	—	—	—	74.39

表 4-11 定额节选（计量单位：10 株）

定额编号	1-250	1-251	1-255	1-256	1-257	1-285	1-286	1-287
项目	常绿乔木		落叶乔木			灌木		
	胸径（cm 以内）		胸径（cm 以内）			高度（cm）		
	10	20	5	10	20	200 以内	250 以内	250 以上
基价（元）	308.62	558.37	211.21	340.79	614.19	55.61	83.34	124.73
人工费（元）	243.50	481.75	147.38	267.88	529.88	20.50	30.88	46.25
材料费（元）	23.52	30.30	20.51	24.45	30.27	15.81	23.73	35.59
机械费（元）	41.60	46.32	43.32	48.46	54.04	19.30	28.73	42.89

表 4-12 定额节选（计量单位：10 株）

定额编号	1-306	1-307	1-316	1-318	1-319
项目	球形植物		地被植物	暖地型草坪	
	蓬径（cm 以内）			散铺	满铺
	100	150			
基价（元）	109.14	162.56	37.52	59.56	51.76
人工费（元）	53.88	101.38	6.13	42.38	32.50
材料费（元）	22.24	24.30	15.95	6.46	6.39
机械费（元）	33.02	36.88	15.44	10.72	12.87

表 4-13 定额节选（计量单位：10 株）

定额编号	1-333	1-334	1-343	1-344
项目	树棍支撑（10 株）		草绳绕树干	
	三脚桩	四脚桩	胸径（cm 以内）	
			15	20
基价（元）	193.42	525.13	45.66	62.63
人工费（元）	30.63	40.75	25.50	35.75
材料费（元）	162.79	484.38	20.16	26.88
机械费（元）	—	—	—	—

解：

（1）绿地整理：套用定额子目1-31（表4-10），基价为38.00元/10m²。

（2）种植土回填：种植土回填可采用人工回填和机械回填两种作业方式，取决于施工组织设计的规定，本题假定采用机械作业方式，套用定额子目1-6。因定额子目1-6（见表4-9）是以原土回填考虑的，所以需要进行基价的换算，将种植土的材料费计入基价。经询价得知种植土市场价为30元/m³。换算后基价为 50.56+30×10.200=356.56元/10m³。

（3）栽植银杏 ϕ16cm：套用定额子目1-111（见表4-10）。土壤类型为三类土，人工系数乘以1.34，换算后基价为：1398.00×1.34+21.35+463.66=2358.33元/10株。

（4）栽植香樟 ϕ15cm：套用定额子目1-111。土壤类型为三类土，人工系数乘以1.34，换算后基价为：1398.00×1.34+21.35+463.66=2358.33元/10株。

（5）栽植金桂 H271~300cm$P$201~250cm：土球直径为201÷3=67cm，套用定额子目1-147。土壤类型为三类土，人工系数乘以1.34，换算后基价为：156.38×1.34+5.34+74.39=289.28元/10株。

（6）栽植红枫 D5cm：胸径为5×0.86=4.3cm，套用定额子目1-106。土壤类型为三类土，人工系数乘以1.34，换算后基价为：90.00×1.34+2.14=122.74元/10株。

（7）栽植鸡爪槭 D5cm：胸径为5×0.86=4.3cm，套用定额子目1-106。土壤类型为三类土，人工系数乘以1.34，换算后基价为：90.00×1.34+2.14=122.74元/10株。

（8）栽植美人茶 H211~230cm$P$121~150cm：土球直径为121÷3=40.3cm，套用定额子目1-145。土壤类型为三类土，人工系数乘以1.34，换算后基价为：78.25×1.34+3.20=108.06元/10株。

（9）栽植晚樱 D5cm：胸径为5×0.86=4.3cm，套用定额子目1-106。土壤类型为三类土，人工系数乘以1.34，换算后基价为：90.00×1.34+2.14=122.74元/10株。

（10）栽植'红梅' D5cm：胸径为5×0.86=4.3cm，套用定额子目1-106。土壤类型为三类土，人工系数乘以1.34，换算后基价为：90.00×1.34+2.14=122.74元/10株。

（11）栽植红叶石楠球 H80~90cm$P$101~120cm：土球直径为101÷3=33.67cm，套用定额子目1-144。土壤类型为三类土，人工系数乘以1.34，换算后基价为：51.00×1.34+2.14=70.48元/10株。

（12）栽植紫薇 D5cm：胸径为5×0.86=4.3cm，套用定额子目1-106。土壤类型为三类土，人工系数乘以1.34，换算后基价为：90.00×1.34+2.14=122.74元/10株。

（13）栽植石榴 H211~240cm$P$91~100：土球直径为91÷3=30.33cm，套用定额子目1-144。土壤类型为三类土，人工系数乘以1.34，换算后基价为：51.00×1.34+2.14=70.48元/10株。

（14）栽植常春藤 L1.0~1.5m：套用定额子目1-189。土壤类型为三类土，人工系数乘以1.34，换算后基价为：45.38×1.34+2.78=63.59元/10 m²。

（15）栽植'百慕大'：草坪以满铺草皮的方式铺种，套用定额子目1-215。土壤类型为三类土，人工系数乘以1.34，换算后基价为：566.00×1.34+21.35=779.79元/100m²。

（16）养护银杏 ϕ16cm：银杏为落叶乔木，套用定额子目1-257（见表4-11）。实际养护期为2年的，第二年的养护费用按第一年的养护费用乘以系数0.7。换算后基价为：614.19×（1+0.7）=1044.12元/10株。

（17）养护香樟 ϕ16cm：香樟为常绿乔木，套用定额子目1-251。实际养护期为2年的，第二年的养护费用按第一年的养护费用乘以系数0.7。换算后基价为：558.37×1.7=949.23元/10株。

（18）养护金桂 H271~300cm$P$201~250cm：金桂为常绿灌木，套用定额子目1-287。实际养护期为2年的，第二年的养护费用按第一年的养护费用乘以系数0.7。换算后基价为：124.73×1.7=212.04元/10株。

（19）养护红枫 D5cm：红枫为落叶乔木，套用定额子目1-255。实际养护期为2年的，第二年的养护费用按第一年的养护费用乘以系数 0.7。换算后基价为：211.21×1.7=359.06 元 /10 株。

（20）养护鸡爪槭 D5cm：鸡爪槭为落叶乔木，套用定额子目 1-255。实际养护期为 2 年的，第二年的养护费用按第一年的养护费用乘以系数 0.7。换算后基价为：211.21×1.7=359.06 元 /10 株。

（21）养护美人茶 H211~230cmP121~150cm：美人茶为常绿灌木，套用定额子目 1-286。实际养护期为 2 年的，第二年的养护费用按第一年的养护费用乘以系数 0.7。换算后基价为：83.34×1.7=141.68 元 /10 株。

（22）养护晚樱 D5cm：晚樱为落叶小乔木，套用定额子目 1-255。实际养护期为 2 年的，第二年的养护费用按第一年的养护费用乘以系数 0.7。换算后基价为：211.21×1.7=359.06 元 /10 株。

（23）养护'红梅' D5cm：红梅为落叶乔木，套用定额子目 1-255。实际养护期为 2 年的，第二年的养护费用按第一年的养护费用乘以系数 0.7。换算后基价为：211.21×1.7=359.06 元 /10 株。

（24）养护红叶石楠球 H80~90cmP101~120cm：红叶石楠球为球形植物，蓬径 P101~120cm，套用定额 1-307（见表 4-12）。实际养护期为 2 年的，第二年的养护费用按第一年的养护费用乘以系数 0.7。换算后基价为：162.56×1.7=276.35 元 /10 株。

（25）养护紫薇 D5cm：紫薇为落叶小乔木，套用定额子目 1-255。实际养护期为 2 年的，第二年的养护费用按第一年的养护费用乘以系数 0.7。换算后基价为：211.21×1.7=359.06 元 /10 株。

（26）养护石榴 H211~240cmP91~100cm：石榴为落叶小乔木或灌木，套用定额子目 1-286。实际养护期为 2 年的，第二年的养护费用按第一年的养护费用乘以系数 0.7。换算后基价为：83.34×1.7=141.68 元 /10 株。

（27）养护常春藤：常春藤从植物学分类角度看属于藤本植物，但它与木质藤本紫藤不同，常春藤通常以铺地形式栽植，作为下层的地被植物应用，在养护时应按地被植物进行养护，所以套

用定额子目 1-316。实际养护期为 2 年的，第二年的养护费用按第一年的养护费用乘以系数 0.7。换算后基价为：37.52×1.7=63.78 元 /10m²。

（28）养护'百慕大'：草坪植物根据生长气候可分为暖季型草坪草和冷季型草坪草，'百慕大'属于暖季型草坪草，应暖地型草坪进行养护，套用定额 1-319。实际养护期为 2 年的，第二年的养护费用按第一年的养护费用乘以系数 0.7。换算后基价为：51.76×1.7=87.99 元 /10m²。

（29）树木支撑：树棍三脚桩支撑套用定额 1-333（见表 4-13），定额基价直接套用，基价为 193.42 元 /10 株。

（30）草绳绕树干：银杏 ϕ16cm 套用定额 1-344，定额基价直接套用，基价为 62.63 元 /10m；香樟 ϕ15cm 套用定额 1-343，定额基价直接套用，基价为 45.66 元 /10m。

4.3.1.2 绿化种植工程预算书编制

【例 4-5】：杭州某校大门入口有一处绿地 600m²，植物配置如图 4-25 所示，场地需要进行平整，土壤类型为三类土，需回填种植土 80cm，种植后胸径 5cm 以上的乔木采用树棍桩三脚桩支撑，胸径 5cm 以上的乔木进行草绳绕干，所绕高度为 1.5m/ 株，苗木养护期为 2 年。其中，种植土到场价为 30 元 /m³，银杏 2000 元 / 株，香樟 720 元 / 株，金桂 450 元 / 株，红枫 250 元 / 株，鸡爪槭 200 元 / 株，冬红山茶 80 元 / 株，晚樱 50 元 / 株，'红梅' 66 元 / 株，红叶石楠球 90 元 / 株，紫薇 80 元 / 株，石榴 40 元 / 株，常春藤 0.54 元 / 株，'百慕大' 4.5 元 /m²。除种植土、苗木价格按照上述到场价计取外，人工、机械、其他材料均按照定额相应价格计取。各项费率按中值取费。

该工程位于市区，市区工程安全文明施工费为 6.41%×0.7=4.49%；二次搬运费为 0.13%；冬雨季施工增加费为 0.15%；行车、行人干扰增加费 0.95%；提前竣工增加费不计取。本工程为单独绿化工程，企业管理费 17.89%，利润 13.21%，规费 30.61%，增值税税率 9%（表 4-14~ 表 4-20）。

表 4-14　某校大门绿地预算书封面

某校大门入口绿地　工程

预算书

  预算价（小写）：_____97 277_____元
     （大写）：_____玖万柒仟贰佰柒拾柒_____元

  编制人：_____（造价员签字盖专用章）
  复核人：_____（造价工程师签字盖专用章）

  编制单位：（公章）   编制时间：　年　月　日

表 4-15　某校大门入口绿地预算编制说明

编制说明
一、工程概况
  本工程是某校大门入口绿地工程，位于市环城北路。绿地面积 600m²，工程内容有乔木、灌木、地被、草坪的种植与养护。
二、编制依据
  1. 某高校南大门入口绿地工程施工图纸；
  2.《××省园林绿化及仿古建筑工程预算定额》(2018 版)；
  3.《××省建设工程计价规则》(2018 版)；
  4.《××省施工机械台班费用定额参考单价》(2018 版)；
  5. 材料价格按××省 2018 年第 11 期信息价；
  6. 人工价格按定额价。
三、编制说明
  1. 本工程规费按《××省建设工程计价规则》(2018 版) 计取；
  2. 本工程综合费用按单独绿化工程中值考虑；取费基数为人工费 + 机械费；
  3. 安全文明施工费、二次搬运费、冬雨季施工增加费、行车行人干扰增加费均按《××省建设工程计价规则》(2018 版) 相应的中值计入；
  4. 苗木养护按两年考虑。

表 4-16　某校大门入口绿地单位工程预算费用计算表

工程名称：某校大门入口绿地工程

序　号	费用名称	计算公式	金额（元）
一	分部分项工程费 + 施工技术措施项目中的人工费、材料费、机械费	按计价规则规定计算	75 028.00
其　中	1. 人工费 + 机械费	∑（定额人工费 + 定额机械费）	20 776.12

（续）

序号	费用名称		计算公式	金额（元）
二	施工组织措施费			1396.16
	其中	2. 安全文明施工费	1×4.49%	932.85
		3. 冬雨季施工增加费	1×0.15%	31.16
		4. 二次搬运费	1×0.13%	27.01
		5. 行人、行车干扰增加费	1×1.95%	405.13
三	企业管理费		1×17.89%	3716.85
四	利润		1×13.21%	2744.53
五	规费		1×30.61%	6359.57
六	税金		（一+二+三+四+五）×9%	8032.06
七	建设工程造价		一+二+三+四+五+六	97 277

表 4-17　某校大门入口绿地分部分项工程预算书

序号	编号	名称	单位	数量	单价	合价	其中		
							人工费	材料费	机械费
		绿地整理							
1	1-31	绿地细平整	10m²	60.000	38.00	2280.00	2280.00	0.00	0.00
2	1-6换	机械回填种植土	10m³	48.000	356.56	17 114.88	360.00	1440.00	2066.88
		苗木栽植							
3	1-111换	栽植乔木（带土球）胸径17cm 以内三类土栽植	10株	0.800	2358.33	1886.66	1498.66	17.08	370.93
4	主材	银杏 ϕ16cm	株	8.000	2000.00	16 000.00	0.00	16 000.00	0.00
5	1-111换	栽植乔木（带土球）胸径17cm 以内三类土栽植	10株	0.800	2358.33	1886.66	1498.66	17.08	370.93
6	主材	香樟 ϕ15cm	株	8.000	720.00	5760.00	0.00	5760.00	0.00
7	1-147换	栽植灌木、藤本（带土球）土球直径 70cm 以内三类土栽植	10株	1.700	289.28	491.77	356.23	9.08	126.46
8	主材	金桂 H271~300cm P201~250cm	株	17.000	450.00	7650.00	0.00	7650.00	0.00
9	1-106换	栽植乔木（带土球）胸径5cm 以内三类土栽植	10株	0.400	122.74	49.10	48.24	0.86	0.00
10	主材	红枫 D5cm	株	4.000	250.00	1000.00	0.00	1000.00	0.00
11	1-106换	栽植乔木（带土球）胸径5cm 以内三类土栽植	10株	1.000	122.74	122.74	120.60	2.14	0.00
12	主材	鸡爪槭 D5cm	株	10.000	200.00	2000.00	0.00	2000.00	0.00
13	1-145换	栽植灌木、藤本（带土球）土球直径 50cm 以内三类土栽植	10株	0.100	108.06	10.81	10.49	0.32	0.00

（续）

序号	编号	名　称	单位	数量	单价	合价	其中		
							人工费	材料费	机械费
14	主　材	美人茶 $H211\sim230cm$ $P121\sim150cm$	株	1.000	80.00	80.00	0.00	80.00	0.00
15	1-106 换	栽植乔木（带土球）胸径5cm 以内三类土栽植	10 株	0.300	122.74	36.82	36.18	0.64	0.00
16	主　材	晚樱 $D5cm$	株	3.000	50.00	150.00	0.00	150.00	0.00
17	1-106 换	栽植乔木（带土球）胸径5cm 以内三类土栽植	10 株	0.300	122.74	36.82	36.18	0.64	0.00
18	主　材	红梅 $D5cm$	株	3.000	66.00	198.00	0.00	198.00	0.00
19	1-144 换	栽植灌木、藤本（带土球）土球直径40cm 以内三类土栽植	10 株	0.600	70.48	42.29	41.00	1.28	0.00
20	主　材	红叶石楠球 $H80\sim90cm$ $P101\sim120cm$	株	6.000	90.00	540.00	0.00	540.00	0.00
21	1-106 换	栽植乔木（带土球）胸径5cm 以内三类土栽植	10 株	0.900	122.74	110.47	108.54	1.93	0.00
22	主　材	紫薇 $D5cm$	株	9.000	80.00	720.00	0.00	720.00	0.00
23	1-144 换	栽植灌木、藤本（带土球）土球直径40cm 以内三类土栽植	10 株	0.200	70.48	14.10	13.67	0.43	0.00
24	主　材	石榴 $H211\sim240cm$ $P91\sim100cm$	株	2.000	40.00	80.00	0.00	80.00	0.00
25	1-189 换	地被植物片植	10m²	8.000	63.59	508.71	486.47	22.24	0.00
26	主　材	常春藤 $L1.0\sim1.5m$	株	2880.000	0.54	1555.20	0.00	1555.20	0.00
27	1-215 换	栽植草皮满铺三类土栽植	100m²	5.000	779.79	3898.95	3792.20	106.75	0.00
28	1-257 换	落叶乔木胸径20cm 以内	10 株	0.800	1044.12	835.30	720.64	41.17	73.49
29	1-251 换	常绿乔木胸径20cm 以内	10 株	0.800	949.23	759.38	655.18	41.21	63.00
30	1-287 换	灌木高度250cm 以上	10 株	1.700	212.04	360.47	133.66	102.86	123.95
31	1-255 换	落叶乔木胸径5cm 以内	10 株	0.400	359.06	143.62	100.22	13.95	29.46
32	1-255 换	落叶乔木胸径5cm 以内	10 株	1.000	359.06	359.06	250.55	34.87	73.64
33	1-286 换	灌木高度250cm 以内	10 株	0.100	141.68	14.17	5.25	4.03	4.88
34	1-255 换	落叶乔木胸径5cm 以内	10 株	0.300	359.06	107.72	75.16	10.46	22.09
35	1-255 换	落叶乔木胸径5cm 以内	10 株	0.300	359.06	107.72	75.16	10.46	22.09
36	1-307 换	球形植物蓬径150cm 以内	10 株	0.600	276.35	165.81	103.41	24.79	37.62
37	1-255 换	落叶乔木胸径5cm 以内	10 株	0.900	359.06	323.15	225.49	31.38	66.28
38	1-286 换	灌木高度250cm 以内	10 株	0.200	141.68	28.34	10.50	8.07	9.77

（续）

序号	编号	名称	单位	数量	单价	合价	其中		
							人工费	材料费	机械费
39	1-316换	地被植物	10m²	8.000	63.78	510.27	83.37	216.92	209.98
40	1-319换	暖地型草坪满铺	10m²	50.000	87.99	4399.60	2762.50	543.15	1093.95
		合　计				74588.58	15888.20	53934.97	4765.41

表 4-18　某校大门入口绿地工程预算书（技术措施项目）

序号	编号	名称	单位	数量	单价	合价	其中		
							人工费	材料费	机械费
1	1-333	树棍桩三脚桩	10株	1.600	193.42	309.47	49.01	260.46	0.00
2	1-343	草绳绕树干胸径15cm以内	10m	1.200	45.66	54.79	30.60	24.19	0.00
3	1-344	草绳绕树干胸径20cm以内	10m	1.200	62.63	75.16	42.90	32.26	0.00
		合　计				439.42	122.51	316.91	0.00

表 4-19　某校大门入口绿地分部分项工程量清单

序号	项目编码	项目名称	项目特征	计量单位	工程量
1	050101010001	整理绿化用地	三类土，种植土回填80cm	m²	600
2	050102001001	栽植乔木	银杏 ϕ16cm，养护2年	株	8
3	050102001002	栽植乔木	香樟 ϕ15cm，养护2年	株	8
4	050102002001	栽植灌木	金桂 H271~300cm P201~250cm，养护2年	株	17
5	050102001003	栽植乔木	红枫 D5cm，养护2年	株	4
6	050102001004	栽植乔木	鸡爪槭 D5cm，养护2年	株	10
7	050102004002	栽植灌木	美人茶 H211~230cm P121~150cm，养护2年	株	1
8	050102002005	栽植乔木	晚樱 D5cm，养护2年	株	3
9	050102001006	栽植乔木	'红梅' D5cm，养护2年	株	3
10	050102002003	栽植灌木	红叶石楠球 H80~90cm P101~120cm，养护2年	株	6
11	050102001007	栽植乔木	紫薇 D5cm，养护2年	株	9
12	050102002004	栽植灌木	石榴 H211~240cm P91~100cm，养护2年	株	2
13	050102008001	栽植花卉	常春藤 L1.0~1.5m，36株/m²，养护2年	m²	80
14	050102012001	铺种草皮	'百慕大'，满铺，养护2年	m²	500

表 4-20　某校大门入口绿地技术措施项目清单

序号	项目编码	项目名称	项目特征	计量单位	工程量
1	050404002001	草绳绕树干	胸径16m，所绕树干高度1.5m	株	8
2	050404002002	草绳绕树干	胸径15m，所绕树干高度1.5m	株	8
3	050404001001	树木支撑架	树棍三脚桩	株	16

4.3.2 清单计价法绿化种植工程计价

4.3.2.1 绿化种植工程项目综合单价分析

综合单价是指完成一个规定计量单位的分部分项工程量清单项目或措施清单项目等所需的人工费、材料费、施工机械使用费和企业管理费与利润,以及一定范围内的风险费用。

根据【例4-1】所提供的绿化工程工程量清单见表4-19所列,另根据【例4-5】的背景资料,现依此进行综合单价分析。

(1)整理绿化用地综合单价分析

整理绿化用地包括绿地平整与种植土回填2项工程内容,整理绿化用地的综合单价应包括绿地平整与种植土回填2项费用。

①绿地平整。套用定额子目1-31(表4-21)。定额工程量为60(10m²)

人工费:38.00元/10m²

材料费:0元/10m²

机械费:0元/10m²

管理费:38.00×17.89%=6.80元/10m²

利润:38.00×13.21%=5.02元/10m²

小计:38.00+0+0+6.80+5.02=49.82元/10m²

②种植土回填。套用定额子目1-6换。定额工程量为600×0.8/10=48(10 m³)

人工费:7.50元/10m³

材料费:300元/10m³(主材价格需要补充,种植土材料市场价格为30元/m³)

机械费:43.06元/10m³

管理费:(7.50+43.06)×17.89%=9.05元/10m³

利润:(7.50+43.06)×13.21%=6.68元/10m³

小计:7.50+300+43.06+9.05+6.68=366.29元/10m³

③整理绿化用地综合单价。清单工程量为600m²。

人工费:(38.00×60+7.50×48)/600=4.4元/m²

材料费:300×48/600=24元/m²

机械费:43.06×48/600=3.44元/m²

管理费:(6.80×60+9.05×48)/600=1.40元/m²

利润:(5.02×60+6.68×48)/600=1.04元/m²

综合单价:4.40+24.00+3.44+1.40+1.04
=34.28元/m²

(2)栽植银杏综合单价分析

栽植银杏工程包括栽植、养护2项工程内容。

①栽植银杏带土球:套用定额子目1-111换(表4-22)。定额工程量0.8(10株)。

人工费:1398.00×1.34=1873.32元/10株

材料费:21.35元/10株

主材:20 000元/10株

机械费:463.66元/10株

管理费:(1873.32+463.66)×17.89%
=418.09元/10株

利润:(1873.32+463.66)×13.21%
=308.72元/10株

小计:1873.32+21.35+20 000+463.66+418.09+308.72=23 085.14元/10株

②养护落叶乔木银杏,养护两年,套用定额子目1-257换。定额工程量0.8(10株)。

人工费:529.88×1.7=900.80元/10株

材料费:30.27×1.7=51.46元/10株

机械费:54.04×1.7=91.87元/10株

管理费:(900.80+91.87)×17.89%
=177.59元/10株

利润:(900.80+91.87)×13.21%=131.13元/10株

小计:900.80+51.46+91.87+177.59+131.13
=1352.85元/10株

③栽植银杏综合单价。清单工程量为8株。

人工费:(1873.32×0.8+900.80×0.8)/8
=277.41元/株

材料费:(21.35×0.8+20 000×0.8+91.87×0.8)/8
=2007.82元/株

机械费:(463.66×0.8+91.87×0.8)/8
=55.55元/株

管理费:(418.09×0.8+177.59×0.8)/8
=59.57元/株

利润:(308.72×0.8+131.13×0.8)/8=43.98元/株

综合单价:277.41+2007.82+55.55+59.57+43.98
=2444.33元/株

表4-21 整理绿化用地综合单价分析表

项目编码	项目名称	计量单位	数量	综合单价（元）						合计（元）
				人工费	材料费	机械费	管理费	利润	小计	
050101010001	整理绿化用地	m²	600	4.40	24.00	3.44	1.40	1.04	34.28	20 570.72
1-31	绿地细平整	10m²	60	38.00	0.00	0.00	6.80	5.02	49.82	2989.08
1-6 换	机械回填种植土	10m³	48	7.50	300.00	43.06	9.05	6.68	366.28	17 581.64

表4-22 栽植银杏综合单价分析表

项目编码	项目名称	计量单位	数量	综合单价（元）						合计（元）
				人工费	材料费	机械费	管理费	利润	小计	
050102001001	栽植乔木	株	8	277.41	2007.28	55.55	59.57	43.98	2443.80	19 550.38
1-111 换	栽植乔木（带土球）胸径17cm以内三类土栽植	10株	0.8	1873.32	20 021.35	463.66	418.09	308.72	23 085.13	18 468.10
1-257 换	落叶乔木胸径20以内	10株	0.8	900.80	51.46	91.87	177.59	131.13	1352.84	1082.27

（3）栽植香樟综合单价分析

栽植香樟工程包括栽植、养护2项工程内容。

①栽植香樟带土球，套用定额子目1-111换。定额工程量0.8（10株）。

人工费：1398.00×1.34=1873.32元/10株

材料费：21.35元/10株

主材：7200元/10株

机械费：463.66元/10株

管理费：（1873.32+463.66）×17.89%
　　　　=418.09元/10株

利润：（1873.32+463.66）×13.21%
　　　=308.72元/10株

小计：1873.32+21.35+7200+463.66+418.09+308.72
　　　=10 285.14元/10株

②养护常绿乔木香樟，养护2年，套用定额子目1-251换（见表4-23）。定额工程量0.8（10株）。

人工费：481.75×1.7=818.98元/10株

材料费：30.30×1.7=51.51元/10株

机械费：46.32×1.7=78.74元/10株

管理费：（818.98+78.74）×17.89%
　　　　=160.60元/10株

利润：（818.98+78.74）×13.21%

表4-23 栽植香樟综合单价分析表

项目编码	项目名称	计量单位	数量	综合单价（元）						合计（元）
				人工费	材料费	机械费	管理费	利润	小计	
050102001002	栽植乔木	株	8	269.23	727.29	54.24	57.87	42.73	1151.36	9210.84
1-111 换	栽植乔木（带土球）胸径17cm以内 三类土栽植	10株	0.8	1873.32	7221.35	463.66	418.09	308.72	10 285.13	8228.10
1-251 换	常绿乔木胸径20以内	10株	0.8	818.98	51.51	78.74	160.60	118.59	1228.42	982.74

=118.59 元/10 株

小计：818.98+51.51+78.74+160.60+118.59

= 1228.42 元/10 株

③栽植香樟综合单价。清单工程量为 8 株。

人工费：（1873.32×0.8+818.98×0.8）/8

= 269.23 元/株

材料费：（21.35×0.8+7200×0.8+51.51×0.8）/8

=727.29 元/株

机械费：（463.66×0.8+78.74×0.8）/8

=54.24 元/株

管理费：（418.09×0.8+160.60×0.8）/8

=57.87 元/株

利润：（308.72×0.8+118.59×0.8）/8

=42.73 元/株

综合单价：269.23+727.29+54.24+57.87+42.73

=1151.36 元/株

（4）栽植金桂综合单价分析

栽植金桂工程包括栽植、养护 2 项工程内容。

①栽植金桂带土球，套用定额子目 1-147 换（见表 4-24）。定额工程量为 1.7（10 株）。

人工费：156.38×1.34=209.55 元/10 株

材料费：5.34 元/10 株

主材：4500 元/10 株

机械费：74.39 元/10 株

管理费：（209.55+74.39）×17.89%

=50.80 元/10 株

利润：（209.55+74.39）×13.21%

=37.51 元/10 株

小计：209.55+5.34+4500+74.39+50.80+37.51

=4877.58 元/10 株

②养护常绿灌木，养护两年，套用定额子目 1-287 换。定额工程量为 1.7（10 株）。

人工费：46.25×1.7=78.63 元/10 株

材料费：35.59×1.7=60.50 元/10 株

机械费：42.89×1.7=72.91 元/10 株

管理费：（78.63+72.91）×17.89%

=27.11 元/10 株

利润：（78.63+72.91）×13.21%

=20.02 元/10 株

小计：78.63+60.50+72.91+27.11+20.02

=259.17 元/10 株

③栽植金桂综合单价。清单工程量为 17 株。

人工费：（209.55×1.7+78.63×1.7）/17

=28.82 元/株

材料费：（5.34×1.7+4500×1.7+60.50×1.7）/17

=456.58 元/株

机械费：（74.39×1.7+72.91×1.7）/17

=14.73 元/株

管理费：（50.80×1.7+27.11×1.7）/17

=7.79 元/株

利润：（37.51×1.7+20.02×1.7）/17=5.75 元/株

综合单价：28.82+456.58+14.73+7.79+5.75

=513.68 元/株

（5）栽植红枫综合单价分析

栽植红枫工程包括栽植、养护 2 项工程内容。

①栽植红枫带土球，套用定额子目 1-106 换（表 4-25）。定额工程量为 0.4（10 株）。

人工费：90.00×1.34=120.60 元/10 株

材料费：2.14 元/10 株

主材：2500 元/10 株

表 4-24 栽植金桂综合单价分析表

项目编码	项目名称	计量单位	数量	综合单价（元）						合计（元）
				人工费	材料费	机械费	管理费	利润	小计	
050102002001	栽植灌木	株	17	28.82	456.58	14.73	7.79	5.75	513.68	8732.48
1-147 换	栽植灌木（带土球）土球直径 70cm 以内三类土栽植	10 株	1.7	209.55	4505.34	74.39	50.80	37.51	4877.58	8291.89
1-287 换	灌木高度 250cm 以上	10 株	1.7	78.63	60.50	72.91	27.11	20.02	259.17	440.59

表 4-25 栽植红枫综合单价分析表

项目编码	项目名称	计量单位	数量	综合单价（元）						合计（元）
				人工费	材料费	机械费	管理费	利润	小计	
050102001003	栽植乔木	株	4	37.11	253.70	7.36	7.96	5.88	312.01	1248.05
1-106 换	栽植乔木（带土球）胸径 5cm 以内三类土栽植	10 株	0.4	120.60	2502.14	0.00	21.58	15.93	2660.25	1064.10
1-255 换	落叶乔木胸径 5cm 以内	10 株	0.4	250.55	34.87	73.64	58.00	42.83	459.88	183.59

机械费：0 元 /10 株

管理费：120.60×17.89%=21.58 元 /10 株

利润：120.60×13.21%=15.93 元 /10 株

小计：120.60+2502.14+0.00+21.58+15.93
　　　=2660.25 元 /10 株

②养护落叶乔木红枫，养护两年，套用定额子目 1-255 换。定额工程量为 0.4（10 株）。

人工费：147.38×1.7=250.55 元 /10 株

材料费：20.51×1.7=34.87 元 /10 株

机械费：43.32×1.7=73.64 元 /10 株

管理费：（250.55+73.64）×17.89%
　　　=58.00 元 /10 株

利润：（250.55+73.64）×13.21%=42.83 元 /10 株

小计：250.55+34.87+73.64+58.00+42.83
　　　=459.88 元 /10 株

③栽植红枫综合单价。清单工程量为 4 株。

人工费：（120.60×0.4+250.55×0.4）/4
　　　=37.11 元 / 株

材料费：（2.14×0.4+2500×0.4+34.87×0.4）/4
　　　=253.70 元 / 株

机械费：（0×0.4+73.64×0.4）/4=7.36 元 / 株

管理费：（21.58×0.4+58.00×0.4）/4
　　　=7.96 元 / 株

利润：（15.93×0.4+42.83×0.4）/4
　　　=5.88 元 / 株

综合单价：37.11+253.70+7.36+7.96+5.88
　　　=312.01 元 / 株

（6）栽植鸡爪槭综合单价分析

栽植鸡爪槭工程包括栽植、养护 2 项工程内容。

①栽植鸡爪槭带土球，套用定额子目 1-106 换（见表 4-26）。定额工程量为 1（10 株）。

人工费：90.00×1.34=120.60 元 /10 株

材料费：2.14 元 /10 株

主材：2000 元 /10 株

机械费：0 元 /10 株

管理费：120.60×17.89%=21.58 元 /10 株

利润：120.60×13.21%=15.93 元 /10 株

小计：120.60+2002.14+0.00+21.58+15.93
　　　=2160.25 元 /10 株

②养护落叶乔木鸡爪槭，养护两年，套用定额子目 1-255 换。定额工程量为 1（10 株）。

人工费：147.38×1.7=250.55 元 /10 株

表 4-26 栽植鸡爪槭综合单价分析表

项目编码	项目名称	计量单位	数量	综合单价（元）						合计（元）
				人工费	材料费	机械费	管理费	利润	小计	
050102001004	栽植乔木	株	10	37.11	203.70	7.36	7.96	5.88	262.01	2620.13
1-106 换	栽植乔木（带土球）胸径 5cm 以内三类土栽植	10 株	1	120.60	2002.14	0.00	21.58	15.93	2160.25	2160.25
1-255 换	落叶乔木胸径 5cm 以内	10 株	1	250.55	34.87	73.64	58.00	42.83	459.88	459.88

材料费：20.51×1.7=34.87 元 /10 株
机械费：43.32×1.7=73.64 元 /10 株
管理费：（250.55+73.64）×17.89%
　　　　=58.00 元 /10 株
利润：（250.55+73.64）×13.21%=42.83 元 /10 株
小计：250.55+34.87+73.64+58.00+42.83
　　　=459.88 元 /10 株
③栽植鸡爪槭综合单价。清单工程量为 10 株。
人工费：（120.60×1+250.55×1）/10
　　　　=37.11 元 / 株
材料费：（2.14×1+2000×1+34.87×1）/10
　　　　=203.70 元 / 株
机械费：（0×1+73.64×1）/10=7.36 元 / 株
管理费：（21.58×1+58.00×1）/10=7.96 元 / 株
利润：（15.93×1+42.83×1）/10=5.88 元 / 株
综合单价：37.11+203.70+7.36+7.96+5.88
　　　　　=262.01 元 / 株
（7）栽植冬红山茶综合单价分析
栽植冬红山茶工程包括栽植、养护 2 项工程内容。
①栽植冬红山茶带土球，套用定额子目 1-145 换（见表 4-27）。定额工程量为 0.1（10 株）。
人工费：78.25×1.34=104.86 元 /10 株
材料费：3.20 元 /10 株
主材：800 元 /10 株
机械费：0 元 /10 株
管理费：104.86×17.89%=18.76 元 /10 株
利润：104.86×13.21%=13.85 元 /10 株
小计：104.86+803.20+0.00+18.76+13.85
　　　=940.66 元 /10 株
②养护常绿灌木冬红山茶，养护两年，套用定额子目 1-286 换。定额工程量为 0.1（10 株）。
人工费：30.88×1.7=52.50 元 /10 株
材料费：23.73×1.7=40.34 元 /10 株
机械费：28.73×1.7=48.84 元 /10 株
管理费：（52.50+48.84）×17.89%
　　　　=18.13 元 /10 株
利润：（52.50+48.84）×13.21%
　　　=13.39 元 /10 株
小计：52.50+40.34+48.84+18.13+13.39
　　　=173.19 元 /10 株
③栽植冬红山茶综合单价。清单工程量为 1 株。
人工费：（104.86×0.1+52.50×0.1）/1
　　　　=15.74 元 / 株
材料费：（3.20×0.1+800×0.1+40.34×0.1）/1
　　　　=84.35 元 / 株
机械费：（0×0.1+48.84×0.1）/1=4.88 元 / 株
管理费：（18.76×0.1+18.13×0.1）/1
　　　　=3.69 元 / 株
利润：（13.85×0.1+13.39×0.1）/1
　　　=2.72 元 / 株
综合单价：15.74+84.35+4.88+3.69+2.72
　　　　　=111.39 元 / 株
（8）栽植晚樱综合单价分析
栽植晚樱工程包括栽植、养护 2 项工程内容。
①栽植晚樱带土球，套用定额子目 1-106 换（表 4-28）。定额工程量为 0.3（10 株）。
人工费：90.00×1.34=120.60 元 /10 株
材料费：2.14 元 /10 株
主材：500 元 /10 株
机械费：0 元 /10 株

表 4-27 栽植美人茶综合单价分析表

项目编码	项目名称	计量单位	数量	综合单价（元）						合计（元）
				人工费	材料费	机械费	管理费	利润	小计	
050102002002	栽植灌木	株	1	15.74	84.35	4.88	3.69	2.72	111.39	111.39
1-145 换	栽植灌木（带土球）土球直径 50cm 以内 三类土栽植	10 株	0.1	104.86	803.20	0.00	18.76	13.85	940.66	94.07
1-286 换	灌木高度 250cm 以内	10 株	0.1	52.50	40.34	48.84	18.13	13.39	173.19	17.32

表 4-28　栽植晚樱综合单价分析表

项目编码	项目名称	计量单位	数量	综合单价（元）						合计（元）
				人工费	材料费	机械费	管理费	利润	小计	
050102001005	栽植乔木	株	3	37.11	53.70	7.36	7.96	5.88	112.01	336.03
1-106 换	栽植乔木（带土球）胸径 5cm 以内三类土栽植	10 株	0.3	120.60	502.14	0.00	21.58	15.93	660.25	198.07
1-255 换	落叶乔木胸径 5cm 以内	10 株	0.3	250.55	34.87	73.64	58.00	42.83	459.88	137.96

管理费：120.60×17.89%=21.58 元 /10 株
利润：120.60×13.21%=15.93 元 /10 株
小计：120.60+502.14+0.00+21.58+15.93
　　　=660.25 元 /10 株
②养护落叶乔木晚樱，养护两年，套用定额子目 1-255 换。定额工程量为 0.3（10 株）。
人工费：147.38×1.7=250.55 元 /10 株
材料费：20.51×1.7=34.87 元 /10 株
机械费：43.32×1.7=73.64 元 /10 株
管理费：（250.55+73.64）×17.89%
　　　=58.00 元 /10 株
利润：（250.55+73.64）×13.21%
　　　=42.83 元 /10 株
小计：250.55+34.87+73.64+58.00+42.83
　　　=459.88 元 /10 株
③栽植晚樱综合单价。清单工程量为 3 株。
人工费：（120.60×0.3+250.55×0.3）/3
　　　=37.11 元 / 株
材料费：（2.14×0.3+500×0.3+34.87×0.3）/3
　　　=53.70 元 / 株
机械费：（0×0.3+73.64×0.3）/3=7.36 元 / 株

管理费：（21.58×0.3+58.00×0.3）/3
　　　=7.96 元 / 株
利润：（15.93×0.3+42.83×0.3）/3
　　　=5.88 元 / 株
综合单价：37.11+53.70+7.36+7.96+5.88
　　　=112.01 元 / 株
（9）栽植'红梅'综合单价分析
栽植'红梅'工程包括栽植、养护 2 项工程内容。
①栽植红梅带土球，套用定额子目 1-106 换（表 4-29）。定额工程量为 0.3（10 株）。
人工费：90.00×1.34=120.60 元 /10 株
材料费：2.14 元 /10 株
主材：660 元 /10 株
机械费：0 元 /10 株
管理费：120.60×17.89%=21.58 元 /10 株
利润：120.60×13.21%=15.93 元 /10 株
小计：120.60+662.14+0.00+21.58+15.93
　　　=820.25 元 /10 株
②养护落叶乔木红梅，养护两年，套用定额子目 1-255 换。定额工程量为 0.3（10 株）。
人工费：147.38×1.7=250.55 元 /10 株

表 4-29　栽植红梅综合单价分析表

项目编码	项目名称	计量单位	数量	综合单价（元）						合计（元）
				人工费	材料费	机械费	管理费	利润	小计	
050102001006	栽植乔木	株	3	37.11	69.70	7.36	7.96	5.88	128.01	384.04
1-106 换	栽植乔木（带土球）胸径 5cm 以内三类土栽植	10 株	0.3	120.60	662.14	0.00	21.58	15.93	820.25	246.07
1-255 换	落叶乔木胸径 5cm 以内	10 株	0.3	250.55	34.87	73.64	58.00	42.83	459.88	137.96

材料费：20.51×1.7=34.87元/10株
机械费：43.32×1.7=73.64元/10株
管理费：(250.55+73.64)×17.89%
　　　＝58.00元/10株
利润：(250.55+73.64)×13.21%
　　　＝42.83元/10株
小计：250.55+34.87+73.64+58.00+42.83
　　　＝459.88元/10株

③栽植红梅综合单价。清单工程量为3株。
人工费：(120.60×0.3+250.55×0.3)/3
　　　＝37.11元/株
材料费：(2.14×0.3+660×0.3+34.87×0.3)/3
　　　＝69.70元/株
机械费：(0×0.3+73.64×0.3)/3=7.36元/株
管理费：(21.58×0.3+58.00×0.3)/3
　　　＝7.96元/株
利润：(15.93×0.3+42.83×0.3)/3
　　　＝5.88元/株
综合单价：37.11+69.70+7.36+7.96+5.88
　　　＝128.01元/株

（10）栽植红叶石楠球综合单价分析

栽植红叶石楠球工程包括栽植、养护2项工程内容。

①栽植红叶石楠球带土球，套用定额子目1-144换（表4-30）。定额工程量为0.6（10株）。
人工费：51.00×1.34=68.34元/10株
材料费：2.14元/10株
主材：900元/10株
机械费：0元/10株
管理费：68.34×17.89%=12.23元/10株
利润：68.34×13.21%=9.03元/10株
小计：68.34+902.14+0.00+12.23+9.03
　　　＝991.73元/10株

②养护球形植物红叶石楠球，养护两年，套用定额1-307换。定额工程量为0.6（10株）。
人工费：101.38×1.7=172.35元/10株
材料费：24.30×1.7=41.31元/10株
机械费：36.88×1.7=62.70元/10株
管理费：(172.35+62.70)×17.89%
　　　＝42.05元/10株
利润：(172.35+62.70)×13.21%
　　　＝31.05元/10株
小计：172.35+41.31+62.70+42.05+31.05
　　　＝349.45元/10株

③栽植红叶石楠球综合单价。清单工程量为6株。
人工费：(68.34×0.6+172.35×0.6)/6
　　　＝24.07元/株
材料费：(2.14×0.6+900×0.6+41.31×0.6)/6
　　　＝94.35元/株
机械费：(0×0.6+62.70×0.6)/6=6.27元/株
管理费：(12.23×0.6+42.05×0.6)/6
　　　＝5.43元/株
利润：(9.03×0.6+31.05×0.6)/6=4.01元/株
综合单价：24.07+94.35+6.27+5.43+4.01
　　　＝134.12元/株

表4-30　栽植红叶石楠综合单价分析表

项目编码	项目名称	计量单位	数量	综合单价（元）						合计（元）
				人工费	材料费	机械费	管理费	利润	小计	
050102002003	栽植灌木	株	6	24.07	94.35	6.27	5.43	4.01	134.12	804.72
1-144换	栽植灌木（带土球）土球直径40cm以内三类土栽植	10株	0.6	68.34	902.14	0.00	12.23	9.03	991.73	595.04
1-307换	球形植物蓬径150cm以内	10株	0.6	172.35	41.31	62.70	42.05	31.05	349.45	209.67

（11）栽植紫薇综合单价分析

栽植紫薇工程包括栽植、养护2项工程内容。

①栽植紫薇带土球，套用定额子目1-106换（表4-31）。定额工程量为0.9（10株）。

人工费：90.00×1.34=120.60元/10株

材料费：2.14元/10株

主材：800元/10株

机械费：0元/10株

管理费：120.60×17.89%=21.58元/10株

利润：120.60×13.21%=15.93元/10株

小计：120.60+802.14+0.00+21.58+15.93
　　　=960.25元/10株

②养护落叶乔木紫薇，养护两年，套用定额子目1-255换。定额工程量为0.9（10株）。

人工费：147.38×1.7=250.55元/10株

材料费：20.51×1.7=34.87元/10株

机械费：43.32×1.7=73.64元/10株

管理费：（250.55+73.64）×17.89%
　　　=58.00元/10株

利润：（250.55+73.64）×13.21%
　　　=42.83元/10株

小计：250.55+34.87+73.64+58.00+42.83
　　　=459.88元/10株

③栽植紫薇综合单价。清单工程量为9株。

人工费：（120.60×0.9+250.55×0.9）/9
　　　=37.11元/株

材料费：（2.14×0.9+800×0.9+34.87×0.8）/3
　　　=83.70元/株

机械费：（0×0.9+73.64×0.9）/9=7.36元/株

管理费：（21.58×0.9+58.00×0.9）/9
　　　=7.96元/株

利润：（15.93×0.9+42.83×0.9）/9
　　　=5.88元/株

综合单价：37.11+83.70+7.36+7.96+5.88
　　　=142.01元/株

（12）栽植石榴综合单价分析

栽植石榴工程包括栽植、养护2项工程内容。

①栽植石榴带土球，套用定额子目1-144换（表4-32）。定额工程量为0.2（10株）。

表4-31 栽植紫薇综合单价分析表

项目编码	项目名称	计量单位	数量	综合单价（元）						合计（元）
				人工费	材料费	机械费	管理费	利润	小计	
050102001007	栽植乔木	株	9	37.11	83.70	7.36	7.96	5.88	142.01	1278.09
1-106换	栽植乔木（带土球）胸径5cm以内三类土栽植	10株	0.9	120.60	802.14	0.00	21.58	15.93	960.25	864.22
1-255换	落叶乔木胸径5cm以内	10株	0.9	250.55	34.87	73.64	58.00	42.83	459.88	413.89

表4-32 栽植石榴综合单价分析表

项目编码	项目名称	计量单位	数量	综合单价（元）						合计（元）
				人工费	材料费	机械费	管理费	利润	小计	
050102002004	栽植灌木	株	2	12.08	44.25	4.88	3.04	2.24	66.49	132.99
1-144换	栽植灌木（带土球）土球直径40cm以内三类土栽植	10株	0.2	68.34	402.14	0.00	12.23	9.03	491.73	98.35
1-286换	灌木高度250cm以内	10株	0.2	52.50	40.34	48.84	18.13	13.39	173.19	34.64

人工费：51.00×1.34=68.34元/10株
材料费：2.14元/10株
主材：400元/10株
机械费：0元/10株
管理费：68.34×17.89%=12.23元/10株
利润：68.34×13.21%=9.03元/10株
小计：68.34+402.14+0.00+12.23+9.03
　　　=491.73元/10株

②养护落叶灌木石榴，养护两年，套用定额子目1-286换。定额工程量为0.2（10株）。
人工费：30.88×1.7=52.50元/10株
材料费：23.73×1.7=40.34元/10株
机械费：28.73×1.7=48.84元/10株
管理费：（52.50+48.84）×17.89%
　　　=18.13元/10株
利润：（52.50+48.84）×13.21%
　　　=13.39元/10株
小计：52.50+40.34+48.84+18.13+13.39
　　　=173.19元/10株

③栽植石榴综合单价。清单工程量为2株。
人工费：（68.34×0.2+52.50×0.2）/2
　　　=12.08元/株
材料费：（2.14×0.2+400×0.2+40.34×0.2）/2
　　　=44.25元/株
机械费：（0×0.2+48.84×0.2）/2=4.88元/株
管理费：（12.23×0.2+18.13×0.2）/2
　　　=3.04元/株
利润：（9.03×0.2+13.39×0.2）/2=2.24元/株
综合单价：12.08+44.25+4.88+3.04+2.24
　　　=66.49元/株

（13）栽植常春藤综合单价分析

栽植常春藤工程包括栽植、养护2项工程内容。

①栽植常春藤，套用定额子目1-189换（表4-33）。定额工程量为8（10m²）。
人工费：45.38×1.34=60.81元/10m²
材料费：2.78元/10m²
主材：194.4元/10m²
机械费：0元/10m²
管理费：60.81×17.89%=1.74元/10m²
利润：60.81×13.21%=1.29元/10m²
小计：60.81+197.18+0.00+10.88+8.03
　　　=276.90元/10m²

②养护地被常春藤，养护两年，套用定额子目1-316换。定额工程量为8（10m²）。
人工费：6.13×1.7=10.42元/10m²
材料费：15.95×1.7=27.12元/10m²
机械费：15.44×1.7=26.25元/10m²
管理费：（10.42+26.25）×17.89%
　　　=6.56元/10m²
利润：（10.42+26.25）×13.21%=4.84元/10m²
小计：10.42+27.12+26.25+6.56+4.84
　　　=75.19元/10m²

③栽植常春藤综合单价。清单工程量为80 m²。
人工费：（60.81×8+10.42×8）/80=7.12元/m²
材料费：（2.78×8+0.54×36×10×8+27.12×8）/80=22.43元/m²
机械费：（0×8+26.25×8）/80=2.62元/m²
管理费：（10.88×8+6.56×8）/80=1.74元/m²
利润：（8.03×8+4.84×8）/80=1.29元/m²
综合单价：7.12+22.43+2.62+1.74+1.29
　　　=35.21元/m²

表4-33　栽植常春藤综合单价分析表

项目编码	项目名称	计量单位	数量	综合单价（元）						合计（元）
				人工费	材料费	机械费	管理费	利润	小计	
050102008001	栽植花卉	m²	80	7.12	22.43	2.62	1.74	1.29	35.21	2816.80
1-189换	地被植物片植36株/m²以内三类土栽植	10m²	8	60.81	197.18	0.00	10.88	8.03	276.90	2215.21
1-316换	地被植物	10m²	8	10.42	27.12	26.25	6.56	4.84	75.19	601.50

（14）栽植'百慕大'综合单价分析（表4-34）

栽植百慕大工程包括栽植、养护2项工程内容。

① 栽植'百慕大'（满铺），套用定额子目1-215换。定额工程量为5（100m²）。

人工费：566.00×1.34元/100m²
　　　　=758.44元/100m²

材料费：21.35元/100m²

主材：450元/100m²

机械费：0元/100m²

管理费：758.44×17.89%=135.68元/100m²

利润：758.44×13.21%=100.19元/100m²

小计：758.44+471.35+0.00+135.68+100.19
　　　=1465.66元/100m²

② 养护暖季型草坪'百慕大'，养护2年，套用定额子目1-319换。定额工程量为50（10m²）。

人工费：32.50×1.7=55.25元/10m²

材料费：6.39×1.7=10.86元/10m²

机械费：12.87×1.7=21.88元/10m²

管理费：（55.25+21.88）×17.89%
　　　　=13.80元/10m²

利润：（55.25+21.88）×13.21%
　　　=10.19元/10m²

小计：55.25+10.86+21.88+13.80+10.19
　　　=111.989元/10m²

③ 栽植'百慕大'综合单价。清单工程量为500m²。

人工费：（758.44×5+55.25×50）/500
　　　　=13.11元/m²

材料费：（21.35×5+450×5+10.86×50）/500
　　　　=5.80元/m²

机械费：（0×5+21.88×50）/500=2.19元/m²

管理费：（135.68×5+13.80×50）/500
　　　　=2.74元/m²

利润：（100.19×5+10.19×50）/500
　　　=2.02元/m²

综合单价：13.11+5.80+2.19+2.74+2.02
　　　　　=25.85元/m²

（15）草绳绕银杏综合单价分析（表4-35）

① 草绳绕银杏工程内容仅包括草绳绕树干一项。银杏胸径16cm，套用定额子目1-344。定额工程量为1.2（10m）。

人工费：35.75元/10m

材料费：26.88元/10m

机械费：0元/10m

管理费：35.75×17.89%=6.40元/10m

利润：35.75×13.21%=4.72元/m

小计：35.75+26.88+0.00+6.40+4.72
　　　=73.75元/10m

表4-34　栽植'百慕大'综合单价分析表

项目编码	项目名称	计量单位	数量	综合单价（元）						合计（元）
				人工费	材料费	机械费	管理费	利润	小计	
050102012001	铺种草皮	m²	500	13.11	5.80	2.19	2.74	2.02	25.85	12 925.00
1-215换	栽植草皮满铺三类土栽植	100 m²	5	758.44	471.35	0.00	135.68	100.19	1465.66	7328.32
1-319换	暖季型草坪满铺	10 m²	50	55.25	10.86	21.88	13.80	10.19	111.98	5598.96

表4-35　草绳绕银杏综合单价分析表

项目编码	项目名称	计量单位	数量	综合单价（元）						合计（元）
				人工费	材料费	机械费	管理费	利润	小计	
050403002001	草绳绕树干	株	8	5.36	4.03	0.00	0.96	0.71	11.06	88.48
1-344	草绳绕树干胸径20cm以内	10m	1.2	35.75	26.88	0.00	6.40	4.72	73.75	88.50

②草绳绕银杏综合单价。清单工程量为 8 株。

人工费：35.75×1.2/8=5.36 元/m

材料费：26.88×1.2/8=4.03 元/m

机械费：0×1.2/8=0 元/m

管理费：6.40×1.2/8=0.96 元/m

利润：4.72×1.2/8=0.71 元/m

综合单价：5.36+4.03+0.00+0.96+0.71

=11.06 元/株

（16）草绳绕香樟综合单价分析（表4-36）

①草绳绕香樟工程内容仅包括草绳绕树干一项。香樟胸径 15cm，套用定额子目 1-343。定额工程量为 1.2（10m）。

人工费：25.50 元/10m

材料费：20.16 元/10m

机械费：0 元/10m

管理费：25.50×17.89%=4.56 元/10m

利润：25.50×13.21%=3.37 元/10m

小计：25.50+20.16+0.00+4.56+3.37

=53.59 元/10m

②草绳绕香樟综合单价。清单工程量为 8 株。

人工费：25.50×1.2/8=3.83 元/m

材料费：20.16×1.2/8=3.02 元/m

机械费：0×1.2/8=0 元/m

管理费：4.56×1.2/8=0.68 元/m

利润：3.37×1.2/8=0.51 元/m

综合单价：3.83+3.02+0.00+0.68+0.51

=8.04 元/株

（17）树木支撑架综合单价分析（表4-37）

①树木支撑可以选用多种形式，本项目采用树棍桩支撑，三脚桩形式，套用定额子目 1-333。定额工程量为 1.6（10 株）。

人工费：30.63 元/10 株

材料费：162.79/10 株

机械费：0 元/10 株

管理费：30.63×17.89%=5.48 元/10 株

利润：30.63×13.21%=4.05 元/10 株

小计：30.63+162.79+0.00+5.48+4.05

=202.95 元/10 株

②树木支撑架综合单价。清单工程量为 16 株。

人工费：30.63×1.6/16=3.06 元/株

材料费：162.79×1.6/16=16.28 元/株

机械费：0×1.6/16=0 元/株

管理费：5.48×1.6/16=0.55 元/株

利润：4.05×1.6/16=0.40 元/株

综合单价：3.06+16.28+0.00+0.55+0.40

=20.29 元/株

表 4-36 草绳绕香樟综合单价分析表

项目编码	项目名称	计量单位	数量	综合单价（元）						合计（元）
				人工费	材料费	机械费	管理费	利润	小计	
050403002002	草绳绕树干	株	8	3.83	3.02	0.00	0.68	0.51	8.04	64.32
1-343	草绳绕树干胸径15cm 以内	10m	1.2	25.50	20.16	0.00	4.56	3.37	53.59	64.31

表 4-37 树木支撑综合单价分析表

项目编码	项目名称	计量单位	数量	综合单价（元）						合计（元）
				人工费	材料费	机械费	管理费	利润	小计	
050403001001	树木支撑架	株	16	3.06	16.28	0.00	0.55	0.40	20.29	324.64
1-333	树棍桩三脚桩	10 株	1.6	30.63	162.79	0.00	5.48	4.05	202.95	324.71

4.3.2.2 绿化种植工程工程量清单计价（表4-38~表4-45）

表4-38 某校大门入口绿地工程投标报价书封面

投标总价

建设单位：_____
工程名称：_____某校大门入口绿地工程_____
投标总价（小写）_____97 276元_____
（大写）_____玖万柒仟贰佰柒拾陆元_____
投标人：_____（单位盖章）
法定代表人：_____（签字或盖章）
编制人：_____（签字及盖执业专用章）
编制时间：　　年　　月　　日

表4-39 某校大门入口绿地工程投标报价编制说明

编制说明
一、工程概况
本工程是某校大门绿地工程，位某于市环城北路。绿地面积600m²，工程内容有乔木、灌木、地被、草坪的种植与养护。
二、编制依据
1. 某校大门入口绿地工程施工图纸；
2.《××省园林绿化及仿古建筑工程预算定额》（2018版）；
3.《××省建设工程计价规则》（2018版）；
4.《××省施工机械台班费用定额参考单价》（2018版）；
5. 材料价格按××省2018年第11期信息价；
6. 人工价格按定额价。
三、编制说明
1. 本工程规费按《××省建设工程计价规则》（2018版）计取；
2. 本工程综合费用按单独绿化工程中值考虑；取费基数为人工费+机械费；
3. 安全文明施工费、二次搬运费、冬雨季施工增加费、行车行人干扰增加费均按《××省建设工程计价规则》（2018版）相应的中值计入；
4. 苗木养护按两年考虑

表4-40 某校大门入口绿地单位工程报价汇总表

工程名称：某校大门绿地工程

序号	内容	报价合计（元）
一	分部分项工程费	81 011.87
二	措施项目费（1+2）	1873.51
1	组织措施项目	1395.99
2	技术措施项目	477.52
三	其他项目费	0
四	规费	6358.82

（续）

序号	内容	报价合计（元）
五	税金[（一+二+三+四）×9%]	8031.98
六	总报价（一+二+三+四+五）	97 276

总报价（大写）：玖万柒仟贰佰柒拾陆元

表 4-41 某校大门绿地分部分项工程量清单与计价表

工程名称：某校大门入口绿地工程

序号	项目编码	项目名称	项目特征描述	计量单位	工程量	综合单价（元）	合价（元）	其中 人工费	其中 机械费
1	050101010001	整理绿化用地	种植土回填80cm	m²	600	34.76	20 858.72	2640.00	2064.00
2	050102001001	栽植乔木	银杏 φ16cm，养护2年	株	8	2443.80	19 550.38	2219.28	444.40
3	050102001002	栽植乔木	香樟 φ15cm，养护2年	株	8	1151.36	9210.84	2153.84	433.92
4	050102002001	栽植灌木	金桂 H271~300cmP201~250cm，养护2年	株	17	513.68	8732.48	489.94	250.41
5	050102001003	栽植乔木	红枫 D5cm，养护2年	株	4	312.01	1248.05	148.44	29.44
6	050102001004	栽植乔木	鸡爪槭 D5cm，养护2年	株	10	262.01	2620.13	371.10	73.60
7	050102002002	栽植灌木	美人茶 H211~230cmP121~150cm，养护2年	株	1	111.39	111.39	15.74	4.88
8	050102001005	栽植乔木	晚樱 D5cm，养护2年	株	3	112.01	336.04	111.33	22.08
9	050102001006	栽植乔木	'红梅' D5cm，养护2年	株	3	128.01	384.04	111.33	22.08
10	050102002003	栽植灌木	红叶石楠球 H80~90cmP101~120cm，养护2年	株	6	134.12	804.71	144.42	37.62
11	050102001007	栽植乔木	紫薇 D5cm，养护2年	株	9	142.01	1278.11	333.99	66.24
12	050102002004	栽植灌木	石榴 H211~240cmP91~100cm，养护2年	株	2	66.49	432.99	24.16	9.76
13	050102008001	栽植花卉	常春藤 L1.0~1.5m，36株/m²，养护2年	m²	80	35.21	2816.71	569.60	209.60
14	050102012001	铺种草皮	'百慕大'，满铺，养护2年	m²	500	25.85	12 927.28	6555.00	1095.00
		合计					80 723.87	15 888.17	4763.03

表 4-42 某校大门入口绿地技术措施项目清单与计价表

工程名称：某校大门入口绿地工程

序号	项目编码	项目名称	项目特征描述	计量单位	工程量	综合单价（元）	合价（元）	其中 人工费	其中 机械费
1	050403002001	草绳绕树干	胸径16cm，所绕树干高度1.5m	株	8	11.06	88.50	42.88	0.00
2	050403002002	草绳绕树干	胸径15cm，所绕树干高度1.5m	株	8	8.04	64.31	30.64	0.00
3	050403001001	树木支撑架	树棍三脚桩	株	16	20.29	324.71	48.96	0.00
		合计					477.52	122.48	0.00

表 4-43 某校大门入口绿地组织措施项目清单与计价表

工程名称：某校大门入口绿地工程

序号	项目名称	单位	数量	金额（元）
1	安全文明施工费	项	1	932.74
2	冬雨季施工增加费	项	1	31.16
3	二次搬运费	项	1	27.01
4	行车、行人干扰增加费	项	1	405.09
	合计			1395.99

表 4-44 某校大门入口绿地分部分项工程量清单综合单价分析表

工程名称：某校大门入口绿地工程

序号	编号	名称	计量单位	数量	综合单价（元）							合计（元）
					人工费	材料费	机械费	管理费	利润	风险费用	小计	
1	050101006001	整理绿化用地	m²	600.00	4.40	24.48	3.44	1.40	1.04	0.00	34.76	20858.72
	1-31	绿地细平整	10 m²	60	38.00	0.00	0.00	6.80	5.02	0.00	49.82	2989.08
	1-6 换	机械回填种植土	10m³	48	7.50	306.00	43.06	9.05	6.68	0.00	372.28	17869.64
2	050102001001	栽植乔木：银杏	株	8	277.41	2007.28	55.55	59.57	43.98	0.00	2443.80	19550.38
	1-111 换	栽植乔木（带土球）胸径 17cm 以内三类土栽植	10 株	0.8	1873.32	20021.35	463.66	418.09	308.72	0.00	23085.13	18468.10
	1-257 换	落叶乔木胸径 20cm 以内	10 株	0.8	900.80	51.46	91.87	177.59	131.13	0.00	1352.84	1082.27
3	050102001002	栽植乔木：香樟	株	8	269.23	727.29	54.24	57.87	42.73	0.00	1151.36	9210.84
	1-111 换	栽植乔木（带土球）胸径 17cm 以内三类土栽植	10 株	0.8	1873.32	7221.35	463.66	418.09	308.72	0.00	10285.13	8228.10
	1-251 换	常绿乔木胸径 20cm 以内	10 株	0.8	818.98	51.51	78.74	160.60	118.59	0.00	1228.42	982.74
4	050102002001	栽植灌木：'金桂'	株	17	28.82	456.58	14.73	7.79	5.75	0.00	513.68	8732.48
	1-147 换	栽植灌木、藤本（带土球）土球直径 70cm 以内三类土栽植	10 株	1.7	209.55	4505.34	74.39	50.80	37.51	0.00	4877.58	8291.89
	1-287 换	灌木高度 250cm 以上	10 株	1.7	78.63	60.50	72.91	27.11	20.02	0.00	259.17	440.59
5	050102001003	栽植乔木：红枫	株	4	37.11	253.70	7.36	7.96	5.88	0.00	312.01	1248.05
	1-106 换	栽植乔木（带土球）胸径 5cm 以内三类土栽植	10 株	0.4	120.60	2502.14	0.00	21.58	15.93	0.00	2660.25	1064.10
	1-255 换	落叶乔木胸径 5cm 以内	10 株	0.4	250.55	34.87	73.64	58.00	42.83	0.00	459.88	183.95
6	050102001004	栽植乔木：鸡爪槭	株	10	37.11	203.70	7.36	7.96	5.88	0.00	262.01	2620.13
	1-106 换	栽植乔木（带土球）胸径 5cm 以内三类土栽植	10 株	1	120.60	2002.14	0.00	21.58	15.93	0.00	2160.25	2160.25
	1-255 换	落叶乔木胸径 5cm 以内	10 株	1	250.55	34.87	73.64	58.00	42.83	0.00	459.88	459.88
7	050102002002	栽植灌木：冬红山茶	株	1	15.74	84.35	4.88	3.69	2.72	0.00	111.39	111.39
	1-145 换	栽植灌木、藤本（带土球）土球直径 50cm 以内三类土栽植	10 株	0.1	104.86	803.20	0.00	18.76	13.85	0.00	940.66	94.07
	1-286 换	灌木高度 250cm 以内	10 株	0.1	52.50	40.34	48.84	18.13	13.39	0.00	173.19	17.32

（续）

序号	编号	名称	计量单位	数量	综合单价（元）							合计（元）
					人工费	材料费	机械费	管理费	利润	风险费用	小计	
8	050102001005	栽植乔木：晚樱	株	3	37.11	53.70	7.36	7.96	5.88	0.00	112.01	336.04
	1-106 换	栽植乔木（带土球）胸径 5cm 以内三类土栽植	10 株	0.3	120.60	502.24	0.00	21.58	15.93	0.00	660.25	198.07
	1-255 换	落叶乔木胸径 5cm 以内	10 株	0.3	250.55	34.87	73.64	58.00	42.83	0.00	459.88	137.96
9	050102001006	栽植乔木：'红梅'	株	3	37.11	69.70	7.36	7.96	5.88	0.00	128.01	384.04
	1-106 换	栽植乔木（带土球）胸径 5cm 以内三类土栽植	10 株	0.3	120.60	662.14	0.00	21.58	15.93	0.00	820.25	246.07
	1-255 换	落叶乔木胸径 5cm 以内	10 株	0.3	250.55	34.87	73.64	58.00	42.83	0.00	459.88	137.96
10	050102002003	栽植灌木：红叶石楠球	株	6	24.07	94.35	6.27	5.43	4.01	0.00	134.12	804.71
	1-144 换	栽植灌木、藤本（带土球）土球直径 40cm 以内三类土栽植	10 株	0.6	68.34	902.14	0.00	12.23	9.03	0.00	991.73	595.04
	1-307 换	球形植物蓬径 150cm 以内	10 株	0.6	172.35	41.31	62.70	42.05	31.05	0.00	349.45	209.67
11	050102001007	栽植乔木：紫薇	株	9	37.11	83.70	7.36	7.96	5.88	0.00	142.01	1278.11
	1-106 换	栽植乔木（带土球）胸径 5cm 以内三类土栽植	10 株	0.9	120.60	802.14	0.00	21.58	15.93	0.00	960.25	864.22
	1-255 换	落叶乔木胸径 5cm 以内	10 株	0.9	250.55	34.87	73.64	58.00	42.83	0.00	459.88	413.89
12	050102002004	栽植灌木：石榴	株	2	12.08	44.25	4.88	3.04	2.24	0.00	66.49	132.99
	1-144 换	栽植灌木、藤本（带土球）土球直径 40cm 以内三类土栽植	10 株	0.2	68.34	402.14	0.00	12.23	9.03	0.00	491.73	98.35
	1-286 换	灌木高度 250cm 以内	10 株	0.2	52.50	40.34	48.84	18.13	13.39	0.00	173.19	34.64
13	050102008001	栽植花卉：常春藤	m²	80.00	7.12	22.43	2.62	1.74	1.29	0.00	35.21	2816.71
	1-189 换	地被植物片植，36 株/m²，三类土栽植	10m²	8	60.81	197.18	0.00	10.88	8.03	0.00	276.90	2215.21
	1-316 换	地被植物	10m²	8	10.42	27.12	26.25	6.56	4.84	0.00	75.19	601.50
14	050102010001	铺种草皮：'百慕大'	m²	500.00	13.11	5.80	2.19	2.74	2.02	0.00	25.85	12 927.28
	1-215 换	栽植草皮满铺三类土栽植	100m²	5	758.44	471.35	0.00	135.68	100.19	0.00	1465.66	7328.32
	1-319 换	暖地型草坪满铺	10m²	50	55.25	10.86	21.88	13.80	10.19	0.00	111.98	5598.96

表 4-45 某校大门入口绿地措施项目清单综合单价分析表

工程名称：某校大门入口绿地工程

序号	编号	名称	计量单位	数量	综合单价（元）							合计（元）
					人工费	材料费	机械费	管理费	利润	风险费用	小计	
1	050403002001	草绳绕树干	株	8	5.36	4.03	0.00	0.96	0.71	0.00	11.06	88.50
	1-344	草绳绕树干胸径 20m 以内	10m	1.2	35.75	26.88	0.00	6.40	4.72	0.00	73.75	88.50
2	050403002002	草绳绕树干	株	8	3.83	3.02	0.00	0.68	0.51	0.00	8.04	64.31
	1-343	草绳绕树杆胸径 15cm 以内	10m	1.2	25.50	20.16	0.00	4.56	3.37	0.00	53.59	64.31

(续)

序号	编号	名称	计量单位	数量	综合单价（元）							合计（元）
					人工费	材料费	机械费	管理费	利润	风险费用	小计	
3	050403001001	树木支撑架	株	16	3.06	16.28	0.00	0.55	0.40	0.00	20.29	324.71
	1-189	树棍桩三脚桩	10株	1.6	30.63	162.79	0.00	5.48	4.05	0.00	202.95	324.71

小结

本章首先以绿化工程施工工艺为切入点，详细介绍了地形整理、苗木起挖、苗木装卸与运输、苗木栽植、苗木支撑与绕干、苗木修剪、苗木养护等关键施工工序；其次，重点阐述了《园林绿化工程工程量计算规范》（GB 50858—2013）附录 A 的设置与清单工程量规则，《××省园林绿化及仿古建筑工程预算定额》（2018）的定额工程量计算规则；最后结合案例详细分析了定额计价法和清单计价法的绿化种植工程计价。读者需要重点掌握绿地整理、栽植乔木、栽植灌木、栽植色带、铺种草皮等分部分项工程的清单列项与清单组价。

习题

一、填空题

1. 树木支撑形式主要有_____、_____、_____、_____、_____和_____等。
2. 乔木是指树身高大、具有_____的树木，由根部发生独立的主干，树干和树冠有明显区分。
3. 灌木是指没有明显的主干、呈_____的树木。
4. 草坪按对温度的生态适应性分可分为_____与_____。
5. 灌木片植是指每块种植的绿地面积在_____以上，种植密度每 m² 大于_____株，且三排以上排列的一种成片栽植形式。

二、选择题

1. 根据《××省园林绿化及仿古建筑工程预算定额》（2018 版）的规定，单排、双排绿篱的工程量按（ ）计算。
   A. 株　　　　　　　B. 延长米　　　　　　　C. 平方米　　　　　　　D. 丛
2. 根据《园林绿化工程工程量计算规范》（2013 版）的规定，栽植色带的工程量以（ ）计算。
   A. 株　　　　　　　B. m　　　　　　　　　C. m²　　　　　　　　　D. 丛
3. 根据《园林绿化工程工程量计算规范》（2013 版）的规定，绿地喷灌的工程量按（ ）计算。
   A. m　　　　　　　B. 根　　　　　　　　　C. m²　　　　　　　　　D. 套
4. 根据《××省园林绿化及仿古建筑工程预算定额》（2018 版）的规定，丛生乔木的胸径，按照每根树干胸径之和的（ ）倍计算。
   A. 0.8　　　　　　　B. 0.88　　　　　　　　C. 0.75　　　　　　　　D. 0.86
5. 根据《××省园林绿化及仿古建筑工程预算定额》（2018 版）的规定，起挖或栽植树木均以一、二类土为计算标准，如为三类土，人工乘以系数（ ）。
   A. 1.34　　　　　　　B. 1.76　　　　　　　　C. 2.2　　　　　　　　 D. 1

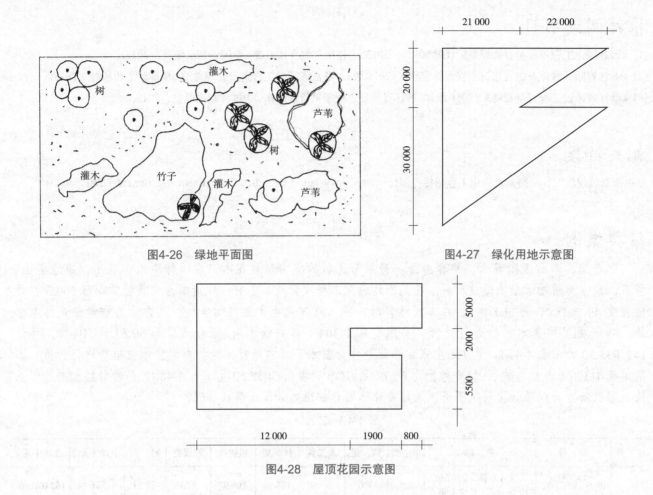

图4-26 绿地平面图

图4-27 绿化用地示意图

图4-28 屋顶花园示意图

三、计算题

1. 图4-26所示为绿地整理的一部分，包括树、灌木丛、竹根、芦苇根、草皮的清理，据统计，树与树根共有14株，胸径为10cm；灌木丛3丛，高1.5m；竹根1株，根盘直径5cm；芦苇17m²，高1.6m，草皮85m²，高25cm。按清单计价规范编制工程量清单。

2. 图4-27所示为一个绿化用地，该地为一个不太规则的绿地，土壤为二类土，弃渣50m，绿地整理厚度±20cm。按清单计价规范编制工程量清单。

3. 图4-28所示为某屋顶花园，水泥砂浆找平层厚150mm，干铺油毡一层，陶料过滤层厚40mm，需填种植土壤150mm。按清单计价规范编制工程量清单。

4. 栽植灌木：贴梗海棠种植（高65cm，冠幅80cm，带土球，三类土，市场价8元/株）。养护1年。请按定额项目对贴梗海棠的清单项目进行综合单价计算（管理费、利润各为人工费+机械费之和的12%，计算过程均保留二位小数）。见表4-46所列。

表4-46 工程量清单

序号	项目编码	项目名称	项目特征	计量单位	工程量
1	050102001001	栽植灌木	贴梗海棠，H65cm$P$80cm，三类土，养护1年	株	10

推荐阅读书目

[1]《园林绿化工程工程量计算规范》(GB 50858—2013). 住房与城乡建设部. 中国计划出版社，2013.

[2]《浙江省园林绿化及仿古建筑工程预算定额》(2018版). 浙江省建设工程造价管理总站. 中国计划出版社，2018.

[3]《浙江省建设工程计价规则》(2018版). 浙江省建设工程造价管理总站. 中国计划出版社，2018.

相关链接

某锦南新城规划二、三路景观绿化工程招标控制价　http://www.lajyzx.cn/Bulletin/BulletinBrowse.aspx?id=6760

经典案例

常春藤，常绿吸附藤本。常春藤是一种颇为流行的室内盆栽花木，在园林绿地中可用以攀缘假山、岩石，或作为植物下层的地被材料。在某园林绿化工程项目清单中有一项清单为"栽植常春藤500m^2，种植密度49株/m^2，养护1年"。在工程结算时，甲乙双方发生了激烈的争议。乙方认为常春藤是藤本植物，养护费用按藤本植物进行计价，套用定额1-304（养护藤本），综合单价为60.83元/10株，共计149 033.50元（表4-47）。甲方则主张常春藤是作为苗木下层的地被，养护费用按地被植物进行计价，套用定额1-306（养护地被），综合单价为60.77元/10m^2，共计3038.50元（表4-48）。两者价格相差过于悬殊，甲乙双方为此项计价争执不下。成片常春藤的养护应当如何正确计价呢？

表4-47　乙方计价

序号	编号	名称	单位	数量	人工费	材料费	机械费	管理费	利润	小计（元）	合计（元）
1	050102007001	栽植常春藤，L=0.5m，49株/m^2，养护1年	m^2	500	63.60	105.90	106.97	22.16	37.51	336.14	168 070.00
	1-99	藤本片植 种植密度49株/m^2以内	10m^2	50	98.92	2.07	0.00	12.86	21.76	135.61	6780.50
	1-304	攀缘植物生长年数3年内	10株	2450	10.96	16.57	21.83	4.26	7.21	60.83	149 033.50
	苗木	常春藤	株	24 500	0.00	0.50	0.00	0.00	0.00	0.50	12 250.00

表4-48　甲方计价

序号	编号	名称	单位	数量	人工费	材料费	机械费	管理费	利润	小计（元）	合计（元）
1	050102007001	栽植常春藤，L=0.5m，49株/m^2，养护1年	m^2	500	11.93	26.17	1.38	1.73	2.93	44.14	22 070.00
	1-99	藤本片植种植密度49株/m^2以内	10m^2	50	98.92	2.07	0.00	12.86	21.76	135.61	6780.50
	1-306	地被植物	10m^2	50	20.40	14.62	13.79	4.44	7.52	60.77	3038.50
	苗木	常春藤	株	24 500	0.00	0.50	0.00	0.00	0.00	0.50	12 250.00

第5章 园路园桥工程计量与计价

【本章提要】园路园桥工程是园林工程中硬质景观的主要构成部分。园路作为园林的脉络，是联系各景区和景点的纽带，它组织着园林景观的展开和游人观赏程序，游人沿着园路方向行走，使园林景观序列一幕幕地推演，游人通过对景色的观赏，在视觉、听觉、嗅觉等方面获得美的享受。园林中的园桥具有三重作用：一是悬空的道路，其有组织游览路线和交通功能，并可变换游人观景的视线角度；二是凌空的建筑，不仅可以点缀水景，其本身常常就是园林一景，在景观艺术上具有很高价值，往往超过其交通功能；三是分隔水面，增加水景层次，赋予构景的功能，在线（路）与面（水）之间起中介作用。本章详细阐述《园林绿化工程工程量计算规范》（GB 50858—2013）园路、园桥的清单项目设置，《××省园林绿化及仿古建筑工程预算定额》（2018）定额的套用与换算。

中国园林是一种自然山水式园林，追求天然之趣是造园艺术的基本元素，在中国造园艺术中，将植物配置在有限的空间范围内，模拟大自然中的美景，经过人为的加工、提炼和创造，形成赏心悦目，富于变化的园林美景。同时，也在造园设计中添加园路、园桥、假山及园林小品等造园要素，使整个园林更富于变化，更形似自然而超于自然，更能满足人们游玩、欣赏的需求，形成"可观、可行、可游、可居"的整体环境。

5.1 园路园桥工程概述

5.1.1 园路

园路，指园林中的道路工程，包括园路布局、路面层结构和地面铺装等的设计。园路是园林的组成部分，起着组织空间、引导游览、交通联系并提供散步和休憩场所的作用。它像脉络一样，把园林的各个景区联成整体。园路本身又是园林风景的组成部分，蜿蜒起伏的曲线，丰富的寓意，精美的图案，都给人以美的享受。图5-1~图5-3是3种典型的园路路面。

图5-1 冰梅路面

图5-2 卵石拼花路面

图5-3 石板嵌草路面

表 5-1 园路宽度　　　　　　　　　　　　　　　　　　m

园路级别	绿地面积（hm²）			
	<2	2~10	10~50	50
主　路	2.0~3.5	2.5~4.5	3.5~5.0	5.0~7.0
支　路	1.2~2.0	2.0~3.5	2.0~3.5	3.5~5.0
小　路	0.9~1.2	0.9~2.0	1.2~2.0	1.2~3.0

5.1.1.1 园路类型

一般绿地的园路分为以下几种：

①主要道路　联系园内各个景区、主要景点和活动设施的路。通过它对园内外景色进行组织，以引导游人欣赏景色。主要道路联系全园，必须考虑通行、生产、救护、消防、旅游车辆。

②次要道路（支路）　设在各个景区内的路，它联系各个景点，对主路起辅助作用。考虑到游人的不同需要，在园路布局中，还应为游人由一个景区到另一个景区开辟捷径。

③小路　又称为游步道，是深入到山间、水际、林中、花丛供人们漫步游赏的路。含林荫道、滨江道和各种休闲小径、健康步道。双人行走1.2~1.5m，单人0.6~1m。健康步道是近年来最为流行的足底按摩健身方式。通过行走卵石路按摩足底穴位达到健身目的，且又不失为园林一景。

④园务路　为便于园务运输、养护管理等的需要而建造的路。这种路往往有专门的入口，直通公园的仓库、餐馆、管理处、杂物院等处，并与主环路相通，以便把物资直接运往各景点。古建筑、风景名胜处外，园路的设置还应考虑消防的要求。

⑤停车场　园林及风景旅游区中的停车场应设在重要景点进出口边缘地带及通向尽端式景点的道路附近，同时也应按照不同类型及性质的车辆分别安排场地停车，其交通路线必须明确。在设计时要综合考虑场内路面结构、绿化、照明、排水及停车场的性质，配置相应的附属设施。

表 5-1 反映了主路、支路和小路 3 种不同的园路级别所对应的园路宽度。

5.1.1.2 园路结构

①面层　路面最上的一层，对沥青面层来说，又可分为保护层、磨耗层、承重层。它直接承受人流、车辆的荷载和风、雨、寒、暑等气候作用的影响。因此，要求坚固、平稳、耐磨，有一定的粗糙度，少灰土、便于清扫。

②结合层　采用块料铺筑面层时在面层和基层之间的一层，用于结合、找平、排水。

③基层　在路基之上。它一方面承受由面层传下来的荷载；另一方面把荷载传给路基。因此，基层要有一定的强度，一般用碎（砾）石、灰土或各种矿物废渣等筑成。

④路基　是指路面的基础。它为园路提供一个平整的基面，承受路面传下来的荷载，并保证路面有足够的强度和稳定性。如果土基的稳定性不良，应采取措施，以保证路面的使用寿命。此外，要根据需要，做好道牙、雨水井、明沟、台阶、礓礤、种植池等附属工程的设计工作。

图 5-4 是园路结构图。

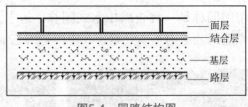

图5-4　园路结构图

5.1.1.3 园路路面

园路按路面材质、形式、要求可分为 8 种。

①石质路面（地坪）　如石板、块石、条石、冰梅石、弹石、片石、石板嵌草、石板软石等。

图5-5　石板路面

图5-6　混凝土砖路面

同时，按石质色泽不同，又称为青石板地坪、红块石地坪等。

②混凝土路面（地坪）　如普通混凝土划块（石板形、冰梅形等）、斩假石、混凝土预制块铺装、混凝土预制块嵌草、混凝土预制软石铺装块、混凝土预制块嵌软石等。

③卵石路面（地坪）　如拼花卵石、素色卵石、卵石冰梅等。按颜色分有：褐色、米色、白色、黑色等，按材质分有：普通卵石、雨花石等。

④砖铺路面（地坪）　京砖（又称为金砖、经砖）、黄道砖、八五砖、海线砖。

⑤陶制品路面（地坪）　广场砖、陶土砖等。

⑥花街铺地路面（地坪）　用小青瓦、砖和碎缸片、碎瓷片、碎石片、卵石等材料单独或组合镶嵌铺设。

⑦混合铺地路面（地坪）　用多种路面材料，经设计组合而成的路面或地坪。

⑧特殊使用功能路面（地坪）　按相应使用功能要求选择路面材料，如塑胶地坪面、健身道、盲道等。

图 5-5～图 5-12 是 8 种不同类型的园路路面。

图5-7　植草砖路面

图5-8　水洗石路面

图5-9　青砖路面

图5-10　卵石路面

图5-11　彩色沥青路面

图5-12　嵌草砖路面

图5-13 亭桥（玉带晴虹桥）

图5-14 拱 桥

图5-15 平桥（九曲桥）

图5-16 汀 步

图5-17 廊桥（仙居桥）

图5-18 廊桥（三条桥）

5.1.1.4 园路施工

园林工程中园路的施工内容包括放样、挖填土方、地基夯实、标高控制、修整路槽、铺设垫层、场内运输、铺设面层、嵌缝修补、养护、清理场地、路边地形整理等。园路应线形流畅、优美舒展，路面形状、尺度、材料的质感及色质等应与周边环境相协调。

园路应尽量采用自然排水，坡地面为防水土流失可置景石挡土，登山道可采用明边沟排水。边沟可采用混凝土、块石、石板、卵石等材料砌筑。

石材园路踏步铺设要求垫层夯实、稳固、周边平直，棱角完整，接缝在5mm以下，叠压尺寸应不少于15mm。应有1%~2%的向下坡度，以防积水及冬季结冰。

5.1.2 园桥

园桥是指在园林造园艺术中，将有限的空间表达出深邃的意境，把主观因素纳入艺术创作里面引水筑池，在水面上建造可让游人通行的桥梁。

园林中的桥一般常采用拱桥、亭桥、廊桥、平桥、汀步等多种类型，如图5-13~图5-18所示。

园林拱桥一般用钢筋混凝土、条石或砖等材料砌筑成圆形券洞，券数以水面宽度而定，有单孔、双孔、三孔等。有半圆形券、双圆形券、弧状形券等。亭桥是在桥上置亭，除了纳凉避雨、驻足休息、凭栏眺望外，还使桥的形象更为丰富多彩。如杭州曲院风荷的"玉带晴虹"桥。

廊桥由于桥体一般较长，桥上再架以廊，在组织园景方面既分隔了空间，又增加了水面的层次和进深。

平桥分为单跨平桥和折线形平桥。单跨平桥，简洁、轻快、小巧，由于跨度较小，多用在水面较浅的溪谷，桥的墩座常用天然块石砌筑，可不设栏。折线形平桥是为了克服平桥长而直的单调感，取得更多的变化，使人行其上，情趣横生，增加游赏趣味，它一般用于较大的水面之上。杭州西湖三潭印月的九曲桥，不仅曲折多变，并在桥的中间及转折的宽阔处布置了四方亭和三角亭各一座，游人可随桥面的转折与起伏不断变换观赏角度，丰富景观效果。

在造园艺术中，经常在狭窄水面上采用"汀步"的形式来解决游人的来往交通，汀步的作用类似于桥，但它比桥更临近水面。

5.2 园路园桥工程计量

5.2.1 园路园桥工程工程量清单的编制

园路园桥工程项目按《园林绿化工程工程量计算规范》(GB 50858—2013)附录B列项：包括园路园桥工程、驳岸护岸2个小节共20个清单项目。

5.2.1.1 园路园桥工程量清单计算规则

（1）园路园桥工程量清单计算规则（表5-2）

表5-2 园路、园桥工程（编码：050201）

项目编码	项目名称	项目特征	计量单位	工程量计算规则	工作内容
050201001	园路	1. 路床土石类别 2. 垫层厚度、宽度、材料种类 3. 路面厚度、宽度、材料种类 4. 砂浆强度等级	m²	按设计图示尺寸以面积计算，不包括路牙	1. 路基、路床整理 2. 垫层铺筑 3. 路面铺筑 4. 路面养护
050201002	踏（磴）道			按设计图示尺寸以水平投影面积计算，不包括路牙	
050201003	路牙铺设	1. 垫层厚度、材料种类 2. 路牙材料种类、规格 3. 砂浆强度等级	m	按设计图示尺寸以长度计算	1. 基层清理 2. 垫层铺筑 3. 路牙铺设
050201004	树池围牙、盖板（箅子）	1. 围牙材料种类、规格 2. 铺设方式 3. 盖板材料种类、规格	1. m 2. 套	1. 以米计量，按设计图示尺寸以长度计算 2. 以套计量，按设计图示数量计算	1. 清理基层 2. 围牙、盖板运输 3. 围牙、盖板铺设
050201005	嵌草砖（格）铺装	1. 垫层厚度 2. 铺设方式 3. 嵌草砖品种、规格、颜色 4. 漏空部分填土要求	m²	按设计图示尺寸以面积计算	1. 原土夯实 2. 垫层铺筑 3. 铺砖 4. 填土
050201006	桥基础	1. 基础类型 2. 垫层及基础材料种类、规格 3. 砂浆强度等级	m³	按设计图示尺寸以体积计算	1. 垫层铺筑 2. 起重架搭、拆 3. 基础砌筑 4. 砌石
050201007	石桥墩、石桥台	1. 石料种类、规格 2. 勾缝要求 3. 砂浆强度等级、配合比	m³	按设计图示尺寸以体积计算	1. 石料加工 2. 起重架搭、拆 3. 墩、台、券石、券脸砌筑 4. 勾缝
050201008	拱券石	1. 石料种类、规格 2. 旋脸雕刻要求 3. 勾缝要求 4. 砂浆强度等级、配合比			
050201009	石券脸		m²	按设计图示尺寸以面积计算	
050201010	金刚墙砌筑		m³	按设计图示尺寸以体积计算	1. 石料加工 2. 超重架搭、拆 3. 砌石 4. 填土夯实
050201011	石桥面铺筑	1. 石料种类、规格 2. 找平层厚度、材料种类 3. 勾缝要求 4. 混凝土强度等级 5. 砂浆强度等级	m²	按设计图示尺寸以面积计算	1. 石材加工 2. 抹找平层 3. 超重架搭、拆 4. 桥面、桥面踏步铺设 5. 勾缝
050201012	石桥面檐板	1. 石料种类、规格 2. 勾缝要求 3. 砂浆强度等级、配合比			1. 石材加工 2. 檐板铺设 3. 铁锔、银锭安装 4. 勾缝

（续）

项目编码	项目名称	项目特征	计量单位	工程量计算规则	工作内容
050201013	石汀步（步石、飞石）	1. 石料种类、规格 2. 砂浆强度等级、配合比	m³	按设计图示尺寸以体积计算	1. 基层整理 2. 石材加工 3. 砂浆调运 4. 砌石
050201014	木制步桥	1. 桥宽度 2. 桥长度 3. 木材种类 4. 各部位截面长度 5. 防护材料种类	m²	按桥面板设计图示尺寸以面积计算	1. 木桩加工 2. 打木桩基础 3. 木梁、木桥板、木桥栏杆、木扶手制作、安装 4. 连接铁件、螺栓安装 5. 刷防护材料
050201015	栈道	1. 栈道宽度 2. 支架材料种类 3. 面层木材种类 4. 防护材料种类		按栈道面板设计图示尺寸以面积计算	1. 凿洞 2. 安装支架 3. 铺设面板 4. 刷防护材料

①路牙 是指用凿打成长条形的石材、混凝土预制的长条形砌块或砖，铺装在道路边缘，起保护路面的作用构件。机制标准砖铺装路牙，有立栽和侧栽两种形式。路牙的材料一般用砖或混凝土制成，在园林也可用瓦、大卵石等制成。其中设置在路面边缘与其他构造带分界的条石称为路缘石。图 5-19 所示为立道牙和平道牙。

②树池围牙、盖板 树池是指当在有铺装的地面上栽种树木时，应在树木的周围保留一块没有铺装的土地，通常称其为树池或树穴。树池有平树池和高树池两种，如图 5-20、图 5-21 所示。

平树池 树池池壁的外缘的高程与铺装地面的高程相平。池壁可用普通机砖直埋，也可以用混凝土预制。树池周围的地面铺装可向树池方向做排水坡。最好在树池内装上格栅，格栅要有足够的强度，不易折断，地面水可以通过格栅流入树池。可在树池周围的地面做成与其他地面不同颜色的铺装，以防踩踏。既是一种装饰，又可起到提示的作用。

高树池 把种植池的池壁作成高出地面的树珥。树珥的高度的一般为15cm左右，以保护池内土壤，防止人们误入，踩实土壤而影响树木生长。

树池围牙是树池四周做成的围牙，类似于路沿石，即树池的处理方法。主要有绿地预制混凝土围牙和树池预制混凝土围牙两种。

③嵌草砖 嵌草路面有两种类型：一种为在块料路面铺装时，在块料与块料之间留有空隙，在其间种草，如冰裂纹嵌草路、空心砖纹嵌草路、人字纹嵌草路等；另一种是制作成可以种草的各种纹样的混凝土路面砖。预制混凝土砌块按照设计可以有多种形状，大小规格也很多种，也可做成各种彩色的砌块。砌块的形状基本可分为实心和空心两类。

④石桥基础 是指把桥梁自重以及作用于桥梁上的各种荷载传递至地基的构件。

基础主要有条形基础、独立基础、杯形基础及桩基础等类型。

⑤石桥墩、石桥台 石桥墩指多跨桥梁的中间支承结构，它除承受上部结构的荷重外，还要承受流水压力、水面以上的风力以及可能出现的冰荷载，船只、排筏和漂浮物的撞击力。石桥台

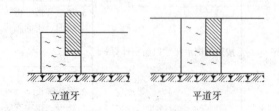

图5-19 道牙形式

图5-20 树池围牙

 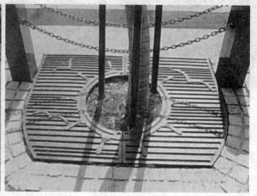

图5-21 树池盖板

是将桥梁与路堤衔接的构筑物，它除了承受上部结构的荷载外，并承受桥头填土的水平压力及直接作用在桥台上的车辆荷载等。

⑥拱券石 石券最外端的一圈旋石称为"旋脸石"，券洞内的称为"内旋石"。旋脸石可雕刻花纹，也可加工成光面。石券正中的一块旋脸石常称为"龙口石"，也有叫做"龙门石"；龙口石上若雕凿有兽面者叫"兽面石"。拱旋石应选用细密质地的花岗岩、砂岩石等，加工成上宽下窄的楔形石块。石块一侧做有榫头，另一侧有榫眼，拱券石相互扣合，再用1:2水泥砂浆砌筑连接。

⑦石券脸 是指石券最外端的一圈旋石的外面部位。

⑧金刚墙 是一种加固性质的墙，一般在装饰面墙的背后保证其稳固性。因此，古建筑对凡是看不见的加固墙都称为金刚墙。金刚墙砌筑是将砂浆作为胶结材料将石材结合成墙体的整体，以满足正常使用要求及承受各种荷载。

⑨石桥面 石桥面铺筑是指桥面一般用石板、石条铺砌。在桥面铺石层下应做防水层，采用1mm厚沥青和石棉沥青各一层作底。石棉沥青用七级石棉30%、60号石油沥青70%混合而成。在其上铺沥青麻布一层，再敷石棉沥青和纯沥青各一道作防水面层，防止开裂。

⑩石桥面檐板 建筑物屋顶在檐墙的顶部位置称为檐口，钉在檐口处起封闭作用的板称为檐

板。石桥面檐板是指钉在石桥面檐口处起封闭作用的板。铺设时，要求横梁间距一般不大于1.8m。石板厚度应在80mm以上。

⑪木制步桥 是指建筑在庭园内的、由木材加工制作的、主桥孔洞5m以内、供游人通行兼有观赏价值的桥梁。这种桥易与园林环境融为一体，但其承载量有限，且不宜长期保存。

⑫栈道 原指沿悬崖峭壁修建的一种道路，又称为阁道、复道；中国古代高楼间架空的通道也称为栈道；栈道现在的含义比较广泛。园林里富有情趣的楼梯状的木质道路，即为木栈道。如图5-22所示。

（2）驳岸、护岸工程量清单计算规则

驳岸工程包括石（卵石）砌驳岸、原木桩驳岸、满（散）铺砂卵石护岸（自然护岸）、点（散）布大卵石、框格花木护坡5个项目，项目编码为050202001~050202005，见表5-3所列。

图5-22 栈 道

表5-3 驳岸、护岸（编号：050202）

项目编码	项目名称	项目特征	计量单位	工程量计算规则	工作内容
050202001	石（卵石）砌驳岸	1. 石料种类、规格 2. 驳岸截面、长度 3. 勾缝要求 4. 砂浆强度等级、配合比	1. m³ 2. t	1. 以立方米计量，按设计图示尺寸以体积计算 2. 以吨计量，按质量计算	1. 石料加工 2. 砌石（卵石） 3. 勾缝
050202002	原木桩驳岸	1. 木材种类 2. 桩直径 3. 桩单根长度 4. 防护材料种类	1. m 2. 根	1. 以米计量，按设计图示桩长（包括桩尖）计算 2. 以根计量，按设计图示数量计算	1. 木桩加工 2. 打木桩 3. 刷防护材料
050202003	满（散）铺砂卵石护岸（自然护岸）	1. 护岸平均宽度 2. 粗细砂比例 3. 卵石粒径	1. m² 2. t	1. 以平方米计量，按设计图示平均护岸宽度乘以护岸长度以面积计算 2. 以吨计量，按卵石使用重量计算	1. 修边坡 2. 铺卵石
050202004	点（散）布大卵石	1. 大卵石粒径、数量 2. 数量	1. 块(个) 2. t	1. 以块（个）计量，按设计图示数量计算 2. 以吨计量，按卵石使用质量计算	1. 布石 2. 安砌 3. 成型
050202005	框格花木护坡	1. 展开宽度 2. 护坡材质 3. 框格种类与规格	m²	按设计图示尺寸展开宽度乘以长度以面积计算	1. 修边坡 2. 安放框格

框格花木护坡是在开挖坡面上挂网，利用浆砌块石、现浇钢筋混凝土框格梁或安装预混凝土框格进行边坡坡面防护，然后在框格内喷射植被混凝土以达到护坡绿化的目的。框格的常用形式有4种：方型、菱型、弧型、人字型，如图5-23~图5-26所示。

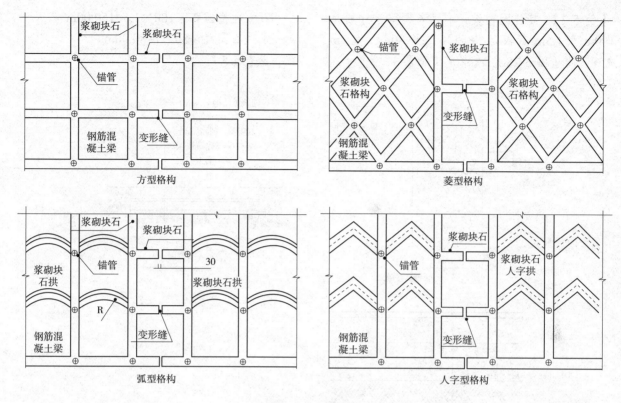

图5-23 框格类型

图5-24 方型框格

图5-25 菱型框格

图5-26 弧型框格

5.2.1.2 园路园桥工程清单工程量计算

【例5-1】：如图5-27所示为某水刷混凝土园路断面图，该段道路长17m，宽2.4m，混凝土道牙宽85mm。求清单工程量。

解：

园路面积：$17 \times 2.4 = 40.80 m^2$

路牙长度：$17 \times 2 = 34.00 m$

见表5-4所列。

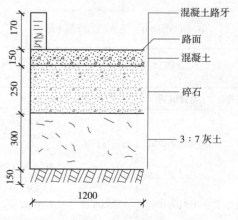

图5-27 水刷混凝土园路半侧断面图

【例 5-2】：某公园内设计有两条园路：分别为长 100m 宽 1.5m 石板冰梅园路，长 80m、宽 1m 水洗石园路（图 5-28）。求清单工程量。

解：

石板冰梅园路：$100 \times 1.5 = 150.00 m^2$

水洗石园路：$80 \times 1 = 80.00 m^2$

见表 5-5 所列。

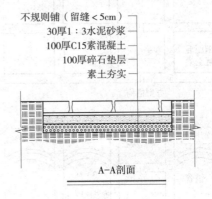
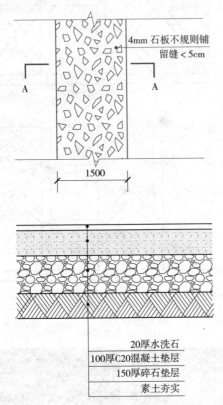

图5-28 园路平面图、剖面图

表 5-4 某园路分部分项工程量清单

序号	项目编码	项目名称	项目特征	计量单位	工程数量
1	050201001001	水刷石混凝土园路	300mm 厚 2400mm 宽 3:7 灰土垫层 250mm 厚 2400mm 宽碎石垫层 150mm 厚 2400mm 宽 C15 水刷混凝土面层	m²	40.80
2	050201003001	水刷石混凝土路牙	混凝土路牙 170mm×85mm 水泥砂浆 1:2	m	34.00

表 5-5 某公园园路分部分项工程量清单

序号	项目编码	项目名称	项目特征	计量单位	工程数量
1	050201001001	石板冰梅园路	100mm 厚 1500mm 宽碎石垫层 100mm 厚 1500mm 宽 C15 素混凝土垫层 30mm 厚 1:3 水泥砂浆 4mm 厚 1500mm 宽冰梅石板，离缝	m²	150.00
2	050201001002	水洗石园路	150mm 厚 1000mm 宽碎石垫层 100mm 厚 1000mm 宽 C20 混凝土垫层 20mm 厚 1000mm 宽水洗石面层	m²	80.00

【例5-3】：如图5-29所示为一个树池示意图，围牙采用预制混凝土。求清单工程量。

解：

围牙：（1.2+0.1）×4=5.20m

见表5-6所列。

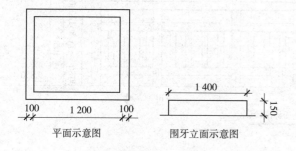

图5-29 树池示意图

【例5-4】：某公园设计有一座长50m木制步行桥，采用柳桉防腐木，结构如图5-30所示。求木制步行桥清单工程量。

解：

木制步行桥：50×2.38=119.00m²

见表5-7所列。

【例5-5】：某人工湖驳岸为石砌垂直型驳岸，高H1.2m，h0.5m，长220m。石砌驳岸采用ϕ200~500mm自然面单体块石浆砌，M5水泥砂浆砌筑，表面不露浆。求石砌驳岸清单工程量。

解：

石砌驳岸体积V=[0.5×（1.2+0.5）+0.9×0.5]×220=286.00m³

见表5-8所列。

表5-6 树池分部分项工程量清单

序号	项目编码	项目名称	项目特征	计量单位	工程数量
1	050201004001	树池围牙	预制混凝土边石 100mm×150mm	m	5.20

表5-7 木桥分部分项工程量清单

序号	项目编码	项目名称	项目特征	计量单位	工程数量
1	050201014001	木制步桥	桥宽2380mm 桥长50m 木材：柳桉防腐木 180mm×180mm木柱、100mm×80mm木柱、 50mm×70mm木柱、100mm×80mm木梁、 2380mm×200mm×60mm木板、30mm×200mm木档	m²	119.00

表5-8 石砌驳岸分部分项工程量清单

序号	项目编码	项目名称	项目特征	计量单位	工程数量
1	050202001001	石砌驳岸	ϕ200~500mm自然面单体块石浆砌 M5水泥砂浆砌筑 勾凸缝	m³	286.00

5.2.1.3 园路园桥工程工程量清单

杭州市某公园内设计有17m×2.4m水刷混凝土园路、100m×1.5m石板冰梅园路、80m×1m水洗石园路、8个树池围牙、木桥1座、石砌驳岸1处，结构如上述图5-27~图5-31所示，工程量清单及计价表见表5-9所列。

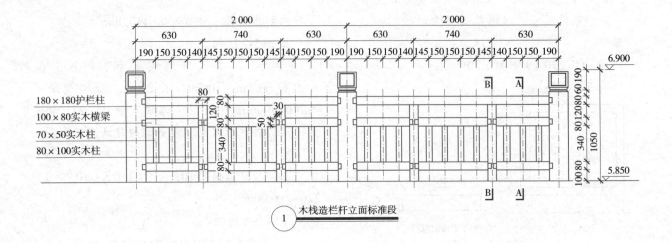
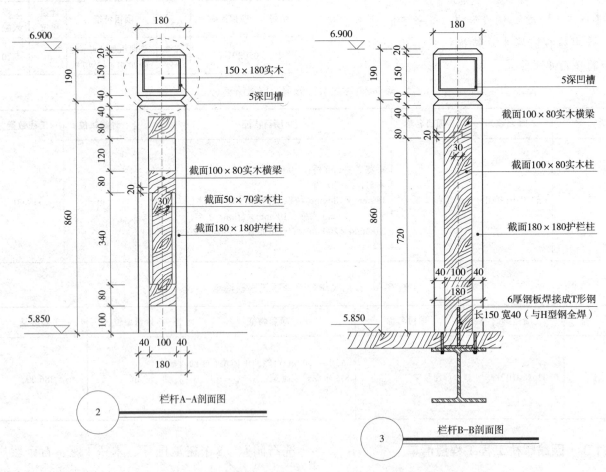

图5-30 木桥平面图、立面图、剖面图

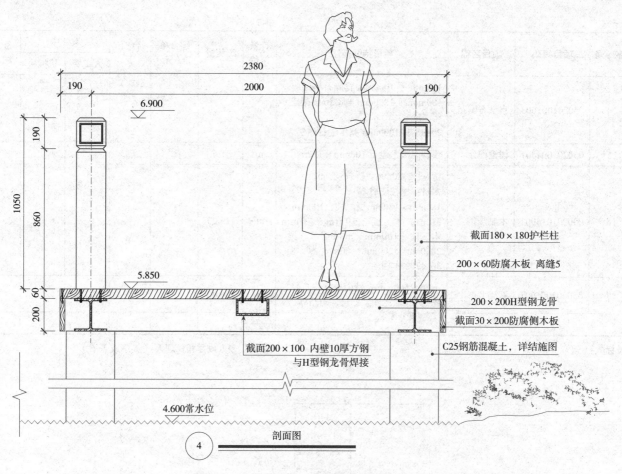

图5-30 木桥平面图、立面图、剖面图（续）

表5-9 杭州某公园景观工程分部分项工程量清单及计价表

工程名称：杭州某公园景观工程　　　　　　　　　　　　　　　　　　　　　第1页 共1页

序号	项目编码	项目名称	项目特征描述	计量单位	工程量	综合单价（元）	合价（元）	其中		备注
								人工费	机械费	
1	050201001001	水刷混凝土园路	300mm厚2400mm宽3:7灰土垫层 250mm厚2400mm宽碎石垫层 150mm厚2400mm宽C15水刷混凝土面层	m²	40.80					
2	050201003001	水刷混凝土园路路牙	混凝土路牙170mm×85mm 水泥砂浆1:2	m	34.00					
3	050201001002	石板冰梅园路	100mm厚1500mm宽碎石垫层 100mm厚1500mm宽C15素混凝土垫层 30mm厚1:3水泥砂浆 4mm厚1500mm宽冰梅石板，离缝	m²	150.00					

（续）

序号	项目编码	项目名称	项目特征描述	计量单位	工程量	综合单价（元）	合价（元）	其中		备注
								人工费	机械费	
4	050201001003	水洗石园路	150mm 厚 1000mm 宽碎石垫层 100mm 厚 1000mm 宽 C20 混凝土垫层 20mm 厚 1000mm 宽水洗石面层	m²	80.00					
5	050201004001	树池围牙	预制混凝土边石 100mm×150mm	m	41.60					
6	050201014001	木制步桥	桥宽：2380mm、桥长：50m，木材：柳桉防腐木 180mm×180mm 木柱、100mm×80mm 木柱、50mm×70mm 木柱、100mm×80mm 木梁、2000mm×200mm×60mm 木板、30×200 木档	m²	119.00					
7	050202001001	石砌驳岸	φ200~500mm 自然面单体块石浆砌，M5 水泥砂浆砌筑，勾凸缝	m³	286.00					
			合　计							

投标人：(盖章)　　　　　　　　　　　　　　　　法定代表人或委托代理人：(签字或盖章)

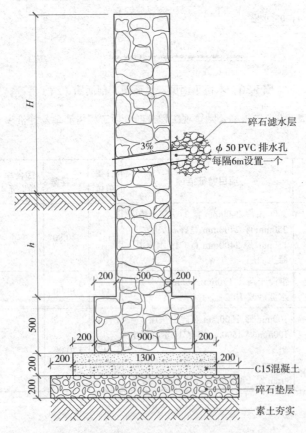

图5-31　驳岸结构示意图

5.2.2 园路园桥工程定额工程量的计算

5.2.2.1 园路园桥工程定额工程量的计算规则

①整理路床以"平方米"计算，路床宽度按设计路宽每边各加50cm计算。

②园路垫层，按设计图示尺寸以"立方米"计算。设计未注明垫层宽度时，宽度按设计园路面层图示尺寸，两边各放宽5cm计算。

③园路面层按设计图示尺寸，以"立方米"计算。

④斜坡按水平投影面积计算。

⑤路牙、树池围牙按"米"计算，树池盖板按"平方米"计算。

⑥木栈道按"平方米"计算，木栈道龙骨按"立方米"计算。

⑦园桥毛石基础、桥台、桥墩、护坡按设计图示尺寸以"立方米"计算。

⑧石桥面、木桥面、挂贴券脸石面按"平方米"计算。

⑨砖砌台阶、混凝土台阶，按"立方米"计算。花岗岩台阶，按所用石材的展开面积以"平方米"计算；若水平面层和侧面层所用石材厚度不同，应分别计算套用本章定额。

⑩自然式护岸按"吨"计算；生态袋护岸、原木护岸、石砌护岸按"立方米"计算。自然式护岸均未包括基础，基础部分套用基础工程相应定额子目。

5.2.2.2 园路园桥工程预算定额工程量的计算

【例5-6】：根据【例5-1】提供的设计图纸，求定额工程量。

解：

（1）整理路床：
$S=17×(2.4+2×0.5)=57.80 m^2$

（2）3:7灰土垫层：
$V=17×2.4×0.3=12.24m^3$

（3）碎石垫层：
$V=17×2.4×0.25=10.20m^3$

（4）混凝土面层：
$S=17×2.4=40.80m^2$

（4）路牙：
$L=17×2=34.00m$

【例5-7】：根据【例5-2】提供的设计图纸，求定额工程量。

解：

（1）石板冰梅园路：

整理路床：$S=100×(1.5+2×0.5)=250.00m^2$

碎石垫层：$V=100×1.5×0.1=15.00m^3$

C15混凝土垫层：$V=100×1.5×0.1=15.00m^3$

石板冰梅：$S=100×1.5=150.00m^2$

（2）水洗石园路：

路床整理：$S=80×(1+2×0.5)=160.00m^2$

碎石垫层：$V=80×1×0.15=12.00m^3$

C20混凝土垫层：$V=80×1×0.1=8.00m^3$

水洗石：$S=80×1=80.00m^2$

【例5-8】：根据【例5-3】提供的设计图纸，求定额工程量。

解：预制混凝土围牙：$(1.2+0.1)×4=5.20m$

【例5-9】：根据【例5-4】提供的设计图纸，求定额工程量。

解：

（1）2000×200×60防腐木桥面：
$S=50×2.38=119.00m^2$

（2）30×200防腐侧木档：
$S=0.2×50×2=20m^2$

（3）180×180木柱：
$V=0.18×0.18×1.05×(50÷2+1)×2=1.77m^3$

（4）栏杆：
$S=(2-0.18)×25×2×(1.05-0.19-0.06)$
　$=72.80 m^2$

【例5-10】：根据【例5-5】提供的设计图纸，求定额工程量。

解：

石砌驳岸体积 $V=[0.5×(1.2+0.5)+0.9×0.5]×220=286.00m^3$

5.3 园路园桥工程计价

5.3.1 定额计价法园路园桥工程计价

5.3.1.1 园路园桥工程的定额套取与换算

《××省园林绿化及仿古建筑工程预算定额》

（2018版）计价说明规定：

①定额包括园路、园桥及护岸工程。园路、园桥包括园路基层、园路面层、园桥及园路台阶；护岸包括自然式护岸、生态袋护岸、木桩护岸等。园路工程如遇缺项，可套用第四、五、六章相应定额子目，其合计工日乘以系数1.10。园桥工程如遇缺项，可套用第四、五、六章节相应定额，其合计工日乘以系数1.15。

②冰梅石板定额按每250~300/10m² 块编制；若冰梅石板在250块/10m²以内时，套用冰梅石板定额，其人工、切割锯片乘以系数0.9；若冰梅石板在300块/10m²以上时，套用冰梅石板定额，其人工、切割锯片乘以系数1.15，其他不变。

③花岗岩机割石板地面定额，其水泥砂浆结合层按3cm厚编制。块料面层结合砂浆如采用干硬性水泥砂浆的除材料单价换算外，人工乘以系数0.85。

④洗米石地面为素水泥浆粘结，若洗米石为环氧树脂粘结应另行计算。

⑤植草砖路面中的植草按"园林绿化工程"中相应定额子目计算。

⑥券脸石、花岗岩、内旋石按成品编制。

⑦斜坡（礓磋）已包括了土方、垫层及面层。如垫层、面层的材料品种、规格等设计与定额不同时，可以换算。

⑧木栈道不包括木栈道龙骨，木栈道龙骨另列项目计算。

⑨自然式护岸下部的挡土墙，按其他章节相应定额子目执行。

⑩生态袋护岸中，生态袋按现场装袋考虑，实际使用生态袋规格尺寸与定额不同时，材料用量及单价调整，其他不变。

【例5-11】：如图5-32所示为某水刷混凝土园路的断面图，该段道路长17m，宽2.4m，混凝土道牙85×170×500。结合表5-10的定额节选，请确定定额子目与基价。

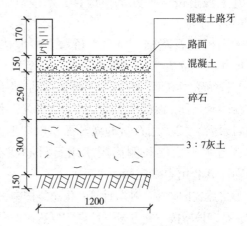

图5-32 水刷混凝土园路半侧断面图

表5-10 定额节选（计量单位：10m²）

定额编号			2-1	2-5	4-109	2-7	2-9	2-38
项 目			整理路床	垫层（10m³）	垫层（10m³）	水刷混凝土面	水刷面	混凝土路牙（10m）
			人工打夯	碎石	3：7灰土	厚12cm	每增减1cm	10×30cm
基价（元）			33.89	2186.01	1570.71	719.24	38.63	277.89
其中	人工费（元）		33.89	549.86	441.32	334.94	8.37	125.28
	材料费（元）		—	1636.15	1117.06	379.54	29.91	152.61
	机械费（元）		—	—	12.33	4.76	0.35	—
名 称	单 位	单价（元）	消耗量					
人工 二类人工	工日	135.00	0.251	4.073	3.269	2.481	0.062	0.928

（续）

	定额编号			2-1	2-5	4-109	2-7	2-9	2-38
材料	碎石 40~60	t	102.00	—	15.950	—	—	—	—
	灰土 3:7	m³	110.60	—	—	10.100	—	—	—
	现浇现拌混凝土 C15（16）	m³	290.06	—	—	—	1.066	0.101	—
	水泥白石屑浆 1:2	m³	258.85	—	—	—	0.158	—	—
	木模板	m³	1445.00	—	—	—	0.015	—	—
	水	m³	4.27	—	—	—	1.400	0.120	0.150
	预制混凝土边石 100×300×500	块	6.47	—	—	—	—	—	20.800
	水泥砂浆 1:2	m³	268.85	—	—	—	—	—	0.017
	其他材料费	元	1.00	—	9.25	—	1.78	0.10	12.82
机械	电动夯实机	台班	28.03	—	—	0.440	—	—	—
	混凝土搅拌机 500L	台班	116.00	—	—	—	0.041	0.003	—

解：

（1）整理路床：直接套用定额子目 2-1，基价为 33.89 元 /10m²。

（2）3:7 灰土垫层：执行第四章相应定额子目，套用定额子目 4-109 换。在本章定额缺项时，套用其他章节定额子目，其合计工日乘以系数 1.10。

换算后基价为 1570.71+441.32×0.1
=1614.84 元 /10m³。

（3）碎石垫层：直接套用定额子目 2-5，基价为 2186.016 元 /10m³。

（4）水刷混凝土路面：水刷混凝土路面厚 15cm，需套用定额子目 2-8 和 2-9，换算后基价为 719.24+38.63×3=835.13 元 /10m²。

（5）混凝土路牙：套用定额子目 2-38 换。定额预制混凝土边石规格为 100×300×500，设计为 85×170×500，需进行换算。预制混凝土边石 85×170×500 市场价为 3.85 元 / 块。

换算后基价为：277.89-6.47×20.800+3.85×20.800=223.39 元 /10m。

【例 5-12】：根据【例 5-2】提供的设计图纸和【例 5-7】计算的定额工程量，结合表 5-11 的定额节选，请确定定额子目和基价。

解：

（1）整理路床：直接套用定额子目 2-1，基价为 33.89 元 /10m²。

（2）碎石垫层：直接套用定额子目 2-5，基价为 2186.016 元 /10m³。

（3）C15 混凝土垫层：直接套用定额子目 2-6，基价为 4251.20 元 /10m³。

（4）C20 混凝土垫层：套用定额子目 2-6 换，但混凝土型号设计与定额不同，需要进行基价换算。C20 混凝土价格为 284.89 元 /m³。

换算后基价为：4251.20-276.46×10.200+284.89×10.200=4337.19 元 /10m³。

（5）4mm 石板冰梅面：套用定额子目 2-22 换，定额水泥砂浆含量为 30 厚，设计水泥砂浆含量与定额相同；定额采用干硬水泥砂浆 1:3，设计采用水泥砂浆 1:3，基价需进行换算。水泥砂浆 1:3 水泥砂浆 238.10 元 /m³。

换算后基价为：2551.75-244.35×0.33+238.10×0.33=2549.69 元 /10m²。

（6）20mm 水洗石：水洗石又称洗米石，是指水泥及骨料的混合抹平整快干后，用水洗掉骨料表面的水泥，露出骨料表面。套用定额子目2-10，定额含量为20厚，设计与定额相同，基价可以直接套用，基价为 657.83 元 /10m²。

【例 5-13】：根据【例 5-3】提供的设计图纸和【例 5-8】计算的定额工程量，结合表 5-12 的定额节选，请确定定额子目和基价。

表 5-11 定额节选（计量单位：10m²）

定额编号				2-6	2-10	2-22
项 目				垫层	水洗石	石板冰梅面（离缝）
				混凝土（10m³）	厚20mm	板厚 4mm 以内
基价（元）				4251.20	657.83	2551.75
其中	人工费（元）			1370.52	321.57	1224.18
	材料费（元）			2841.24	336.26	1327.57
	机械费（元）			39.44	—	—
	名 称	单 位	单价（元）	消耗量		
人工	二类人工	工日	135.00	10.152	2.382	9.068
材料	现浇现拌混凝土 C15（40）	m³	276.46	10.200	—	—
	水	m³	4.27	5.000	0.349	0.600
	洗米石 3~5	kg	0.78	—	315.000	—
	白色硅酸盐水泥 425# 二级白度	kg	0.59	—	134.000	—
	107 胶纯水泥浆	m³	490.56	—	0.015	—
	机割特坚石 δ=40	m²	81.55	—	—	13.500
	干硬水泥砂浆 1:3	m³	244.35	—	—	0.330
	纯水泥浆	m³	430.36	—	—	0.010
	复合硅酸盐 32.5R 综合	kg	0.32	—	—	1.550
	白回丝	kg	2.93	—	—	0.100
	石料切割锯片	片	27.17	—	—	5.000
	其他材料费	元	1.00	—	2.65	2.50
机械	混凝土搅拌机 500 L	台班	116.00	0.340	—	—

表 5-12 定额节选（计量单位：10m）

定额编号				2-44	2-45	2-46
项 目				砖树池围牙	混凝土树池围牙	条石树池围牙
				5.3cm	10cm×30cm	15cm×30cm
基价（元）				99.37	235.25	459.66
其中	人工费（元）			62.37	96.26	338.85
	材料费（元）			37.00	138.99	120.81
	机械费（元）					
	名 称	单 位	单价（元）	消耗量		
人工	二类人工	工日	135.00	0.462	0.713	2.510
材料	水泥砂浆 1:2	m³	268.85	0.016	0.013	0.013
	条石 100×300	m	9.20	—	—	10.300
	预制混凝土边石 100×300×500	块	6.47	—	20.800	—
	标准砖 240×115×53	百块	38.79	0.826	—	—
	水	m³	4.27	0.014	0.075	0.014
	其他材料费	元	1.00	0.60	0.60	22.50

表 5-13 定额节选（计量单位：10m²）

定额编号			2-66	2-69	12-405	12-406	12-411
项 目			木望柱制作、安装（10m³）	木桥面，厚8cm	直档栏杆制作	直档栏杆安装	雨达板制作、安装
基价（元）			23 806.38	3505.57	3725.90	938.17	1031.79
其中	人工费（元）		1754.33	359.24	2720.25	687.12	631.47
	材料费（元）		21 986.60	3135.51	992.55	247.70	395.45
	机械费（元）		65.45	10.82	13.10	3.35	4.87
	名 称	单位	单价（元）		消耗量		
人工	二类人工	工日	135.00	12.995	2.661	—	—	—
	三类人工	工日	155.00	—	—	17.550	4.433	4.074
材料	防腐木	m³	2155.00	10.200	—	—	—	—
	乳胶	kg	5.60	1.000	—	—	—	—
	硬木板枋材（进口）	m³	3276.00	—	0.945	1.210	0.080	—
	铜钉120mm	kg	5.60	—	6.600	—	—	—
	杉板枋材	m³	1625.00	—	—	0.610	0.151	0.242
	圆钉	kg	4.74	—	—	—	0.380	0.290
	其他材料费	元	1.00	—	2.73	1.300	0.520	0.830
机械	木工圆锯机500mm	台班	27.50	2.380	0.313	0.105	0.027	0.039
	木工平刨机500mm	台班	21.04	—	0.105	—	—	—
	木工压刨床	台班	31.42	—	—	0.325	0.083	0.121

解：

预制混凝土树池围牙：套用定额子目2-45换，预制混凝土边石100×150×500的市场价为3.48元/块。

换算后基价为：235.25-6.47×20.800+3.48×20.800=173.06元/10m。

【例5-14】：根据【例5-4】提供的设计图纸和【例5-9】计算的定额工程量，结合表5-13的定额节选，请确定定额子目和基价。

（1）木桥面：套用定额子目2-69换，定额采用8cm硬木板枋材，设计采用6cm防腐柳桉木，防腐柳桉木5000元/m³，定额基价需进行换算。

换算后基价为：3505.57-3276.00×0.945+5000×（0.945×6/8）=3953.50元/10m²。

（2）180×180木柱制作与安装：套用定额子目2-66换，定额采用普通防腐木，设计采用柳桉防腐木，定额基价需进行换算。

换算后基价为：23 806.38-2155.00×10.200+5000×10.200=52 825.38元/10m³。

（3）栏杆制作：套用定额子目12-405换，定额采用杉板枋材，设计采用防腐柳桉木，定额基价需进行换算。

换算后基价为：3725.90-1625.00×0.610+5000×0.610=5784.65元/10m²。

（4）栏杆安装：套用定额子目12-406换，定额采用杉板枋材，设计采用防腐柳桉木，定额基价需进行换算。

换算后基价为：938.17-1625.00×0.151+5000×0.151=1448.34元/10m²。

(5) 30×200 防腐侧木档：套用定额子目 12-411 换，定额采用杉板枋材，设计采用防腐柳桉木，定额基价需进行换算。

换算后基价为：1031.79-1625×0.242+5000×0.242=1848.54 元 /10m²。

【例 5-15】：根据【例 5-5】提供的设计图纸和【例 5-10】计算的定额工程量，结合表 5-14 的定额节选，请确定定额子目和基价。

解：

石砌驳岸：套用子目 5-55，定额基价为 3309.30 元 /10m³。

5.3.1.2 园路园桥工程预算书编制

杭州市某公园内设计有 17m×2.4m 水刷混凝土园路、100m×1.5m 石板冰梅园路、80m×1m 水洗石园路、8 个树池围牙、木桥 1 座、石砌驳岸 1 处，结构如上述图所示。各项费率均按中值取费。

该工程属于市区工程。安全文明施工费为 6.41%、二次搬运费为 0.13%、冬雨季施工增加费为 0.15%、企业管理费为 18.51%、利润为 11.07%、税金 9%，见表 5-15~ 表 5-18 所列。

表 5-14 定额节选（计量单位：10m³）

定额编号				5-54	5-55
项 目				护 坡	
				干 砌	浆 砌
基价（元）				2129.56	3309.30
其中	人工费（元）			622.76	1062.72
	材料费（元）			1506.80	2158.25
	机械费（元）			—	88.33
	名 称	单 位	单价（元）	消耗量	
人 工	二类人工	工日	135.00	4.613	7.872
材 料	块石 200~500	t	77.67	19.400	17.800
	混合砂浆 M5.0	m³	227.82	—	3.390
	水	m³	4.27	—	0.800
	其他材料费	元			
机 械	灰浆搅拌机 200L	台班	154.97	—	0.570

表 5-15 某公园景观工程预算书封面

杭州市某公园景观　　工程

预算书

预算价（小写）：　　　371 606　　　元

（大写）：　　叁拾柒万壹仟陆佰零陆　　元

编制人：_____（造价员签字盖专用章）
复核人：_____（造价工程师签字盖专用章）
编制单位：（公章）　　　　　　　　　　　　　编制时间：　年　月　日

表 5-16　某公园景观工程预算编制说明

编制说明

一、工程概况

本工程是杭州市某公园景观工程，有 17m×2.4m 水刷混凝土园路、100m×1.5m 石板冰梅园路、80m×1m 水洗石园路、8 个树池围牙、木桥 1 座、石砌驳岸 1 处。

二、编制依据

1. 杭州某公园景观工程施工图纸；
2.《××省园林绿化及仿古建筑工程预算定额》(2018 版)；
3.《××省建设工程计价规则》(2018 版)；
4.《××省施工机械台班费用定额参考单价》(2018 版)；
5. 材料价格按××省 2018 年第 11 期信息价；
6. 人工价格按定额价。

三、编制说明

1. 本工程规费按《××省建设工程计价规则》(2018 版)计取，税金按增值税金 9% 计取；
2. 本工程取费基数为人工费 + 机械费；
3. 安全文明施工费、二次搬运费、冬雨季施工增加费均按《××省建设工程计价规则》(2018 版)相应的中值计入。

表 5-17　某公园景观工程单位工程预算费用计算表

序号	费用名称		计算公式	金额（元）
一	预算定额分部分项工程费		按计价规则规定计算	277 327.19
	其中	1. 人工费 + 机械费	∑（定额人工费 + 定额机械费）	94 581.35
二	施工组织措施费			6327.49
	其中	2. 安全文明施工费	1×6.41%	6062.66
		3. 二次搬运费	1×0.13%	122.96
		4. 冬雨季施工增加费	1×0.15%	141.87
三	企业管理费		1×18.51%	17 507.01
四	利润		1×11.07%	10 470.16
五	规费			29 291.84
	5. 排污费、社保费、公积金		1×30.97%	29 291.84
六	税金		（一+二+三+四+五）×9%	30 683.13
七	建设工程造价		一+二+三+四+五+六	371 606

表 5-18　某公园景观工程分部（分项）工程费用计算表

序号	定额编号	名称及说明	单位	工程数量	工料单价（元）	合价（元）
		水刷混凝土园路				8569.05
1	2-1	整理路床 人工打夯	10m²	5.780	33.89	195.88
2	4-109 换	3:7 灰土垫层	10m³	1.224	1614.84	1976.57
3	2-5	碎石垫层	10m³	1.020	2186.01	2229.73
4	2-8+2-9×3	水刷混凝土面 厚 15cm	10m²	4.080	835.13	3407.33
5	2-38 换	混凝土路牙铺筑 10×30cm	10m	3.400	223.39	759.54
		石板冰梅园路				48 748.38

（续）

序 号	定额编号	名称及说明	单 位	工程数量	工料单价（元）	合价（元）
6	2-1	整理路床 人工打夯	10m²	25.000	33.89	847.25
7	2-5	碎石垫层	10m³	1.500	2186.01	3279.02
8	2-6	混凝土垫层	10m³	1.500	4251.20	6376.80
9	2-22 换	石板冰梅面 离缝板厚 4mm 水泥砂浆 1∶3	10m²	15.000	2549.69	38 245.31
		水洗石园路				11 897.84
10	2-1	整理路床 人工打夯	10m²	16.000	33.89	542.24
11	2-5	碎石垫层	10m³	1.200	2186.01	2623.21
12	2-6 换	混凝土垫层	10m³	0.800	4337.19	3469.75
13	2-10	洗米石厚 20mm	10m²	8.000	657.83	5262.64
		树池围牙				719.92
14	2-45 换	混凝土树池围牙 10×30cm	10m	4.160	173.06	719.92
		木 桥				112 746.02
15	2-69 换	木桥面厚 8cm	10m²	11.900	3953.50	47 046.6
16	2-66 换	木望柱制作、安装	10m³	0.177	52 825.38	9350.09
17	12-405 换	直档栏杆制作	10m²	7.280	5784.65	42 112.25
18	12-406 换	直档栏杆安装	10m²	7.280	1447.80	10 539.95
19	12-411 换	雨达板	10m²	2.000	1848.54	3697.08
		石砌驳岸				94 645.98
20	5-55	护坡 浆砌	10m³	28.600	3309.30	94 645.98
		本页小计				277 327.19

5.3.2 清单计价法园路园桥工程计价

5.3.2.1 园路园桥工程项目综合单价分析

杭州市某公园内设计有 17m×2.4m 水刷混凝土园路、100m×1.5m 石板冰梅园路、80m×1m 水洗石园路、8 个树池围牙、木桥 1 座、石砌驳岸 1 处，结构如上述图 5-27~图 5-31 所示。管理费与利润按中值取，管理费率为 18.51%、利润费率为 11.07%。请分析各项清单项目的综合单价。

（1）水刷混凝土路面综合单价分析（表5-19）

表 5-19 水刷混凝土综合单价分析表

项目编码	项目名称	计量单位	数 量	综合单价（元）							合计（元）
				人工费	材料费	机械费	管理费	利 润	小 计	
050201001001	水刷混凝土园路	m²	40.80	69.12	121.34	0.92	12.97	7.76	212.14	8655.13
2-1	整理路床	10m²	5.78	33.89	0.00	0.00	6.27	3.75	43.91	253.83
4-1109 换	3∶7 灰土	10m³	1.224	485.45	1117.06	12.33	92.14	55.10	1762.09	2156.79
2-5	碎石垫层	10m³	1.02	549.86	1636.15	0.00	101.78	60.87	2348.66	2395.63
2-8+2-9×3	水刷混凝土面 厚 15cm	10m²	4.08	360.05	469.27	5.81	67.72	40.50	943.35	3848.87

①整理路床　套用定额子目 2-1，定额工程量为 5.78（10m²）。

人工费：33.89 元 10m²

材料费：0.00 元 /10m²

机械费：0.00 元 /10m²

管理费：（33.89+0.00）×18.51%=6.27 元 /10m²

利润：（33.89+0.00）×11.07%=3.75 元 /10m²

小计：33.89+0.00+0.00+6.27+3.75=43.91 元 /10m²

② 3：7 灰土垫层　套用定额子目 4-109 换。定额工程量为 1.224（10m³）。

人工费：441.32×1.1=485.45 元 /10m³

材料费：1117.06 元 /10m³

机械费：12.33 元 /10m³

管理费：（485.45+12.33）×18.51%
　　　　=92.14 元 /10m³

利润：（485.45+12.33）×11.07%
　　　=55.10 元 /10m³

小计：485.45+1117.06+12.33+92.14+55.10
　　　=1762.09 元 /10m³

③碎石垫层　套用定额子目 2-5。定额工程量为 1.02（10m³）。

人工费：549.86 元 /10m³

材料费：1636.15 元 /10m³

机械费：0.00 元 /10m³

管理费：（549.86+0.00）×18.51%
　　　　=101.78 元 /10m³

利润：（549.86+0.00）×11.07%
　　　=60.87 元 /10m³

小计：549.86+1636.15+0.00+101.78+60.87
　　　=2348.66 元 /10m³

④水刷混凝土路面　套用定额子目 2-8+2-9×3。定额工程量为 4.08（10m²）。

人工费：334.94+8.37×3=360.05 元 /10m²

材料费：379.54+29.91×3=469.27 元 /10m²

机械费：4.76+0.35×3=5.81 元 /10m²

管理费：（360.05+5.81）×18.51%
　　　　=67.72 元 /10m²

利润：（360.05+5.81）×11.07%
　　　=40.50 元 /10m²

小计：360.05+469.27+5.81+67.72+40.50
　　　=943.35 元 /10m²

⑤水刷混凝土路面综合单价　清单工程量 40.80m²。

人工费：（33.89×5.78+485.45×1.224+549.86×1.02+360.05×4.08）/40.80=69.12 元 /m²

材料费：（1117.06×1.224+1636.15×1.02+469.27×4.08）/40.80=121.34 元 /m²

机械费：（12.33×1.224+5.81×4.08）/40.80
　　　　= 0.95 元 /m²

管理费：（69.12+0.95）×18.51%=12.97 元 /m²

利润：（69.12+0.95）×11.07%=7.76 元 //m²

综合单价：69.12+121.34+0.95+12.97+7.76
　　　　　=212.14 元 /m²

（2）水刷混凝土路牙综合单价分析（表 5-20）

①混凝土路牙　套用定额子目 2-38 换。定额工程量为 3.4（10m）。

人工费：125.28 元 /10m

材料费：152.61-6.47×20.8+3.85×20.8=98.11 元 /10m（注：预制混凝土边石材料价格进行换算）

机械费：0.00 元 /10m

管理费：（125.28+0.00）×18.51%
　　　　=23.19 元 /10m

表 5-20　水刷混凝土路面路牙综合单价分析表

项目编码	项目名称	计量单位	数量	综合单价（元）						合计（元）
				人工费	材料费	机械费	管理费	利润	小计	
050201003001	水刷混凝土园路路牙铺设	m	34.00	12.53	9.81	0.00	2.32	1.39	26.05	885.54
2-38 换	混凝土路牙铺筑 10×30cm	10m	3.4	125.28	98.11	0.00	23.19	13.87	260.45	885.54

利润：（125.28+0.00）×11.07%
　　　=13.87 元 /10m

小计：125.28+98.11+0.00+23.19+13.87
　　　=260.45 元 /10m

②水刷混凝土路牙综合单价　清单工程量为 34.00m。

人工费：125.28×3.4/34=12.53 元 /m

材料费：98.11×3.4/34=9.81 元 /m

机械费：0.00 元 /m

管理费：（12.53+0.00）×18.51%=2.32 元 /m

利润：（12.53+0.00）×11.071%=1.39 元 /m

综合单价：12.53+9.81+0.00+2.32+1.39
　　　　=26.05 元 /m

（3）石板冰梅园路综合单价分析（表5-21）

①整理路床　套用定额子目 2-1。定额工程量为 25（10m²）。

人工费：33.89 元 /10m²

材料费：0.00 元 /10m²

机械费：0.00 元 /10m²

管理费：（33.89+0.00）×18.51%=6.27 元 /10m²

利润：（33.89+0.00）×11.07%=3.75 元 /10m²

小计：33.89+0.00+0.00+6.27+3.75=43.91 元 /10m²

②碎石垫层　套用定额子目 2-5。定额工程量为 1.5（10m³）。

人工费：549.86 元 /10m³

材料费：1636.15 元 /10m³

机械费：0.00 元 /10m³

管理费：（549.86+0.00）×18.51%
　　　=101.78 元 /10m³

利润：（549.86+0.00）×11.07%=60.87 元 /10m³

小计：549.86+1636.15+0.00+101.78+60.87
　　　=2348.66 元 /10m³

③混凝土垫层　套用定额子目 2-6。定额工程量为 1.5（10m³）。

人工费：1370.52 元 /10m³

材料费：2841.24 元 /10m³

机械费：39.44 元 /10m³

管理费：（1370.52+39.44）×18.51%
　　　=260.98 元 /10m³

利润：（1370.52+39.44）×11.07%
　　　=156.08 元 /10m³

小计：1370.52+2841.24+39.44+260.98+156.08
　　　=4668.27 元 /10m³

④石板冰梅面，离缝　套用定额子目 2-22 换。定额工程量为 15（10m²）。

人工费：1224.18 元 /10m²

材料费：1327.57–224.35×0.33+238.10×0.33
　　　=1325.51 元 /10m²

机械费：0.00 元 /10m²

管理费：（1224.18+0.00）×18.51%
　　　=226.60 元 /10m²

利润：（1224.18+0.00）×11.07%
　　　=135.52 元 /10m²

小计：1224.18+1325.51+0.00+226.60+135.52
　　　=2911.80 元 /10m²

⑤石板冰梅园路综合单价　清单工程量为 150.00m²。

人工费：（33.89×25+549.86×1.5+1370.52×1.5+

表 5-21　石板冰梅园路综合单价分析表

项目编码	项目名称	计量单位	数量	综合单价（元）						合计（元）
				人工费	材料费	机械费	管理费	利润	小计	
050201001002	石板冰梅园路	m²	150.00	147.27	177.32	0.39	27.33	16.35	368.67	55 300.25
2-1	整理路床	10m²	25	33.89	0.00	0.00	6.27	3.75	43.91	1097.87
2-5	碎石垫层	10m³	1.5	549.86	1636.15	0.00	101.78	60.87	2348.66	3522.99
2-6	混凝土垫层	10m³	1.5	1370.52	2841.24	39.44	260.98	156.08	4668.27	7002.40
2-22 换	石板冰梅面	10m²	15	1224.18	1325.51	0.00	226.60	135.52	2911.80	43 677.00

1224.18×15）/150=147.27 元/m^2

材料费：（$1636.15 \times 1.5 + 2841.24 \times 1.5 + 1325.51 \times 15$）/150=177.32 元/$m^2$

机械费：（39.44×1.5）/150=0.39 元/m^2

管理费：（147.27+0.39）× 18.51%=27.33 元/m^2

利润：（147.27+0.39）× 11.07%=16.35 元/m^2

综合单价：147.27+177.32+0.39+27.33+16.35
=368.67 元/m^2

（4）水洗石园路综合单价分析（表5-22）

① 整理路床 套用定额子目 2-1。定额工程量为 16（$10m^2$）。

人工费：33.89 元/$10m^2$

材料费：0.00 元/$10m^2$

机械费：0.00 元/$10m^2$

管理费：（33.89+0.00）× 18.51%=6.27 元/$10m^2$

利润：（33.89+0.00）× 11.07%=3.75 元/$10m^2$

小计：33.89+0.00+0.00+6.27+3.75=43.91 元/$10m^2$

② 碎石垫层 套用定额子目 2-5。定额工程量为 1.2（$10m^3$）。

人工费：549.86 元/$10m^3$

材料费：1636.15 元/$10m^3$

机械费：0.00 元/$10m^3$

管理费：（549.86+0.00）× 18.51%
=101.78 元/$10m^3$

利润：（549.86+0.00）× 11.07%
=60.87 元/$10m^3$

小计：549.86+1636.15+0.00+101.78+60.87
=2348.66 元/$10m^3$

③ 混凝土垫层 套用定额子目 2-6 换。定额工程量为 0.8（$10m^3$）。

人工费：1370.52 元/$10m^3$

材料费：$2841.24 - 276.46 \times 10.2 + 284.89 \times 10.2$
=2927.2 元/$10m^3$

机械费：39.44 元/$10m^3$

管理费：（1370.52+39.44）× 18.51%
=260.98 元/$10m^3$

利润：（1370.52+39.44）× 11.07%
=156.08 元/$10m^3$

小计：1370.52+2927.23+39.44+260.98+156.08
=4754.25 元/$10m^3$

④ 水洗石路面 套用定额子目 2-10。定额工程量为 8（$10m^2$）。

人工费：321.57 元/$10m^2$

材料费：336.26 元/$10m^2$

机械费：0.00 元/$10m^2$

管理费：（321.57+0.00）× 18.51%
=59.52 元/$10m^2$

利润：（321.57+0.00）× 11.07%
=35.60 元/$10m^2$

小计：321.57+336.26+0.00+59.52+35.60
=752.95 元/$10m^2$

⑤ 水洗石园路综合单价 清单工程量为 80（m^2）。

人工费：（$33.89 \times 16 + 549.86 \times 1.2 + 1370.52 \times 0.8 + 321.57 \times 8$）/80=60.89 元/$m^2$

材料费：（$1636.15 \times 1.2 + 2927.23 \times 0.8 + 336.26 \times 8$）/80=87.44 元/$m^2$

机械费：（39.44×0.8）/80=0.39 元/m^2

管理费：（60.89+0.39）× 18.51%

表 5-22 水洗石园路综合单价分析表

项目编码	项目名称	计量单位	数量	综合单价（元）						合计（元）
				人工费	材料费	机械费	管理费	利润	小计	
050201001003	水洗石园路	m^2	80.00	60.89	87.44	0.39	11.34	6.78	166.85	13 348.03
2-1	整理路床	$10m^2$	16	33.89	0.00	0.00	6.27	3.75	43.91	702.63
2-5	碎石垫层	$10m^3$	1.2	549.86	1636.15	0.00	101.78	60.87	2348.66	2818.39
2-6 换	混凝土垫层 C20（40）	$10m^3$	0.8	1370.52	2927.23	39.44	260.98	156.08	4754.25	3803.40
2-10	洗米石厚 0mm	$10m^2$	8	321.57	336.26	0.00	59.52	35.60	752.95	6023.60

=11.34 元/m²

利润：（60.89+0.39）×11.07%=6.78 元/m²

综合单价：60.89+87.44+0.39+11.34+6.78
　　　　　=166.85 元/m²

（5）树池围牙综合单价分析（表5-23）

①混凝土树池围牙　套用定额子目 2-45 换。定额工程量为 4.16（10m）。

人工费：96.26 元/10m

材料费：76.80 元/10m

机械费：0.00 元/10m

管理费：（96.26+0.00）×18.51%=17.82 元/10m

利润：（96.26+0.00）×11.07%=10.66 元/10m

小计：96.26+76.80+0.00+17.82+10.66
　　　=201.53 元/10m

②树池围牙综合单价　清单工程量为 41.60m。

人工费：96.26×4.16/41.6= 9.63 元/m

材料费：76.8×4.16/41.6=7.68 元/m

机械费：0.00 元/m

管理费：（9.63+0.00）×18.51%=1.78 元/m

利润：（9.63+0.00）×11.07%=1.07 元/m

综合单价：9.63+7.68+0.00+1.78+1.07=20.15 元/m

（6）木制步桥综合单价分析（表5-24）

①木桥面　套用定额子目 2-69 换。定额工程量为 11.9（10m²）。

人工费：359.24 元/10m²

材料费：3135.51−3276×0.945+5000×0.945×6/8=3583.44 元/10m²

机械费：10.82 元/10m²

管理费：（359.24+10.82）×18.51%
　　　　=68.50 元/10m²

利润：（359.24+10.82）×11.07%
　　　=40.97 元/10m²

小计：359.24+3583.44+10.82+68.50+40.97
　　　=4062.96 元/10m²

②180×180 木柱　套用定额子目 2-66 换。定额工程量为 0.177（10m³）。

人工费：1754.33 元/10m³

材料费：21 986.6−2155×10.2+5000×10.2
　　　　=51 005.60 元/10m³

机械费：65.45 元/10m³

表 5-23　树池围牙综合单价分析表

项目编码	项目名称	计量单位	数量	综合单价（元）						合计（元）
				人工费	材料费	机械费	管理费	利润	小计	
050201004001	树池围牙	m	41.60	9.63	7.68	0.00	1.78	1.07	20.15	838.37
2-45	混凝土树池围牙7cm×15cm	10m	4.16	96.26	76.80	0.00	17.82	10.66	201.53	838.37

表 5-24　木制步桥综合单价分析表

项目编码	项目名称	计量单位	数量	综合单价（元）						合计（元）
				人工费	材料费	机械费	管理费	利润	小计	
050201014001	木制步桥	m²	119.00	257.60	687.58	2.27	48.10	28.77	1024.31	121 893.31
2-69 换	木桥面	10m²	11.9	359.24	3583.44	10.82	68.50	40.97	4062.96	48 349.27
2-66 换	木望柱制作安装	10m³	0.177	1754.33	51 005.60	65.45	336.84	201.45	53 363.67	9445.37
12-405 换	直档栏杆制作	10m²	7.28	2720.25	3051.30	13.10	505.94	302.58	6593.17	47 998.31
12-406 换	直档栏杆安装	10m²	7.28	687.12	757.33	3.35	127.81	76.44	1652.04	12 026.82
12-411 换	雨达板	10m²	2	631.47	1212.20	4.87	117.79	70.44	2036.77	4073.54

管理费：（1754.33+65.45）×18.51%
　　　　=336.84 元 /10m³

利润：（1754.33+65.45）×11.07%
　　　=201.45 元 /10m³

小计：1754.33+51 005.60+65.45+336.84+201.45
　　　=53 363.67 元 /10m³

③直档栏杆制作　套用定额子目 12-405 换。定额工程量为 7.28（10m²）。

人工费：2720.25 元 /10m²

材料费：992.55−1625×0.61+5000×0.61
　　　　=3051.30 元 /10 m²

机械费：13.10 元 /10m²

管理费：（2720.25+13.10）×18.51%
　　　　=505.94 元 /10 m²

利润：（2720.25+13.10）×11.07%
　　　=302.58 元 /10 m²

小计：2720.25+3051.30+13.10+505.94+302.58
　　　=6593.17 元 /10 m²

④直档栏杆安装　套用定额子目 12-406 换。定额工程量为 7.28（10 m²）。

人工费：687.12 元 /10m²

材料费：247.7−1625×0.151+5000×0.151
　　　　=757.33 元 /10m²

机械费：3.35 元 /10 m²

管理费：（687.12+3.35）×18.51%=127.81 元 /10m²

利润：（687.12+3.35）×11.07%=76.44 元 /10m²

小计：687.12+757.33+3.35+127.81+76.44
　　　=1652.04 元 /10 m²

⑤30×200 防腐侧木档　套用雨达板定额子目 12-411 换。定额工程量为 2（10 m²）。

人工费：631.47 元 /10 m²

材料费：395.45−1625×0.242+5000×0.242
　　　　=1212.20 元 /10 m²

机械费：4.87 元 /10 m²

管理费：（631.47+4.87）×18.51%
　　　　=117.79 元 /10 m²

利润：（631.47+4.87）×11.07%=70.44 元 /10 m²

小计：631.47+1212.20+4.87+117.79+70.44
　　　=2036.77 元 /10 m²

⑥木制步桥综合单价　清单工程量为 119.00m²。

人工费：（359.24×11.9+1754.33×0.177+2720.25
　　　×7.28+687.12×7.28+631.47×2）/119
　　　=257.60 元 /m²

材料费：（3583.44×+11.9+51 005.60×0.177+3051.
　　　30×7.28+757.33×7.28+1212.2×2）/119
　　　=687.58 元 /m²

机械费：（10.82×11.9+65.45×0.177+13.1×7.28+
　　　3.35×7.28+4.87×2）/119=2.27 元 /m²

管理费：（257.60+2.27）×18.51%
　　　　=48.10 元 /m²

利润：（257.60+2.27）×11.07%=28.77 元 /m²

综合单价：257.60+687.58+2.27+48.10+28.77
　　　　=1024.31 元 /m²

（7）石砌驳岸综合单价分析（表5-25）

①石砌驳岸　套用定额子目 5-55。定额工程量为 28.6（10m³）。

人工费：1062.72 元 /10 m³

材料费：2158.25 元 /10 m³

机械费：88.33 元 /10 m³

管理费：（1062.72+88.33）×18.51%
　　　　=213.06 元 /10 m³

利润：（1062.72+88.33）×11.07%

表5-25　石砌驳岸综合单价分析表

项目编码	项目名称	计量单位	数量	综合单价（元）						合计（元）
				人工费	材料费	机械费	管理费	利润	小计	
050202001001	石砌驳岸	m³	286.00	106.27	215.83	8.83	21.31	12.74	364.98	104 383.72
5-55	护坡 浆砌	10m³	28.6	1062.72	2158.25	88.33	213.06	127.42	2649.78	104 383.72

$$=127.42 \, 元/10m^3$$

小计：1062.72+2158.25+88.33+213.06+127.42

$$=3649.78 \, 元/10m^3$$

② 石砌驳岸综合单价　清单工程量为286.00m³。

人工费：1062.72×28.6/286=106.27 元/m³

材料费：2158.25×28.6/286=215.83 元/m³

机械费：88.33×28.6/286=8.83 元/m³

管理费：(106.27+8.83)×18.51%

$$=21.31 \, 元/m^3$$

利润：(106.27+8.83)×11.07%=12.74 元/m³

综合单价：106.27+215.83+8.83+21.31+12.74

$$=364.98 \, 元/m^3$$

5.3.2.2 园路园桥工程工程量清单计价（表5-26~表5-31）

表5-26　某公园景观工程投标报价书封面

投标总价

建设单位：_____
工程名称：_____某公园景观工程_____
投标总价（小写）_____371 606 元_____
　　　　（大写）_____叁拾柒万壹仟陆佰零陆元_____
投标人：_____（单位盖章）
法定代表人：_____（签字或盖章）
编制人：_____（签字及盖执业专用章）
编制时间：　　年　月　日

表5-27　某公园景观工程投标报价编制说明

编制说明

一、工程概况
　　本工程是杭州市某公园景观工程，有17m×2.4m 水刷混凝土园路、100m×1.5m 石板冰梅园路、80m×1m 水洗石园路、8个树池围牙、木桥1座、石砌驳岸1处。
二、编制依据
1. 杭州某公园景观工程施工图纸；
2.《××省园林绿化及仿古建筑工程预算定额》(2018版)；
3.《××省建设工程计价规则》(2018版)；
4.《××省施工机械台班费用定额参考单价》(2018版)；
5. 材料价格按××省2018年第11期信息价；
6. 人工价格按定额价。
三、编制说明
1. 本工程规费按《××省建设工程计价规则》(2018版)计取，税金按增值税金9%计取；
2. 本工程取费基数为人工费+机械费；
3. 安全文明施工费、二次搬运费、冬雨季施工增加费均按《××省建设工程计价规则》(2018版)相应的中值计入。

表 5-28　某公园景观工程报价汇总表

序号	内容	报价合计（元）
一	分部分项工程费	305 304.35
二	措施项目费（1+2）	6327.49
1	组织措施项目	6327.49
2	技术措施项目	0.00
三	其他项目费	0.00
四	规费	29 291.84
3	排污费、社保费、公积金	29 291.84
五	税金（一＋二＋三＋四）×9%	30 683.13
六	总报价（一＋二＋三＋四＋五）	371 606.00

表 5-29　某公园景观工程分部分项清单与计价表

序号	项目编码	项目名称	项目特征描述	计量单位	工程量	综合单价（元）	合价（元）	其中 人工费	其中 机械费
1	050201001001	水刷混凝土园路	300mm 厚 2400mm 宽 3:7 灰土垫层 250mm 厚 2400mm 宽碎石垫层 150mm 厚 2400mm 宽 C15 水刷混凝土面层	m²	40.80	212.14	8655.13	2819.94	38.80
2	050201002001	水刷混凝土园路路牙铺设	混凝土路牙 170mm×85mm 水泥砂浆 1:2	m	34.00	26.05	885.54	425.95	0.00
3	050201001002	石板冰梅园路	100mm 厚 1500mm 宽碎石垫层 100mm 厚 1500mm 宽 C15 素混凝土垫层 30mm 厚 1:3 水泥砂浆 4mm 厚 1500mm 宽冰梅石板，离缝	m²	150.00	368.67	55 300.25	22 090.52	59.16
4	050201001003	水洗石园路	150mm 厚 1000mm 宽碎石垫层 100mm 厚 1000mm 宽 C20 混凝土垫层 20mm 厚 1000mm 宽水洗石面层	m²	80.00	166.85	13 348.03	4871.05	31.56
5	050201004001	树池围牙	预制混凝土边石 70mm×150mm	m	41.60	20.15	838.37	400.44	0.00
6	050201014001	木制步桥	桥宽：2380mm、桥长：50m，木材：柳桉防腐木 180mm×180mm 木柱、100mm×80mm 木柱、50mm×70mm 木柱、100mm×80mm 木梁、2000mm×200mm×60mm 木板、30mm×200mm 木档	m²	119.00	1024.31	121 893.31	30 654.07	269.84
7	050202001001	石砌驳岸	φ200~500mm 自然面单体块石浆砌，M5 水泥砂浆砌筑，勾凸缝	m³	286.00	364.98	104 383.72	30 393.79	2526.24
			合　计				305 304.35	91 655.76	2925.60

表 5-30 某公园景观工程分部分项工程量清单综合单价分析表

序号	编号	名称	计量单位	数量	综合单价（元）						合计（元）
					人工费	材料费	机械费	管理费	利润	小计	
1	050201001001	水刷混凝土园路	m²	40.80	69.12	121.34	0.95	12.97	7.76	212.14	8655.13
	2-1	整理路床 人工打夯	10m²	5.780	33.89	0.00	0.00	6.27	3.75	43.91	253.83
	4-109 换	3:7灰土垫层	10m³	1.224	485.45	1117.06	12.33	92.14	55.10	1762.09	2156.79
	2-5	碎石垫层	10m³	1.020	549.86	1636.15	0.00	101.78	60.87	2348.66	2395.63
	2-8+2-9×3	水刷混凝土面 厚15cm	10m²	4.080	360.05	469.27	5.81	67.72	40.50	943.35	3848.47
2	050201003001	水刷混凝土园路路牙铺设	m	34.00	12.53	9.81	0.00	2.32	1.39	26.05	885.54
	2-38 换	混凝土路牙铺筑 10×30cm	10m	3.400	125.28	98.11	0.00	23.19	13.87	260.45	885.54
3	050201001002	石板冰梅园路	m²	150.00	147.27	177.32	0.39	27.33	16.35	368.67	55 300.25
	2-1	整理路床 人工打夯	10m²	25.000	33.89	0.00	0.00	6.27	3.75	43.91	1097.87
	2-5	碎石垫层	10m³	1.500	549.86	1636.15	0.00	101.78	60.87	2348.66	3522.99
	2-6	混凝土垫层	10m³	1.500	1370.52	2841.24	39.44	260.98	156.00	4668.27	7002.40
	2-22 换	石板冰梅面 离缝板厚4mm水泥砂浆1:3	10m²	15.000	1224.18	1325.51	0.00	226.60	135.52	2911.80	43 677.00
4	050201001003	水洗石园路	m²	80.00	60.89	87.44	0.39	11.34	6.78	166.85	13 348.03
	2-1	整理路床 人工打夯	10m²	16.000	33.89	0.00	0.00	6.27	3.75	43.91	702.63
	2-5	碎石垫层	10m³	1.200	549.86	1636.15	0.00	101.78	60.87	2348.66	2818.39
	2-6 换	混凝土垫层	10m³	0.800	1370.52	2927.23	39.44	260.98	156.00	4754.25	3803.40
	2-10	洗米石厚20mm	10m²	8.000	321.57	336.26	0.00	59.52	35.60	752.95	6023.60
5	050201004001	树池围牙	m	41.60	9.63	7.68	0.00	1.75	1.07	20.15	838.37
	2-45 换	混凝土树池围牙 10×30cm	10m	4.160	96.26	76.80	0.00	17.82	10.66	201.53	838.37
6	050201014001	木制步桥	m²	119.00	257.60	687.58	2.27	48.10	28.77	1024.31	121 893.31
	2-69 换	木桥面厚8cm	10m²	11.900	359.24	3583.44	10.82	68.50	40.97	4062.96	48 349.27
	2-66 换	木望柱制作、安装	10m³	0.177	1754.33	51 005.60	65.45	336.84	201.45	53 363.67	9445.37
	12-405 换	直档栏杆制作	10m²	7.280	2720.25	3051.30	13.10	505.94	302.58	6593.17	47 998.31
	12-406 换	直档栏杆安装	10m²	7.280	687.12	757.33	3.35	127.81	76.44	1652.04	12 026.82
7	050202001001	石砌驳岸	m³	286.00	106.27	215.83	8.83	21.31	12.74	364.98	104 383.72
	5-55	护坡 浆砌	10m³	28.600	1062.72	2158.25	88.33	213.06	127.42	3649.78	104 383.72

表 5-31 某公园景观工程组织措施项目清单与计价表

序号	项目名称	单位	数量	金额（元）
1	安全文明施工费	项	1	6062.66
2	二次搬运费	项	1	122.96
3	冬雨季施工增加费	项	1	141.87
	合 计			6327.49

小结

本章首先介绍了园路与园桥工程的基础知识；其次，详细阐述了《园林绿化工程工程量计算规范》（GB 50858—2013）附录B的清单设置规定以及《××省园林绿化及仿古建筑工程预算定额》（2018版）第二章的定额工程量计算规则；最后，结合案例论述了园路园桥的定额计价与清单计价，需要重点掌握园路、路牙、树池围牙、石汀步、木制步桥、栈道、驳岸等分部分项工程的清单列项与清单组价。

习题

一、填空题

1. 园路按路面材质、形式、要求不同可分为8种：____、____、____、____、____、____、____、____。
2. 园路结构一般分为：____、____、____、____。
3. 园林中的桥一般有____、____、____、____、____等多种类型。

二、选择题

1. 根据《园林绿化工程工程量计算规范》（GB 50858—2013）的规定，树池围牙、盖板的工程量按（ ）计算。

   A. t　　　　　　B. m　　　　　　C. m^2　　　　　　D. m^3

2. 根据《园林绿化工程工程量计算规范》（GB 50858—2013）的规定，金刚墙砌筑的工程量以（ ）计算。

   A. 项　　　　　　B. m　　　　　　C. m^2　　　　　　D. m^3

3. 根据《园林绿化工程工程量计算规范》（GB 50858—2013）的规定，石券脸的工程量以（ ）计算。

   A. m　　　　　　B. m^2　　　　　　C. m^3　　　　　　D. 块

三、思考题

1. 园路通常包含哪些清单项目？其清单与定额工程量计算规则如何？
2. 园桥通常包含哪些清单项目？其清单与定额工程量计算规则如何？

四、计算题

1. 如图5-33所示为嵌草砖铺装局部示意图，按清单计价规范编制工程量清单。

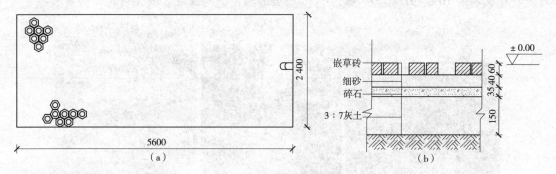

图5-33　嵌草砖铺装示意图

2. 某景区园林景观工程，石板冰梅园路的工程量清单见表5-32所列。

按定额项目进行石板冰梅园路综合单价的计算，管理费、利润分别按人工费+机械费之和的18.51%、11.07%计算。计算过程均保留两位小数。

表 5-32　石板冰梅园路工程量清单

序号	项目编码	项目名称	计量单位	工程数量
1	050201001001	石板冰梅园路 40mm 厚冰梅石板园路面（宽 1.2m，长 10m）；100mm 厚 C15 混凝土垫层；300 mm 厚碎石垫层；整理路床（宽 2.2m，长 10m）	m²	12.00

推荐阅读书目

[1]《园林绿化工程工程量计算规范》(GB 50858—2013). 住房与城乡建设部. 中国计划出版社，2013.

[2]《浙江省园林绿化及仿古建筑工程预算定额》(2018 版). 浙江省建设工程造价管理总站. 中国计划出版社，2018.

[3]《浙江省建设工程计价规则》(2018 版). 浙江省建设工程造价管理总站. 中国计划出版社，2018.

相关链接

太阳公社村落景区景观工程招标清单　http://www.lajyzx.cn/Bulletin/BulletinBrowse.aspx?id=6099

经典案例

某园林设计院承接了一个城市滨江公园的景观设计项目，公园定位为"城市生态客厅、文化客厅"，工程内容包括绿化、道路与铺装、亭廊、景墙、水电等内容，绿地面积占 80%，硬质铺装面积占 18%，建筑面积占 2%。业主因资金比较紧张，要求每平方米造价控制在 200 元以内，但同时又能实现集城市绿化、文化娱乐、休闲旅游、赏景观江、公共游憩为一体的城市公园。园林设计师们经过几次讨论，形成了两类方案：一类方案是能实现公园的功能，但造价超过了业主的要求；另一类方案则是造价达到了业主要求，但公园功能有所欠缺。为此，园林设计师向造价工程师咨询。造价工程师仔细分析研究后，给园林设计师提出了建议：建议在第一类方案的基础进行修改。只需把硬质铺装面层材料与形式做些调整，将 50 厚花岗岩与 150 厚东湖石换成绿色环保艺术地坪——混凝土压模地坪（图 5-34）。混凝土压模地坪可形成各种图形美观自然、色彩真实持久、质地坚固耐用的砖块、石材、木材乃至大理石等的效果，而且成本只是石材成本的 10%~20%。这样既实现了公园的功能，也满足了业主对造价的要求。

图5-34　混凝土压模地坪

第6章 园林景观工程计量与计价

【本章提要】园林景观工程内容丰富，形式多样，种类繁多，主要包括园林小品和堆塑装饰。园林小品是园林中供休息、装饰、景观照明、展示和方便游人使用的小型设施。其一般没有内部空间，体量小巧，造型别致。堆塑装饰造型丰富，可以制作成各种构件，常见的有塑松树皮、塑竹节、塑木纹、塑树头、塑黄竹、塑松棍等。园林景观工程量大、样多，在《园林绿化工程工程量计算规范》GB 50858—2013 的规定下，园林景观工程如何正确列项？在《××省园林绿化及仿古建筑工程预算定额》（2018版）中如何进行园林景观工程定额子目的套用与换算？如何进行园林景观工程定额计价与清单计价？这些问题都是我们学习本章要理解和掌握的问题。

城市公园、城市广场、城市道路、居住小区中随处可见美观、时尚、舒适的座椅、座凳，所用材质多种多样，有木材、竹材、石材、钢筋混凝土等，如图6-1所示。美观、时尚、舒适的座椅、座凳应当如何计价呢？

6.1 园林景观工程概述

根据《园林绿化工程工程量计算规范》（GB 50858—2013）的规定，园林景观工程主要包括假山、景观亭、廊、花架、喷泉、景观座凳、花坛等分部工程。

6.1.1 假山

"园无石不秀，室无石不雅，山无石不奇，水无石不清"，这句话说明假山叠石及塑假石山在园林造园艺术中举足轻重的作用。假山叠石是指采用自然景石堆叠成山石、立峰以及溪流、水池、花坛等处的景石堆置或散置。塑假石山是根据设计师的设计构思，先做一个模型，再用砖石和水泥砂浆砌筑成大致轮廓，或用钢骨架钢丝网绑扎成大致框架，然后依照天然石纹进行表面深加工，塑造出逼真效果的假石山。根据塑造的材料可分为：砖石骨架塑假石山、钢骨架钢丝网塑假石山及其他材料塑假石山。

湖石假山是指以湖石为主，辅以条石或钢筋

图6-1 景观座凳

混凝土预制板，用水泥砂浆、细石混凝土和连接铁件等堆砌而成的假山。该假山造型丰富多彩、玲珑多姿，是园林造景中常用的一种小型假山（图6-2）。

湖石是指石灰岩经水常年溶蚀所形成的一种多孔纹岩石。江浙一带此石颜色浅灰泛白，色调丰润柔和，质地清脆易损。该石的特点是经水常年溶蚀形成大小不一的洞窝和环沟，具有圆润柔曲、嵌空婉转、玲珑剔透之外形，扣之有声，如图6-2所示。此石以产于太湖洞庭山的太湖石为最优。浙江湖州、长兴、桐庐、建德等地均有出产，但品质次之。

黄石假山是指以黄石为主，辅以条石或钢筋混凝土预制板，用水泥砂浆、细石混凝土和连接铁件等堆砌而成的假山。该假山造型浑厚朴实、雄浑挺括、古朴大气，是园林造景艺术中堆砌大型假山时常选用的一种假山，如图6-3所示。

整块湖石峰是指底大上小具有单独欣赏价值的峰形湖石，可作为独立石景。杭州名石园中的"绉云峰"就是有名的整块湖石峰，如图6-4所示。

人造湖石峰是指用若干块湖石，辅以条石或钢筋混凝土预制板，用水泥砂浆、细石混凝土和铁件堆砌起来，形成石峰造型的一种假山峰。

人造黄石峰是指黄石浑厚憨实，很少有独立峰石，故常用若干块黄石辅以条石或钢筋混凝土预制板，用水泥砂浆、细石混凝土和铁件堆砌起来，形成一种石峰造型的假山。

石笋是指一种呈条形状的水成岩，在园林造景中常直立放置于庭院角落，边上配以芭蕉、羽毛枫、竹等观赏植物，此石形似竹笋，故称石笋，如图6-5所示。

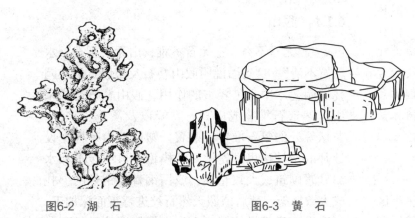
图6-2 湖石　　　　图6-3 黄石

图6-4 绉云峰

图6-5 石笋

6.1.2 景观亭

亭（凉亭）是一种中国传统建筑，多建于路旁，供行人休息、乘凉或观景用，亭一般为开敞性结构，没有围墙，顶部有多种形状。中式传统亭中，按单体式亭的平面形式来分，有多角亭、圆形亭、异形亭等（图6-6~图6-8）。其中，最常见的是正多边形亭，如三角亭、四角亭、五角亭、六角亭、八角亭等。

亭的体形较小，造型却是多种多样，从平面形状看有圆形、方形、多边形、扇形等。从体量看有单体的也有组合式的（图6-9）。从亭顶的形式看有攒尖顶和歇山顶。从亭子的立面造型看有单檐的、重檐的（图6-10）。从亭子位置看有山亭、桥亭、半亭、廊亭等。从建亭的材料看有木构架的瓦亭、石材亭、竹亭、仿木亭、钢筋混凝土亭、不锈钢亭、张拉膜亭等。

6.1.3 廊

廊是指屋檐下的过道、房屋内的通道或独立有顶的通道。包括回廊和游廊，具有遮阳、防雨、小憩等功能。廊是建筑的组成部分，也是构成建筑外观特点和划分空间格局的重要手段。

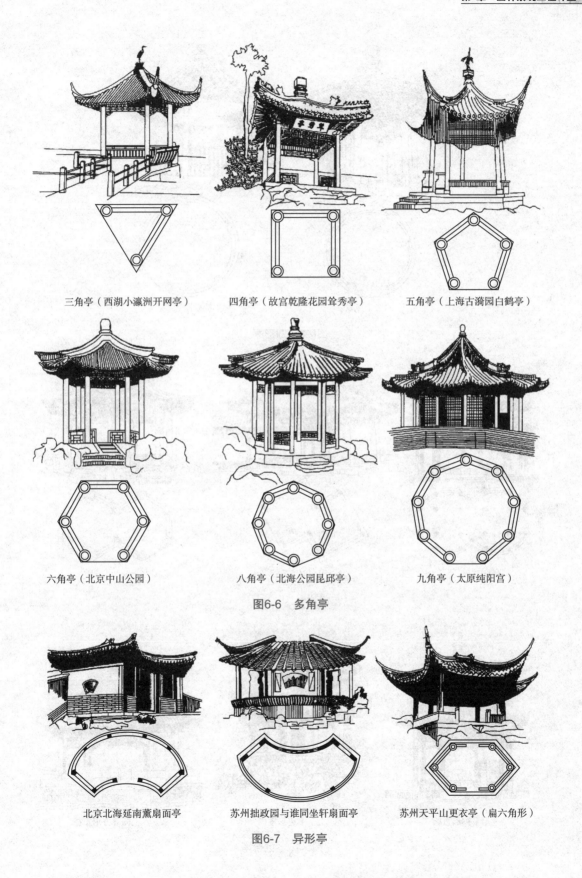

三角亭（西湖小瀛洲开网亭） 四角亭（故宫乾隆花园耸秀亭） 五角亭（上海古漪园白鹤亭）

六角亭（北京中山公园） 八角亭（北海公园昆邱亭） 九角亭（太原纯阳宫）

图6-6 多角亭

北京北海延南薰扇面亭 苏州拙政园与谁同坐轩扇面亭 苏州天平山更衣亭（扁六角形）

图6-7 异形亭

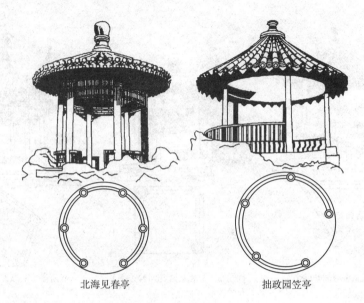

北海见春亭　　　　　拙政园笠亭

图6-8　圆形亭

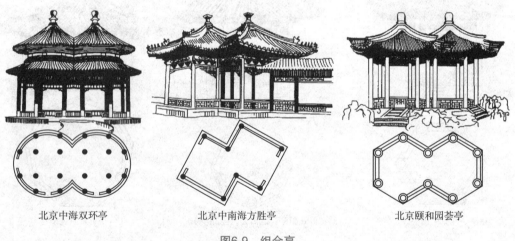

北京中海双环亭　　　北京中南海方胜亭　　　北京颐和园荟亭

图6-9　组合亭

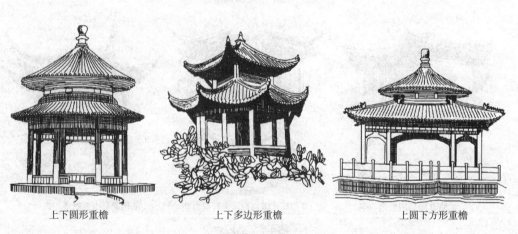

上下圆形重檐　　　上下多边形重檐　　　上圆下方形重檐

图6-10　重檐亭

廊在园林中应用广泛。园林中的游廊则可以划分景区，形成空间的变化，增加景深和引导游人。它除了能遮阳、避雨、供游人休息以外，更重要的功能是组织观赏景物的游览路线，同时它也是划分园林空间的重要手段。廊本身具有一定的观赏价值，在园林景观中可以独立成景。廊的形式按平面形式分：直廊、曲廊、回廊（图6-11、图6-12）；按结构形式分：两面带柱的空廊（图6-13）、一面为柱一面围墙的半廊、两面为柱中间有墙的复廊（图6-14）；按其位置分：走廊、爬山廊、水廊、桥廊等（图6-15、图6-16）。廊一般为长条形建筑物，从平面和空间上看都是相同的建筑单元"间"的连续和发展。廊柱之间常设有座凳、栏杆。廊顶的形式多作成卷棚、坡顶。亭顶上多采用瓦结构，亭内常以彩绘作装饰。廊还可以与其他建筑相结合产生其他新的功能。

6.1.4 花架

花架是指用刚性材料构成一定形状的格架供攀缘植物攀附的园林设施，又称为棚架、绿廊。花架可作遮阴休息之用，并可点缀园景。花架的形式有廊式花架、片式花架和独立花架。廊式花架最为常见，片板支承于左右梁柱上，游人可入内休息。片式花架，片板嵌固于单向梁柱上，两边或一面悬挑，形体轻盈活泼。独立式花架，以各种材料作空格，构成墙垣、花瓶、伞亭等形状，用藤本植物缠绕成型，供观赏用。

花架常用的建筑材料有：木材、钢筋混凝土、石材、金属材料。木材：朴实、自然、价廉、易于加工，但耐久性差（图6-17）。钢筋混凝土结构花架：可根据设计要求浇灌成各种形状，也可作成预制构件，现场安装，灵活多样，

图6-11 曲廊

图6-12 回廊

图6-13 双面空廊

图6-14 复廊

图6-15 桥廊

图6-16 爬山廊

图6-17　木结构花架

图6-18　钢筋混凝土结构花架

图6-19　钢结构花架

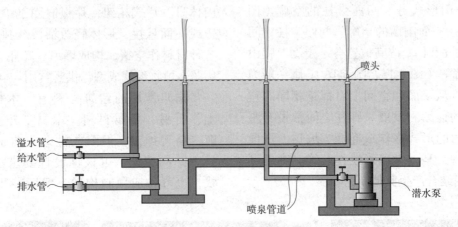
图6-20　喷泉系统

经久耐用，使用最为广泛（图6-18）。石材：厚实耐用，但运输不便，常用块料作花架柱。钢结构花架：轻巧易制，构件断面及自重均小，采用时要注意使用地区和选择攀缘植物种类，以免炙伤嫩枝叶，并应经常油漆养护，以防脱漆腐蚀（图6-19）。

6.1.5　喷泉

喷泉大体可以分为普通装饰性喷泉、与雕塑结合的喷泉、水雕塑、自控喷泉。一个完整的喷泉系统一般由喷头、管道、水泵三部分组成，如图6-20所示。

喷头是喷泉的主要组成部分，它的作用是把具有一定压力的水变成各种绚丽的水花，喷射在水池的上空。喷头的形式对整个喷泉的艺术效果产生重要的影响，喷头的式样主要有单射流喷头、喷雾喷头、环形喷头、旋转喷头、扇形喷头、多孔喷头、变形喷头、蒲公英形喷头、吸力喷头、组合式喷头。

6.1.6　景观座凳

园椅、园凳是各种园林绿地及城市广场中心必备的设施。它们常被设置在人们需要就座歇息、环境优美、有景可赏之处。园凳、园椅既可单独设置，也可成组布置；既可自由分散布置，也可有规则的连续布置。园椅、园凳也可与花坛等其他小品组合形成一个整体。园椅、园凳的造型要轻巧美观，形式活泼多样，构造要简单，制作要方便，结合园林环境做出具有特色的设计（图6-21）。园椅、园凳的高度一般取为35~40cm。常用的做法有钢管为支架，木板为面的；铸铁为支架，木条为面的；钢筋混凝土现浇的；水磨石预制的；竹材或木材制作的，也有就地取材的，利用自然山石稍经加工而成，当然还可采用其他材料如大理石、塑料、玻璃纤维等，其总体原则不在于材制贵贱，主要是要符合环境整体的要求，达到和谐美。

座凳一般由扶手、靠背、座凳面等组成。座

图6-21 景观座凳

凳楣子一般为了起到装点之用还做成花纹状，常见的有步步紧、灯笼锦、龟背锦、冰裂纹等。座凳一般放置在曲线环境中，供人们休息、聊天、用餐、看书等。座凳的形状一般为方形、长条形、圆形等。

6.1.7 花坛

在园林景观中花坛、花池是很常见的，不论是平面形式还是立体形式，都是千姿百态的。它是随着景观造景的需要而设置的，其所用材料简易的用砖砌（图6-22），稍复杂的采用钢筋混凝土浇筑（图6-23）。为配合景观和种植，花坛的饰面还可采用一些不同颜色和不同材质的做法。

花坛是没有底部的种植池，包括花池、花台。

花池一般是指景观中的种植池，低为池高为台，外形形状也是多种多样的。一般常作为景点的造景的点缀或是与其他景观山石相结合组成一景。

花台是将地面抬高几十厘米，以砖石矮墙围合，其中再植花木的景观设施。它能改变人的欣赏角度，发挥枝条下垂植物姿态美，同时可以和座凳相结合供人们休息。

6.2 园林景观工程计量

工程造价的确定，应该以该工程所要完成的工程实体数量为依据，对工程实体的数量做出正确的计算，并以一定的计量单位表示，这就需要进行工程计量，即工程量的计算，以此作为确定工程造价的基础。

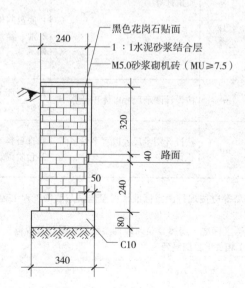

图6-22 砖砌体花坛

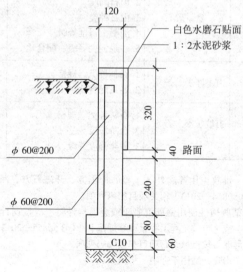

图6-23 钢筋混凝土花坛

6.2.1 园林景观工程工程量清单的编制

6.2.1.1 园林景观工程工程量清单计算规则

园林景观工程项目按清单计价规范附录C列项：包括堆塑假山，原木、竹构件，亭廊屋面，花架，园林桌椅，喷泉安装，杂项7个小节共63个清单项目（表6-1~表6-7）。

表6-1 堆塑假山（编码：050301）

项目编码	项目名称	项目特征	计量单位	工程量计算规则	工作内容
050301001	堆筑土山丘	1. 土丘高度 2. 土丘坡度要求 3. 土丘底外接矩形面积	m³	按设计图示山丘水平投影外接矩形面积乘以高度的1/3，以体积计算	1. 取土、运土 2. 堆砌、夯实 3. 修整
050301002	堆砌石假山	1. 堆砌高度 2. 石料种类、单块重量 3. 混凝土强度等级 4. 砂浆强度等级、配合比	t	按设计图示尺寸以质量计算	1. 选料 2. 起重机搭、拆 3. 堆砌、修整
050301003	塑假山	1. 假山高度 2. 骨架材料种类、规格 3. 山皮料种类 4. 混凝土强度等级 5. 砂浆强度等级、配合比 6. 防护材料种类	m²	按设计图示尺寸以展开面积计算	1. 骨架制作 2. 假山胎模制作 3. 塑假山 4. 山皮料安装 5. 刷防护材料
050301004	石笋	1. 石笋高度 2. 石笋材料种类 3. 砂浆强度等级、配合比	支		1. 选石料 2. 石笋安装
050301005	点风景石	1. 石料种类 2. 石料规格、重量 3. 砂浆配合比	1. 块 2. t	1. 以块（支、个）支计量，按设计图示数量计算 2. 以吨计量，按设计图示石料质量计算	1. 选石料 2. 起重架搭、拆 3. 点石
050301006	池、盆景置石	1. 底盘种类 2. 山石高度 3. 山石种类 4. 混凝土强度等级 5. 砂浆强度等级、配合比	1. 座 2. 个		1. 底盘制作、安装 2. 池、盆景山石安装、砌筑
050301007	山（卵）石护角	1. 石料种类、规格 2. 砂浆配合比	m³	按设计图示尺寸以体积计算	1. 石料加工 2. 砌石
050301008	山坡（卵）石台阶	1. 石料种类、规格 2. 台阶坡度 3. 砂浆强度等级	m²	按设计图示尺寸以水平投影面积计算	1. 选石料 2. 台阶砌筑

注：①假山（堆筑土山丘除外）工程的挖土方、开凿石方、回填等应按现行国家标准《房屋建筑与装饰工程工程量计算规范》（GB 50854—2013）相关项目编码列项。
②如遇某些构件使用钢筋混凝土或金属构件时，应按现行国家标准《房屋建筑与装饰工程工程量计算规范》（GB 50854—2013）或《市政工程工程量计算规范》（GB 50857—2013）相关项目编码列项。
③散铺河滩石按点风景石项目单独编码列项。
④堆筑土山丘，适用于夯填、堆筑而成。

表 6-2 原木、竹构件（编码：050302）

项目编码	项目名称	项目特征	计量单位	工程量计算规则	工作内容
050302001	原木（带树皮）柱、梁、檩、椽	1. 原木种类 2. 原木梢径（不含树皮厚度） 3. 墙龙骨材料种类、规格 4. 墙底层材料种类、规格 5. 构件联结方式 6. 防护材料种类	m	按设计图示尺寸以长度计算（包括榫长）	1. 构件制作 2. 构件安装 3. 刷防护材料
050302002	原木（带树皮）墙		m²	按设计图示尺寸以面积计算（不包括柱、梁）	
050302003	树枝吊挂楣子			按设计图示尺寸以框外围面积计算	
050302004	竹柱、梁、檩、椽	1. 竹种类 2. 竹梢径 3. 连接方式 4. 防护材料种类	m	按设计图示尺寸以长度计算	
050302005	竹编墙	1. 竹种类 2. 墙龙骨材料种类、规格 3. 墙底层材料种类、规格 4. 防护材料种类	m²	按设计图示尺寸以面积计算（不包括柱、梁）	
050302006	竹吊挂楣子	1. 竹种类 2. 竹梢径 3. 防护材料种类		按设计图示尺寸以框外围面积计算	

注：①木构件连接方式应包括：开榫连接、铁件连接、扒钉连接、铁钉连接。
②竹构件连接方式应包括：竹钉固定、竹篾绑扎、铁丝连接。

表 6-3 亭廊屋面（编码：050303）

项目编码	项目名称	项目特征	计量单位	工程量计算规则	工作内容
050303001	草屋面	1. 屋面坡度 2. 铺草种类 3. 竹材种类 4. 防护材料种类	m²	按设计图示尺寸以斜面积计算	1. 整理、选料 2. 屋面铺设 3. 刷防护材料
050303002	竹屋面			按设计图示尺寸以实铺面积计算（不包括柱、梁）	
050303003	树皮屋面			按设计图示尺寸以屋面结构外围面积计算	
050303004	油毡瓦屋面	1. 冷底子油品种 2. 冷底子油涂刷遍数 3. 油毡瓦颜色规格		按设计图示尺寸以斜面积计算	1. 清理基层 2. 材料裁接 3. 刷油 4. 铺设
050303005	预制混凝土穹顶	1. 穹顶弧长、直径 2. 肋截面尺寸 3. 板厚 4. 混凝土强度等级 5. 拉杆材质、规格	m³	按设计图示尺寸以体积计算。混凝土脊和穹顶的肋、基梁并入屋面体积	1. 模板制作、运输、安装、拆除、保养 2. 混凝土制作、运输、浇筑、振捣、养护 3. 构件运输、安装 4. 砂浆制作、运输

（续）

项目编码	项目名称	项目特征	计量单位	工程量计算规则	工作内容
050303006	彩色压型钢板（夹芯板）攒尖亭屋面板	1. 屋面坡度 2. 穹顶弧长、直径 3. 彩色压型钢板（夹芯板）品种、规格、品牌、颜色 4. 拉杆材质、规格 5. 嵌缝材料种类 6. 防护材料种类	m²	按设计图示尺寸以实铺面积计算	1. 压型板安装 2. 护角、包角、泛水安装 3. 嵌缝 4. 刷防护材料
050303007	彩色压型钢板（夹芯板）穹顶				
050303008	玻璃屋面	1. 屋面坡度 2. 龙骨材质、规格 3. 玻璃材质、规格			1. 制作 2. 运输 3. 安装
050303009	木（防腐木）屋面	1. 木（防腐木）种类 2. 防护层处理			

注：①柱顶石（磉磴石）、钢筋混凝土屋面板、钢筋混凝土亭屋面板、木柱、木屋架、钢柱、钢屋架、屋面木基层和防水层等，应按现行国家标准《房屋建筑与装饰工程工程量计算规范》（GB 50854—2013）相关项目编码列项。
②膜结构的亭、廊，应按现行国家标准《仿古建筑工程工程量计算规范》（GB 50855—2013）及《房屋建筑与装饰工程工程量计算规范》（GB 50854—2013）相关项目编码列项。
③竹构件连接方式应包括：竹钉固定、竹篾绑扎、铁丝连接。

表 6-4 花架（编码：050304）

项目编码	项目名称	项目特征	计量单位	工程量计算规则	工作内容
050304001	现浇混凝土花架柱、梁	1. 柱截面、高度、根数 2. 盖梁截面、高度、根数 3. 连系梁截面、高度、根数 4. 混凝土强度等级	m³	按设计图示尺寸以体积计算	1. 模板制作、运输、安装、拆除、保养 2. 混凝土制作、运输、浇筑、振捣、养护
050304002	预制混凝土花架柱、梁	1. 柱截面、高度、根数 2. 盖梁截面、高度、根数 3. 连系梁截面、高度、根数 4. 混凝土强度等级 5. 砂浆配合比			1. 模板制作、运输、安装、拆除、保养 2. 混凝土制作、运输、浇筑、振捣、养护 3. 构件运输、安装 4. 砂浆制作、运输 5. 接头灌缝、养护
050304003	金属花架柱、梁	1. 钢材品种、规格 2. 柱、梁截面 3. 油漆品种、刷漆遍数	t	按设计图示尺寸以质量计算	1. 制作、运输 2. 安装 3. 油漆
050304004	木花架柱、梁	1. 木材种类 2. 柱、梁截面 3. 连接方式 4. 防护材料种类	m³	按设计图示截面乘长度（包括榫长）以体积计算	1. 构件制作、运输、安装 2. 刷防护材料、油漆
050304005	竹花架柱、梁	1. 竹种类 2. 竹胸径 3. 油漆品种、刷漆遍数	1. m 2. 根	1. 以长度计量，按设计图示花架构件尺寸以延长米计算 2. 以根计量，按设计图示花架柱、梁数量计算	1. 制作 2. 运输 3. 安装 4. 油漆

注：花架基础、玻璃天棚、表面装饰及涂料项目应按现行国家标准《房屋建筑与装饰工程工程量计算规范》（GB 50854—2013）相关项目编码列项。

表 6-5　园林桌椅（编码：050305）

项目编码	项目名称	项目特征	计量单位	工程量计算规则	工作内容
050305001	预制钢筋混凝土飞来椅	1. 座凳面厚度、宽度 2. 靠背扶手截面 3. 靠背截面 4. 座凳楣子形状、尺寸 5. 混凝土强度等级 6. 砂浆配合比	m	按设计图示尺寸以座凳面中心线长度计算	1. 模板制作、运输、安装、拆除、保养 2. 混凝土制作、运输、浇筑、振捣、养护 3. 构件运输、安装 4. 砂浆制作、运输、抹面、养护 5. 接头灌缝、养护
050305002	水磨石飞来椅	1. 座凳面厚度、宽度 2. 靠背扶手截面 3. 靠背截面 4. 座凳楣子形状、尺寸 5. 砂浆配合比			1. 砂浆制作、运输 2. 制作 3. 运输 4. 安装
050305003	竹制飞来椅	1. 竹材种类 2. 座凳面厚度、宽度 3. 靠背扶手截面 4. 靠背截面 5. 座凳楣子形状 6. 铁件尺寸、厚度 7. 防护材料种类			1. 座凳面、靠背扶手、靠背、楣子制作、安装 2. 铁件安装 3. 刷防护材料
050305004	现浇混凝土桌凳	1. 桌凳形状 2. 基础尺寸、埋设深度 3. 桌面尺寸、支墩高度 4. 凳面尺寸、支墩高度 5. 混凝土强度等级、砂浆配合比 6. 模板计量方式			1. 模板制作、运输、安装、拆除、保养 2. 混凝土制作、运输、浇筑、振捣、养护 3. 砂浆制作、运输
050305005	预制混凝土桌凳	1. 桌凳形状 2. 基础形状、尺寸、埋设深度 3. 桌面形状、尺寸、支墩高度 4. 凳面尺寸、支墩高度 5. 混凝土强度等级 6. 砂浆配合比	个	按设计按设计图示数量计算图示数量计算	1. 模板制作、运输、安装、拆除、保养 2. 混凝土制作、运输、浇筑、振捣、养护 3. 构件运输、安装 4. 砂浆制作、运输 5. 接头灌缝、养护
050305006	石桌石凳	1. 石材种类 2. 基础形状、尺寸、埋设深度 3. 桌面形状、尺寸、支墩高度 4. 凳面尺寸、支墩高度 5. 混凝土强度等级 6. 砂浆配合比			1. 土方挖运 2. 桌凳制作、运输、安装 3. 砂浆制作、运输

（续）

项目编码	项目名称	项目特征	计量单位	工程量计算规则	工作内容
050305007	水磨石桌凳	1. 基础形状、尺寸、埋设深度 2. 桌面形状、尺寸、支墩高度 3. 凳面尺寸、支墩高度 4. 混凝土强度等级 5. 砂浆配合比	个	按设计按设计图示数量计算图示数量计算	1. 砂浆制作、运输 2. 桌凳制作、运输、安装
050305008	塑树根桌凳	1. 桌凳直径 2. 桌凳高度 3. 砖石种类 4. 砂浆强度等级、配合比 5. 颜料品种、颜色			1. 砂浆制作、运输 2. 砖石砌筑 3. 塑树皮 4. 绘制木纹
050305009	塑树节椅				
050305010	塑料、铁艺、金属椅	1. 木座板面截面 2. 座椅规格、颜色 3. 混凝土强度等级 4. 防护材料种类			1. 制作、安装 2. 刷防护材料

注：木制飞来椅按现行国家标准《仿古建筑工程工程量计算规范》（GB 50855—2013）相关编码列项。

表6-6 喷泉安装（编码：050306）

项目编码	项目名称	项目特征	计量单位	工程量计算规则	工作内容
050306001	喷泉管道	1. 管材、管件、阀门、喷头品种 2. 管道固定方式 3. 防护材料种类	m	按设计图示管道中心线长度以延长米计算，不扣除检查（阀门）井、阀门、管件及附件所占的长度	1. 土（石）方挖运 2. 管材、管件、阀门、喷头安装 3. 刷防护材料 4. 回填
050306002	喷泉电缆	1. 保护管品种、规格 2. 电缆品种、规格		按设计图示单根电缆长度以延长米计算	1. 土（石）方挖运 2. 电缆保护管安装 3. 电缆敷设 4. 回填
050306003	水下艺术装饰灯具	1. 灯具品种、规格、品牌 2. 灯光颜色	套	按设计图示数量计算	1. 灯具安装 2. 支架制作、运输、安装
050306004	电气控制柜	1. 规格、型号 2. 安装方式	台	按设计图示数量计算	1. 电气控制柜（箱）安装 2. 系统调试
050306005	喷泉设备	1. 设备品种 2. 设备规格、型号 3. 防护网品种、规格			1. 设备安装 2. 系统调试 3. 防护网安装

注：①喷泉水池应按现行国家标准《房屋建筑与装饰工程工程量计算规范》（GB 50854—2013）中相关项目编码列项。
②管架项目应按现行国家标准《房屋建筑与装饰工程工程量计算规范》（GB 50854—2013）中钢支架项目单独编码列项。

表 6-7　杂项（编码：050307）

项目编码	项目名称	项目特征	计量单位	工程量计算规则	工作内容
050307001	石灯	1. 石料种类 2. 石灯最大截面 3. 石灯高度 4. 砂浆配合比	个	按设计图示数量计算	1. 制作 2. 安装
050307002	石球	1. 石料种类 2. 球体直径 3. 砂浆配合比	个	按设计图示数量计算	1. 制作 2. 安装
050307003	塑仿石音箱	1. 音箱石内空尺寸 2. 铁丝型号 3. 砂浆配合比 4. 水泥漆颜色	个	按设计图示数量计算	1. 胎模制作、安装 2. 铁丝网制作、安装 3. 砂浆制作、运输 4. 喷水泥漆 5. 埋置仿石音箱
050307004	塑树皮梁、柱	1. 塑树种类 2. 塑竹种类 3. 砂浆配合比 4. 喷字规格、颜色 5. 油漆品种、颜色	1. m² 2. m	1. 以平方米计量，按设计图示尺寸以梁柱外表面积计算 2. 以米计量，按设计图示尺寸以构件长度计算	1. 灰塑 2. 刷涂颜料
050307005	塑竹梁、柱				
050307006	铁艺栏杆	1. 铁艺栏杆高度 2. 铁艺栏杆单位长度重量 3. 防护材料种类	m	按设计图示尺寸以长度计算	1. 铁艺栏杆安装 2. 刷防护材料
050307007	塑料栏杆	1. 栏杆高度 2. 塑料种类	m	按设计图示尺寸以长度计算	1. 下料 2. 安装 3. 校正
050307008	钢筋混凝土艺术围栏	1. 围栏高度 2. 混凝土强度等级 3. 表面涂敷材料种类	1. m 2. m²	1. 以米计量，按设计图示尺寸以延长米计算 2. 以平方米计量，按设计图示尺寸以面积计算	1. 制作、运输、安装 2. 砂浆制作、运输 3. 接头灌缝、养护
050307009	标志牌	1. 材料种类、规格 2. 镌字规格、种类 3. 喷字规格、颜色 4. 油漆品种、颜色	个	按设计图示数量计算	1. 选料 2. 标志牌制作 3. 雕凿 4. 镌字、喷字 5. 运输、安装 6. 刷油漆
050307010	景墙	1. 土质类别 2. 垫层材料种类 3. 基础材料种类、规格 4. 墙体材料种类、规格 5. 墙体厚度 6. 混凝土、砂浆强度等级、配合比 7. 饰面材料种类	1. m³ 2. 段	1. 以立方米计量，按设计图示尺寸以体积计算 2. 以段计量，按设计图示尺寸以数量计算	1. 土（石）方挖运 2. 垫层、基础铺设 3. 墙体砌筑 4. 面层铺贴

（续）

项目编码	项目名称	项目特征	计量单位	工程量计算规则	工作内容
050307011	景窗	1. 景窗材料品种、规格 2. 混凝土强度等级 3. 砂浆强度等级、配合比 4. 涂刷材料品种	m²	按设计图示尺寸以面积计算	1. 制作 2. 运输 3. 砌筑安放 4. 勾缝 5. 表面涂刷
050307012	花饰	1. 花饰材料品种、规格 2. 砂浆配合比 3. 涂刷材料品种			
050307013	博古架	1. 博古架材料品种、规格 2. 混凝土强度等级 3. 砂浆配合比 4. 涂刷材料品种	1. m² 2. m 3. 个	1. 以平方米计量，按设计图示尺寸以面积计算 2. 以米计量，按设计图示尺寸以延长米计算 3. 以个计量，按设计图示数量计算	1. 制作 2. 运输 3. 砌筑安装 4. 勾缝 5. 表面涂刷
050307014	花盆（坛、箱）	1. 花盆（坛）的材质及类型 2. 规格尺寸 3. 混凝土强度等级 4. 砂浆配合比	个	按设计图示数量计算	1. 制作 2. 运输 3. 安放
050307015	摆花	1. 花盆（钵）的材质及类型 2. 花卉品种与规格	1. m² 2. 个	1. 以平方米计量，按设计图示尺寸以水平投影面积计算 2. 以个计量，按设计图示数量计算	1. 搬运 2. 安放 3. 养护 4. 撤收
050307016	花池	1. 土质类别 2. 池壁材料种类、规格 3. 混凝土、砂浆强度等级、配合比 4. 饰面材料种类	1. m³ 2. m 3. 个	1. 以立方米计量，按设计图示尺寸以体积计算 2. 以米计量，按设计图示尺寸以池壁中心线处延长米计算 3. 以个计量，按设计图示数量计算	1. 垫层铺设 2. 基础砌（浇）筑 3. 墙体砌（浇）筑 4. 面层铺贴
050307017	垃圾箱	1. 垃圾箱材质 2. 规格尺寸 3. 混凝土强度等级 4. 砂浆配合比	个	按设计图示尺寸以数量计算	1. 制作 2. 运输 3. 安放
050307018	砖石砌小摆设	1. 砖种类、规格 2. 石种类、规格 3. 砂浆强度等级、配合比 4. 石表面加工要求 5. 勾缝要求	1. m³ 2. 个	1. 以立方米计量，按设计图示尺寸以体积计算 2. 以个计量，按设计图示数量计算	1. 砂浆制作、运输 2. 砌砖、石 3. 抹面、养护 4. 勾缝 5. 石表面加工
050307019	其他景观小摆设	1. 名称及材质 2. 规格尺寸	个	按设计图示尺寸以数量计算	1. 制作 2. 运输 3. 安装
050307020	柔性水池	1. 水池深度 2. 防水（漏）材料品种	m²	按设计图示尺寸以水平投影面积计算	1. 清理基层 2. 材料裁接 3. 铺设

注：砌筑果皮箱，放置盆景的须弥座等，应按砖石砌小摆设项目编码列项。

6.2.1.2 园林景观工程清单工程量计算

【例6-1】：某公园内设计有一木花架，木材设计采用防腐菠萝木，结构如图6-24所示，求花架清单工程量。

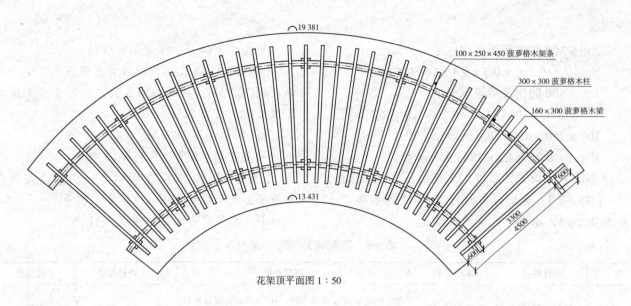

花架顶平面图 1∶50

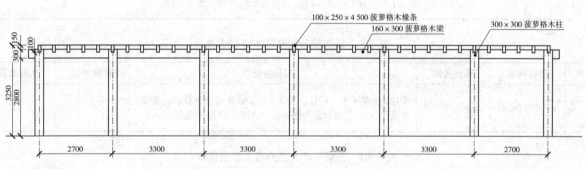

花架立面展开图 1∶50

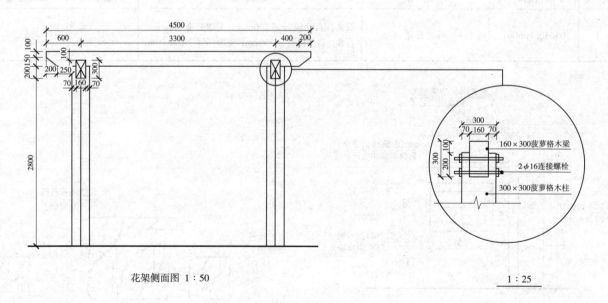

花架侧面图 1∶50

图6-24 花架平、立面图

解：

300×300 防腐菠萝格木柱：

V=（2.8+0.3）×0.3×0.3×14=3.906m³

160×300 防腐菠萝格木梁：

V=（13.431+19.381）×0.16×0.3=1.575m³

100×250×4500 防腐菠萝格木椽：

V=0.1×0.25×4.5×35=3.938m³

小计：3.906+1.575+3.938=9.42 m³（表6-8）

【例6-2】：某公园内设计有14块导示牌，结构如图6-25，求导示牌清单工程量。

解：

标志牌：14个，见表6-9所列。

【例6-3】：某公园内设计有5组石桌石凳，石桌直径700mm，结构如图6-26，求石桌石凳清单工程量。

解：

石桌石凳：5个，见表6-10所列。

【例6-4】：如图6-27所示为一个单体太湖石景石平面及断面示意图，求清单工程量。

解：点风景石1块，见表6-11所列。

表6-8 花架分部分项工程量清单

序号	项目编码	项目名称	项目特征	计量单位	工程数量
1	050304004001	木花架柱、梁	300×30 防腐菠萝格木柱，160×300 防腐菠萝格木梁，100×250×4500 防腐菠萝格木椽，螺栓连接	m³	9.42

表6-9 导示牌分部分项工程量清单

序号	项目编码	项目名称	项目特征	计量单位	工程数量
1	050307009001	标志牌	ϕ120 防腐圆木立柱、清漆亚光，ϕ60 防腐圆木横档、清漆亚光，ϕ30 不锈钢管、外刷仿木纹漆，50厚指示板刻字	个	14

表6-10 石桌石凳分部分项工程量清单

序号	项目编码	项目名称	项目特征	计量单位	工程数量
1	050305006001	石桌石凳	石桌：自然块石 ϕ700mm，支墩高度 600mm 石凳：自然块石 ϕ350mm，支墩高度 350~400mm	个	5

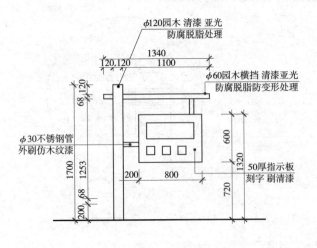

图6-25 导示牌

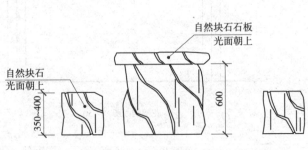

图6-26 石桌石凳立面

6.2.1.3 园林景观工程工程量清单

某公园内设计有1座花架、标志牌14块、石桌石凳5组、点风景石1块，结构如图6-24～6-27所示，清单及计价表见表6-12所列。

表6-11 点风景石分部分项工程量清单

序 号	项目编码	项目名称	项目特征	计量单位	工程数量
1	050301005001	点风景石	太湖石2500×2000×1700，基础详见图	块	1

表6-12 园林景观工程分部分项工程量清单及计价表

序号	项目编码	项目名称	项目特征描述	计量单位	工程量	综合单价（元）	合价（元）	其中		备注
								人工费	机械费	
1	050304004001	木花架柱、梁	300×30防腐菠萝格木柱，160×300防腐菠萝格木梁，100×250×4500防腐菠萝格木椽，螺栓连接	m³	9.42					
2	050307009001	标志牌	φ120防腐圆木立柱、清漆亚光，φ60防腐圆木横档、清漆亚光，φ30不锈钢管外刷仿木纹漆，50厚指示板刻字	个	14					
3	050305006001	石桌石凳	石桌：自然块石φ700mm，支墩高度600mm；石凳：自然块石φ350mm，支墩高度350~400mm	组	5					
4	050301005001	点风景石	太湖石2500×2000×1700，基础详见图	块	1					

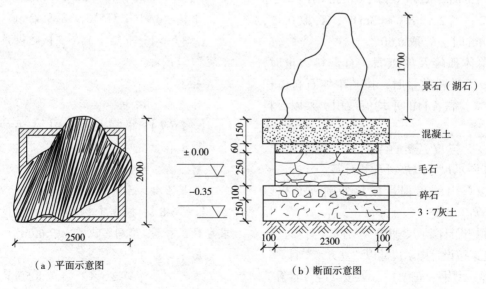

图6-27 景石示意图

（a）平面示意图　　（b）断面示意图

6.2.2 园林景观工程定额工程量的计算

6.2.2.1 园林景观工程定额工程量的计算规则

（1）假山工程量按实际堆砌的假山石料以"吨"计算，假山中铁件用量设计与定额不同时，按设计调整。

堆砌假山工程量（t）= 进料验收的数量 – 进料剩余数量

当没有进料验收的数量时，叠成后的假山可按下述方法计算：

①假山体积计算

$$V_{体}=A_{矩}\times H_{大}$$

式中 $A_{矩}$——假山不规则平面轮廓的水平投影最大外接矩形面积；

$H_{大}$——假山石着地点至最高顶点的垂直距离；

$V_{体}$——叠成后的假山计算体积。

②假山重量计算

$$W_{重}=2.6\times V_{体}\times K_n$$

式中 $W_{重}$——假山石重量（t）；

2.6——石料比重（t/m³），石料比重不同时按实调整；

K_n——系数。

当 $H_{大}\leq 1m$ 时，K_n 取 0.77；当 $1m<H_{大}\leq 2m$ 时，K_n 取 0.72；当 $2m<H_{大}\leq 3m$ 时，K_n 取 0.65；当 $3m<H_{大}\leq 4m$ 时，K_n 取 0.60。

③各种单体孤峰及散点石，有进料数量时，按实际计算；无进料数量时，按其单体石料体积（取单体长、宽、高各自的平均值乘积）乘以石料比重计算。

塑松（杉）树皮、塑竹节竹片、塑壁画面、塑木纹按设计图示尺寸以展开面积计算。

（2）塑假石山的工程量按其外围表面积以"平方米"计算。

（3）屋面按设计图示尺寸以"平方米"计算。

（4）木花架按设计图示尺寸以"立方米"计算。

（5）钢管、型钢、花架柱、梁按"吨"计算。

（6）石灯笼、仿石音箱按"个"计算。

（7）塑松（杉）树皮、塑竹节竹片、塑壁画面、塑木纹按设计图示尺寸以展开面积计算。

（8）塑松棍、皮，塑黄竹按设计图示尺寸以"延长米"计算。

（9）塑树桩按"个"计算。

（10）墙柱面镶贴玻璃钢竹节片按设计图示尺寸以展开面积计算。

（11）木制花坛按设计图示尺寸以展开面积计算。

（12）水磨石景窗框、预制混凝土栏杆、金属花色栏杆、PVC花坛护栏按设计图示尺寸以"延长米"计算。

（13）柔性水池按"平方米"计算。

6.2.2.2 园林景观工程预算定额工程量的计算

【例6-5】：根据【例6-1】提供的设计图纸，求定额工程量。

解：

300×300 防腐菠萝格木柱：

$V=（2.8+0.3）\times 0.3\times 0.3\times 14=3.91m^3$

160×300 防腐菠萝格木梁：

$V=（13.431+19.381）\times 0.16\times 0.3=1.575m^3$

100×250×4500 防腐菠萝格木椽：

$V=0.1\times 0.25\times 4.5\times 35=3.938m^3$

小计：$3.91+1.575+3.938=9.42 m^3$

【例6-6】：根据【例6-2】提供的设计图纸，求定额工程量。

解：

标志牌：14 块

【例6-7】：根据【例6-3】提供的设计图纸，求定额工程量。

解：

石桌石凳：5 组

【例6-8】：根据【例6-4】提供的设计图纸，求定额工程量。（湖石比重为 2.6t/m³）

解：

湖石体积：$V=2.5\times 2\times 1.7=8.50m^3$

湖石重量：$W=2.6\times 8.50\times 0.72=15.91t$

6.3 园林景观工程计价

6.3.1 定额计价法园林景观工程计价

6.3.1.1 园林景观工程的定额套取与换算

《××省园林绿化及仿古建筑工程预算定额》（2018版）计价说明规定：

①本章定额包括堆砌假山、屋面、花架、园林桌椅及杂项，如遇缺项，可套用本定额第四、五、六章相应定额子目，其人工乘以系数1.15。

②堆砌假山包括湖石、黄石假山堆砌、塑假石山，斧劈石堆砌，石峰、石笋堆砌及布置景石等。定额项目是按人工操作、机械吊装考虑的，包括施工现场的相石、叠山、支撑、勾缝、养护等全部操作过程，但不包括采购山石前的选石。在室内叠塑假山或作盆景式假山时，执行本定额相应子目，其定额人工乘以系数1.15。

③堆砌假山（除砖骨架塑假石山外）定额项目均未包括基础，基础部分套用基础工程相应定额。

④塑假山未考虑模型制作费用。

⑤钢骨架塑假山的钢骨架制作及安装项目未包括防锈刷油及表面喷漆，如设计要求防锈刷油及表面喷漆应另行计算。

⑥将若干湖石或黄石辅以条石或钢筋混凝土预制板，用水泥砂浆、细石混凝土和铁件堆砌起来，形成石峰造型的人造假山，不适用于本定额，但在此人造假山上堆砌的假山，安放的石峰、石笋可套用本定额，其垂直运输费另行计算。

⑦布置景石是天然独块的景石布置。

⑧园林桌椅均按成品安装编制；园林石桌石凳以一桌四凳为一套，长条形石凳一套包括凳面、凳脚。

⑨垃圾箱、石灯笼、仿石音箱等均按成品安装编制。

⑩塑松（杉）树皮、塑竹节竹片、塑壁画面、塑木纹、塑树头等子目，仅考虑面层或表层的装饰抹灰和抹灰底层，基层材料均未包括在内。

⑪塑黄竹、松棍每条长度不足1.5m者，其人工乘以系数1.5，如骨料不同，可作换算。

⑫花坛混凝土栏杆、金属栏杆、金属围网等均按成品安装考虑。

⑬水磨石景窗如有装饰线或设计要求弧形或圆形者，其人工乘以系数1.3，其他不变。

⑭花式博古架预制构件按白水泥考虑，如需要增加颜色，颜料用量按石子浆水泥用量的8%计算。

⑮钢管、型钢花架柱梁所用金属材料为黑色金属，如为其他有色金属应扣除防锈漆材料，人工不变。黑色金属如需镀锌，镀锌费另计。

【例6-9】：某公园内设有ϕ700石桌，配石凳2个。结合表6-13定额节选，请确定定额子目与基价。

解：

ϕ700石桌，配石凳2个：套用定额3-64，定额一组石桌石凳含有石桌1个、石凳4个，设计的一组石桌石凳含有石桌1个、石凳2个。定额基价需进行换算。

换算后基价为：14 366.17−142×20.400
=11 469.37元/10组。

【例6-10】：防腐菠萝格木花架柱、花架梁、花架椽，防腐菠萝木价格为8000元/m³。结合表6-14定额节选，请确定定额子目与基价。

解：木花架椽断面周长为：(10+25)×2=70cm；套用定额3-55。花架木材，定额采用杉木，设计采用防腐菠萝格木，定额基价需进行换算。

换算后基价为：3004.29−1625.00×1.161+8000.00×1.161=10 405.67元/m³。

【例6-11】：根据【例6-4】提供的设计图纸和【例6-8】计算的定额工程量，结合表6-15定额节选，请确定定额子目和基价。

解：点风景石即为布置景石，单块景石重量在5t以上，基础工程本章不计，本章仅计景石，套用定额子目3-40。本例中景石重量为15.91t，定额中采用的机械是汽车式起重机12t，实际需要汽车式起重机20t，台班单价为942.85元，需进行基价换算（湖石价格采用定额价）。

换算后基价为：320.67−748.60×0.065+942.85×0.065=333.30元/t

表6-13 定额节选(计量单位:10组)

定额编号				3-64	3-65
项 目				石桌、石凳安装	
				石桌连长或直径	
				700以内	900以内
基价(元)				14 366.17	15 451.78
其中	人工费(元)			626.54	665.69
	材料费(元)			13 704.47	14 736.16
	机械费(元)			35.16	49.93
	名 称	单 位	单价(元)	消耗量	
人工	二类人工	工日	135.00	4.641	4.931
材料	石桌700以内	个	759.00	10.200	—
	石桌900以内	个	853.00	—	10.200
	石 凳	个	142.00	40.800	40.800
	碎石40以内	t	102.00	0.510	0.724
	现浇现拌混凝土C15(16)	m³	290.06	0.340	0.483
	水泥砂浆1:2	m³	268.85	0.067	0.102
	水	m³	4.27	0.097	0.139
机械	灰浆搅拌机200L	台班	154.97	0.011	0.017
	混凝土搅拌机500 L	台班	288.37	0.116	0.164

表6-14 定额节选(计量单位:m³)

定额编号				3-54	3-55
项 目				木花架	
				木花架椽断面周长(cm)	
				25以内	25以外
基价(元)				3545.44	3004.29
其中	人工费(元)			1525.23	1064.21
	材料费(元)			1982.84	1903.22
	机械费(元)			37.37	36.86
	名称	单 位	单价(元)	消耗量	
人工	二类人工	工日	135.00	11.298	7.883
材料	杉板枋材	m³	1625.00	1.210	1.161
	圆 钉	kg	4.74	3.500	3.500
机械	木工圆锯机500mm	台班	27.50	0.160	0.134
	木工压刨床 单面600mm	台班	31.42	0.637	0.630
	木工打眼机16mm	台班	8.38	0.398	0.402
	木工开榫机160mm	台班	43.73	0.220	0.229

注:无花架椽,套用花架椽断面周长25cm以上子目。

6.3.1.2 园林景观工程预算书编制

某公园内设计有1座花架、标志牌14块、石桌石凳5组、点风景石1块，结构见图6-25~图6-27所示，各项费率按中值取费。

该工程属于市区工程，安全文明施工费为6.41%，二次搬运费为0.13%，冬雨季施工增加费为0.15%，企业管理费为18.51%，利润为11.07%，规费费率为30.97%，增值税税率9%，见表6-15~表6-19所列。

表6-15 定额节选

定额编号				3-39	3-40
项 目				布置景石	
				单件重量（t）	
				5以内	5以上
基价（元）				307.40	320.67
其中	人工费（元）			75.33	71.55
	材料费（元）			189.19	200.46
	机械费（元）			42.88	48.66
	名 称	单 位	单价（元）	消耗量	
人工	二类人工	工日	135.00	0.558	0.530
材料	湖石	t	155.00	1.000	1.000
	水泥砂浆1:2.5	m³	252.49	0.050	0.050
	铁件	kg	3.71	5.000	8.000
	其他材料费	元	1.00	3.02	3.16
机械	汽车式起重机5t	台班	366.47	0.117	—
	汽车式起重机12t	台班	748.60	—	0.065

表6-16 园林景观工程预算书封面

园林景观 工程

预算书

预算价（小写）： 140 475 元
（大写）： 壹拾肆万零肆佰柒拾伍 元

编制人：_____（造价员签字盖专用章）
复核人：_____（造价工程师签字盖专用章）

编制单位：（公章）　　　　　编制时间： 年 月 日

表 6-17　园林景观工程预算编制说明

编制说明
一、工程概况 公园内设计有 1 座花架、标志牌 14 块、石桌石凳 5 组、点风景石 1 块。 二、编制依据 1. 杭州某公园景观工程施工图纸； 2.《××省园林绿化及仿古建筑工程预算定额》(2018 版)； 3.《××省建设工程计价规则》(2018 版)； 4.《××省施工机械台班费用定额参考单价》(2018 版)； 5. 材料价格按 ×× 省 2018 年第 11 期信息价； 6. 人工价格按定额价。 三、编制说明 1. 本工程规费按《××省建设工程计价规则》(2018 版) 计取，税金按增值税金 9% 计取； 2. 本工程取费基数为人工费 + 机械费； 3. 安全文明施工费、二次搬运费、冬雨季施工增加费均按《××省建设工程计价规则》(2018 版) 相应的中值计入。

表 6-18　园林景观工程单位工程预算费用计算表

序　号		费用名称	计算公式	金额（元）
一		预算定额分部分项工程费	按计价规则规定计算	120 258.90
	其　中	1. 人工费 + 机械费	∑（定额人工费 + 定额机械费）	12 816.35
二		施工组织措施费		857.41
	其　中	2. 安全文明施工费	1×6.41%	821.53
		3. 二次搬运费	1×0.13%	19.22
		4. 冬雨季施工增加费	1×0.15%	16.66
三		企业管理费	1×18.51%	2372.31
四		利润	1×11.07%	1418.77
五		规费		3969.22
		5. 排污费、社保费、公积金	1×30.97%	3969.22
六		税金	（一 + 二 + 三 + 四 + 五）×9%	11 598.90
七		建设工程造价	一 + 二 + 三 + 四 + 五 + 六	140 475.00

表 6-19　某公园景观工程分部分项工程费用计算表

序　号	定额编号	名称及说明	单位	工程数量	工料单价（元）	合价（元）
1	3-55 换	木花架 花架橼断面周长 25 以上	m³	9.420	10 405.67	98 021.41
2	自补	标志牌	块	14.000	800.00	11 200.00
3	3-64 换	石桌、石凳安装 直径 700 以内	10 组	0.500	11 469.37	5734.69
4	3-40 换	布置景石 单件重量 5t 以上	t	15.910	333.30	5302.80
		本页小计				120 258.90

6.3.2 清单计价法园林景观工程计价

6.3.2.1 园林景观工程项目综合单价分析

某公园内设计有花架1座、标志牌14块、石桌石凳5组、点风景石1块，结构如上述图6-24~图6-27所示。管理费与利润按中值取，管理费率为18.51%、利润费率为11.07%。请分析各项清单项目的综合单价。

（1）300×30防腐菠萝格花架木柱、160×300防腐菠萝格花架木梁、100×250×4500防腐菠萝格花架木椽的综合单价分析

套用定额子目3-55换。定额工程量为9.420m³。

人工费：1064.21 元/m³

材料费：1903.22-1625.00×1.161+8000.00×1.161
　　　　=9304.60 元/m³

机械费：36.86 元/m³

管理费：（1064.21+36.86）×18.51%
　　　　=203.81 元/m³

利润：（1064.21+36.86）×11.07%=121.89 元/m³

小计：1064.21+9304.60+36.86+203.81+121.89
　　　=10 731.37 元/m³

综合单价：1064.21+9304.60+36.86+203.81+121.89
　　　　　=10 731.37 元/m³

见表6-20所列。

（2）标志牌综合单价分析

标志牌一般按成品考虑，定额未设标示牌安装的基价，需要进行市场询价，然后再以自补的方式进行组价。

根据标志牌图示结构，进行市场询价，市场价为800元/块，包括制作、运输与安装。

标志牌综合单价为：800元/块。

（3）石桌石凳综合单价分析

①石桌石凳，套用定额3-64换。定额工程量为0.5（10组）。

人工费：626.54 元/10组

材料费：13 704.47-142.00×20.4
　　　　=10 807.67 元/10组

机械费：35.16 元/10组

管理费：（626.54+35.16）×18.51%
　　　　=122.48 元/10组

利润：（626.54+35.16）×11.07%
　　　　=73.25 元/10组

小计：626.54+10 807.67+35.16+122.48+73.25
　　　=11 665.10 元/10组

②石桌石凳综合单价。清单工程量为5组。

人工费：626.54×0.5/5=62.65 元/组

材料费：10 807.67×0.5/5=1080.77 元/组

机械费：35.16×0.5/5=3.52 元/组

管理费：（62.65+3.52）×18.51%=12.25 元/组

利润：（62.65+3.52）×11.07%=7.33 元/组

综合单价：62.65+1080.77+3.52+12.25+7.33
　　　　　=1166.52 元/组

见表6-21所列。

（4）点风景石综合单价分析

①布置景石，套用定额3-40换。定额工程量为15.91t（表6-22）。

人工费：71.55 元/t

材料费：200.46 元/t

机械费：48.66-748.60×0.065+942.85×0.065
　　　　=61.29 元/t

管理费：（71.55+61.29）×18.51%=24.59 元/t

表6-20 防腐菠萝格花架综合单价分析表

项目编码	项目名称	计量单位	数量	综合单价（元）						合计（元）
				人工费	材料费	机械费	管理费	利润	小计	
050304004001	木花架柱、梁	m³	9.42	1064.21	9304.60	36.86	203.81	121.89	10 731.37	101 089.51
3-55 换	木花架 花架椽断面周长25以上	m³	9.42	1064.21	9304.60	36.86	203.81	121.89	10 731.37	101 089.51

表 6-21 石桌石凳综合单价分析表

项目编码	项目名称	计量单位	数量	综合单价（元）						合计（元）
				人工费	材料费	机械费	管理费	利润	小计	
050305006001	石桌石凳	个	5	62.65	1080.77	3.52	12.25	7.33	1166.52	5832.60
3-64 换	石桌石凳安装 直径 700 以内	10 组	0.5	626.54	10 807.67	35.16	122.48	73.25	11 665.20	5832.60

表 6-22 点风景石综合单价分析表

项目编码	项目名称	计量单位	数量	综合单价（元）						合计（元）
				人工费	材料费	机械费	管理费	利润	小计	
050301005001	点风景石	块	1	1138.36	3189.32	975.12	391.21	233.96	5927.97	5927.97
3-40 换	布置景石 单件重量 5t 以上	t	15.91	71.55	200.46	61.29	24.59	14.71	372.60	5927.97

利润：（71.55+61.29）×11.07%=14.71 元/t
小计：71.55+200.46+61.29+24.59+14.71
　　　=372.60 元/t
②布置景石综合单价
人工费：71.55×15.91/1=1138.36 元/块
材料费：200.46×15.91/1=3189.32 元/块
机械费：61.29×15.91/1=975.12 元/块
管理费：（1138.36+975.12）×18.51%
　　　=391.19 元/块
利润：（1138.36+975.12）×11.07%
　　　=233.96 元/块
综合单价：1138.36+3189.32+975.12+391.21+
　　　233.96=5927.97 元/块

6.3.2.2 园林景观工程工程量清单计价（表 6-23~表 6-28）

表 6-23 园林景观工程投标报价封面

投标总价

建设单位：_____
工程名称：　　园林景观工程
投标总价（小写）　　　140 475 元
　　　　（大写）　　壹拾肆万零肆佰柒拾伍元
投标人：_____　　　　（单位盖章）
法定代表人：_____　　（签字或盖章）
编制人：_____　　　　（签字及盖执业专用章）
编制时间：　　年　月　日

表 6-24　园林景观工程投标报价编制说明

编制说明
一、工程概况
公园内设计有花架 1 座、标志牌 14 块、石桌石凳 5 组、点风景石 1 块。
二、编制依据
1. 杭州某公园景观工程施工图纸；
2.《××省园林绿化及仿古建筑工程预算定额》(2018 版)；
3.《××省建设工程计价规则》(2018 版)；
4.《××省施工机械台班费用定额参考单价》(2018 版)；
5. 材料价格按××省 2018 年第 11 期信息价；
6. 人工价格按定额价。
三、编制说明
1. 本工程规费按《××省建设工程计价规则》(2018 版) 30.97% 计取，税金按增值税金 9% 计取；
2. 本工程取费基数为人工费 + 机械费；
3. 安全文明施工费、二次搬运费、冬雨季施工增加费均按《××省建设工程计价规则》(2018 版) 相应的中值计入。

表 6-25　园林景观工程单位工程报价汇总表

序号	内　容	报价合计（元）
一	分部分项工程费	124 049.87
二	措施项目费（1+2）	857.41
1	组织措施项目	857.41
2	技术措施项目	0.00
三	其他项目费	0.00
四	规　费	3969.22
3	排污费、社保费、公积金	3969.22
五	税金（一+二+三+四）×9%	11 598.89
六	总报价（一+二+三+四+五）	1 140 475

表 6-26　园林景观工程分部分项工程量清单与计价表

序号	项目编码	项目名称	项目特征描述	计量单位	工程量	综合单价（元）	合价（元）	其中	
								人工费	机械费
1	050304004001	木花架柱、梁	木花架柱、梁：300×30 防腐菠萝格木柱，160×300 防腐菠萝格木梁，100×250×4500 防腐菠萝格木椽，螺栓连接	m³	9.42	10 731.36	101 089.43	10 024.86	347.22
2	050307009001	标志牌	φ120 防腐圆木立柱、清漆亚光，φ60 防腐圆木横档、清漆亚光，φ30 不锈钢管、外刷仿木纹漆，50 厚指示板刻字	块	14	800.00	11 200.00	0.00	0.00
3	050305006001	石桌石凳	石桌：自然块石 φ700mm，支墩高度 600mm；石凳：自然块石 φ350mm，支墩高度 350~400mm	个	5	1166.51	5832.55	313.25	17.60
4	050301005001	点风景石	点风景石：太湖石 2500×2000×1700，详见基础图	块	1	5927.89	5927.89	1138.36	975.06
		合　计					124 049.87	11 476.47	1339.88

表 6-27 园林景观工程分部分项工程量清单综合单价分析表

序号	编号	名称	计量单位	数量	综合单价（元）						合计（元）
					人工费	材料费	机械费	管理费	利润	小计	
1	050304004001	木花架柱、梁：300×30 防腐菠萝格木柱，160×300 防腐菠萝格木梁，100×250×4500 防腐菠萝格木椽，螺栓连接	m³	9.42	1064.21	9304.60	36.86	203.81	121.89	10 731.36	101 089.43
	3-55 换	木花架 花架椽断面周长 25 以上	m³	9.42	1064.21	9304.60	36.86	203.81	121.89	10 731.36	101 089.43
2	050307009001	标志牌：φ120 防腐圆木立柱、清漆亚光，φ60 防腐圆木横档、清漆亚光，φ30 不锈钢管、外刷仿木纹漆，50 厚指示板刻字	块	14	0.00	800.00	0.00	0.00	0.00	800.00	11 200.00
	自补	标志牌	块	14	0.00	800.00	0.00	0.00	0.00	800.00	11 200.00
3	050305006001	石桌石凳：石桌：自然块石 φ700mm，支墩高度 600mm 石凳：自然块石 φ350，支墩高度 350~400mm	个	5	62.65	1080.77	3.52	12.25	7.33	1166.51	5832.55
	3-64 换	石桌、石凳安装 直径 700 以内	10 组	0.500	626.54	10 807.67	35.16	122.48	73.25	11 665.10	5832.55
4	050301005001	点风景石：太湖石 2500×2000×1700，基础详见图	块	1	1138.36	3189.32	975.06	391.19	233.96	5927.89	5927.89
	3-40 换	布置景石 单件重量 5t 以上	t	15.910	71.55	200.46	61.29	24.59	14.70	372.59	5927.89

表 6-28 园林景观工程组织措施项目清单与计价表

序号	项目名称	单位	数量	金额（元）
1	安全文明施工费	项	1	821.53
2	二次搬运费	项	1	16.66
3	冬雨季施工增加费	项	1	19.22
	合 计			857.41

小结

本章首先介绍了园林景观工程的基础知识；其次，详细阐述了《园林绿化工程工程量计算规范》（GB

50858—2013）附录 C 的清单设置规定以及《××省园林绿化及仿古建筑工程预算定额》（2018 版）第三章的定额工程量计算规则；最后，结合案例论述了园林景观工程的定额计价与清单计价。本章需要重点掌握假山、花架、坐凳、花坛等分部分项工程的清单列项与清单组价。

习题

一、填空题

1. 廊按平面形式分为：_____、_____、_____；按结构形式分为：_____、_____、_____。
2. 根据《园林绿化工程工程量计算规范》（GB 50858—2013）附录 C 的规定，园林景观工程项目包括_____，_____，_____，_____，_____，_____，_____ 7 个小节共 63 个清单项目。
3. 根据《园林绿化工程工程量计算规范》（GB 50858—2013）附录 C 的规定，堆筑土山丘清单工程量按设计图示山丘_____乘以高度的 1/3 以体积计算。
4. 根据《园林绿化工程工程量计算规范》（GB 50858—2013）附录 C 的规定，塑假山的清单工程量按设计图示尺寸以_____计算。
5. 根据《园林绿化工程工程量计算规范》（GB 50858—2013）附录 C 的规定，草屋面清单工程量按设计图示尺寸以_____计算。

二、选择题

1. 根据《园林绿化工程工程量计算规范》（GB 50858—2013）附录 C 的规定，金属花架柱梁的清单工程量以（　　）计算。

    A. m^2　　　　　　B. t　　　　　　C. m　　　　　　D m^3

2. 根据《园林绿化工程工程量计算规范》（GB 50858—2013）附录 C 的规定，木花架柱、梁的清单工程量以（　　）计算。

    A. m^3　　　　　　B. m　　　　　　C. m^2　　　　　D t

3. 根据《园林绿化工程工程量计算规范》（GB 50858—2013）附录 C 的规定，水磨石飞来椅的清单工程量按（　　）计算。

    A. m　　　　　　　B. 条　　　　　　C. m^2　　　　　D m^3

4. 根据《园林绿化工程工程量计算规范》（GB 50858—2013）附录 C 的规定，铁艺栏杆的清单工程量按（　　）计算。

    A. m^2　　　　　　B. 段　　　　　　C. m　　　　　　D. m^3

5. 根据《园林绿化工程工程量计算规范》（GB 50858—2013）附录 C 的规定，石笋的清单工程量按（　　）计算。

    A. t　　　　　　　B. 支　　　　　　C. m^2　　　　　D m^3

三、思考题

1. 如何描述预制混凝土花架柱、梁的项目特征？如何进行清单计价？
2. 湖石堆砌假山项目清单设置时，如何描述项目特征？如何进行清单计价？

四、案例分析

1. 图 6-28 所示为一个现浇混凝土花架，试按照清单计价规范编制工程量清单。
2. 图 6-29 所示为园林小品中的石桌石凳，试按照清单计价规范编制工程量清单。

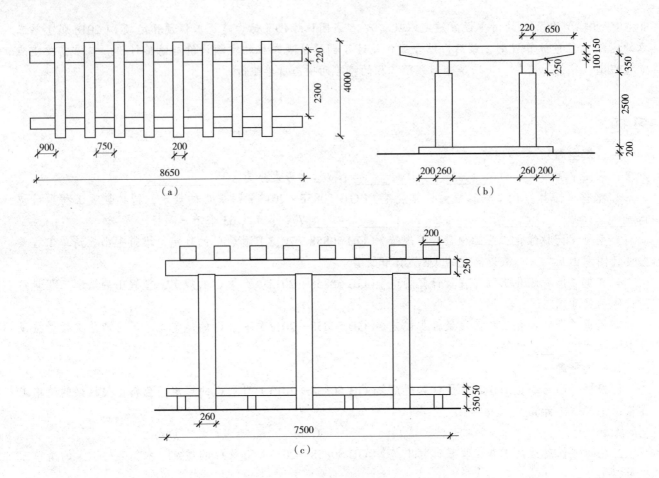

图6-28 花架示意图

(a)平面示意图 (b)侧立面示意图 (c)正立面示意图

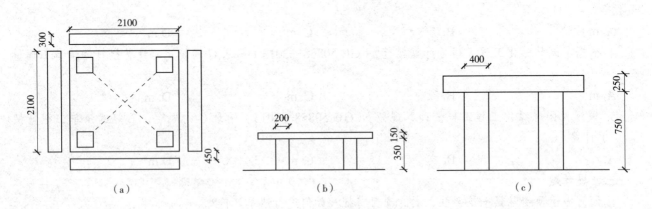

图6-29 石桌石凳示意图

(a)桌凳平面图 (b)凳子立面图 (c)桌子立面图

推荐阅读书目

[1]《园林绿化工程工程量计算规范》(GB 50858—2013).住房与城乡建设部.中国计划出版社,2013.
[2]《浙江省园林绿化及仿古建筑工程预算定额》(2018版).浙江省建设工程造价管理总站.中国计划出版社,2018.
[3]《浙江省建设工程计价规则》(2018版).浙江省建设工程造价管理总站.中国计划出版社,2018.

相关链接

园林景观工程成本造价控制探讨　https://bbs.co188.com/thread-9931022-1-1.html

经典案例

某美丽乡村设计有一座9000mm×2500mm廊架,柱、梁、龙骨采用樟子松防腐木,廊屋面铺设沥青瓦,结构如图6-30所示。依据《园林绿化工程工程量计算规范》(GB 50858—2013)、《仿古建筑工程工程量计算规范》(GB 50855—2013)和《××省园林绿化及仿古建筑工程预算定额》(2018版)、建办标〔2016〕4号、建建发〔2016〕144号等文件进行清单列项与清单组价(表6-29)。

表6-29　分部分项工程量清单与计价表

序号	项目编码	项目名称	项目特征	单位	工程量	综合单价(元)	合价(元)
1	020501003001	方柱	200mm×200mm樟子防腐木,清漆2道	m³	0.96	4735.11	4545.71
2	020501003002	方柱	150mm×150mm樟子防腐木,清漆2道	m³	0.04	4835.71	193.43
3	020501003003	方柱	150mm×200mm樟子防腐木,清漆2道	m³	0.05	4795.47	239.77
4	020502002001	矩形梁	150mm×200mm樟子防腐木,清漆2道	m³	1.38	6225.65	8591.40
5	020508019001	封檐板	1000mm×200mm×20mm樟子防腐木,清漆2道	m	28.6	39.42	1127.41
6	020601003001	瓦屋面	沥青瓦层面,50mm×50mm樟子松防腐木木龙骨	m²	44.91	80.88	3632.32
7	050307019001	其他景观小摆设	成品木坐凳400mm×450mm×9000mm	个	2	2000.00	4000.00
8	05B001	装饰屏风	50mm×50mm樟子松防腐木,100mm×50mm樟子松防腐木,50mm厚樟子松防腐木	m²	31.92	450.00	14 364.00

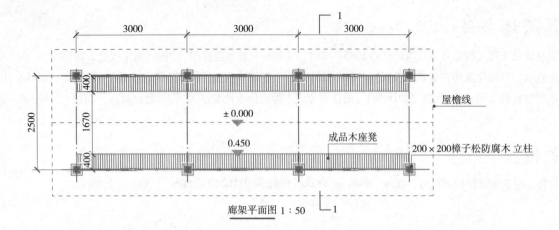

廊架平面图 1:50

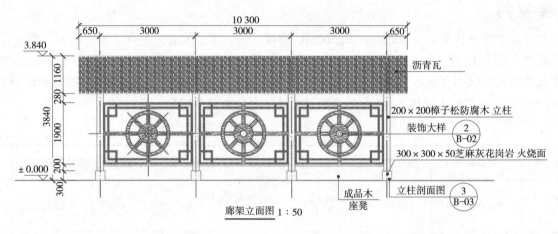

廊架立面图 1:50

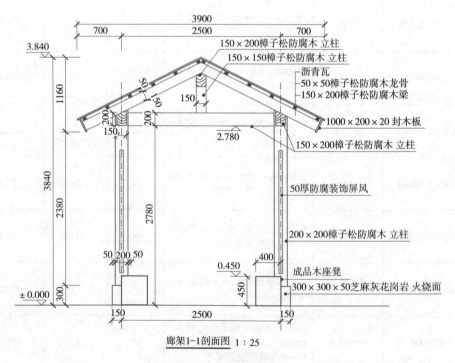

廊架1-1剖面图 1:25

图6-30 廊架详图

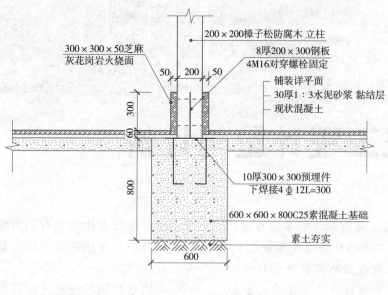

立柱剖面图 1:20

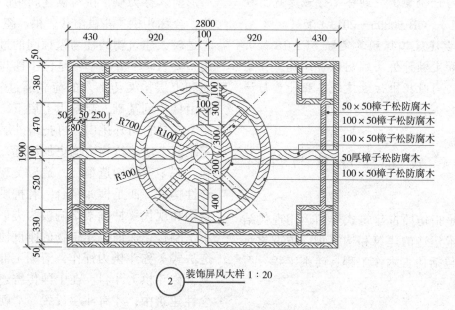

② 装饰屏风大样 1:20

图6-30 廊架详图（续）

第7章

仿古建筑工程计量与计价

【本章提要】仿古建筑是园林工程常见的项目类型，是大型园林建设工程的重要组成部分之一。仿古建筑工程计量与计价是园林工程计量与计价的重要组成内容。本章介绍仿古建筑主要的分部分项工程，仿古建筑计量与计价的方法和依据，仿古建筑计量与计价案例。结合《仿古建筑工程工程量计算规范》（GB 50855—2013）和《××省园林绿化及仿古建筑工程预算定额》（2018版），分清单计价法和定额计价法编制仿古建筑工程案例的造价文件。同时指出仿古建筑工程计量与计价的特点。

7.1 仿古建筑工程计量与计价概述

仿古建筑是指仿照古建筑式样而运用现代结构、材料及技术建造的建筑和构筑物。仿古建筑的设计与施工包括仿古木作工程、砖细工程、石作工程和屋面工程。

7.1.1 仿古建筑工程

7.1.1.1 仿古木作工程

仿古木作工程包括立贴式柱、立柱、梁枋、斗盘枋、夹底、桁条、轩梁、连机、搁栅、帮脊木、椽子、戗角、斗栱、古式木门窗、槛框等。

（1）斗栱

斗栱的前身是"栌栾"，即斗状的柱头。最早的斗栱见于汉代崖墓、石室、石阙、明器、壁画等；现存古代斗栱实物有四川绵阳县平杨镇汉代石阙一斗三升斗栱和四川雅安县后汉高颐墓阙一斗二升斗栱。

斗栱是我国传统建筑特有的一种结构，位于立柱顶、额枋和檐檩间或构架间。从柱顶探出的弓形肘木称为栱，栱与栱之间垫的方形木块称为斗，合称斗栱。斗栱由斗、栱、翘、昂、升组成，它是较大建筑物的柱与屋顶间的过渡结构。其功用主要有4个方面：一是位于柱与梁之间，由屋面和上层构架传下来的荷载通过斗栱传给柱子，再由柱传到基础，起着承上启下，传递荷载的作用；二是它向外挑出，可把最外层的桁檩挑出一定距离，使建筑物出檐更加深远，造形更加优美和壮观；三是构造精巧，造形美观，是很好的装饰性构件；四是榫卯结合，有抗震的作用。这种结构和现代梁柱框架结构极为类似，构架的节点不是刚接，保证了建筑物的刚度协调。宋朝《营造法式》称斗栱为铺作，清朝工部《工程做法则例》称斗栱为斗科。在中国传统建筑，特别是纪念性建筑中，才有斗栱设置。清朝以后，斗栱的结构作用蜕化，成了在柱网和屋顶构架间起装饰作用的构件。

斗栱种类很多，形制复杂。按使用部位，斗栱可分为内檐斗栱、外檐斗栱和平座斗栱。按使用朝代，斗栱可分为柱头铺作、柱头科，柱间铺作、平身科以及转角铺作、角科。其中转角斗栱（角科）结构最复杂，所起作用也最大（图7-1）。外檐斗栱（图7-2）处于建筑物外檐部位，分为柱头科、平身科、角科、溜金、平座等；内檐斗栱

图7-1 仿古建筑的转角斗栱

图7-2 牌坊斗栱（外檐斗栱）

处于建筑物内檐部位，分为品字科、隔架等。

（2）槛框

槛框是仿古建筑门窗外框的总称。它的形式和作用与现代建筑木制门窗的口框类似。中国传统建筑的门窗都安装在槛框里。槛框中处于水平位置的构件为槛，处于垂直位置的构件为框。根据位置不同，槛又分为上槛、中槛、下槛。下槛是紧贴地面的横槛，是安装大门、隔扇的重要构件；上槛是紧贴檐枋下皮安装的横槛；中槛是位于上、下槛间偏上的跨空横槛。中槛下安装门扇或隔扇，中槛上安装走马板或横陂窗。槛框的垂直构件为框，紧贴柱子安装的部位也称为抱框。大门居中安装时，根据门宽再安装两根门框。门框与抱框间安装两根短横槛，称为"腰枋"，它的作用在于稳定门框。

7.1.1.2 砖细工程

砖细工程是指将砖进行锯、截、刨、磨等加工的工作名称。包括做细望砖，砖细加工，砖细贴墙面，地穴、月洞及门窗樘套，漏窗，砖细槛墙、坐槛栏杆，砖细构件，砖雕及碑镌字等。

（1）做细望砖

望砖是铺在椽子上的薄砖，用以承受瓦片荷载，阻挡瓦楞中漏下的雨水和防止透风落尘，并使室内顶面外观平整。望砖的规格通常为210mm×150mm×17mm。做细望砖是指在望砖铺砌前，对望砖进行加工处理，包括糙直缝、圆口望、船篷轩和鹤颈弯望等。糙直缝是对望砖的简单加工，即对望砖拼缝面进行粗加工，使望砖铺砌时能够合缝。圆口望是在茶壶挡椽高出部分靠边缘加工成圆弧边。弯望是指带弓形的望砖，铺砌在船篷顶弯弧形椽上的望砖称为船篷轩弯望，将椽子做成仙鹤颈弯弧形称为鹤颈弯椽，由鹤颈弯椽组成的篷顶称为鹤颈轩，铺砌在鹤颈轩弯椽上的望砖称为鹤颈弯望。

（2）砖细贴墙面

在中国传统建筑中，墙体大多分里外两层。里层墙体没有严格要求，功能是陪衬结构厚度，称背里或衬里；外层墙体则要求严格。砖细贴墙面是外层墙体正面大面积铺筑的墙砖。通常分为勒脚细、八角景、六角景、斜角景4种。勒脚细位于墙体勒脚部位，较墙身厚出一寸，一般采用做细清水砖，所以叫勒脚细。八角景、六角景因砖外形为八角形或六角形而得名，"景"是指艺术形式的砌筑。采用八角形或六角形砖贴面的墙，多在线砖围成的景框内砌筑。斜角景是用四边形方砖进行斜贴的一种形式。

（3）地穴、月洞和门窗樘套

《营造法式》称墙垣上做门洞而不装门扇的空

图7-3 重庆湖广会馆的砖细贴墙面和地穴

间为"地穴"（图7-3），墙垣上做窗洞而不装窗扇的空间为"月洞"。在门窗洞口周边镶嵌凸出墙面的砖细，称"门窗套"，其中在洞内侧壁与顶面满嵌砖细者称为"内樘"。

（4）砖细坐槛面和坐槛栏杆

《营造法式》称矮墙为"半墙"，亭、廊周边的栏杆如改用砖砌矮墙，在矮墙顶面铺一平整的坐板，称"坐槛"，用砖细做的坐槛即为坐槛面。坐槛面分有雀簧和无雀簧两种。雀簧指小连接木，因为有些砖细坐槛面要与木构件（如木柱、木栏等）连接，此时应在砖的背面剔凿槽口以安装连接木。

用砖栏杆代替矮墙，并在其上设坐板，称"砖细坐槛栏杆"。砖细坐槛栏杆实际是一种设有坐板的空花矮墙，其形式仿照石栏杆做法。砖细坐槛栏杆由四部分组成：坐槛面、栏杆柱、栏杆芯和栏杆底脚。

（5）砖细构件

砖细构件包括砖细抛方、砖细包檐、砖细屋脊头、砖细垛头、砖细博风板雕花腾头、砖细挂落、砖细飞砖、砖细八字垛头、砖细上枋与下枋、砖细斗盘枋、砖细上下托浑线脚、砖细宿塞、砖细木角小元线台盘浑、砖细字碑、砖细字碑镶边、砖细兜肚等。

砖细抛方为抛枋及墙体其他部位用砖的加工项目，分为平面加工和平面带枭混线脚抛方两种。平面抛方是指对砖面进行刨磨加工，包括截锯成需要的尺寸、表面刨光、孔隙补油灰、打磨截面等。平面带枭混线脚抛方是指不仅进行平面加工，还按需要的线脚形式，加工成一定形体。线脚的形式有枭、半混、圆混、炉口等，如图7-4所示。

砖细包檐是指做细清水砖墙的檐口。包檐一般采用三匹砖逐匹挑出，称为"三飞砖"。砖细一飞砖称为木角线，二飞砖称为托浑，三飞砖称为晓色（图7-5）。定额有砖细包檐三道以及砖细一飞砖、二飞砖、三飞砖项目。砖细屋脊头用于砌筑正脊两端的装饰物。砖细垛头是门墙两边的砖柱或山墙伸出廊柱外的部分。砖细博风板雕花腾头是博风板的两个端头。砖细牌科是用砖细雕刻而成的单面斗栱，一般用于砖细门楼（图7-6）。

图7-4　砖细抛方

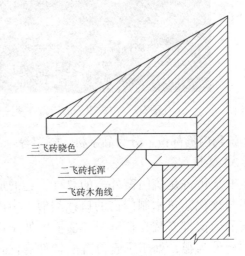

图7-5　砖细包檐

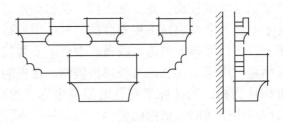

图7-6　砖细牌科

砖细挂落是仿古建筑中用于两柱间枋下雕成宫式或花卉、香草等各式纹样、具有装饰功能的构件。砖细八字垛头是指大门两旁连接有八字拐角的砖柱，其中拖泥锁口指台基边缘的锁口砖。砖细上枋与砖细下枋是砖细门楼中位于字碑和门洞上槛之间的砖枋，用来承托屋顶以下重量。砖细斗盘枋是承托砖细斗栱的平面板。砖细上下托浑线脚中带圆弧形凸出的断面称为浑面，覆盖者为仰浑，仰置者为托浑。将两者上下对称砌置，称为上下托浑线脚。砖细宿塞为带状矩形的条砖，置于上下托浑之间，起着过渡变形的效果。砖细木角小元线台盘浑是砖细字碑镶边最外框的一道线脚。砖细字碑镶边是指字碑外框线砖细。砖细字碑即镶边中间部分用以雕刻字文的砖细。砖细兜肚是指镶边两端的方块砖（图7-7）。

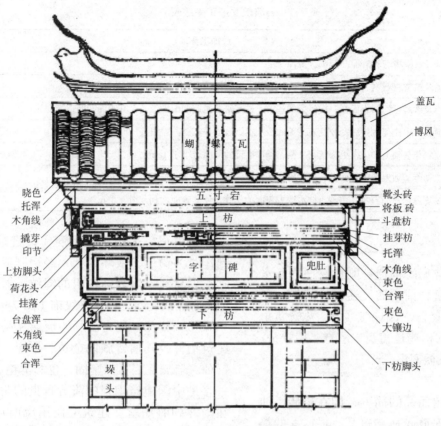

图7-7 门楼中的砖细构件

7.1.1.3 石作工程

石作工程是指构成仿古建筑的石构件的加工制作和安装。包括石料加工、石构件制作和石构件安装。

（1）石料加工

石料加工最早称为"錾凿打荒"。打荒是指对石料进行"打剥"加工，也就是用铁锤及铁凿将石料表面凸起部分凿掉。錾凿是指用铁锤及铁凿对石料表面进行密布凿痕的加工，令其表面凹凸逐渐变浅。此外，石料加工还包括"做糙""剁斧"和"扁光"。做糙是用铁锤及铁凿对石料表面粗略地通打一遍，要求凿痕深浅齐匀。如果作第二遍打凿，则称为二步做糙。做糙是石料的粗加工。剁斧是用钢凿和钢斧将石料表面剁打趋于平整。用钢斧剁打后，其表面无凹凸，达到表面平整的目的。剁斧系石料的细加工。一般来说，石料加工按园林定额规定分为四个等级：打荒、做糙、剁斧和扁光。更进一步细分可分为：打荒、一步做糙、二步做糙、一遍剁斧、二遍剁斧、三遍剁斧和扁光7个等级。见表7-1所列。

（2）筑方快口和板岩石

筑方快口均发生在有看面的部位，其石料相邻的两个面经加工后形成的角线称为快口。板岩石均发生在石料的内侧不露面部位。其石料相邻的两个面经加工后形成的角线称为板岩口。

（3）线脚和披势

在加工石料的边线部位雕成突出的角，圆形称为圆线脚，方形称为方线脚。凡将石料相邻两个面剥去其两个面相交的直角，而成为斜坡的形势称为披势。

（4）菱角石、锁口石、侧塘石和鼓磴、磉石

菱角石又称为象眼，是踏步两旁垂带石下部的三角部分。锁口石是石栏杆下的石条或驳岸顶上的一皮石料。侧塘石以塘石侧砌，用于阶台及驳岸。鼓磴是仿古建筑柱下的石块，形式有圆形和方形。磉石是鼓磴下面的基础石，形式通常为方形。

表 7-1　石料表面加工等级表

加工等级	加工要求
1. 打荒	用铁锤及铁凿将石料表面凸起部分凿掉
2. 一步做糙	用铁锤及铁凿对石料表面粗略地通打一遍，要求凿痕深浅齐匀
3. 二步做糙	用铁锤及铁凿对石料表面在一次錾凿的基础上进行密布凿痕的细加工，令其表面凹凸逐渐变浅
4. 一遍剁斧	在石料表面用铁斧剁打后，令其表面无凹凸，达到表面平正，斧口痕迹的间隙应小于 3mm
5. 二遍剁斧	在一遍剁斧基础上加工得更为精密一些，斧口痕迹的间隙应小于 1mm
6. 三遍剁斧	在二遍剁斧基础上要求平面具有更严格的平整度，斧口痕迹的间隙应小于 0.5mm
7. 扁光	凡完成三遍剁斧的石料，用砂石加水磨去表面的剁纹，使其表面达到光滑与平正

7.1.1.4　屋面工程

仿古建筑屋面常见的构造有刚性屋面、防水层、保温层、变形缝、铺望砖、盖瓦、屋脊、围墙瓦顶、屋脊头（套兽、琉璃宝顶）、飞檐翘角等。其中比较典型的构造是盖瓦、屋脊、屋脊头、滴水、琉璃宝顶和飞檐翘角。

（1）盖瓦

盖瓦是指铺砌屋面瓦的简称，即在望砖、油毡面上通过瓦条木安放底瓦和盖瓦。根据瓦的类型不同，盖瓦通常分为蝴蝶瓦、筒瓦和琉璃瓦。

①蝴蝶瓦　又称为小青瓦，是阴阳瓦的一种，在北方又称为合瓦。蝴蝶瓦在我国瓦屋面工程中应用已久，它的铺法有仰瓦屋面和阴阳瓦屋面两种，其中仰瓦屋面又分有灰埂和无灰埂两种。仰瓦屋面铺法比阴阳瓦屋面简单。在北方，合瓦屋面是传统建筑常见的屋面形式，主要见于小式建筑和北京、河北等地的民宅，大式建筑不用合瓦。在江南地区，无论是民宅还是庙宇，均以蝴蝶瓦屋面为主（图 7-8）。

②筒瓦　是用于大型庙宇，宫殿的窄瓦片，制作时为筒装，成坯为半，经烧制成瓦，一般以黏土为材料。器表饰较粗的绳纹，器内除素面外还有麻点纹、斜方格纹等纹饰（图 7-9）。

③琉璃瓦　流光溢彩的琉璃瓦是中国传统的建筑物件，其通常施以金黄、翠绿、碧蓝等彩色铅釉。琉璃瓦因材料坚固、色彩鲜艳、釉色光润，一直是中国建筑陶瓷中流芳百世的骄子。我国早在南北朝时期就在建筑上使用琉璃瓦作为装饰，到元朝时皇宫建筑开始大规模使用琉璃瓦，明朝十三陵与九龙壁都是琉璃瓦建筑史上的杰作。琉璃瓦常用的瓦件有：筒瓦、板瓦、句头瓦、滴水瓦、罗锅瓦、折腰瓦、走兽、挑角、正吻、合角吻、垂兽、钱兽、宝顶等（图 7-10）。

（2）屋脊

屋脊包括蝴蝶瓦脊、筒瓦脊和琉璃瓦脊。

蝴蝶瓦脊是蝴蝶瓦屋面上的正脊，所用材料以蝴蝶瓦为主，配合其他材料可做成不同形式，如游脊，黄瓜环，一瓦条、二瓦条筑脊盖头灰等。

图 7-8　仿古建筑蝴蝶瓦屋面

图 7-9　筒　瓦

图7-10　大理崇圣寺顶的琉璃瓦

图7-11　廊顶的蝴蝶瓦脊

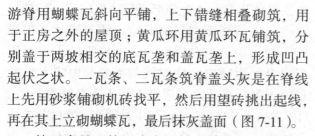
图7-12　大理崇圣寺望海楼套兽

图7-13　大理崇圣寺山海大观牌坊套兽

游脊用蝴蝶瓦斜向平铺,上下错缝相叠砌筑,用于正房之外的屋顶;黄瓜环用黄瓜环瓦铺筑,分别盖于两坡相交的底瓦垄和盖瓦垄上,形成凹凸起伏之状。一瓦条、二瓦条筑脊盖头灰是在脊线上先用砂浆铺砌机砖找平,然后用望砖挑出起线,再在其上立砌蝴蝶瓦,最后抹灰盖面(图7-11)。

筒瓦脊是以筒瓦为主,辅以其他材料砌筑而成的屋脊。筒瓦脊包括花筒、竖带、干塘、过桥脊、滚筒脊、环抱脊、泥鳅脊、花砖脊、单面花砖博脊等。其中滚筒脊是在脊身下部用筒瓦合抱成圆弧形,分为二瓦条和三瓦条。环抱脊是在滚筒脊的基础上,用盖筒瓦代替立叠蝴蝶瓦和盖头灰。花砖脊脊身以花砖为主,配以蝴蝶瓦和砂浆砌筑。单面花砖博脊专用于歇山屋顶,即将博脊宽的一半用花砖脊,内里部分同山面板。

琉璃瓦脊包括正脊、竖带脊、戗脊、博脊、围脊、围墙脊、过桥脊等。

(3) 滴水、屋脊头、宝顶和飞檐翘角

① 滴水　是底瓦用于檐口,底瓦端有如意形舌片下垂者。即在仿古建筑屋顶仰瓦形成的瓦沟最下面的一块特制的瓦。

② 屋脊头　包括龙吻屋脊头、哺龙屋脊头、哺鸡屋脊头、预制留孔纹头屋脊头、纹头屋脊、雌毛脊屋脊头、甘蔗脊屋脊头等。其中套兽是屋脊头的主要瓦件。

套兽是中国古代建筑的脊兽,安装于脊角梁的端头上,其作用有防雨水侵蚀、美观、喻意、祈望等。套兽一般由琉璃瓦制成,为狮头或龙头形状。例如正脊两端的"正吻"兽,也叫"鸱吻",是龙的九子之一。套兽的多少,按房屋重要性而定。一般中轴多,两厢少;进门少,近墓多;门少,殿多。套兽最多的古建筑是北京故宫太和殿,一排计11只兽(图7-12、图7-13)。

③ 宝顶　是中国传统建筑的建筑构件,它屹立在亭、殿、楼、阁等建筑物的最高处。常见的宝顶为彩色琉璃,束腰呈圆形、方形和宝塔形等,四周还有龙凤、牡丹等浮雕图案。

宝顶不仅是建筑物最高处的一种装饰,而且起着加固房顶的作用。凡有宝顶的建筑物,都采用了中国传统的攒尖顶屋面。攒尖顶屋面,其木

图7-14 丽江木府大殿的琉璃宝顶

图7-15 丽江木府大殿和亭屋面的宝顶

图7-16 仿古建筑的飞檐和斗栱

图7-17 仿古建筑的飞檐翘角

构架逐渐向上收缩，最后聚集在房顶的一根垂直木柱上。这根本柱起着平衡整个房顶的作用。它好像一把阳伞的伞柄，倘若伞柄不牢固，伞骨便会松散。古人为了加固攒尖顶屋面，用琉璃材料来加固和保护房顶的木柱，以免遭受日晒和风雨的侵蚀，这便是琉璃宝顶（图7-14、图7-15）。

北京故宫中和殿和交泰殿是明清皇帝处理朝政的所在，两殿房顶上的宝顶通体鎏金，金光闪闪，显示了皇宫的庄严华贵，这也是中国封建等级制度在古建筑上的反映。

④飞檐翘角 中国传统建筑屋角的檐部向上翘起，若飞举之势，称为飞檐翘角。飞檐翘角常用在亭、台、楼、阁、宫殿、庙宇等建筑的屋顶转角处，四角翘伸，形如飞鸟展翅，轻盈活泼。翘角高度一般可达建筑物立面高度的一半左右，这不但扩大了采光面、有利于排泄雨水，而且增添了建筑物向上的动感，仿佛有一种气将屋檐向上托举（图7-16、图7-17）。

7.1.2 仿古建筑工程计量与计价的依据

仿古建筑施工以仿古木作工程、砖细工程、石作工程、屋面工程为主，其分部分项工程子目也主要体现在此4个分部工程，相应的工程量计算规则根据规范和定额确定。随着园林工程投资不断增加，基本建设对仿古建筑的需求也逐年提升。为顺应时代发展的需要，中华人民共和国国家标准《仿古建筑工程工程量计算规范》GB 50855—2013 于 2013 年 1 月颁布，2013 年 7 月开始实施。规范由总则、术语、工程计量、工程量清单编制、附录A砖作工程、附录B石作工程、附录C玻璃砌筑工程、附录D混凝土及钢筋混凝土工程、附录E木作工程、附录F屋面工程、附录G地面工程、附录H抹灰工程、附录J油漆彩画工程、附录K措施项目和附录L古建筑名词对照表组成。其中前 10 个附录包含了仿古建筑施工所需的 10 个分部工程，也体现了仿古建筑的特点。《仿古建筑工程工程量计算规范》（GB 50855—2013）是仿古建筑工程清单计量的依据。《××省园林绿化及仿古建筑工程预算定额》（2018版）将仿古建筑划分为砖细工程、石作工程、琉璃砌筑工程、混凝土及钢筋工程、屋面工程、仿古木作工程、地面工程、抹灰工程、油漆工程等，其分项工程与《××省建筑工程预算定额》（2018版）有很大不同。由于定额明确了每个分部分项工程的工程量计算规则，单位估价表以及人、材、机消耗量，所以《××省园林绿化及仿古建筑工程预算定额》（2018版）是仿古建筑工程定额计量与计价，以及清单计价的主要依据。

7.1.3 仿古建筑建筑面积计算规定

根据《××省园林绿化及仿古建筑工程预算定额》（2018版），仿古建筑工程建筑面积计算按照以下规定：

（1）计算建筑面积的范围

①单层建筑不论其出檐层数及高度如何，均按一层计算面积。其中有台明者按台明外围水平面积计算建筑面积。无台明有围护结构的以围护结构水平面积计算建筑面积；围护结构外有檐廊柱的，按檐廊柱外边线水平面积计算建筑面积；围护结构外边线未及构架柱外连线的，按构架柱外边线计算建筑面积；无围护结构的按构架柱外边线计算面积。

②有楼层分界的两层或多层建筑，不论其出檐层数如何，按自然结构楼层的分层水平面积总和计算建筑面积。其首层的建筑面积计算方法分有、无台明两种，按上述单层建筑物的建筑面积计算方法计算；二层及二层以上各层建筑面积计算方法，按上述单层无台明建筑的建筑面积计算方法执行。

③单层建筑中或多层建筑的两自然结构楼层间局部有楼层者，按其水平投影面积计算建筑面积。

④碉楼式建筑物的碉台内无楼层分界的按一层计算建筑面积，碉台内有楼层分界的分层累计计算建筑面积。单层碉台及多层碉台的首层有台明的按台明外围水平面积计算建筑面积，无台明的按围护结构底面外围水平面积计算建筑面积。多层碉台的二层及二层以上均按各层围护结构底面外围水平面积计算建筑面积。

⑤两层或多层建筑构架柱外，有围护装修或围栏的挑台部分，按构架柱外边线至挑台外围线间水平投影面积的1/2计算建筑面积。

⑥坡地建筑、临水建筑或跨越水面建筑的首层构架柱外有围栏的挑台部分，按构架柱外边线至挑台外围线间的水平投影面积的1/2计算建筑面积。

（2）不计算建筑面积的范围

①单层或多层建筑中的无柱门罩、窗罩、雨篷、挑檐、无围护的挑台、台阶等。

②无台明建筑或多层建筑的二层或二层以上突出墙面或构架柱外边线以外的部分，如墀头、垛、窗罩等。

③牌楼、实心或半实心的砖、石塔。

④构筑物，如月台、圜丘台、城台、院墙及随墙门、花架等。

⑤碉台的平台。

7.1.4 仿古建筑工程清单子目及工程量计算规则

根据《仿古建筑工程工程量计算规范》（GB 50855—2013），仿古建筑工程包含的部分清单项目名称、项目编码、项目特征、计量单位、工程量计算规则和工程内容见表7-2所列。

7.1.5 仿古建筑工程定额子目及工程量计算规则

7.1.5.1 仿古建筑的分部分项工程

根据《××省园林绿化及仿古建筑工程预算定额》（2018版），仿古建筑典型的分部工程有：砖细工程、石作工程、琉璃砌筑工程、屋面工程和仿古木作工程等，其包含的子分部分项工程见表7-3所列。

表 7-2 仿古建筑清单项目及工程量计算规则

项目编号	项目名称	项目特征	计量单位	工程量计算规则	工程内容
020101002	细砖清水墙	砌墙厚度、砌筑方式、勾缝类型、砖品种、灰浆品种及配合比	m³	按设计图示尺寸以体积计算，不扣除伸入墙内的梁头、桁檩头所占体积，扣除门窗洞口和嵌入墙内的柱梁所占体积	选砖，调制砂浆，支拆券胎，砌筑，勾缝，材料运输，渣土清运
020201001	阶条石	黏结层材料种类、厚度、强度等级，石料种类、规格，石表面加工要求及等级，保护层材料种类	m³/m²	按设计图示尺寸以体积或水平投影面积计算	基层清理，石构件制作、运输、安装，刷防护材料
020201002	踏跺				
020201008	垂带				
020401001	矩形柱	柱收分、侧脚、卷杀尺寸，混凝土强度等级、种类	m³	按设计图示尺寸以体积计算	模板制作、安装、拆除，混凝土制作、运输、浇筑、振捣、养护
020402001	矩形梁	梁上表面卷杀、梁端拔亥、梁底挖底、梁侧面浑面尺寸，混凝土强度等级、种类			
020402004	拱形梁				
020410001	椽望板	构件尺寸，安装高度，混凝土强度等级，砂浆强度等级			构件制作、运输、安装，接头灌缝
020502002	木矩形梁	构件截面尺寸，木材品种，构件规格和刨光要求，防护材料种类，刷涂遍数，雕刻要求	m³	按设计图示尺寸竣工木构件以体积计算	挖底、拔亥、锯榫、汇榫制作、刨光、安装，刷防护材料，雕刻
020505002	木矩形椽		m³/m/根	按设计图示尺寸竣工木构件以体积、长度或数量计算	
020506001	老角梁、由戗		m³	按设计图示尺寸竣工木构件以体积计算	刨光，开榫，角弧度制作，雕刻戗头，安装
020511002	倒挂楣子	构件芯类型、式样，构件高度，木材品种，框、芯截面尺寸，雕刻的纹样，防护材料种类、刷涂遍数	m²/m	按设计图示尺寸以面积或延长米计算	框、芯、靠背制作，雕刻、安装，刷防护材料
020602001	筒瓦屋面	屋面类型、瓦件规格尺寸，坐浆配合比及强度等级，铁件种类、规格，基层材料种类	m²	按设计图示屋面至飞椽头或封檐口的铺设的斜面积计算	运输，调运砂浆，铺底灰，轧楞，铺瓦，嵌缝，抹布二糙一光，刷黑水，桐油一遍
020801001	墙面仿古抹灰	墙体类型，抹灰种类，底层厚度、砂浆配合比，面层厚度、砂浆配合比，基层处理材料	m²	按设计图示尺寸以面积计算，扣除门窗洞口和单个 0.3 m² 以上孔洞面积	基层清理，下麻钉，砂浆制作、运输，底层抹灰，面层抹灰

表 7-3 仿古建筑的分部分项工程（定额子目）

序号	分部工程	子分部分项工程
1	砖细工程	做细望砖，砖细加工，砌城砖墙及清水墙，砖细及青条砖贴面，砖细镶边、月洞、地穴及门窗樘套，砖细漏窗，砖细槛墙、坐槛栏杆，砖细构件，砖细小构件，砖雕及碑镌字等
2	石作工程	石料加工，用毛料石制作、安装（包括台基及台阶、望柱、栏杆、磴、柱、梁、枋、门窗石、槛垫石、石屋面、石作配件、石雕及镌字），用机割石材制作构件（包括台基及台阶、望柱、栏杆、磴、柱、梁、枋、门窗框）
3	琉璃砌筑工程	琉璃墙身（包括砌琉璃砖、琉璃花墙、冰盘檐、梢子），琉璃其他配件（包括霸王拳、坠山花、宝瓶、套兽），琉璃花窗
4	屋面工程	屋面防水及排水，变形缝与止水带，屋面保温隔热，铺望砖，蝴蝶瓦屋面（包括蝴蝶瓦盖瓦、蝴蝶瓦瓦脊、蝴蝶瓦围墙瓦顶、蝴蝶瓦花沿、滴水、蝴蝶瓦泛水、斜沟），筒瓦屋面（包括筒瓦盖瓦、筒瓦瓦脊、筒瓦围墙瓦顶、筒瓦排山、筒瓦花沿、滴水、屋脊头烧制品、屋脊头堆塑、琉璃窗），琉璃屋面（包括琉璃瓦盖瓦、琉璃瓦脊、琉璃瓦花边、滴水、琉璃瓦斜沟、琉璃瓦排山、琉璃瓦围墙瓦顶、琉璃吻兽、琉璃包头脊、翘角、套兽、琉璃宝顶、走兽）
5	仿古木作工程	柱、梁、桁（檩）条、枋、替木、捆棚、椽、戗角、斗栱，木作配件，古式木门窗、槛、框、门窗配件，古式木栏杆、座凳、雨达板、鹅颈靠背、挂落、飞罩、木地板、木楼梯、板间壁及天花，匾额、楹联，木材雕刻

7.1.5.2 砖细工程

砖细制作按现场制作考虑，如实际加工方法与定额不一致时，不做调整。

（1）相关规定与说明

①望砖加工定额包括刨平面、弧面、刨缝、补磨。

②除做细望砖、砖细加工及砖雕外，定额均包括制作安装。若为成品安装，扣除相应定额内的刨面、刨缝人工；若刨缝为不露面平缝，定额每10m缝扣除0.65工日。砖的规格不同时，可按相应定额项目进行换算。

③青条砖贴面，定额按成品考虑；若要进行加工，按相应定额子目计算。青砖贴面按水泥砂浆黏结考虑，材料品种、规格及砂浆厚度、配合比，设计与定额不同时，允许调整。青条砖贴弧形面时，人工耗用量乘以系数1.15，青条砖材料耗用量乘以系数1.05。

④砖雕定额不计原材料，仅计算人工及辅助材料；定额不包括砖透雕，如发生另行计算。砖雕不包括砖细加工，砖细加工按相应定额子目计算。

⑤砖雕定额有简单、复杂之分。一般以几何图案、回纹、卷草、如意、云头、海浪及简单花卉视作"简单"，而以夔龙、夔凤、刺虎、金莲、牡丹、竹枝、梅桩、座狮、翔鸾复杂花卉及各种山水、人物等视作"复杂"。

（2）工程量计算规则

①做细望砖工程量按成品以块计算，砖的损耗包括在定额内。

②砖细抛枋、台口，按图示尺寸的水平长度，以"延长米"计算。

③砖细贴面，按设计图示尺寸以"平方米"计算，扣除门窗洞口和0.3m²以上的空洞面积。四周如有镶边者，镶边工程量按相应的镶边定额另行计算。

④月洞、地穴、门窗套、镶边，按图示尺寸外围周长，分别以"延长米"计算。

⑤砖细半墙坐槛面，按图示尺寸以"延长米"计算。

⑥砖细坐槛栏杆：坐槛面砖、拖泥、芯子砖按水平长度，以"延长米"计算；坐槛栏杆侧柱，按高度以"延长米"计算。

⑦砖细其他小配件：砖细包檐、望砖，按三道线或增减一道线的水平长度，分别以"延长米"计算；屋脊头、垛头、梁垫，分别以只计算；博风板头、风拱板分别以块（套）计算；桁条、梓桁、椽子、飞椽按长度分别以"延长米"计算。

⑧砖细漏窗：边框按外围周长以"延长米"计算；芯子按边框内净尺寸以"平方米"计算。

⑨一般漏窗按洞口外围面积以"平方米"计算。

⑩挂落三飞砖砖墙门：砖细勒脚、墙身按图示尺寸以"平方米"计算；拖泥、锁口、线脚、上下枋、台盘浑、斗盘枋、五时堂、字碑、飞砖、晓色、挂落，分别以"延长米"计算；大镶边、字镶边工程量按外围周长，以"延长米"计算；兜肚以"块"计算，刻字以"个"计算。

⑪城砖墙、清水砖外墙，按设计图示尺寸以"平方米"计算，扣除门窗洞口、嵌入墙身的柱梁所占体积。

（3）定额项目表

砖细工程部分项目的定额项目表见表7-4所列。

7.1.5.3 石作工程

（1）相关规定及说明

①石料质地统一按普坚石石料为准，如使用特坚石，其制作人工耗用量乘系数1.43，次坚石其人工耗用量乘系数0.6。材料耗用量不变。

②机割石安装套用毛料石安装相应定额子目。

③石料的加工顺序（非机割板石料）：打荒成毛料石→按所需加工尺寸放线→筑方快口或板岩口→表面加工→线脚加工→石浮雕加工。

④线脚加工不分阴线与阳线。凡线脚深度小于5mm时按线脚加工定额乘系数0.5。石雕中的雕刻线脚不分其深浅及道数，定额综合考虑。

⑤锁口石、地坪石和侧塘石的四周做快口，均按板岩口定额计算，即按快口定额乘以系数0.5计算。

⑥斜坡加工按其披势定额计算。当披势高度小于6cm而大于1.5cm时，按披势定额乘系数0.75计算。当披势高度小于1.5cm时按照快口定额计算。

⑦在栏板柱部分，花饰图案有简式、繁式之分。一般将几何图案、绦回、卷草、回纹、如意、云头等视作"简式"，而将夔龙、夔凤、刺虎、宝相、金莲等及各种山水、人物视作"繁式"。

⑧石料的加工人工均系累计数量，做糙包括打荒，剁斧包括打荒与做糙等。

⑨石构件的平面或曲弧面加工耗工大小与石料长度有关，凡是长度在2m以内按本定额计算。长度在3m以内按2m以内定额子目乘以系数1.1；长度在4m以内按2m以内定额子目乘以系数1.2；长度在5m以内按2m以内定额子目乘以系数1.35；长度在6m以内和6m以上者，按2m以内定额子目乘以系数1.50。

⑩鼓磴石制作、安装定额中，人工费的10%作为安装费。

⑪覆盆式柱顶石、磉石制作、安装定额中，人工费的6%作为安装费。

⑫设计石构件加工等级与定额规定不同时，制作人工费按表7-5进行换算。

（2）工程量计算规则

①梁、柱、枋、石屋面、拱型屋面板工程量按其竣工石料体积计算。踏步、阶沿石、锁口石工程量按投影面积计算，侧塘石以侧面积计算。

②毛料石菱角石制作安装按"端"计算，机割板菱角石制作安装按"立方米"计算。

③镂（透）空栏板以其外框尺寸面积计算，其虚透部位面积不扣除。

④线脚加工、斜坡加工按"延长米"计算。

⑤被掩盖的各个面的石料加工工程量按规定的粗加工的外表面计算；剁斧的工程量按其砌筑后的外表面计算。

⑥垂带制作、安装工程量按设计图示的斜面面积计算，垂带侧面部分不展开。

⑦石雕按其实际雕刻物的底板外框面积计算。

（3）定额项目表

石作工程部分项目的定额项目表见表7-6所列。

表7-4 砖细工程定额项目表（计量单位：10m）

定额编号		7-85	7-32	7-43	7-82	7-83
项　目		砖细抛枋（平面，高25cm以内）	砖细贴面（勒脚细40×40以内）/10 m²	砖细月洞、地穴、门窗樘套（直折线形宽35cm以内，双线双出口）	砖细坐槛栏杆（侧柱）	砖细坐槛栏杆（芯子砖）
基　价		2072.58	4703.64	2981.21	3333.07	3010.57
其　中	人工费	1279.68	3241.05	2345.93	3004.68	2374.91
	材料费	792.90	1462.59	635.28	328.39	635.66
	机械费	—	—	—	—	—

表7-5 毛料石加工等级人工换算表

加工等级及人工费	设计加工等级					
	一步做糙	二步做糙	一遍剁斧	二遍剁斧	三遍剁斧	扁光
二步做糙，人工费 A 值	0.83A	A	1.13A	1.36A	1.63A	2.61A
一步做糙，人工费 B 值	B	1.20B	1.36B	1.63B	1.96B	3.13B
二遍剁斧，人工费 C 值	0.61C	0.74C	0.83C	C	1.20C	1.92C
一遍剁斧，人工费 D 值	0.74D	0.88D	D	1.20D	1.44D	2.30D

7.1.5.4 琉璃砌筑工程

（1）相关规定及说明

①定额子目综合了砌筑弧形墙、云墙等因素在内，砌筑弧形墙或云墙时定额子目不做调整。

②琉璃梢子不包括圈挑檐点砌腮帮。琉璃山墙上摆砌琉璃梢子、圈挑檐点砌腮帮其工程量与墙身合并计算，其他山墙用琉璃砖圈挑檐点砌腮帮，琉璃砖砌筑套用相应定额乘以系数1.3。

③墙帽以双面出檐为准，若遇单面出檐套用相应定额乘以系数0.65。

④带"（）"的材料，均为未计价材料，其材料费未包括在定额基价内。

（2）工程量计算规则

①砌琉璃砖、拼砌花心、贴砌琉璃面砖均以图示露明尺寸以面积计算，砖檐不得并入墙体之内。琉璃花墙以一砖厚编制，按垂直投影面积计算工程量，不扣除孔洞所占面积。

②琉璃坠山花、琉璃梢子按"份（个）"计算。

③琉璃花窗的工程量按窗洞的垂直投影面积以"平方米"计算。

④摆砌墙帽按中心线长度计算。

（3）定额项目表

琉璃砌筑工程部分项目的定额项目表见表7-7所列。

7.1.5.5 屋面工程

（1）相关规定及说明

①屋面工程均以平房檐高在3.6m以内为准；檐高超过3.6m时，其人工乘系数1.05，二层楼房人工乘系数1.09，三层楼房人工乘系数1.13，四层楼房人工乘系数1.16，五层楼房人工乘系数1.18，宝塔按五层楼房系数执行。

②屋脊、垂带、干塘砌体内需要钢筋加固者，钢筋另行计算。

③屋脊、垂带、干塘、戗脊等按营造法原传统做法考虑，如做各种泥塑花卉、人物等，工料费另行计算。

④砖、瓦规格和砂浆的厚度、标号等，设计与定额规定不同时，可以换算。常用的筒瓦屋面及蝴蝶瓦屋面不同的搭接系数，瓦的消耗量见表7-8所列。

⑤围墙瓦顶分双落水（宽85cm）、单落水（宽56cm）。花沿、滴水、脊等构件应该分别计算并套用相应定额（图7-18、图7-19）。

（2）工程量计算规则

①屋面铺瓦按飞椽头或封檐口图示尺寸的投影面积乘以屋面坡度延尺系数，以"平方米"计算。重檐面积的工程量，应合并计算。飞檐隐蔽部分的望砖，另行计算工程量，套用相应定额子目。屋脊、竖带、干塘、戗脊、斜沟、屋脊头等所占面积均不扣除。

表7-6 石作工程定额项目表（计量单位：m²）

定额编号		8-14	8-43	8-48	8-58	8-91
项 目		筑方加工（快口，一步做糙）（计量单位：10m）	侧塘石制作（二步做糙，厚度10cm）	毛料石垂带制作（二遍刺斧，顶面宽30cm以内）	毛料石垂带安装	石柱制作（二步做糙，圆柱，直径25cm以内）（计量单位：m³）
基 价		75.94	711.70	711.43	85.87	7365.00
其 中	人工费	73.94	442.53	400.52	84.32	4127.50
	材料费	2.00	269.17	310.91	1.55	3237.50
	机械费	—	—	—	—	—

②屋脊按图示尺寸扣除屋脊头水平长度，以延长米计算。垂带、环包脊按屋面坡度以"延长米"计算。

③戗脊长度按戗头至摔网橼根部弧形长度，以延长米计算。戗脊根部以上工程量另行计算，分别按垂带、环包戗、泥鳅脊定额子目执行。

④围墙瓦顶、檐口沟头、花边、滴水按图示尺寸，以延长米计算。

⑤排山、泛水、斜沟，按水平长度乘以屋面坡度延长系数以"延长米"计算。

⑥各种屋脊头、宝顶以"只"计算。

（3）定额项目表

屋面工程部分项目的定额项目表见表7-9所列。

表7-7 琉璃砌筑工程定额项目表（计量单位：m²）　　　元

定额编号		9-3	9-5	9-6	9-7	9-11
项　目		贴砌琉璃砖	琉璃花墙	面砖墙帽 （计量单位：m）	四层冰盘檐 （计量单位：m）	坠山花 （计量单位：份）
基　价		221.20	138.36	86.11	61.12	155.55
其　中	人工费	213.44	134.39	72.08	57.04	142.29
	材料费	7.14	3.66	13.88	3.77	12.49
	机械费	0.62	0.31	0.15	0.31	0.77

表7-8 筒瓦屋面不同搭接消耗量参考表　　　张/10m²

底瓦规格（cm）	底瓦盖瓦规格（cm）	底瓦搭接系数			
		底瓦1/2	底瓦1/2.5	底瓦1/3	底瓦1/3.5
蝴蝶底瓦20×20	蝴蝶底瓦20×20	456.52	570.65	684.78	798.91
	筒瓦盖瓦12×22	213.44	213.44	213.44	213.44
	筒瓦盖瓦14×28	167.70	167.70	167.70	167.70

图7-18 重庆湖广会馆的围墙瓦顶

图7-19 大理崇圣寺的围墙瓦顶

表 7-9　屋面工程定额项目表（计量单位：100m²）

定额编号		11-1	11-91	11-119	11-128	11-132
项目		改性沥青卷材（热熔法一层，平面）	聚苯颗粒保温砂浆（厚度30mm）	蝴蝶瓦屋脊（黄瓜环）（计量单位：10m）	蝴蝶瓦花边滴水（计量单位：10m）	粘土筒瓦屋面（走廊、平房、厅堂）
基价		3178.24	2054.11	809.32	260.68	18 849.80
其中	人工费	341.16	998.67	239.01	100.44	5970.60
	材料费	2837.08	1010.65	570.31	160.24	12 818.80
	机械费	—	44.79	—	—	60.40

7.1.5.6　仿古木作工程

（1）相关规定及说明

①定额中木构件除注明者外，均以刨光为准，刨光损耗已包括在定额内，定额中木材含量为毛料。

②柱、梁、枋、椽、古代木门窗等木构件除注明者外，以一、二类木种为准。设计使用三、四类木种的，其制作人工耗用量乘以系数 1.3，安装人工耗用量乘以系数 1.15，制作安装合并的定额人工耗用量乘以系数 1.25。

③各种坐凳及倒挂楣子制作安装包括边抹、心屉及白菜头、楣子腿等框以外延伸部分，但不包括字、握拳、卡子花、团花及花牙子的制作安装。

④混凝土构件上安装木斗栱时，木斗栱制作安装套用相应斗栱定额，预埋件按实结算。

⑤斗栱定额编号 12-180 ~ 12-189 按营造法原做法编制，定额编号 12-190 ~ 12-216 按营造则例做法编制。

⑥木构件制作、安装定额均未包括雕刻，如发生雕刻则按相应定额计算。

⑦木雕定额仅为雕刻费用，花板框架制作安装按相应的定额计算；木雕定额按单面雕刻考虑，双面雕刻乘以系数 2。木雕定额以 A 级木材雕刻为准，若为 B 级木材，定额乘系数 1.25，C 级木材定额乘系数 1.50。木雕按一般的雕刻工艺及质量要求编制，若要求雕刻工艺复杂或质量要求较高者，定额乘系数 1.1 ~ 1.15。

（2）工程量计算规则

①柱、梁、枋子等木构件按设计最大外形尺寸（长、宽、高）以"立方米"计算。

②斗栱以座计算，里口木、瓦口板等以"米"计算，填栱板、垫栱板等均按设计最大外形尺寸以"平方米"计算。

③古式门窗按扇面积以"平方米"计算，抱坎、上下槛按延长米计算。

④各种槛、门框、腰枋、门桩按长度以"米"计算。

⑤窗榻板、坐凳面按最大外接长度乘以宽度以"平方米"计算。

⑥鹅颈靠背（美人背）按上口长度计算。

⑦隔扇、槛窗、支摘窗及夹门、屏门、坐凳及倒挂楣子、门窗扇均按边抹外围面积计算。

⑧什锦窗以洞口面积计算。

⑨飞罩工程量按长度以"米"计算。

⑩雕刻工程量按框内的花板面积计算，无框的按雕刻花纹的最大外围矩形尺寸面积计算。

（3）定额项目表

仿古木作工程部分项目的定额项目表见表 7-10 所列。

表 7-10　仿古木作工程定额项目表（计量单位：10m²）

定额编号		12-75	12-265	12-372	12-378	12-422
项目		承椽枋（厚15cm以内）（计量单位：10 m³）	古式木长窗扇制作（葵式）	实踏大门扇制作（厚8cm以内）	实踏大门安装	挂落（倒挂楣子）制作、安装（步步锦，软樘）
基价		31 416.37	8958.22	5837.44	1061.61	4168.02
其中	人工费	12 592.82	8020.32	3989.70	967.20	3342.42
	材料费	18 667.46	928.53	1829.25	94.41	825.60
	机械费	156.09	9.37	18.49	—	—

7.2　仿古建筑工程计量

仿古建筑工程清单工程量计算应该遵循《仿古建筑工程工程量计算规范》（GB 50855—2013）附录 A~附录 L 的规定，部分缺项项目遵循《房屋建筑与装饰工程工程量计算规范》（GB 50854—2013）。仿古建筑工程定额工程量计算遵循各省级仿古建筑及园林工程预算定额。工程量计算要根据仿古建筑工程施工平面图、立面图、剖面图以及建筑设计说明和结构设计说明并结合规范或定额中的工程量计算规则进行。

要准确计算仿古建筑工程的工程量，首先必须熟悉本章 7.1 节仿古建筑的建筑构造、施工工艺以及各分部分项工程；其次是准确识读仿古建筑工程施工图并进行项目列项；第三是熟悉规范或定额中相应分项工程的工程量计算规则并结合图纸标注列式计算，得出工程量计算结果。

7.2.1　某仿古建筑工程案例

某仿古建筑小卖部建筑施工图和结构施工图如图 7-20~图 7-24 所示。

7.2.1.1　建筑施工图

建筑施工图包括图 7-20~图 7-22，反映了仿古小卖部的平面、立面、剖面和屋面设计。具体包括位置、尺寸、材料和构造等。

7.2.1.2　结构施工图

结构施工图如图 7-23、图 7-24 所示，反映了仿古小卖部的屋面结构、屋面梁板结构、L_1 大样以及各类梁的横截面尺寸及配筋。

7.2.2　仿古建筑工程工程量清单的编制

7.2.2.1　仿古建筑工程清单工程量计算

根据《仿古建筑工程工程量计算规范》（GB 50855—2013）和《房屋建筑与装饰工程工程量计算规范》（GB 50854—2013）的规定，结合仿古建筑施工图，案例仿古建筑分部分项工程清单工程量的计算公式及结果如下：

（1）砖作工程

020101002 细砖清水墙（240 砖墙）：

[（3.6×3+4）×2×3.6-3.35×（2.6-0.6）×4-2.5×2.6×2-3.35×（3.6-0.6）-0.9×2.1-3.35×3×0.6×2]×0.24-0.25×0.25×3.6×8=8.46（m³）

（2）石作工程

020201002 踏垛（块石砌踏步）：3.35×0.3×（0.2+0.4+0.6）+1.75×0.3×（0.2+0.4+0.6）×2=2.47（m²）

010403001 石基础（块石砌凹缝）：[（3.6×3+1.3×2）×（6.245+1.3-0.125）+（3.6×2+0.12+1.3）×（1.3-0.12）]×0.6=65.76（m³）

020201008 青石垂带：

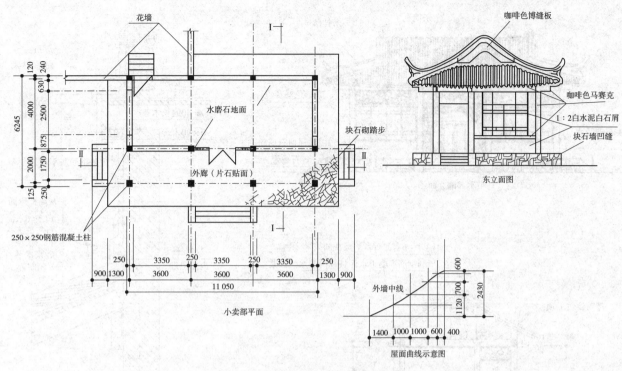

图7-20 平面图、东立面图和屋面曲线

$0.9 \times 0.6 \times 0.5 \times 0.25 \times 6=0.41$（m³）

（3）混凝土及钢筋混凝土工程

020401001 矩形柱（现浇钢筋混凝土矩形柱）：
$0.25 \times 0.25 \times 3.6 \times 12=2.70$（m³）

020402001 矩形梁（现浇钢筋混凝土矩形梁）：
合计 13.99m³

其中：

① L_1：$[0.25 \times 0.4 \times 6+0.25 \times 0.28 \times (0.8+0.8)] \times 4=2.85$（m³）

② L_1'：$0.25 \times 0.4 \times 6 \times 2=1.2$（m³）

③ L_2：$0.25 \times 0.4 \times 3.6 \times 3 \times 3=3.24$（m³）

④ L_2'：$0.25 \times 0.4 \times 7.8 \times 2=1.56$（m³）

⑤ L_{2A}：$0.25 \times 0.4 \times (10.8+6) \times 2+0.25 \times 0.28 \times (0.8 \times 8)=3.81$（m³）

⑥ XL：$0.2 \times 0.24 \times 2 \div \cos 30° \times 12=1.33$（m³）

020411001 翼角部预制椽：
$0.08 \times 0.08 \times 2.3 \times 145=2.13$（m³）

020402004 拱形梁（现浇钢筋混凝土角梁）：
$(0.12 \times 0.2 \times 4.6+0.12 \times 0.14 \times 0.99) \times 4=0.51$（m³）

020410001 椽望板（预制混凝土带肋板）：
$[(2.9 \times 2+3) \times (0.7+0.7+1.5+2.1+1.8) \times (2-4.2+3.6)] \times \left(\dfrac{0.075 \times 0.05 \times 2+0.05 \times 0.49}{0.49}\right)=5.75$（m³）

020404001 带椽屋面板（现浇板板厚60）：
$(2.1+1.8+1.8+2.1) \times 4 \times 0.06=1.87$（m³）

（4）木作工程

020511002 吊挂楣子（木挂落）：
$3.35 \times 3 \times 0.6 \times 2+(2-0.25) \times 0.6 \times 2=14.16$（m²）

011302004 藤条造型悬挂吊顶（芦苇纹竹平顶）：$(3.6 \times 3-0.24) \times (2+4-0.24)=60.83$

020508028 博缝板：$(3 \times 1.5 \div 2-1.6 \times 0.75 \div 2) \times 2=3.30$m²

020509010 实榻门（古式木门）：1樘

020509005 什锦窗（古式木窗）：6樘

010802004 防盗门：1樘

（5）屋面工程

011002002 防腐砂浆面层（1∶3水泥砂浆找平层）：$(1.8+2.1+1.5+1.4) \times 2 \times (1.4+2+3+1.4) \div \cos 30°=138.20$（m²）

011001001 保温隔热屋面（1∶1.6水泥石灰

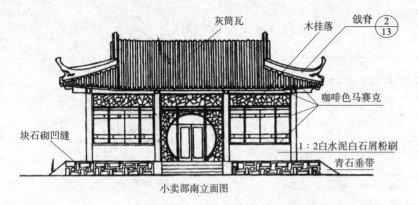
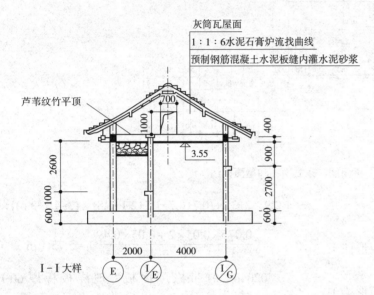
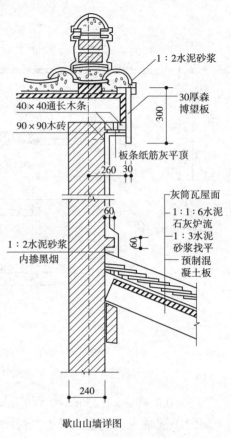

图7-21 南立面图、剖面图和歇山山墙详图

炉渣找坡层)：(1.8+2.1+1.5+1.4)×2×(1.4+2+3+1+1.4)÷cos30°=138.20（m²）

020602001 灰筒瓦屋面：(1.8+2.1+1.5+1.4)×2×(1.4+2+3+1+1.4)÷cos30°=138.20（m²）

（6）地面工程

011101002 现浇水磨石楼地面：(3.6×3-0.24)×(4-0.24)=39.71（m²）

011102001 石材楼地面（外廊片石贴面）：(3.6×3+1.3×2)×(2-0.12+1.3)+4×(1.3-0.12)+(4+1.3+0.12)×(1.3-0.12)+7.2×(1.3-0.12)=62.22（m²）

（7）墙柱面工程

011201001 内墙面一般抹灰：[(10.8-0.24)+(4-0.24)]×2×3.6-3.35×(2.6-0.6)×4-2.5×2.6×2-3.35×(3.6-0.6)-0.9×2.1-3.35×3×0.6×2=39.30（m²）

011204003 块料墙面（咖啡色马赛克墙面）：{[(3.6×3+0.8×2)+(6+0.8×2)]×2+(3.6-0.25)×4+(4-0.25)×2}×0.4=24.36（m²）

011205002 块料柱面（咖啡色马赛克柱面）：0.25×4×3.6×4+0.25×2×3.6×4+0.25×1×3.6×4=25.20（m²）

020801001 墙面仿古抹灰（1:2白水泥白石屑）：(3.6-0.25)×1×4+(4-0.25)×1×2+0.63×2.6×2×2=27.45（m²）

（8）措施项目

脚手架工程：021001001 综合脚手架工程(3.6×3+1.3×2)×(6.245-0.125+1.3)+

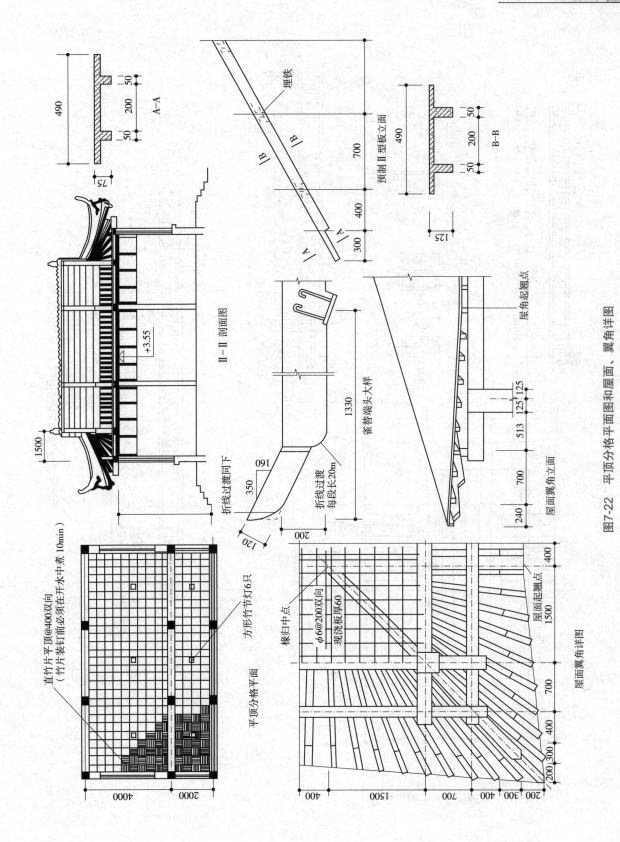

图7-22 平顶分格平面图和屋面、翼角详图

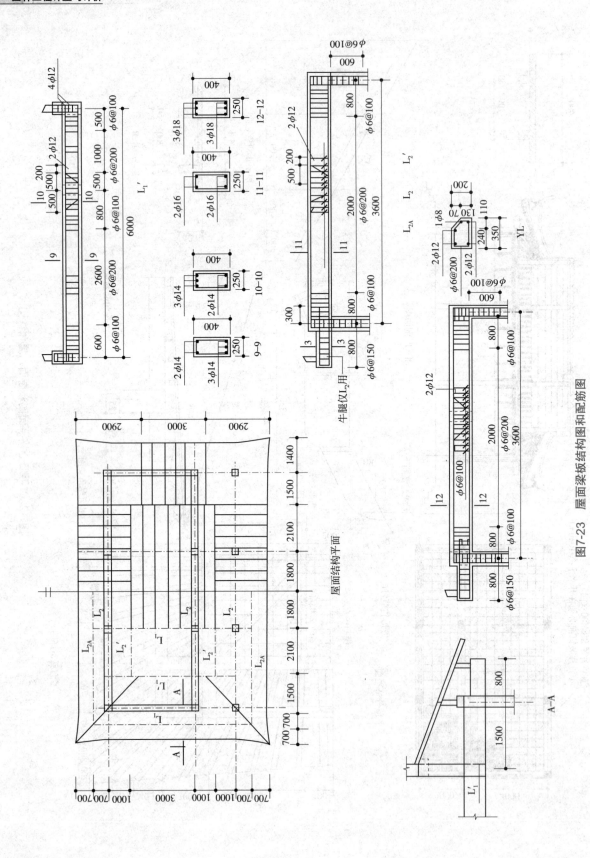

图7-23 屋面梁板结构图和配筋图

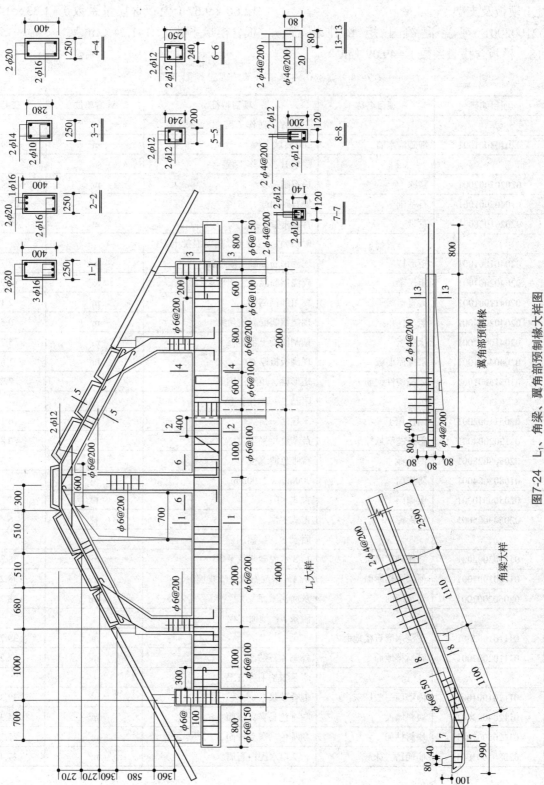

图7-24 L_1、角梁、翼角部预制椽大样图

（3.6×2+1.3+0.12）×（1.3−0.12）=109.60（m²）

混凝土模板及支架：

① 021002001 现浇混凝土矩形柱模板 2.7×18.18（模板含模量系数）=49.09（m²）

② 021002008 现浇混凝土矩形梁模板 12.66×9.67（模板含模量系数）+1.33×14.00（模板含模量系数）=141.04（m²）

表7-11 案例仿古建筑分部分项工程量清单

序号	项目编码	项目名称	项目特征	计量单位	工程数量
			附录A：砖作工程		
1	020103001001	细砖清水墙	240砖墙	m³	8.46
			附录B：石作工程		
2	020201002001	踏跺	块石砌踏步	m³	2.47
3	010403001001	石基础	块石砌凹缝	m³	65.76
4	020201008001	垂带	青石垂带	m³	0.41
			附录D：混凝土及钢筋混凝土工程		
5	020401001001	矩形柱	现浇钢筋混凝土矩形柱	m³	2.70
6	020402001001	矩形梁	现浇钢筋混凝土矩形梁	m³	13.99
7	020411001001	方直形椽子	翼角部预制椽	m³	2.13
8	020402007001	老、仔角梁	现浇钢筋混凝土角梁	m³	0.51
9	020410001001	椽望板	预制混凝土带肋板	m³	5.75
10	020404001001	带椽屋面板	现浇板板厚60	m³	1.87
10	010515001001	现浇构件钢筋	矩形梁、矩形柱钢筋	t	2.248
			附录E：木作工程		
11	020511002001	倒挂楣子	木挂落	m²	14.16
12	011302004001	藤条造型悬挂吊顶	芦苇纹竹平顶	m²	60.83
13	020508028001	博缝板	咖啡色博缝板	m²	3.30
14	010802004001	防盗门	900mm×2100mm	樘	1
15	020509010001	实榻门	古式木门	樘	1
16	020509005001	什锦窗	古式木窗	樘	6
			附录F：屋面工程		
17	011002002001	防腐砂浆面层	1:3水泥砂浆找平层	m²	138.20
18	011001001001	保温隔热屋面	1:1.6水泥石灰炉渣找坡层	m²	138.20
19	020602001001	筒瓦屋面	灰筒瓦屋面	m²	138.20
			附录J：地面工程		
20	011101002001	现浇水磨石楼地面		m²	39.71
21	011102001001	石材楼地面	外廊片石贴面	m²	62.22
			附录H：抹灰工程		
22	011201001001	内墙面一般抹灰	混合砂浆	m²	39.30
23	011204003001	块料墙面	咖啡色马赛克墙面	m²	24.36
24	011205002001	块料柱面	咖啡色马赛克柱面	m²	25.20
25	020801001001	墙面仿古抹灰	1:2白水泥白石屑	m²	27.45

表 7-12 案例仿古建筑措施项目清单（一）

序 号	项目名称	计量单位	工程数量
1	安全文明施工（含环境保护、文明施工、安全施工、临时设施）	项	1
2	地上、地下设施、建筑物的临时保护设施	项	1
3			
4			

表 7-13 案例仿古建筑措施项目清单（二）

序 号	项目编码	项目名称	项目特征	计量单位	工程数量
			附录K：措施项目		
1	021001001001	综合脚手架工程	仿古建筑 钢筋混凝土结构 檐口高度4.6m	m²	109.60
2	021002001001	现浇混凝土矩形柱模板	柱截面 250×250	m²	49.09
3	021002008001	现浇混凝土矩形梁模板	梁截面 L_1, L_1', L_2, L_{24}：250×400 XL：200×240	m²	141.04
4	021002014001	现浇混凝土老角梁模板	梁截面 120×200 端部截面 120×140	m²	11.34
	021002022001	现浇混凝土带椽屋面板模板	板厚 60	m²	27.62
5	021003001001	殿、堂、厅垂直运输	仿古建筑 钢筋混凝土结构 地上一层 檐口高度4.6m	m²	109.60

③021002014 现浇混凝土老角梁模板 0.51×22.24（模板含模量系数）=11.34（m²）

④021002022 现浇混凝土带椽屋面板模板 1.87×14.77（模板含模量系数）=27.62（m²）

垂直运输：021003001 殿、堂、厅垂直运输 109.60m²

安全文明施工及其他措施项目：（1）021007001 安全文明施工1项

⑤021007006 地上、地下设施、建筑物的临时保护设施1项。

7.2.2.2 仿古建筑工程工程量清单

对案例仿古建筑工程进行分部分项工程清单和措施项目清单工程量计算之后，可用表格列出仿古建筑工程的分部分项工程量清单和措施项目清单。见表7-11～表7-13所列。

7.2.3 仿古建筑工程定额工程量表的编制

7.2.3.1 仿古建筑工程定额工程量的计算

根据《××省园林绿化及仿古建筑工程预算定额》（2018版）和《××省建设工程计价规则》（2018版）规定，结合仿古建筑施工图，案例仿古建筑分部分项工程的定额工程量计算公式及结果如下：

1）砌筑工程

5-2 毛石（块石）基础（浆砌，块石砌凹缝）：

65.76m³

5-12 砖砌外墙（1砖）：8.46m³

2）装饰装修工程

6-13 现浇水磨石楼地面（本色，带嵌条12mm）：39.71m²

6-24 花岗岩楼地面（外廊片石贴面）：62.22m²

6-51 内墙混合砂浆抹灰：39.30m²

6-71 外墙面水刷石装饰抹灰（1：2白水泥白石屑）：27.45 m²

6-91 墙面水泥砂浆贴咖啡色马赛克：24.36m²

6-92 柱面水泥砂浆贴咖啡色马赛克：25.2m²

6-136 木龙骨吊在混凝土板下：60.83m²

6-141 薄板吊顶：60.83m²

6-177 钢板防盗门：0.9×2.1=1.89（m²）

3）石作工程

8-35 踏步、阶沿石制作（二遍剁斧，厚度12cm以内）：3.35×0.9+1.75×0.9×2=6.17（m²）

8-48 垂带制作（二遍剁斧，顶面宽30cm以内）0.25×0.9×6=1.35（m²）

8-58 垂带安装：1.35m²

4）混凝土及钢筋工程

（1）混凝土构件

10-8 矩形柱（现浇钢筋混凝土矩形柱）：2.70m³

10-13 矩形梁（现浇钢筋混凝土矩形梁）：合计13.99m³

其中：L_1：2.85m³，L_1'：1.20m³，L_2：3.24m³，L_2'：1.56m³，L_{24}：3.81m³，XL：1.33m³

10-16 老、嫩戗（现浇钢筋混凝土角梁）：0.51m³

10-25 椽望板（现浇带椽屋面板）：1.87 m³

10-97 椽望板（预制混凝土带肋板）：5.75m³

10-98 翼角部预制椽（方直形）：2.13m³

（2）钢筋工程

① 250×250钢筋混凝土柱12根：

角部纵筋：4φ20单根长 3.6+0.6−0.025×2=4.15（m），总长：4.15×4×12=199.20（m）

箍筋：φ6@200，单根长（0.25−0.05+0.25−0.05）×2+10×0.006×2=0.92（m）

箍筋根数 [（3.6+0.6）/0.2+1]×12=264根，总长：0.92×264=242.88（m）

② $4L_1$

顶部架立筋 2φ20，单根长 6+0.25−0.025×2=6.20（m），总长：6.20×2×4=49.60（m）

底部受力筋 1φ16，单根长 4+0.25−0.025×2+0.414×（0.4−0.05）=4.34（m），总长：4.34×1×4=17.38（m）

底部受力筋：2φ16，单根长 6+0.25−0.025×2=6.20（m），总长：6.20×2×4=49.60（m）

悬挑部分受力筋：2φ14，单根长 0.8+0.3−0.025+6.25×0.014+0.20=1.36（m），总长：1.36×2×2×4=21.80（m）

悬挑部分底筋：2φ10，单根长 0.8+0.3−0.025=1.075(m)，总长：1.075×2×2×4=17.2(m)

箍筋：φ6@200，单根长（0.25−0.05+0.4−0.05）×2+10×0.006×2=1.22（m）

箍筋根数 4×[（1.0+1.0+0.6+0.6）/0.1+（2.0+0.8）/0.2+1]=188根，总长：1.22×188=229.36（m）

悬挑部分箍筋：φ6@150，单根长（0.25−0.05+0.28−0.05）×2+10×0.006×2=0.98（m）

悬挑部分箍筋根数（0.8/0.15+1）×2×4=56根，总长：0.98×56=54.88（m）

斜梁部分主筋：4φ12，单根长 2/cos30°+6.25×0.012×2=2.46（m），总长：2.46×4×2×4=78.70（m）

斜梁部分箍筋：φ6@200，单根长（0.2−0.05+0.24−0.05）×2+10×0.006×2=0.8（m）

箍筋根数 [（2/cos30°）/0.2+1]×2×4=104根，总长：0.8×104=83.2（m）

中间短柱插筋：4φ12，单根长 0.36+0.58+0.36+0.27×2+0.3+0.4−0.05+0.2=2.69（m），总长：2.69×4×4=43.04（m）

中间短柱箍筋：φ6@200，单根长（0.24−0.05+0.25−0.05）×2+10×0.006×2=0.9（m）

箍筋根数 [（0.36+0.58+0.36+0.27×2+0.3）/0.2+1]×4=48根，总长：0.9×48=43.2（m）

两侧短柱插筋：4φ12，单根长 0.36+0.58/cos30°+0.36/sin30°+0.3+0.4−0.05+0.2=2.60（m），

总长：2.60×4×2×4=83.19（m）

两侧短柱箍筋：ϕ6@200，单根长（0.24-0.05+0.25-0.05）×2+10×0.006×2=0.9（m）

箍筋根数[（0.36+0.58/cos30°+0.36/sin30°+0.3）/0.2+1]×2×4=90根，总长：0.9×90=81（m）

③ $2L_1'$

顶部架立筋2ϕ14，单根长6+0.25-0.025×2=6.20（m），总长：6.20×2×2=24.80（m）

底部受力筋3ϕ14，单根长6+0.25-0.025×2=6.20（m），总长：6.20×3×2=37.20（m）

支座吊筋2ϕ12，单根长1.4+0.414×（0.4-0.05）×2=1.69（m），总长：1.69×2×2=6.76（m）

箍筋：ϕ6@200，单根长（0.25-0.05+0.4-0.05）×2+10×0.006×2=1.22（m），

箍筋根数[（0.6+0.8+0.5+0.5）/0.1+（2.6+1.0）/0.2+1]×2=86根，总长：1.22×86=104.92（m）

④ $3L_2$

顶部架立筋2ϕ16，单根长3.6×3+0.25-0.025×2=11（m），总长：11×2×3=66.00（m）

底部受力筋2ϕ16，单根长3.6×3+0.25-0.025×2=11（m），总长：11×2×3=66.00（m）

支座吊筋2ϕ12，单根长1.4+0.414×（0.4-0.05）×2=1.69（m），总长：1.69×2×2×3=20.28（m）

箍筋：ϕ6@200，单根长（0.25-0.05+0.4-0.05）×2+10×0.006×2=1.220（m），

箍筋根数[（0.8+0.8）/0.1+（2.0）/0.2+1]×3×3=243根，总长：1.22×243=296.46（m）

⑤ $2L_2'$

顶部架立筋2ϕ16，单根长7.8+0.25-0.025×2=8（m），总长：8×2×2=32.00（m）

底部受力筋2ϕ16，单根长7.8+0.25-0.025×2=8（m），总长：8×2×2=32.00（m）

支座吊筋2ϕ12，单根长1.4+0.414×（0.4-0.05）×2=1.69（m），总长：1.69×2×2×2=13.52（m）

箍筋：ϕ6@200，单根长（0.25-0.05+0.4-0.05）×2+10×0.006×2=1.220（m）

箍筋根数[（0.8+0.8）×3/0.1+（2.0×0.5×2）/0.2+1]×2=128根，总长：1.22×128=156.16（m）

⑥ L_{24}

顶部架立筋2ϕ16，单根长（10.8+6）×2+0.25×4-0.025×2×4=34.4（m），总长：34.4×2=68.80（m）

底部受力筋2ϕ16，单根长（10.8+6）×2+0.25×4-0.025×2×4=34.4（m），总长：34.4×2=68.80（m）

支座吊筋2ϕ12，单根长1.4+0.414×（0.4-0.05）×2=1.69（m），总长：1.69×2×6=20.28（m）

悬挑部分受力筋：2ϕ14，单根长0.8+0.3-0.025+6.25×0.014+0.20=1.36（m），总长：1.36×2×2×4=21.80（m）

悬挑部分底筋：2ϕ10，单根长0.8+0.3-0.025=1.075（m），总长：1.075×2×2×4=17.2（m）

跨内箍筋：ϕ6@200，单根长（0.25-0.05+0.4-0.05）×2+10×0.006×2=1.22（m），

跨内箍筋根数[（0.8+0.8）×3/0.1+2.0×3/0.2+1+（1+1+0.6+0.6）/0.1+（2+0.8）/0.2+1]×2=252根，总长：1.22×252=307.44（m）

悬挑部分箍筋：ϕ6@150，单根长（0.25-0.05+0.28-0.05）×2+10×0.006×2=0.98（m）

悬挑部分箍筋根数（0.8/0.15+1）×2×4=56根，总长：0.98×56=54.88（m）

⑦角梁

顶部架立筋2ϕ12，单根长（1.1+1.11+2.39+0.99）+6.25×0.012×2=5.74（m），总长：5.74×2×4=45.92（m）

底部受力筋2ϕ12，单根长1.1+1.11+2.39+0.99=5.59（m），总长：5.59×2×4=44.72（m）

箍筋：ϕ6@150，单根长（0.12-0.05+0.2-0.05）×2+10×0.006×2=0.56（m）

箍筋根数[（1.1+1.11+2.39+0.99）/0.15+1]×4=156根，总长：0.56×156=87.36（m）

⑧带椽屋面板（板厚60）

ϕ6@200，双向：纵向单根长7.8-0.05+6.25×0.006×2=7.825（m）

横向单根长 4-0.05++6.25×0.006×2=4.025（m）
纵向根数 4/0.2+1=21 根，横向根数 7.8/0.2+1=40 根，总长：7.825×21+4.025×40=325.33（m）

对以上钢筋分直径进行汇总，统计结果见表 7-14 所列。

5）屋面工程

11-93 屋面保温隔热（1:1.6 水泥石灰炉渣找坡层）：138.20m²

11-55 防水砂浆防潮层（1:3 水泥砂浆找平层）：138.20m²

11-132 黏土筒瓦屋面（灰筒瓦屋面）：138.20m²

6）仿古木作工程

12-265 古式木长窗扇（葵式）：3.35×（2.6-0.6）×4+2.5×2.6×2=39.8（m²）

12-372 实踏大门扇制作（厚8cm以内）：3.35×（3.6-0.6）=10.05（m²）

12-378 实踏大门安装：10.05 m²

12-422 倒挂楣子（步步锦，软樘）制作、安装：14.16m²

12-245 排疝板（博风板）板厚3cm制作、安装：3.30m²

7）脚手架工程

16-1 综合脚手架工程（建筑物檐高 7m 以内，层高 6m 以内）：109.60m²

8）模板工程

① 17-18 矩形柱复合模板 2.7×18.18（模板含模量系数）=49.09（m²）

② 17-21 矩形梁木模 12.66×9.67（模板含模量系数）+1.33×14.00（模板含模量系数）=141.04（m²）

③ 17-25 老、嫩戗木模 0.51×22.24（模板含模量系数）=11.34（m²）

④ 17-32 椽望板木模 1.87×14.77（模板含模量系数）=27.62（m²）

9）垂直运输工程

机械垂直运输：18-1 园林古建筑（垂直高度20m 以内，单檐）：109.60m²

10）安全文明施工及其他措施项目

① E3-1 安全文明施工 1 项

② E3-2 标化工地增加费 1 项

7.2.3.2 仿古建筑工程定额工程量表

对案例仿古建筑分部分项工程和措施项目进行定额工程量计算之后，可用表格列出仿古建筑工程的定额工程量表。见表 7-15 所列。

表 7-14 案例仿古建筑钢筋统计表

序号	钢筋直径（mm）	钢筋总长（m）	钢筋线重量（kg/m）	钢筋总重量（kg）
1	φ6	2067.07	0.260	537.44
2	φ10	34.40	0.617	21.22
3	φ12	356.41	0.888	316.49
4	φ14	105.6	1.208	127.56
5	φ16	400.58	1.578	632.12
6	φ20	248.80	2.466	613.54
合计				2248.37

表 7-15 案例仿古建筑定额工程量表

序号	定额编号	分部分项工程名称	计量单位	工程量
		第五章 砌筑工程		
1	5-2	毛石（块石）基础（浆砌，块石砌凹缝）	10m³	6.576
2	5-12	砖砌外墙（1砖）	10m³	0.846
		第六章 装饰装修工程		
3	6-13	现浇水磨石楼地面（本色，带嵌条12mm）	100m²	0.397
4	6-24	花岗岩楼地面（外廊片石贴面）	100m²	0.622
5	6-51	内墙混合砂浆抹灰	100m²	0.393
6	6-71	外墙面水刷石装饰抹灰（1:2白水泥白石屑）	100m²	0.275
7	6-91	墙面水泥砂浆贴咖啡色马赛克	100m²	0.244
8	6-92	柱面水泥砂浆贴啡色马赛克	100m²	0.252
9	6-136	木龙骨吊在混凝土板下	100m²	0.608
10	6-141	薄板吊顶	100m²	0.608
11	6-177	钢板防盗门	100m²	0.019
		第八章 石作工程		
12	8-35	踏步、阶沿石制作（二遍剁斧，厚度12cm以内）	m²	6.170
13	8-48	垂带制作（二遍剁斧，顶面宽30cm以内）	m²	1.350
14	8-58	垂带安装	m²	1.350
		第十章 混凝土及钢筋工程		
15	10-8	矩形柱（现浇钢筋混凝土矩形柱）	10m³	0.270
16	10-13	矩形梁（现浇钢筋混凝土矩形梁）	10m³	1.399
17	10-25	椽望板（现浇带椽屋面板）	10m³	0.187
18	10-16	老、嫩戗（现浇钢筋混凝土角梁）	10m³	0.051
19	10-97	椽望板（预制混凝土带肋板）	10m³	0.575
20	10-98	翼角部预制椽（方直形）	10m³	0.213
21	10-138	圆钢 HPB300（φ10以内）	t	0.537
22	10-139	圆钢 HPB300（φ10以外）	t	0.021
23	10-140	带肋钢筋 HRB400	t	1.690
		第十一章 屋面工程		
24	11-93	屋面保温隔热（1:1.6水泥石灰炉渣找坡层）	100m²	1.382
25	11-55	防水砂浆防潮层（1:3水泥砂浆找平层）	100m²	1.382
26	11-132	黏土筒瓦屋面（灰筒瓦屋面）	10m²	13.820
		第十二章 木作工程		
27	12-265	古式木长窗扇（葵式）	10m²	3.980
28	12-372	实踏大门扇制作（厚8cm以内）	10m²	1.005
29	12-378	实踏大门安装	10m²	1.005

(续)

序号	定额编号	分部分项工程名称	计量单位	工程量
30	12-422	倒挂楣子（步步锦，软橙）制作、安装	10m²	1.416
31	12-245	排疪板（博风板）板厚3cm制作、安装：	10m²	0.330
		第十六章 脚手架工程		
32	16-1	综合脚手架工程（建筑物檐高7m以内，层高6m以内）	100m²	1.096
		第十七章 模板工程		
33	17-18	矩形柱复合模板	100m²	0.491
34	17-21	矩形梁木模	100m²	1.410
35	17-32	椽望板木模	100m²	0.276
36	17-25	老、嫩戗木模	100m²	0.113
		第十八章 垂直运输工程		
37	18-1	机械垂直运输：园林古建筑（垂直高度20m以内，单檐）	100m²	1.096
		施工组织措施		
38	E3-1	安全文明施工	项	1
39	E3-2	标化工地增加费	项	1

7.3 仿古建筑工程计价

仿古建筑工程计价是对仿古建筑工程进行招标控制价、投标报价或预算书编制的过程。其中清单计价是在仿古建筑工程工程量清单中填入综合单价，综合单价与清单工程量相乘得出综合合价，再汇总得分部（分项）工程合价，然后计提措施项目费、其他项目费、规费、税金，最后得出总造价。综合单价以人工费、材料费和机械费为基础，再加管理费、利润和风险因素组合而成。而仿古建筑工程定额计价是在仿古建筑工程预算书中采用定额工程量乘定额基价（工料单价），得出合价，再汇总得仿古建筑分部（分项）工程合价，然后计提企业管理费、利润、规费和税金，最后得出建筑安装工程费总造价。

7.3.1 清单计价法仿古建筑工程计价

7.3.1.1 综合单价分析

无论是仿古木作工程、砖细工程、石作工程、屋面工程、地面工程、抹灰工程、油漆彩画工程还是玻璃裱糊工程，其分部分项工程综合单价的报价原理与第4~6章分部分项工程报价原理一致。即都是在定额人工费、材料费、机械费基础上，考虑管理费、利润和风险因素组合而成。

模板工程、脚手架工程、垂直运输工程作为施工技术措施项目，在《建设工程工程量清单计价规范》中属于措施项目表（二），也采用综合单价法来计价。

案例仿古建筑分部（分项）工程和措施项目表（二）的综合单价分析见表7-16、表7-17所列。表中企业管理费和利润在人工费和机械费合计基础上按费率计提，其中企业管理费费率为13%，利润率为6%。

7.3.1.2 工程量清单计价

在综合单价分析完成后，可在分部分项工程量清单中填入综合单价，并将工程量列与综合单价列相乘得出合价，汇总后的合价即为仿古建筑工程的分部分项工程费（表7-17）。施工技术措

表 7-16　案例仿古建筑分部分项工程综合单价分析表

单位及专业工程名称：建筑工程—仿古建筑工程　　　　标段：　　　　　　　　　　第　页　共　页

清单序号	项目编码（定额编码）	清单（定额）项目名称	计量单位	数量	综合单价（元）						合计（元）
					人工费	材料费	机械费	管理费	利润	小计	
		0201 砖作工程									
1	020101002001	细砖清水墙	m³	8.46	163.65	259.93	6.05	22.06	10.18	461.87	3907
	5-12	砖砌外墙 1 砖	10m³	0.846	1636.47	2599.26	60.54	220.61	101.82	4618.70	3907
		0202 石作工程									
2	020201002001	踏跺	m³	2.47	1475.95	814.56		191.87	88.55	2570.93	6350
	8-35	踏步、阶沿石制作（二遍剁斧）厚度（cm）12 以内长度 2m 以内	m²	6.17	590.86	326.09		76.81	35.45	1029.21	6350
	020201008001	垂带	m³	0.41	1596.42	1028.86		207.54	95.78	2928.60	1201
3	8-48	垂带制作二遍剁斧顶面宽 30cm 以内	m²	1.35	400.52	310.92		52.07	24.03	787.54	1063
	8-58	安装垂带	m²	1.35	84.32	1.55		10.96	5.06	101.89	138
4	010403001001	石基础	m³	65.76	129.79	216.73	9.31	18.08	8.35	382.26	25 137
	5-2	毛石（块石）基础浆砌	10m³	6.576	1297.89	2167.26	93.14	180.83	83.46	3822.58	25 137
		0204 混凝土及钢筋混凝土工程									
5	020401001001	矩形柱	m³	2.7	152.12	306.99	17.65	22.07	10.19	509.02	1374
	10-8	圆形柱、矩形柱断面周长（cm）100 以内	10m³	0.27	1521.18	3069.94	176.53	220.70	101.86	5090.21	1374
6	020402001001	矩形梁	m³	13.99	119.58	305.31	16.75	17.72	8.18	467.54	6541
	10-13	圆形、矩形梁梁高或直径（cm）30 以上	10m³	1.399	1195.83	3053.08	167.51	177.23	81.80	4675.45	6541
7	020404001001	带椽屋面板	m³	1.87	215.68	341.62	26.39	31.47	14.52	629.68	1 178
	10-25	椽望板	10m³	0.187	2156.76	3416.23	263.88	314.68	145.24	6296.79	1178
8	020402007001	老、仔角梁	m³	0.51	188.56	306.77	29.02	28.29	13.06	565.70	289
	10-16	老、嫩戗	10m³	0.051	1885.55	3067.71	290.20	282.85	130.55	5656.86	289
9	020410001001	椽望板	m³	5.75	179.60	349.37	65.13	31.82	14.68	640.60	3683
	10-97	椽望板、戗翼板	10m³	0.575	1796.04	3493.70	651.29	318.15	146.84	6406.02	3683
10	020411001001	方直形椽子	m³	2.13	137.96	353.47	13.02	19.63	9.06	533.14	1136
	10-98	椽子方直形	10m³	0.213	1379.57	3534.68	130.18	196.27	90.59	5331.29	1136

（续）

清单序号	项目编码（定额编码）	清单（定额）项目名称	计量单位	数量	综合单价（元）						合计（元）
					人工费	材料费	机械费	管理费	利润	小计	
11	010515001001	现浇构件钢筋	t	2.248	703.05	4093.66	67.93	100.23	46.26	5011.13	11265
	10-138	圆钢 HPB300 ϕ 10 以内	t	0.537	1257.36	4120.16	73.69	173.04	79.86	5704.11	3063
	10-139	圆钢 HPB300 ϕ 10 以外	t	0.021	821.19	4225.17	63.59	115.02	53.09	5278.06	111
	10-140	带肋钢筋 HRB400 以内	t	1.69	525.45	4083.61	66.15	76.91	35.50	4787.62	8091
		0205 木作工程									
12	020511002001	倒挂楣子	m²	14.16	334.24	82.56		43.45	20.06	480.31	6801
	12-422	挂落（倒挂楣子）步步锦软樘制作、安装	10m²	1.416	3342.42	825.62		434.51	200.55	4803.10	6801
13	011302004001	藤条造型悬挂吊顶	m²	60.83	30.62	73.92	0.15	4.00	1.85	110.54	6724
	6-136	天棚木龙骨吊在混凝土板下	100m²	0.6083	2056.54	3713.71	1.38	267.53	123.48	6162.64	3749
	6-141	薄板吊顶	100m²	0.6083	1005.33	3678.05	14.03	132.52	61.16	4891.09	2975
14	020508028001	博缝板	m²	3.3	105.56	62.45	0.59	13.80	6.37	188.77	623
	12-245	排疝板（博风板）规格(cm)板厚3制作、安装	10m²	0.33	1055.55	624.45	5.90	137.99	63.69	1887.58	623
15	010802004001	防盗门	樘	1	58.22	606.36		7.57	3.49	675.64	676
	6-177	钢门钢板防盗门	100m²	0.0189	3080.16	32082.34		400.42	184.81	35747.73	676
16	020509010001	实榻门	樘	1	4981.68	1933.38	18.75	650.06	300.02	7883.89	7884
	12-372	实踏大门扇 8cm 厚以内制作	10m²	1.005	3989.70	1829.34	18.66	521.09	240.50	6599.29	6632
	12-378	实踏大门安装	10m²	1.005	967.20	94.42		125.74	58.03	1245.39	1252
17	020509001001	槅扇	樘	6	5320.15	615.98	6.28	692.43	319.59	6954.43	41727
	12-265	古式木长窗扇（槅扇）葵式制作	10m²	3.98	8020.32	928.61	9.46	1043.87	481.79	10484.05	41727
		0206 屋面工程									
18	011002002001	防腐砂浆面层	m²	138.2	10.42	11.16	0.66	1.44	0.66	24.34	3364
	11-55	防水砂浆平面	100m²	1.382	1041.60	1115.66	66.15	144.01	66.47	2433.89	3364
19	011001001001	保温隔热屋面	m²	138.2	9.58	23.30	0.43	1.30	0.60	35.21	4866
	11-93	无机轻集料保温砂浆 30 厚	100m²	1.382	957.90	2329.57	42.84	130.10	60.04	3520.45	4865
20	020602001001	筒瓦屋面	m²	138.2	59.71	128.19	0.61	7.84	3.62	199.97	27636
	11-132	黏土筒瓦屋面走廊、平房、厅堂	10m²	13.82	597.06	1281.94	6.05	78.40	36.19	1999.64	27635

（续）

清单序号	项目编码（定额编码）	清单（定额）项目名称	计量单位	数量	综合单价（元）						合计（元）
					人工费	材料费	机械费	管理费	利润	小计	
		0207 地面工程									
21	011101002001	现浇水磨石楼地面	m²	39.71	52.92	14.38	2.80	7.24	3.34	80.68	3204
	6-13	本色水磨石带嵌条12mm	100m²	0.3971	5291.86	1437.73	279.82	724.32	334.30	8068.03	3204
22	011102001001	石材楼地面	m²	62.22	17.62	168.47	0.57	2.37	1.09	190.12	11 829
	6-24	花岗岩（大理石）面层板厚3cm以内	100m²	0.6222	1762.04	16 846.67	57.44	236.53	109.17	19 011.85	11 829
		0208 抹灰工程									
23	011201001001	墙面一般抹灰	m²	39.3	15.74	6.15	0.60	2.12	0.98	25.59	1006
	6-51	砖墙、砌块墙混合砂浆20mm厚	100m²	0.393	1573.56	615.03	59.76	212.33	98.00	2558.68	1006
24	011204003001	块料墙面	m²	24.36	51.41	76.80	0.31	6.72	3.10	138.34	3370
	6-91	水泥砂浆贴马赛克墙面	100m²	0.2436	5141.04	7680.27	31.05	672.37	310.33	13 835.06	3370
25	011205002001	块料柱面	m²	25.2	58.60	78.27	0.31	7.66	3.53	148.37	3739
	6-92	水泥砂浆贴马赛克柱梁面	100m²	0.252	5859.62	7826.63	31.05	765.79	353.44	14 836.53	3739
26	020801001001	墙面仿古抹灰	m²	27.45	43.02	10.87	0.75	5.69	2.63	62.96	1728
	6-71	水刷石墙面	100m²	0.2745	4302.34	1086.64	74.51	568.99	262.61	6295.09	1728
		合　计									187 237

表7-17 案例仿古建筑技术措施项目综合单价分析表

单位及专业工程名称：建筑工程—仿古建筑工程　　　　标段：　　　　　　　　第　页　共　页

清单序号	项目编码（定额编码）	清单（定额）项目名称	计量单位	数量	综合单价（元）						合计（元）
					人工费	材料费	机械费	管理费	利润	小计	
		0210 措施项目									
1	021001001001	综合脚手架	m²	109.6	15.67	3.88	0.82	2.14	0.99	23.50	2576
	16-1	建筑物檐高（m以内）7层高（m）6以内	100m²	1.096	1566.54	387.82	81.57	214.25	98.89	2349.07	2575
2	021002001001	现浇混凝土矩形柱模板	m²	49.09	36.05	16.77	1.90	4.93	2.28	61.93	3040
	17-18	矩形柱复合模板	100m²	0.4909	3605.30	1676.88	189.74	493.36	227.70	6192.98	3040
3	021002008001	现浇混凝土矩形梁模板	m²	141.04	56.45	26.91	1.02	7.47	3.45	95.30	13 441
	17-21	矩形梁木模	100m²	1.4104	5644.79	2690.93	101.63	747.03	344.79	9529.17	13 440

（续）

清单序号	项目编码（定额编码）	清单（定额）项目名称	计量单位	数量	综合单价（元）						合计（元）
					人工费	材料费	机械费	管理费	利润	小计	
4	021002022001	现浇混凝土带椽屋面板模板	m²	27.62	45.95	53.61	1.93	6.22	2.87	110.58	3054
	17-32	椽望板木模	100m²	0.2762	4595.44	5361.31	192.72	622.46	287.29	11 059.22	3055
5	021002014001	现浇混凝土老、仔角梁（老、嫩戗、龙背、大刀木）模板	m²	11.34	66.86	41.63	1.06	8.83	4.08	122.46	1389
	17-25	老、嫩戗木模	100m²	0.1134	6685.77	4163.01	106.05	882.94	407.51	12 245.28	1389
6	021003001001	殿、堂、厅垂直运输	m²	109.6			35.35	4.60	2.12	42.07	4611
	18-1	园林古建筑垂直高度（m）20以内单檐	100m²	1.096			3534.84	459.53	212.09	4206.46	4610
		合 计									28 111

施费的计算和分部分项工程费的计算类似。施工组织措施费的计算以分部分项工程费和施工技术措施费中的人工费和机械费合计为基础乘以相应费率。在分部分项工程费、措施项目费计算完成后，考虑适当的其他项目费，再计提规费和税金，即可得出工程的建筑安装工程费。案例仿古建筑工程的分部分项工程费、措施项目费、其他项目费、单位工程（土建）的建筑安装工程费计算见表 7-18~ 表 7-21 所列，其中安全文明施工费费率取 4.79%，标化工地增加费费率取 0.94%，规费费率取 31.75%，增值税税率根据××省工程招投标实际，取 9%。

表 7-18 案例仿古建筑分部分项工程量清单与计价表

单位及专业工程名称：建筑工程—仿古建筑工程　　　　标段：　　　　　　　　　　　　第 1 页 共 3 页

序号	项目编码	项目名称	项目特征	计量单位	工程量	金额（元）		其 中			备注
						综合单价	合 价	人工费	机械费	暂估价	
		0201 砖作工程					3907	1384	51	0	
1	020101002001	细砖清水墙	240 砖墙	m³	8.46	461.87	3907	1384.48	51.18	0.00	
		0202 石作工程					32 688	12 835	612	0	
2	020201002001	踏　踩	块石砌踏步	m³	2.47	2570.93	6350	3645.60	0.00	0.00	
3	020201008001	垂　带	青石垂带	m³	0.41	2928.60	1201	654.53	0.00	0.00	
4	010403001001	石基础	块石砌凹缝	m³	65.76	382.26	25 137	8534.99	612.23		
		0204 混凝土及钢筋混凝土工程					25 465	5490	901	0	
5	020401001001	矩形柱	现浇钢筋混凝土矩形柱	m³	2.70	509.02	1374	410.72	47.66	0.00	

(续)

序号	项目编码	项目名称	项目特征	计量单位	工程量	金额（元）					备注
						综合单价	合价	其　中			
								人工费	机械费	暂估价	
6	020402001001	矩形梁	现浇钢筋混凝土矩形梁	m³	13.99	467.54	6541	1672.92	234.33	0.00	
7	020404001001	带椽屋面板	现浇板厚 60	m³	1.87	629.68	1178	403.32	49.35	0.00	
8	020402007001	老、仔角梁	现浇钢筋混凝土角梁	m³	0.51	565.70	289	96.17	14.80	0.00	
9	020410001001	椽望板	预制混凝土带肋板	m³	5.75	640.60	3683	1032.70	374.50	0.00	
10	020411001001	方直形椽子	翼角部预制椽	m³	2.13	533.14	1136	293.85	27.73	0.00	
11	010515001001	现浇构件钢筋	矩形梁、矩形柱钢筋	t	2.248	5011.13	11 265	1580.46	152.71	0.00	
		0205 木作工程					64 434	43905	68	0	
12	020511002001	倒挂楣子	木挂落	m²	14.16	480.31	6801	4732.84	0.00	0.00	
13	011302004001	藤条造型悬挂吊顶	芦苇纹竹平顶	m²	60.83	110.54	6724	1862.61	9.12	0.00	
14	020508028001	博缝板	咖啡色博缝板	m²	3.30	188.77	623	348.35	1.95	0.00	
15	010802004001	防盗门	900mm×2100mm	樘	1	675.64	676	58.22	0.00	0.00	
16	020509010001	实榻门	古式木门	樘	1	7883.89	7884	4981.68	18.75	0.00	
17	020509001001	槅扇	古式木窗	樘	6	6954.43	41 727	31 920.90	37.68	0.00	
		0206 屋面工程					35 866	11 016	235	0	
18	011002002001	防腐砂浆面层	1:3 水泥砂浆找平层	m²	138.20	24.34	3364	1440.04	91.21	0.00	
19	011001001001	保温隔热屋面	1:1.6 水泥石灰炉渣找坡层	m²	138.20	35.21	4866	1323.96	59.43	0.00	
20	020602001001	筒瓦屋面	灰筒瓦屋面	m²	138.20	199.97	27 636	8251.92	84.30	0.00	
		0207 地面工程					15 033	3198	147	0	
21	011101002001	现浇水磨石楼地面		m²	39.71	80.68	3204	2101.45	111.19	0.00	
22	011102001001	石材楼地面	外廊片石贴面	m²	62.22	190.12	11 829	1096.32	35.47	0.00	
		0208 抹灰工程					9843	4529	60	0	
23	011201001001	墙面一般抹灰	混合砂浆	m²	39.30	25.59	1006	618.58	23.58	0.00	
24	011204003001	块料墙面	咖啡色马赛克墙面	m²	24.36	138.34	3370	1252.35	7.55	0.00	
25	011205002001	块料柱面	咖啡色马赛克柱面	m²	25.20	148.37	3739	1476.72	7.81	0.00	
26	020801001001	墙面仿古抹灰	1:2 白水泥白石屑	m²	27.45	62.96	1728	1180.90	20.59	0.00	
		本页小计					9843	4529	60	0	
		合　计					187 237	82 357	2073	0	

表 7-19 案例仿古建筑施工技术措施项目清单与计价表

单位及专业工程名称：建筑工程—仿古建筑工程　　　　标段：　　　　　　　　　　第　页　共　页

序号	项目编码	项目名称	项目特征	计量单位	工程量	金额（元）					备注
						综合单价	合价	其中			
								人工费	机械费	暂估价	
		0210 措施项目					28 111	13 476	4267	0	
1	021001001001	综合脚手架	仿古建筑钢筋混凝土结构檐口高度 4.6m	m²	109.60	23.50	2576	1717.43	89.87	0.00	
2	021002001001	现浇混凝土矩形柱模板	柱截面 250×250	m²	49.09	61.93	3040	1769.69	93.27	0.00	
3	021002008001	现浇混凝土矩形梁模板	梁截面 L_1，L_1'，L_2，L_{2A}：250×400 XL：200×240	m²	141.04	95.30	13 441	7961.71	143.86	0.00	
4	021002022001	现浇混凝土带椽屋面板模板	板厚 60	m²	27.62	110.58	3054	1269.14	53.31	0.00	
5	021002014001	现浇混凝土老、仔角梁（老、嫩戗、龙背、大刀木）模板	梁截面 120×200 端部截面 120×140	m²	11.34	122.46	1389	758.19	12.02	0.00	
6	021003001001	殿、堂、厅垂直运输	仿古建筑钢筋混凝土结构地上一层檐口高度 4.6m	m²	109.60	42.07	4611	0.00	3874.36	0.00	
			本页小计				28 111	13 476	4267	0	
			合　计				28 111	13 476	4267	0	

表 7-20 案例仿古建筑施工组织措施项目清单与计价表

单位及专业工程名称：建筑工程—仿古建筑工程　　　　标段：　　　　　　　　　　第　页　共　页

序　号	项目名称	计算基础	费率（%）	金额（元）	备　注
1	安全文明施工费	人工费+机械费	4.79	4894.07	
1.1	安全文明施工基本费	人工费+机械费	4.79	4894.07	
2	提前竣工增加费	人工费+机械费			
3	二次搬运费	人工费+机械费			
4	冬雨季施工增加费	人工费+机械费			
5	行车、行人干扰增加费	人工费+机械费			
6	其他施工组织措施费	按相关规定进行计算			
	合　计			4894.07	

表 7-21 案例仿古建筑单位工程费汇总表

单位及专业工程名称：建筑工程—仿古建筑工程　　　　标段：　　　　　　　　　　　　第 页 共 页

序　号	费用名称	计算公式	金额（元）	备　注
1	分部分项工程费	∑（分部分项工程数量 × 综合单价）	187 237.01	
1.1	其中 人工费＋机械费	∑分部分项（人工费＋机械费）	84 429.69	
2	措施项目费		33 004.71	
2.1	施工技术措施项目	∑（技术措施工程数量 × 综合单价）	28 110.64	
2.1.1	其中 人工费＋机械费	∑技措项目（人工费＋机械费）	17 742.86	
2.2	施工组织措施项目	按实际发生项之和进行计算	4894.07	
2.2.1	其中 安全文明施工基本费		4894.07	
3	其他项目费		960.42	
3.1	暂列金额	3.1.1+3.1.2+3.1.3	960.42	
3.1.1	标化工地增加费	按招标文件规定额度列计	960.42	
3.1.2	优质工程增加费	按招标文件规定额度列计		
3.1.3	其他暂列金额	按招标文件规定额度列计		
3.2	暂估价	3.2.1+3.2.2+3.2.3		
3.2.1	材料（工程设备）暂估价	按招标文件规定额度列计（或计入综合单价）		
3.2.2	专业工程暂估价	按招标文件规定额度列计		
3.2.3	专项技术措施暂估价	按招标文件规定额度列计		
3.3	计日工	3.3.1+3.3.2+3.3.3		
3.4	施工总承包服务费	3.4.1+3.4.2		
3.4.1	专业发包工程管理费	∑计算基数 × 费率		
3.4.2	甲供材料设备管理费	∑计算基数 × 费率		
4	规　费		32 439.78	
5	增值税		22 827.77	
	投标报价合计	1+2+3+4+5	276 469.69	

7.3.2 定额计价法仿古建筑工程计价

7.3.2.1 仿古建筑工程定额的套取与换算

（1）砖细工程

青砖贴面按水泥砂浆粘结考虑，材料品种、规格及砂浆厚度、配合比，设计与定额不同时，允许调整。青条砖贴弧形面时，人工耗用量乘系数 1.15，材料耗用量乘系数 1.05。

【例 7-1】：某仿古建筑外墙采用青条砖贴弧形面，密缝，试套用定额，并对定额基价进行换算。

解：套定额 7-40，定额基价为 965.66 元 /10m²

换算后基价 =965.66+363.48×0.15+598.46×0.05
　　　　　=1050.11（元 /10m²）

（2）石作工程

①石料质地统一按普坚石石料为准，如使用

特坚石，其制作人工耗用量乘以系数1.43，次坚石其人工耗用量乘以系数0.6。

②锁口石、地坪石和侧塘石的四周做快口，均按板岩口定额计算，即按快口定额乘系数0.5计算。

③斜坡加工按其披势定额计算。当披势高度小于6cm而大于1.5cm时，按披势定额乘以系数0.75。当披势高度小于1.5cm时按照快口定额计算。

④定额石构件的平面或曲弧面加工耗工大小与石料长度有关，凡是长度在2m以内按本定额计算。长度在3m以内按2m以内定额乘系数1.1；长度在4m以内按2m以内定额乘系数1.2；长度在5m以内按2m以内定额乘系数1.35；长度在6m以内和6m以上者，按2m以内定额乘系数1.50。

【例7-2】：某仿古建筑工程侧塘石用毛料石制作，二步做糙。石长2.5m，厚度10cm，四周做快口。试套用定额，并对定额基价进行换算。

解：侧塘石制作套定额8-43，定额基价为711.10元/m²，石长超过2m，需要对定额基价进行换算

换算后基价 =711.10×1.1=782.21（元/m²）

侧塘石四周做快口套定额筑方快口8-15，定额基价为99.19元/10m

换算后基价 =99.19×0.5=49.60（元/10m）

（3）屋面工程

屋面工程包括铺望砖、盖瓦、屋脊等，均以平房檐高在3.6m以内为准；檐高超过3.6m时，其人工乘以系数1.05，二层楼房人工乘以系数1.09，三层楼房人工乘以系数1.13，四层楼房人工乘以系数1.16，五层楼房人工乘以系数1.18，宝塔按五层楼房系数执行。

【例7-3】：某仿古建筑屋面铺望砖，做细平望，单层，层高4.2m。试套用定额，并对定额基价进行换算。

解：套定额11-111，定额基价为1581.04元/10m²

换算后基价 =1581.04+194.53×0.05
=1590.77（元/10m²）

（4）仿古木作工程

①柱子、梁、桁、枋、椽、斗栱等木构件所用木材除注明者外，以一、二类木种为准。设计使用三、四类木种的，其制作人工耗用量乘以系数1.3，安装人工耗用量乘以系数1.15，制作安装合并的定额人工耗用量乘以系数1.25。

【例7-4】：某园林景观亭矩形梁采用樟木，梁高120cm。试套用定额，并对定额基价进行换算。

解：樟木在《××省园林绿化及仿古建筑工程预算定额》（2018版）中属于三、四类木材，套定额12-36矩形梁制作、安装，定额基价为36341.19元/10m³。

换算后基价 =36 341.19+18 341.46×0.25
=40 926.56（元/10m³）

②斗栱定额编号12-190～12-216按营造则例做法编制，斗口均以8cm为基准，斗口尺寸变动时，定额按表7-22调整。

【例7-5】：某仿古建筑三踩单昂斗栱平身科，斗口10cm，试套用定额，并对定额基价进行换算。

解：套定额12-190，定额基价为1026.93元/座

换算后基价 =1026.93+783.68×0.28+240.52×0.95
=1474.85（元/座）

③木雕定额仅为雕刻费用，花板框架制作安装按相应的定额计算；木雕定额按单面考虑，双面雕刻乘以系数2。木雕定额以A级木材雕刻为准，若为B级木材，定额乘以系数1.25，C级木材定额乘以系数1.5。

【例7-6】：某仿古建筑采用漏雕花鸟工艺木窗，深度1~2cm，单面雕刻，材料为亮楞木。试套用定额，并对定额基价进行换算。

解：套定额12-496，定额基价为1410.49元/m²，亮楞木在《××省园林绿化及仿古建筑工程预算定额》（2018版）中属于B级木材，需要对定额基价进行换算。

换算后基价 =1410.49×1.25=1763.11（元/m²）

7.3.2.2 仿古建筑工程预算书编制

仿古建筑工程预算书编制是指将仿古建筑工程的定额工程量填入预算书表格中的数量列，将套用的定额基价或换算后的定额基价填入预算书表格中的单价列，再将数量列与单价列相乘得出合价，对合价进行汇总后进一步计提企业管理费、利润、规费和税金，最后汇总得出仿古建筑工程的建筑安装工程费。

案例仿古建筑工程施工图预算书编制的结果见表7-23所列，其中安全文明施工费费率取4.79%，标化工地增加费费率取0.94%，企业管理费费率取13%，利润率取6%，规费费率取31.75%，增值税税率取9%。

表 7-22 定额调整系数表

斗 口	5cm	6cm	7cm	8cm	9cm	10cm	11cm	12cm	13cm	14cm	15cm
人工费调整系数	0.70	0.78	0.88	1.00	1.13	1.28	1.45	1.64	1.85	2.09	2.36
材料费调整系数	0.25	0.43	0.67	1.00	1.42	1.95	2.60	3.38	4.29	5.36	6.60

表 7-23 案例仿古建筑施工图预算书

单位及专业工程名称：建筑工程—仿古建筑工程　　　　标段：　　　　　　　　　　　　第 页共 页

序号	编码	名　称	单　位	数量	单价	人工费	材料费	机械费	合　价
		第五章　砌筑工程							
1	5-2	毛石（块石）基础浆砌	10m³	6.576	3822.58	1297.89	2167.26	93.14	25 137.29
2	5-12	砖砌外墙1砖	10m³	0.846	4618.70	1636.47	2599.26	60.54	3907.42
		第六章　装饰装修工程							
3	6-13	本色水磨石带嵌条12mm	100m²	0.397	8068.03	5291.86	1437.73	279.82	3203.01
4	6-24	花岗岩（大理石）面层板厚3cm以内	100m²	0.622	19 011.85	1762.04	16 846.67	57.44	11 825.37
5	6-51	砖墙、砌块墙混合砂浆20mm厚	100m²	0.393	2558.68	1573.56	615.03	59.76	1005.56
6	6-71	水刷石墙面	100m²	0.275	6295.09	4302.34	1086.64	74.51	1731.15
7	6-91	水泥砂浆贴马赛克墙面	100m²	0.244	13 835.06	5141.04	7680.27	31.05	3375.75
8	6-92	水泥砂浆贴马赛克柱梁面	100m²	0.252	14 836.53	5859.62	7826.63	31.05	3738.81
9	6-136	天棚木龙骨吊在混凝土板下	100m²	0.608	6162.64	2056.54	3713.71	1.38	3746.89
10	6-141	薄板吊顶	100m²	0.608	4891.09	1005.33	3678.05	14.03	2973.78
11	6-177	钢门钢板防盗门	100m²	0.019	35 747.73	3080.16	32 082.34		679.21
		第八章　石作工程							
12	8-35	踏步、阶沿石制作（二遍剁斧）厚度（cm）12以内长度2m以内	m²	6.17	1029.21	590.86	326.09		6350.23
13	8-48	垂带制作二遍剁斧顶面宽30cm以内	m²	1.35	787.54	400.52	310.92		1063.18

（续）

序号	编码	名称	单位	数量	单价	人工费	材料费	机械费	合价
14	8-58	安装垂带	m²	1.35	101.89	84.32	1.55		137.55
		第十章 混凝土及钢筋工程							
15	10-8	圆形柱、矩形柱断面周长（cm）100以内	10m³	0.27	5090.21	1521.18	3069.94	176.53	1374.36
16	10-13	圆形、矩形梁梁高或直径（cm）30以上	10m³	1.399	4675.45	1195.83	3053.08	167.51	6540.95
17	10-25	椽望板	10m³	0.187	6296.79	2156.76	3416.23	263.88	1177.50
18	10-16	老、嫩戗	10m³	0.051	5656.86	1885.55	3067.71	290.20	288.50
19	10-97	椽望板、戗翼板	10m³	0.575	6406.02	1796.04	3493.70	651.29	3683.46
20	10-98	椽子方直形	10m³	0.213	5331.29	1379.57	3534.68	130.18	1135.56
21	10-138	圆钢 HPB300 ϕ 10 以内	t	0.537	5704.11	1257.36	4120.16	73.69	3063.11
22	10-139	圆钢 HPB300 ϕ 10 以外	t	0.021	5278.06	821.19	4225.17	63.59	110.84
23	10-140	带肋钢筋 HRB400 以内	t	1.69	4787.62	525.45	4083.61	66.15	8091.08
		第十一章 屋面工程							
24	11-93	无机轻集料保温砂浆 30厚	100m²	1.382	3520.45	957.90	2329.57	42.84	4865.26
25	11-55	防水砂浆平面	100m²	1.382	2433.89	1041.60	1115.66	66.15	3363.64
26	11-132	黏土筒瓦屋面走廊、平房、厅堂	10m²	13.82	1999.64	597.06	1281.94	6.05	27 635.02
		第十二章 仿古木作工程							
27	12-265	古式木长窗扇（槅扇）葵式制作	10m²	3.98	10 484.05	8020.32	928.61	9.46	41 726.52
28	12-372	实踏大门扇 8cm 厚以内制作	10m²	1.005	6599.29	3989.70	1829.34	18.66	6632.29
29	12-378	实踏大门安装	10m²	1.005	1245.39	967.20	94.42		1251.62
30	12-422	挂落（倒挂楣子）步步锦软樘制作、安装	10m²	1.416	4803.10	3342.42	825.62		6801.19
31	12-245	排疿板（博风板）规格（cm）板厚3制作、安装	10m²	0.33	1887.58	1055.55	624.45	5.90	622.90
		第十六章 脚手架工程							
32	16-1	建筑物檐高（m以内）7层高（m）6以内	100m²	1.096	2349.07	1566.54	387.82	81.57	2574.58

（续）

序号	编码	名称	单位	数量	单价	人工费	材料费	机械费	合价
		第十七章 模板工程							
33	17-18	矩形柱复合模板	100m²	0.491	6192.98	3605.30	1676.88	189.74	3040.75
34	17-21	矩形梁木模	100m²	1.41	9529.17	5644.79	2690.93	101.63	13 436.13
35	17-25	老、嫩戗木模	100m²	0.113	12 245.28	6685.77	4163.01	106.05	1383.72
36	17-32	椽望板木模	100m²	0.276	11 059.22	4595.44	5361.31	192.72	3052.34
		第十八章 垂直运输工程							
37	18-1	园林古建筑垂直高度（m）20以内单檐	100m²	1.096	4206.46			3534.84	4610.28
38		分部分项工程和施工技术措施项目人工费、材料费和机械费 合计							195 925.28
39		其中人工费+机械费							102 166.02
40		施工组织措施费（含安全文明施工费和标化工地增加费）							5854.11
41		企业管理费							13 281.58
42		利 润							6129.96
43		规 费							32 437.71
44		增值税							22 826.58
45		建筑安装工程费合计							276 455.20

小结

本章从仿古建筑典型的分部分项工程出发，依据《仿古建筑工程工程量计算规范》（GB 50855—2013）、《建设工程工程量清单计价规范》（GB 50500—2013）和《××省园林绿化及仿古建筑工程预算定额》（2018版）阐述仿古建筑工程概述、仿古建筑工程清单计量与定额计量、仿古建筑工程清单计价与定额计价。针对仿古建筑工程的特征，以某仿古建筑小卖部为例，分清单计价法和定额计价法计算其清单工程量和定额工程量，以及清单计价和定额计价。清单计量与计价的结果是得出某仿古建筑小卖部的分部分项工程量清单、措施项目清单（一）、措施项目清单（二）以及分部分项工程量清单与计价表、施工技术措施项目清单与计价表、施工组织措施项目清单与计价表和单位工程费汇总表；定额计量与计价的结果是得出定额工程量表和工程预算书。

习题

一、填空题

1. 仿古建筑典型的分部工程有_____、_____、_____和_____。
2. 按使用部位,斗栱可分为_____、_____和_____。
3. 做细望砖是指在望砖铺砌前,对望砖进行加工处理。包括_____、_____、_____和_____等。
4. 蝴蝶瓦又称为_____和_____。

二、选择题

1. 隔扇的定额工程量按（ ）计算。
   A. 樘　　　　　　　B. m　　　　　　　C. m^2　　　　　　　D. m^3
2. 月洞的定额工程量以（ ）计算。
   A. 延长米　　　　　B. m　　　　　　　C. m^2　　　　　　　D. m^3
3. 毛料石菱角石制作安装按（ ）计算。
   A. 樘　　　　　　　B. 块　　　　　　　C. 端　　　　　　　D. 套
4. 以下（ ）被视为简单砖雕。
   A. 牡丹　　　　　　B. 金莲　　　　　　C. 梅桩　　　　　　D. 云头

三、思考题

1. 简述仿古木作工程包含的分项工程。
2. 石料表面的加工等级有哪些?
3. 分析蝴蝶瓦与琉璃瓦的不同点及适用场合。
4. 对比各类屋面的特点和适用场合。

四、案例分析

列出图 7-25~ 图 7-27 仿古建筑对应的仿古木作工程、砖细工程、石作工程和屋面工程项目,采用定额计价法对这些项目进行计量与计价。

推荐阅读书目

[1]《建设工程工程量清单计价规范》(GB 50500—2013). 住房和城乡建设部. 中国计划出版社,2013.
[2]《仿古建筑工程工程量计算规范》(GB 50855—2013). 住房和城乡建设部. 中国计划出版社,2013.
[3]《浙江省园林绿化及仿古建筑工程预算定额》(2018 版). 中国计划出版社,2018.
[4]《浙江省建设工程计价规则》(2018 版). 中国计划出版社,2018.

相关链接

古建筑基础知识　https://wenku.baidu.com/view/1b648803fd4ffe4733687e21af45b307e871f97a.html

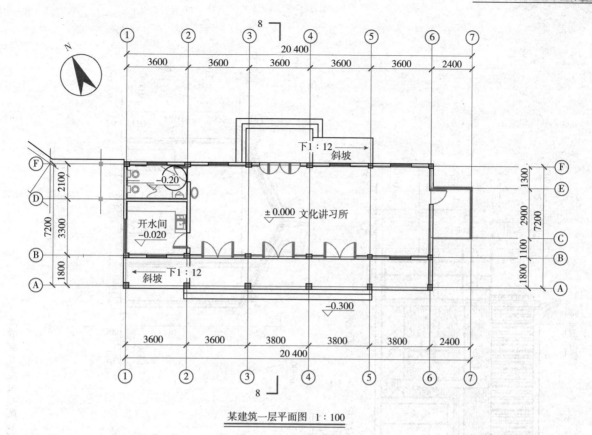

某建筑一层平面图 1:100

图7-25 某仿古建筑一层平面图

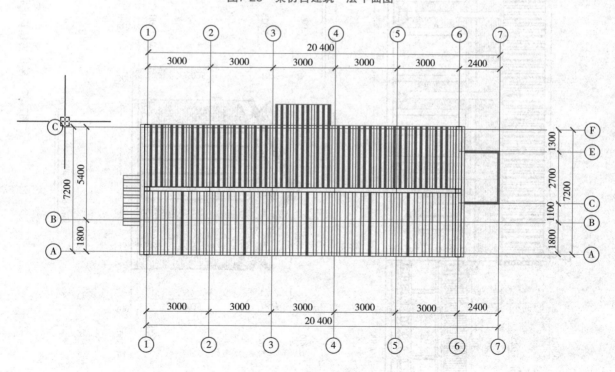

某建筑屋顶平面图 1:100

图7-26 某仿古建筑屋顶平面图

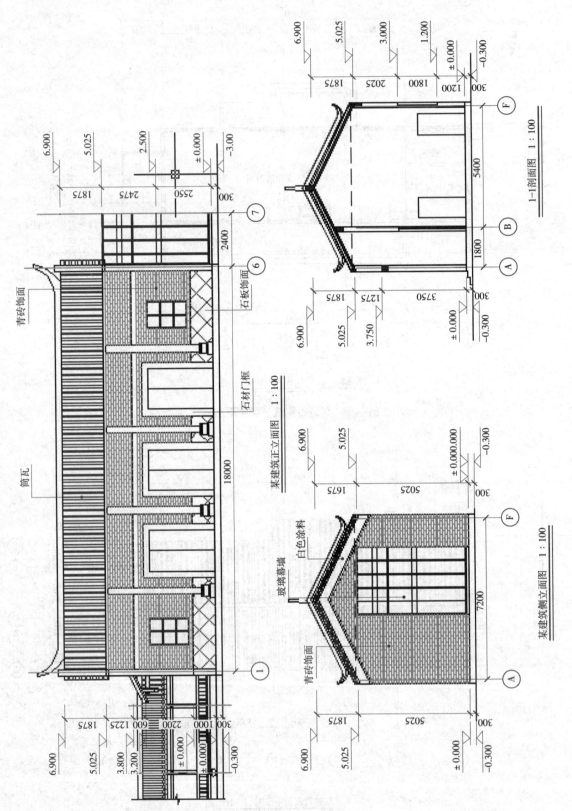

图7-27 某仿古建筑正立面、侧立面和1-1剖面图

经典案例

丽江木府仿古建筑群

丽江古城是中国历史文化名城,而丽江木府可称为丽江古城文化之"大观园"。纳西族最高统领木氏自元朝世袭丽江土司以来,历经元、明、清三朝22世470年,在西南诸土司中以"知诗书好礼守义"而著称于世。明末时达到鼎盛,其府建筑气象万千,古代著名旅行家徐霞客曾叹木府曰:"宫室之丽,拟于王室"(图7-28、图7-29)。

1996年丽江大地震后,丽江市政府利用世行贷款,仅投资400多万元就在原址上重新建起气势恢宏的木府建筑群。木府仿古建筑群位于丽江古城西南隅,占地46亩,中轴线全长369m,整个建筑群坐西朝东,"迎旭日而得木气",左有青龙(玉龙雪山),右有白虎(虎山),背靠玄武(狮子山),东南方向有龟山,蛇山对峙而把守关隘,木府怀抱于古城,既有枕狮山而升阳刚之气,又有环玉水而具太极之脉。

建筑群有近十座大宫殿,由忠义石牌坊、议事厅、万卷楼、护法殿、光碧楼、玉音楼、三清殿等建筑组成,为丽江古城增添了历史的厚重和独特的风韵。木府由4个部分组成,第一部分是办公区域部分,为议事厅前后及广场;第二部分是玉花院;第三部分是生活区域部分,包括木府一条街和木家院;第四部分应该是属于祭祀的部分,但恢复重建木府的时候,第四部分没有恢复,第四部分主要包括庙宇、观音堂。

图7-28 丽江木府

图7-29 木府万卷楼

第8章 通用项目计量与计价

【本章提要】园林工程的通用项目包括土石方、圆木桩及基础垫层工程，混凝土及钢筋混凝土工程，砌筑工程，装饰装修工程等。在园林工程计量与计价中通用项目虽然不是主体，但一般都会发生。在定额计价模式和工程量清单计价模式并存的情况下，我们需要从两个方面对通用项目的计量与计价有所了解。并进一步掌握《建设工程工程量清单计价规范》（GB 50500—2013），《房屋建筑与装饰工程工程量计算规范》（GB 50854—2013），《园林绿化工程工程量计算规范》（GB 50858—2013）和《××省园林绿化及仿古建筑工程预算定额》（2018版）中通用项目工程量计算规则以及计价方式的不同。掌握定额计价模式下通用项目工程量的计算以及计价。掌握清单计价模式下通用项目工程量清单编制以及清单综合单价的计算与分析，这是本章要重点阐述的内容。

8.1 土石方、圆木桩及基础垫层工程计量与计价

园林土石方工程有整理绿化用地、绿化种植（乔灌木种植）挖树坑、园林景观基础土石方、园林建筑土石方等。整理绿化用地在GB 50858—2013中属于附录A绿化工程分部，在《××省园林绿化及仿古建筑工程预算定额》（2018版）中属于第一章园林绿化工程。本章所指土石方工程为园林景观基础和园林建筑土石方。园林景观基础和园林建筑土石方通常包括平整场地、挖地槽、挖地坑、回填土、运土等分项工程。

圆木桩项目在GB 50854—2013中属于附录B地基处理与边坡支护工程，但在《××省园林绿化及仿古建筑工程预算定额》（2018版）中属于第四章土石方、圆木桩及基础垫层工程。

8.1.1 土石方、圆木桩及基础垫层工程定额计量与计价

8.1.1.1 土石方、圆木桩及基础垫层工程定额工程量计算说明

计算土方工程量时，应根据图纸标明的尺寸、勘探资料确定的土质类别，以及施工组织设计规定的施工方法、运土距离等资料，分别以立方米或平方米为单位计算。

①土石方、打桩、基础垫层定额包括土方、石方、圆木桩、基础垫层。

②如果工程的土石方类别不同，应该分别列项计算。

③有关人工土方几点说明

人工挖土方最大深度4.0m。

在挡土板下挖土人工乘以系数1.20，在群桩间挖土人工乘系数1.25。

平整场地指原地面与设计室外地坪高差±30cm以内的原土找平。

除挖淤泥、流砂为湿土外，均以干土为准，如挖运湿土，其定额乘系数1.18。湿土排水另列项目计算。

干土、湿土以地质资料提供的地下水位为分界线，地下常水位以上为干土，以下为湿土。如

果人工降低地下水位时，干湿土划分，仍以地下常水位为准。

④有关机械土方的几点说明

推土机、铲运机重车上坡，如果坡度大于5%，套用定额乘系数 1.75～2.50。

推土机、铲运机在土层厚度小于30cm挖土时，定额乘系数 1.20。

挖掘机在垫板上作业时，定额乘系数 1.25，铺设垫板增加的工料费另行计算。

⑤有关圆木桩工程的几点说明

圆木桩分人工打桩和挖掘机打桩两种。人工打桩如在支架上，乘以系数 1.25。木桩防腐费用另行计算。其他打桩工程参照相关定额子目另行计算。

⑥有关基础垫层材料的几点说明

配合比设计与定额不同时，应该进行换算。

毛石灌浆如设计砂浆标号不同时，砂浆标号进行换算；碎石、砂垫层级配不同时，砂石材料数量进行换算。

表 8-1 土石方、圆木桩、基础垫层工程工程量计算规则

序号	项目名称	计量单位	工程量计算规则
1	平整场地	m²	无地下室的，按建筑物首层建筑面积计算，首层为架空层的按架空层面积计算 有地下室的，按建筑物地下室底板（含垫层）面积计算 绿地平整的，按设计图示尺寸以面积计算
2	人工挖地槽、坑	m³	按自然密实的体积计算 深度：槽沟底至设计室外地坪 长度：外墙按中心线、内墙按基础底净长 关于放坡： 土壤类别　　放坡系数　　放坡起点深度（m） 一、二类土　　1：0.5　　　1.20 三类土　　　　1：0.33　　　1.50 四类土　　　　1：0.25　　　2.00
3	机械土方	m³	按施工组织设计规定的开挖范围及有关内容计算 深度：槽沟底至设计室外地坪 长度：外墙按中心线、内墙按基础底净长 关于放坡： 土壤类别　深度超过（m）　放坡系数 k 　　　　　　　　　　　　坑内挖掘　坑上挖掘 一、二类土　1.20　　0.33　　0.75 三类土　　　1.50　　0.25　　0.50 四类土　　　2.00　　0.10　　0.33
4	打压预应力混凝土管桩	m	按延长米计算
5	送桩	m³	长度按设计桩顶标高至自然地坪另增 0.50 m 计算
6	人工挖孔桩	m³	按护壁外围截面积乘以孔深计算
7	圆木桩	m³	按设计桩长及梢径，按木材材积表计算
8	基础（地面）垫层	m³	按图示尺寸计算体积

8.1.1.2 工程量计算规则

土石方、圆木桩、基础垫层工程定额工程量计算规则见表8-1所列。

8.1.1.3 典型地槽工程量计算方法

钢筋混凝土带形基础、条形砖基础所需开挖地槽：

① 两面放坡如图8-1（a）所示：

$$V_{地槽}=S_{断} \times L = [(B+2C)+KH] \times H \times L$$

② 不放坡无挡土板如图8-1（b）所示：

$$V_{地槽}=S_{断} \times L = (B+2C) \times H \times L$$

式中　B——基础垫层宽度；
　　　C——工作面宽度；
　　　H——地槽深度；
　　　K——放坡系数；
　　　L——地槽长度。

8.1.1.4 典型地坑工程量计算方法

地坑分矩形地坑和圆形地坑，放坡地坑和不放坡地坑。

① 矩形放坡地坑如图8-2所示：

$$V_{地坑}=(a+2c+kh) \times (b+2c+kh) \times h + 1/3\, k^2 h^3$$

式中　a——基础垫层宽度；
　　　b——基础垫层长度；
　　　c——工作面宽度；
　　　h——地坑深度；
　　　k——放坡系数。

② 圆形放坡地坑如图8-3所示：

$$V_{挖}= \pi h/3\,(r^2 + R^2 + Rr)$$

式中　r——坑底半径（含工作面）；
　　　R——坑顶半径（含工作面）；
　　　h——地坑深度；
　　　m——放坡系数。

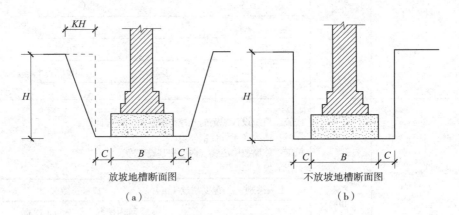

（a）放坡地槽断面图　　（b）不放坡地槽断面图

图8-1　地槽断面图

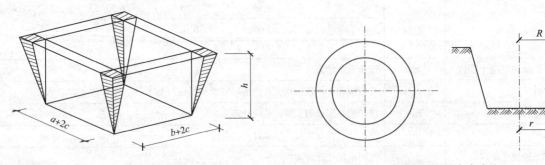

图8-2　矩形放坡地坑　　　　图8-3　圆形放坡地坑

8.1.1.5 土石方工程定额计量计价案例

【例8-1】：某园林建筑基础平面与剖面如图8-4所示。已知土方类别为一、二类土，地下常水位标高为 -0.80。施工采用人力开挖，明排水。求人工开挖一、二类土的人工费、材料费和机械费。

解：判定套用人工挖一、二类干土深2m以内定额。

H =1.3m $H_湿$ =0.8m C =0.3m K =0.5

（1）1-1剖面基础土方：

B_{1-1}=1.2+0.2=1.4（m）

$L_{1-1外}$=6×2=12（m）

$L_{1-1内}$=6-1.4=4.6（m）

L_{1-1}=12+4.6=16.6（m）

$V_{1-1全}$=（1.4+2×0.3+0.5×1.3）×1.3×16.6
=57.19（m³）

$V_{1-1湿}$=（1.4+2×0.3+0.5×0.8）×0.8×16.6
=31.87（m³）

$V_{1-1干}$=57.19-31.87=25.32（m³）

（2）2-2剖面基础土方：

B_{2-2}=1.4+0.2=1.6（m）

L_{2-2}=〔12+4.5+$\frac{(0.49-0.24)×0.365}{0.25}$〕×2=33.76（m）

$V_{2-2全}$=（1.6+2×0.3+0.5×1.3）×1.3×33.76=125.08（m³）

$V_{2-2湿}$=（1.6+2×0.3+0.5×0.8）×0.8×33.76=70.22（m³）

$V_{2-2干}$=125.08-70.22=54.86（m³）

（3）分项工程人材机费计价表，见表8-2所列：

表8-2 分项工程人材机费计价表

定额编号	项目名称	单位	工程量	单价	合价（元）
园林4-2	人工挖一、二类干土深2m以内	m³	80.18	15.26	1223.79
园林4-2	人工挖一、二类湿土深2m以内	m³	102.09	15.26×1.18=18.01	1838.68
建筑1-96	湿土排水	m³	102.09	7.09	724.32
	小计	元			3786.79

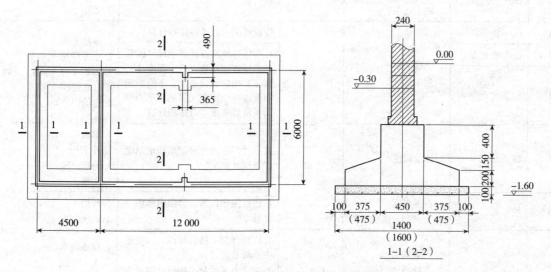

图8-4 某园林建筑基础平面图和剖面图

8.1.1.6 打桩工程定额计量计价案例

【例 8-2】：某园湖驳岸工程需打圆木桩 200m³。试计算打桩工程人工费、材料费和机械费。

解：套定额 4-104，得工料单价 23 541.47 元 /10m³，见表 8-3 所列。

8.1.2 土石方、圆木桩、基础垫层工程清单计量与计价

8.1.2.1 土方工程

土方工程工程量清单项目设置及工程量计算规则，按表 8-4 的规定执行。

8.1.2.2 土石方回填

土石方回填工程量清单项目设置及工程量计算规则，按表 8-5 的规定执行。

土石方回填项目适用于场地回填、室内回填和基础回填，并包括指定范围内的运输以及借土回填的土方开挖。

①场地回填　回填面积乘以平均回填厚度。

②基础回填　挖土体积减去设计室外地坪下砖、石砼构件及基础、垫层体积。

③室内回填　主墙间净面积乘以填土厚度。其中填土厚度按设计室内外高差减地坪垫层及面层厚度，若底层为回空层时，按设计规定的室内填土厚度。主墙是指结构厚度在 120mm 以上（不含 120mm）的各类墙体。

表 8-3　分项工程人材机费计价表

定额编号	项目名称	单位	工程量	单价	合价（元）
4-104	打圆木桩	10m³	20	23 541.47	470 829.4
	小计	元			470 829.4

表 8-4　土方工程（编号：010101）

项目编号	项目名称	项目特征	计量单位	工程量计算规则	工程内容
010101001	平整场地	1. 土壤类别 2. 弃土运距 3. 取土运距	m²	按设计图示尺寸以建筑物首层面积计算	1. 土方挖填 2. 场地找平 3. 运输
010101002	挖一般土方	1. 土壤类别 2. 挖土深度	m³	按设计图示尺寸以体积计算	1. 排地表水 2. 土方开挖 3. 围护（挡土板）、支撑 4. 基底钎探 5. 运输
010101003	挖沟槽土方			1. 房屋建筑按设计图示尺寸以基础垫层底面积乘以挖土深度计算。2. 构筑物按最大水平投影面积乘以挖土深度（原地面平均标高至坑底高度）以体积计算	
010101004	挖基坑土方				
010101005	冻土开挖	1. 冻土厚度		按设计图示尺寸开挖面积乘厚度以体积计算	1. 爆破 2. 开挖 3. 清理 4. 运输
010101006	挖淤泥、流沙	1. 挖掘深度 2. 弃淤泥、流砂距离		按设计图示位置、界限以体积计算	1. 开挖 2. 运输
010101007	管沟土方	1. 土壤类别 2. 管外径 3. 挖沟深度 4. 回填要求	1. m 2. m³	1. 以米计量，按设计图示以管道中心线长度计算。 2. 以立方米计量，按设计图示管底垫层面积乘以挖土深度计算；无管底垫层按管外径的水平投影面积乘以挖土深度计算	1. 排地表水 2. 土方开挖 3. 围护（挡土板）支撑 4. 运输 5. 回填

④将清单规则中的挖土方、运土、回填、分层碾压、夯实等工程内容,按照设计图纸、施工方案、现场场地情况确定清单项目的具体组合的内容,并与定额中的挖、运土(石)方、人工回填夯实、机械碾压、夯实等予以选择组合,作为清单项目的计价子目。定额中就地回填土子项包含运距5m以内土方运输,实际超过5m时,应按运土定额计算。

⑤基础土方放坡等施工的增加量,应包括在报价内。

表8-5 回填(编号:010103)

项目编号	项目名称	项目特征	计量单位	工程量计算规则	工程内容
010103001	回填方	1. 密实度要求 2. 填方材料品种 3. 填方粒径要求 4. 填方来源、运距	m^3	按设计图示尺寸以体积计算 1. 场地回填:回填面积乘平均回填厚度 2. 室内回填:主墙间面积乘回填厚度,不扣除间隔墙。 3. 基础回填:挖方体积减去自然地坪以下埋设的基础体积(包括基础垫层及其他构筑物)	1. 运输 2. 回填 3. 压实

表8-6 定额子目单价

编 号	项目名称	单 位	人工费	材料费	机械费
园林4-60	平整场地	m^2	3.50	—	—
园林4-97	推土机推土	m^3	0.39	—	2.95

8.1.2.3 土石方工程清单计量计价案例

【例8-3】:某园林建筑平面图如图8-5所示,项目特征:三类土、弃土运距50m、30cm厚以内挖土方,场地平整。设推土机推土工程量为20m³,施工组织设计规定:平整场地按建筑物外边线各放2m考虑。管理费费率取20%,利润10%,以人工费、机械费之和为取费基数,单价采用表8-6。按照上述条件完成平整场地工程量清单及计价。

解:

(1)依据清单规则算得:$S_{清单}$=9.44×6.0=56.64m²,平整场地的分部分项工程量清单见表8-7所列。

(2)依据施工组织设计算得:$S_{定额}$=13.44×10.0=134.4m²。

①场地平整

人工费=3.5×134.4=470.40元
管理费=470.40×20%=94.08元
利润=470.40×10%=47.04元
合计=611.52元

②推土机推土

人工费=20×0.39=7.8元
机械费=20×2.95=59元
管理费=66.8×20%=13.36元

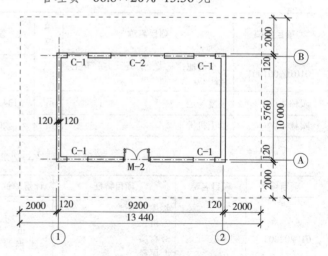

图8-5 某园林建筑平面图

表8-7 分部分项工程量清单

序号	项目编码	项目名称	单位	工程量
1	010101001001	平整场地 三类土,挖土方,弃土运距50米	m^2	56.64

利润 =66.8×10％ =6.68 元
合计 =86.84 元
综合单价 =（611.52+86.84）÷56.64=12.33 元 /m²
清单计价见表 8-8、表 8-9 所列。

8.1.2.4 圆木桩

圆木桩工程量清单项目设置及工程量计算规则，按表 8-10 的规定执行。

8.1.2.5 圆木桩工程清单计量计价案例

【例 8-4】：某园湖驳岸工程需打圆木桩 368 根，100m³，圆木桩尾径为 24cm，设计桩顶标高 –3.00m，现场自然地坪标高为 –0.45m，定额子目单价采用表 8-11，管理费费率取 20%，利润 10%，均以人工费、机械费之和为取费基数，按照清单规范和定额完成该圆木桩工程量清单及计价。

解：

（1）清单工程量计算

依据清单规范，圆木桩清单工程量 =368 根

根据工程量清单规范，圆木桩分部分项工程量清单见表 8-12 所列。

（2）清单综合单价计算

定额计价工程量计算：

①人工打桩 = 100m³

②人工送桩 = 3.14×0.12×0.12×（3.00–0.45+0.5）×368 = 50.78m³

综合单价分析计算：

根据题意、施工工程量及表 8-11 定额单价，圆木桩清单计价和综合单价分析见表 8-13、表 8-14 所列。

表 8-8 分部分项工程量清单与计价表

序 号	项目编码	项目名称	单 位	数 量	综合单价	合 价
1	010101001001	平整场地 三类土，挖土方，弃土运距 50m	m²	56.64	12.33	698.36

表 8-9 综合单价分析表

项目编码	项目名称	单位	数 量	综合单价（元）						合 计
				人工费	材料费	机械费	管理费	利 润	小 计	
010101001001	平整场地：三类土，挖土方，弃土运距 50 米	m²	56.64	8.44	—	1.04	1.90	0.95	12.33	698.36
园林 4-60	平整场地	m²	134.4	3.50	—		0.70	0.35	4.55	611.52
园林 4-97	推土机推土	m³	20	0.39		2.95	0.67	0.33	4.34	86.84

表 8-10 基坑与边坡支护（编号：010202）

项目编号	项目名称	项目特征	计量单位	工程量计算规则	工程内容
010202003	圆木桩	1. 地层情况 2. 桩长 3. 材质 4. 尾径 5. 桩倾斜度	1. m 2. 根	1. 以米计量，按设计图示尺寸以桩长（包括桩尖）计算。 2. 以根计量，按设计图示数量计算	1. 工作平台搭拆 2. 桩机竖拆、移位 3. 桩靴安装 4. 沉桩

表 8-11 定额子目单价

编号	项目名称	单位	基价	人工费	材料费	机械费
4-104	人工打桩	m³	2354.15	775.86	1578.29	0
4-105	人工送桩	m³	364.81	364.81	0	0

表 8-12 分部分项工程量清单

序号	项目编码	项目名称及特征	单位	工程量
1	010202003001	圆木桩 圆木桩，规格为 $\phi 240$，每根桩总长 6m，设计桩顶标高 –3.00m，现场自然地坪标高为 –0.45m。	根	368

表 8-13 分部分项工程量清单与计价表

序号	项目编码	项目名称及特征	单位	数量	综合单价（元）	合价（元）
1	010202003001	圆木桩： 圆木桩，规格为 $\phi 240$，每根桩总长 6m，设计桩顶标高 –3.00m，现场自然地坪标高为 –0.45m。	根	368	768.40	282 771.20

表 8-14 综合单价分析表

项目编码	项目名称	单位	数量	综合单价（元）						合计（元）
				人工费	材料费	机械费	管理费	利润	小计	
010202003001	圆木桩： 圆木桩，规格为 $\phi 240$，每根桩总长 6m，设计桩顶标高 –3.00m，现场自然地坪标高为 –0.45m	根	368	261.17	428.88	0	52.23	26.12	768.40	282 771.20
4-104	人工打桩	m^3	100	775.86	1578.29	0	155.17	77.59	2586.91	258 691
4-105	人工送桩	m^3	50.78	364.81	0	0	72.96	36.48	474.25	24 082.42

8.2 砌筑工程计量与计价

园林砌筑工程一般用于园林建筑或园林仿古建筑，同时也用于部分园林景观工程。在《浙江省园林绿化及仿古建筑工程预算定额》（2018版）中属于第五章砌筑工程。园林砌筑工程有砖石基础、标准砖砌内墙、标准砖砌外墙、弧形砖墙、空斗墙、玻璃砖墙、空花墙、砖柱、多孔砖砌体、混凝土类砌体、轻质砌块专用连接件、柔性材料嵌缝、其他砌体、台阶、毛石、方整石砌体、护坡、散水、蘑菇石墙、浆砌冰梅花岗石墙、浆砌冰梅墙、浆砌细条石墙。

8.2.1 砌筑工程定额计量与计价

8.2.1.1 砌筑工程定额工程量计算说明

①砖墙砌筑以内、外墙划分。

②基础与上部结构的划分：以设计室内地坪为界，地坪有坡度时以地坪最低标高处为界；基础与墙身采用不同材料时，不同材料分界线位于室内地坪 ±30cm 内时以不同材料分界线为界，超过 ±30cm 时仍按设计室内地坪为界。

③砖、砌体及砂浆如设计与定额不同时，应作换算。

④马头墙砌筑工程量并入墙体工程量计算，每个挑出的垛头另增加砌筑人工0.25工日。

⑤砖墙及砌块墙定额中已包括立门窗框的调直用工以及腰线、窗台线、挑檐等一般出线用工。砖旋、砖过梁、腰线、砖垛、砖挑檐等砌体，除注明外，均并入墙身内计算。

⑥各类砌体按直形砌筑编制，如为圆弧形砌筑，按相应定额人工用量乘以1.10，砖（砌块）及砂浆（黏结剂）用量乘以系数1.03。

8.2.1.2 砌筑工程定额工程量计算规则

砌筑工程定额工程量计算规则见表8-15所列。

表8-15 砌筑工程工程量计算规则

序号	项目名称	计量单位	工程量计算规则
1	条形砖基础、毛石基础	m³	按断面面积乘以长度计算 长度：外墙按中心线、内墙砖基础按内墙净长线计算 附墙垛折加长度合并计算 截面积：
2	砖墙	m³	$V_{砖墙}$=（墙长×墙高-∑门窗洞口面积）×墙厚-应扣嵌入墙身构件的体积 墙长：外墙按中心线、内墙按内墙净长线计算。附墙垛按折加长度计算。框架墙按净长度计算 墙厚：标准砖尺寸应为240mm×115mm×53mm。标准砖墙厚度应按表1计算 表1 标准墙计算厚度表 | 砖数（厚度） | 1/4 | 1/2 | 3/4 | 1 | 1½ | 2 | 2½ | 3 | |---|---|---|---|---|---|---|---|---| | 计算厚度（mm） | 53 | 115 | 180 | 240 | 365 | 490 | 615 | 740 | 墙高：外墙算至其中心线的屋面板顶面，有女儿墙的算至女儿墙压顶底；内墙无天棚者算至屋面板（楼板）顶面；框架墙按净高计算；山墙算至山尖的1/2高度

8.2.1.3 砌筑工程定额计量计价案例

【例8-5】：如图8-6所示，带形标准砖基础长为100m，墙厚1.5砖，高1.0m，三层等高大放脚。试计算砖基础人工费、材料费和机械费。

解：图中墙厚设计标注尺寸为370mm，放脚高度设计标注尺寸120mm，放脚宽度设计标注尺寸为60mm，均为非标准标注。在计算工程量时应将其改为标准标注尺寸，即：墙厚为365mm，放脚高为126mm，放脚宽为62.5mm。

三层等高大放脚折算断面积：

$S=n×（n+1）×a×b=3×4×0.0625×0.126$
$=0.0945（m^2）$

砖基础工程量＝砖基础长度×砖基础断面面积

＝砖基础长度×（砖基础墙厚度×砖基础高度＋大放脚折算断面面积）

＝100×（0.365×1.00＋0.0945）

＝45.95（m³）

即砖基础体积为45.95m³。

套定额5-1，基价387.73元/m³

45.95×387.73=17 816.19元，见表8-16所列。

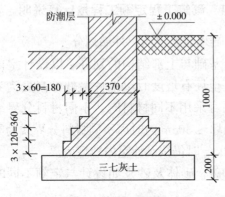

图8-6 标准砖基础

表 8-16 分项工程人材机费计价表

定额编号	项目名称	单 位	工程量	单价（元）	合价（元）
5-1	砖基础	m³	45.95	387.73	17 816.19
	小 计	元			17 816.19

表 8-17 砖砌体（编号：010401）

项目编号	项目名称	项目特征	计量单位	工程量计算规则	工程内容
010401001	砖基础	1. 砖品种、规格、强度等级 2. 基础类型 3. 砂浆强度等级 4. 防潮层材料种类	m³	按设计图示尺寸以体积计算 包括附墙垛基础宽出部分体积，扣除地梁（圈梁）、构造柱所占体积，不扣除基础大放脚T型接头处的重叠部分及嵌入基础内的钢筋、铁件、管道、基础砂浆防潮层和单个面积≤0.3m³的孔洞所占体积，靠墙暖气沟的挑檐不增加 基础长度：外墙按外墙中心线，内墙按内墙净长线计算	1. 砂浆制作、运输 2. 砌砖 3. 防潮层铺设 4. 材料运输
010401003	实心砖墙	1. 砖品种、规格、强度等级 2. 墙体类型 3. 砂浆强度等级、配合比	m³	按设计图示尺寸以体积计算	1. 砂浆制作、运输 2. 砌砖 3. 刮缝 4. 砖压顶砌筑 5. 材料运输
010401004	多孔砖墙				
010404008	填充墙			按设计图示尺寸以填充墙外形体积计算	
010404014	砖散水、地坪	1. 砖品种、规格、强度等级 2. 垫层材料种类、厚度 3. 散水、地坪厚度 4. 面层种类、厚度 5. 砂浆强度等级	m²	按设计图示尺寸以面积计算	1. 土方挖、运 2. 地基找平、夯实 3. 铺设垫层 4. 砖砌散水、地坪 5. 抹砂浆面层
010404015	砖地沟、明沟	1. 砖品种、规格、强度等级 2. 沟截面尺寸 3. 垫层材料种类、厚度 4. 混凝土强度等级 5. 砂浆强度等级	m	以米计量，按设计图示以中心线长度计算	1. 土方挖、运 2. 铺设垫层 3. 底板混凝土制作、运输、浇筑、振捣、养护 4. 砌砖 5. 刮缝、抹灰 6. 材料运输

8.2.2 砌筑工程清单计量与计价

8.2.2.1 砖砌体

砖砌体工程量清单项目设置及工程量计算规则，按表 8-17 的规定执行。

8.2.2.2 砌块砌体

砌块砌体工程量清单项目设置及工程量计算规则，按表 8-18 的规定执行。

表 8-18 砌块砌体（编号：010402）

项目编号	项目名称	项目特征	计量单位	工程量计算规则	工程内容
010402001	砌块墙	1. 砌块品种、规格、强度等级 2. 墙体类型 3. 砂浆强度等级	m³	按设计图示尺寸以体积计算	1. 砂浆制作、运输 2. 砌砖、砌块 3. 勾缝 4. 材料运输
010402002	砌块柱	1. 砖品种、规格、强度等级 2. 墙体类型 3. 砂浆强度等级		按设计图示尺寸以体积计算。扣除混凝土及钢筋混凝土梁垫、梁头、板头所占体积	

表 8-19 石砌体（编号：010403）

项目编号	项目名称	项目特征	计量单位	工程量计算规则	工程内容
010403001	石基础	1. 石料种类、规格 2. 基础类型 3. 砂浆强度等级	m³	按设计图示尺寸以体积计算	1. 砂浆制作、运输 2. 吊装 3. 砌石 4. 石表面加工 5. 勾缝 6. 材料运输
010403002	石勒脚	1. 石料种类、规格 2. 石表面加工要求 3. 勾缝要求 4. 砂浆强度等级、配合比	m³	按设计图示尺寸以体积计算，扣除单个面积 > 0.3 m² 的孔洞所占的体积	
010403003	石墙	1. 石料种类、规格 2. 石表面加工要求 3. 勾缝要求 4. 砂浆强度等级、配合比	m³	按设计图示尺寸以体积计算	
010403004	石挡土墙	1. 石料种类、规格 2. 石表面加工要求 3. 勾缝要求 4. 砂浆强度等级、配合比	m³	按设计图示尺寸以体积计算	
010403005	石柱				
010403006	石栏杆	1. 石料种类、规格 2. 石表面加工要求 3. 勾缝要求 4. 砂浆强度等级、配合比	m	按设计图示以长度计算	
010403007	石护坡	1. 垫层材料种类、厚度 2. 石料种类、规格 3. 护坡厚度、高度 4. 石表面加工要求 5. 勾缝要求 6. 砂浆强度等级、配合比	m³	按设计图示尺寸以体积计算	1. 铺设垫层 2. 石料加工 3. 砂浆制作、运输 4. 砌石 5. 石表面加工 6. 勾缝 7. 材料运输
010403008	石台阶				
010403009	石坡道		m²	按设计图示以水平投影面积计算	

8.2.2.3 石砌体

石砌体工程量清单项目设置及工程量计算规则，按表 8-19 的规定执行。

8.2.2.4 砌筑工程清单计量计价案例

【例 8-6】：如图 8-7 所示，某园林工程 M7.5 混合砂浆砌筑 MU15 实心砖墙基（砖规格为

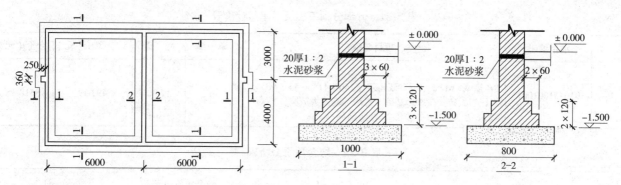

图8-7 砖基础平面、剖面图

240×115×53，墙厚240）。编制该砖基础砌筑项目清单（砖砌体内无砼构件），并求1—1墙基的综合单价。（假设实心砖价格500元/千块，其余材料、机械按定额单价取定；管理费20%，利润10%，以人工费和机械费之和为计算基数）

解：该工程砖基础有两种截面规格，应分别列项。

（1）工程量清单

依据清单规范砖基础高度：$H=1.5m$

①断面1—1

$L=(12+7)×2+0.375×2=38.75$（m）（0.375为垛折算长度）

大放脚截面：

$S=3×(3+1)×0.120×0.060=0.0864$（m²）

砖基础工程量：

$V=38.75×(1.5×0.24+0.0864)-V_{应扣}=17.30$（m³）

②断面2—2

$L=7-0.24=6.76$（m）

大放脚截面：

$S=2×(2+1)×0.120×0.060=0.0432$（m²）

砖基础工程量：

$V=6.76×(1.5×0.24+0.0432)-V_{应扣}=2.73$（m³）

根据清单规范，砖基础的分部分项工程量清单见表8-20所列。

（2）1—1墙基的综合单价计算

防水砂浆施工工程量：

$S=38.75×0.24=9.3$（m²）

砖基础综合单价

①砖基础套用园林定额5-1：

人工费124.15元/m³，机械费5.89元/m³，M7.5混合砂浆单价：228.35元/m³，M5.0混合砂浆单价：227.82元/m³

换算后材料费=257.69+（228.35–227.82）×0.23+（500–388）×0.528=316.95（元/m³）

②防潮层套用建筑定额9-44：

材料费=11.63元/m²，机械费0.21元/m²

根据题意、清单工程量、施工工程量及定额单价，砖基础1—1清单计价和综合单价分析见表8-21、表8-22所列。

表8-20 分部分项工程量清单

序 号	项目编码	项目名称	单 位	工程量
1	010401001001	砖基础 1-1墙基，M7.5混合砂浆砌筑（240×115×53）MU15水泥实心砖一砖条形基础，三层等高式大放脚。标高-0.06处1:2防水砂浆20厚防潮层	m³	17.30
2	010401001002	砖基础 2-2墙基，M7.5混合砂浆砌筑（240×115×53）MU15水泥实心砖一砖条形基础，二层等高式大放脚。标高-0.06处1:2防水砂浆20厚防潮层	m³	2.73

表 8-21 分部分项工程量清单与计价表

序号	项目编码	项目名称	单位	数量	综合单价（元）	合价（元）
1	010401001001	砖基础 1-1 墙基，M7.5 水泥砂浆砌筑（240×115×53）MU15 水泥实心砖一砖条形基础，三层等高式大放脚。标高 –0.06 处 1:2 防水砂浆 20 厚防潮层	m³	17.30	492.39	8518.35

表 8-22 综合单价分析表

项目编码	项目名称	单位	数量	综合单价（元）						合计（元）
				人工费	材料费	机械费	管理费	利润	小计	
010401001001	砖基础 1-1 墙基，M7.5 水泥砂浆砌筑（240×115×53）MU15 水泥实心砖一砖条形基础，三层等高式大放脚。标高 –0.06 处 1:2 防水砂浆 20 厚防潮层	m³	17.30	124.15	323.20	6.00	26.03	13.01	492.39	8518.35
园林 5-1	砖基础	m³	17.30	124.15	316.95	5.89	26.01	13.00	486.00	8407.80
建筑 9-44	砖基础上防水砂浆防潮层	m²	9.3	—	11.63	0.21	0.04	0.02	11.90	110.67

8.3 混凝土及钢筋混凝土工程计量与计价

园林混凝土及钢筋工程一般用于园林建筑或园林仿古建筑，也用于园林景观工程，如园林亭廊、园林景墙等。园林建筑柱、梁、板、基础，园林亭廊柱、梁、板、基础，园林景墙墙体及基础如采用钢筋混凝土材料的，应该套用混凝土及钢筋工程中的分项工程。混凝土及钢筋工程定额分现浇混凝土浇捣、预制混凝土构件、钢筋制作与安装、预制构件运输与安装等分项工程。

8.3.1 混凝土及钢筋工程定额计量与计价

8.3.1.1 混凝土及钢筋工程定额工程量计算说明

①混凝土及钢筋工程定额包括现浇现拌混凝土、现浇商品混凝土（泵送）、预制混凝土、钢筋混凝土预制构件场外运输、钢筋混凝土预制构件安装和钢筋制作安装。

②直形楼梯、螺旋形楼梯、阳台、雨篷项目以"平方米"计量，设计尺寸超过楼梯底板厚度或阳台、雨篷折实厚度定额取定值时，定额按比例调整。

③混凝土的设计强度等级与定额不同时，应作换算。

④基础与垫层的划分一般以设计为准，如设计不明确则按厚度划分，15cm 以内为垫层，15cm 以上的为基础。

⑤地圈梁套用基础梁定额，圈梁与过梁套用同一定额，异形梁、梯形及带搁板企口梁套用矩形梁定额。仿古式轩梁、荷包梁等非规则形梁，按平均高度套用相应定额项目。

⑥压型钢板上浇捣混凝土板，套用板相应定额。

⑦现浇屋架，按屋架构件的组成套用相应的梁、柱定额。

⑧墙板不分直形、弧形，增多按设计厚度套用墙板定额。

⑨商品混凝土如非泵送，套用泵送定额，其人工及振捣器乘以相应系数。

⑩混凝土斜板浇捣在10°以内时按定额执行；坡度在10°～30°范围内时相应定额人工含量乘以系数1.1；坡度在30°～60°范围内时，相应定额人工含量乘以系数1.2；坡度在60°以上时，按相应定额现浇钢筋混凝土墙的定额执行。

⑪构件运输基本运距为5km，工程实际运距不同，按每增减1km定额调整；本定额不适用于运距超过35km的构件运输。

⑫构件安装高度以20m以内为准，如安装高度超过20m时，相应人工、机械乘以系数1.2。

⑬小型构件安装包括插角、雀替、宝顶、莲花头子、花饰块、鼓蹬、楼梯踏步板、隔断板等。

⑭零星构件系指未列入构件安装子目、单体体积小于0.05m³以内的其他构件。

⑮构件安装不包括安装工程所搭设的临时脚手架。

⑯钢筋以手工绑扎及点焊编制，焊接方法为电阻点焊。如设计采用其他焊接方法需要进行换算。

8.3.1.2 混凝土及钢筋工程定额工程量计算规则

混凝土及钢筋工程定额工程量计算规则见表8-23所列。

表8-23 混凝土及钢筋工程工程量计算规则

序号	项目名称	计量单位	工程量计算规则
1	基础	m³	带形按断面面积乘以长度计算 长度：外墙按中心线、内墙砖基础按内墙净长线计算。 附墙垛折加长度合并计算 $L=\dfrac{ab}{d}$，基础搭接体积按图示计算。 整板基础带梁的，梁体积合并在基础内计算
2	柱	m³	按柱断面面积乘以高度计算。柱高按柱基上表面至柱顶面的高度计算。 依附于柱上的云头、梁垫、蒲鞋头的体积按"其他混凝土"中的相应子目计算
3	梁	m³	按梁断面面积乘以长度计算。梁与柱相连时，梁长算至柱侧面；次梁与主梁交接时，梁长算至主梁侧面；梁与墙交接时，伸入墙内的梁头及现浇梁垫并入梁内计算；过梁长度按门窗洞口两端拱加50cm计算
4	板	m³	有梁板的混凝土工程量按梁板体积总和计算； 戗翼板的混凝土工程按飞椽、沿椽和板的体积之和计算
5	墙	m³	$V_{砖墙}=(墙长×墙高-\sum 门窗洞口面积)×墙厚$ 墙高以基础顶面算至上一层楼板上表面计算；附墙柱、暗柱并入墙内计算
6	桁、枋、机	m³	均按设计图示体积；枋与柱交接时，枋的长度按柱与柱间的净距计算
7	整体楼梯	m²	按水平投影面积计算；包括楼梯段、休息平台、平台梁、斜梁；不扣除宽度小于20cm的楼梯井
8	阳台、雨篷	m²	按伸出墙外的水平投影面积计算。 挑出超过1.8m的或柱式雨篷不套用雨篷定额，按有梁板和柱计算
9	吴王靠、挂落、样板（杆）	m	按延长米计算
10	预制混凝土构件（制作）	m³	按施工图构件净用量加损耗计算。 $V_{预制构件}=施工图净用量×(1+总损耗率1.5\%)$
11	预制混凝土构件运输和安装	m³	与构件制作的混凝土工程量相同。 混凝土花窗安装按设计外形面积乘以厚度计算，不扣除空花体积
12	钢筋	t	区别现浇、预制构件及不同钢种和直径，按长度乘以单位理论重量计算

各类钢筋长度计算结合表 8-23 规则和公式（8-1）~公式（8-3）确定。

（1）通长钢筋长度计算

$L_0 = L - 2 \times 0.025 + n_1 \times 6.25d + n_2 \times 35d +$ 弯起增加值

(8-1)

式中　n_1——钢筋弯钩个数

　　　d——钢筋直径

　　　n_2——搭接个数

注：①搭接数：单根钢筋的连续每增加 9m 增加一个搭接。垂直构件有楼层时，搭接按自然层计算。搭接长度施工图有注明的，按图示规定尺寸计算，施工图未注明按 $35d$ 计算。②弯钩长度：180°时，取 $6.25d$；90°取 $3.5d$；135°取 $4.9d$。③混凝土保护层厚度：图纸有说明的按设计图纸规定确定，图纸无说明的按 25mm 确定。

（2）箍筋长度计算

$L_{双肢箍筋长度} = 2 \times (B+H)$，$L_{四肢箍筋长度} = 2.7B + 4H$

(8-2)

箍筋的根数应根据梁有无加密分开计算。

（3）双层钢筋撑脚长度计算

设计有规定，按设计规定计算，设计无规定，按下列公式计算。

$L_0 = n \times L$

(8-3)

式中　n——墙板 3 只 /m^2〔按墙板（不包括柱梁）的净面积计算〕，基础底板：1 只 /m^2；

　　　L——墙板厚度 ×2+0.1m，基础板厚 ×2+1m。

8.3.1.3 混凝土工程定额计量计价案例

【例 8-7】：如图 8-9 所示，C25 现浇钢筋混凝土雨篷，采用组合钢模. 计算浇捣混凝土的人工费，材料费和机械费，以及雨篷模板措施费。

解：翻檐高度为 250mm 雨篷：

（1）雨篷现浇混凝土：

$S = 1.5 \times 3 = 4.5$（m^2）

定额编号 10-31，基价 43.76 元 /m^2。

设计混凝土标号 C25 需进行混凝土强度换算，现浇现拌混凝土 C20 单价：292.53 元 /m^3，现浇现拌混凝土 C25 单价：304.43 元 /m^3，

换算后基价 =43.76+（304.43-292.53）×0.750

　　　　　=52.69（元 / m^2）

（2）雨篷模板：

$S = 1.5 \times 3 = 4.5$（m^2）

建筑定额编号 5-174，基价 104.05 元 /m^2。

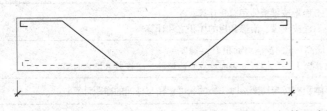

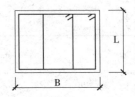

图 8-8　钢筋示意图

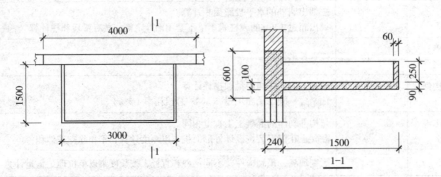

图 8-9　雨　篷

（3）雨篷分项工程人材机费计价表见表 8-24 所列。

8.3.2 混凝土及钢筋混凝土工程清单计量与计价

8.3.2.1 现浇混凝土基础

现浇混凝土基础工程量清单项目设置及工程量计算规则，按表 8-25 的规定执行。

8.3.2.2 现浇混凝土柱

现浇混凝土柱工程量清单项目设置及工程量计算规则，按表 8-26 的规定执行。

8.3.2.3 现浇混凝土梁、板、墙

现浇混凝土梁、板、墙工程量清单项目设置及工程量计算规则，按表 8-27 ~ 表 8-29 的规定执行。

表 8-24　分项工程人材机费计价表

序　号	定额编号	项目名称	单 位	工程量	单　价	合价（元）
1	园林 10-31	C25 现浇雨篷	m²	4.50	52.69	237.11
2	建筑 5-174	雨篷模板	m²	4.50	104.05	468.23
小　计			元			705.34

表 8-25　现浇混凝土基础（编码：010501）

项目编号	项目名称	项目特征	计量单位	工程量计算规则	工程内容
010501001	垫层	1. 混凝土类别 2. 混凝土强度等级	m³	按设计图示尺寸以体积计算。不扣除构件内钢筋、预埋铁件和伸入承台基础的桩头所占体积	1. 模板及支撑制作、安装、拆除、堆放、运输及清理模内杂物、刷隔离剂等； 2. 混凝土制作、运输、浇筑、振捣、养护
010501002	带形基础				
010501003	独立基础				
010501004	满堂基础				
010501005	桩承台基础				

表 8-26　现浇混凝土柱（编码：010502）

项目编号	项目名称	项目特征	计量单位	工程量计算规则	工程内容
010502001	矩形柱	1. 混凝土类别 2. 混凝土强度等级	m³	按设计图示尺寸以体积计算。不扣除构件内钢筋，预埋铁件所占体积。型钢混凝土柱扣除构件内型钢所占体积	1. 模板制作、安装、拆除、堆放、运输及清理模内杂物、刷隔离剂等 2. 混凝土制作、运输、浇筑、振捣、养护
010502002	构造柱				
010402002	异形柱	1. 柱形状 2. 混凝土类别 3. 混凝土强度等级			

表 8-27　现浇混凝土梁（编码：010503）

项目编号	项目名称	项目特征	计量单位	工程量计算规则	工程内容
010503001	基础梁	1. 混凝土类别 2. 混凝土强度等级	m³	按设计图示尺寸以体积计算 梁长： 1. 梁与柱连接时，梁长算至柱侧面； 2. 主梁与次梁连接时，次梁长算至主梁侧面	1. 模板及支架（撑）制作、安装、拆除、堆放、运输及清理模内杂物、刷隔离剂等； 2. 混凝土制作、运输、浇筑、振捣、养护
010503002	矩形梁				
010503003	异形梁				
010503004	圈梁				
010503005	过梁				

表 8-28　现浇混凝土墙（编码：010504）

项目编号	项目名称	项目特征	计量单位	工程量计算规则	工程内容
010504001	直形墙	1. 混凝土类别 2. 混凝土强度等级	m³	按设计图示尺寸以体积计算。不扣除构件内钢筋、预埋铁件所占体积，扣除门窗洞口及单个面积 > 0.3m² 的孔洞所占体积，墙垛及突出墙面部分并入墙体体积计算内	1. 模板及支架（撑）制作、安装、拆除、堆放、运输及清理模内杂物、刷隔离剂等； 2. 混凝土制作、运输、浇筑、振捣、养护
010504002	弧形墙				
010504004	挡土墙				

表 8-29　现浇混凝土板（编码：010505）

项目编号	项目名称	项目特征	计量单位	工程量计算规则	工程内容
010505001	有梁板	1. 混凝土类别 2. 混凝土强度等级	m³	按设计图示尺寸以体积计算，不扣除构件内钢筋、预埋铁件及单个面积 ≤ 0.3 m² 的柱、垛以及孔洞所占体积。压形钢板混凝土楼板扣除构件内压形钢板所占体积。有梁板（包括主、次梁与板）按梁、板体积之和计算，无梁板按板和柱帽体积之和计算，各类板伸入墙内的板头并入板体积内，薄壳板的肋、基梁并入薄壳体积内计算	1. 模板及支架（撑）制作、安装、拆除、堆放、运输及清理模内杂物、刷隔离剂等； 2. 混凝土制作、运输、浇筑、振捣、养护
010505002	无梁板				
010505003	平板				
010505006	栏板				
010505007	天沟（檐沟）、挑檐板	1. 混凝土类别 2. 混凝土强度等级		按设计图示尺寸以体积计算	
010505008	雨篷、悬挑板、阳台板			按设计图示尺寸以墙外部分体积计算。包括伸出墙外的牛腿和雨篷反挑檐的体积	
010505009	其他板			按设计图示尺寸以体积计算	

表 8-30　现浇混凝土楼梯（编码：010506）

项目编号	项目名称	项目特征	计量单位	工程量计算规则	工程内容
010506001	直形楼梯	1. 混凝土类别 2. 混凝土强度等级	1. m² 2. m³	1. 以平方米计量，按设计图示尺寸以水平投影面积计算。不扣除宽度 ≤ 500mm 的楼梯井，伸入墙内部分不计算； 2. 以立方米计量，按设计图示尺寸以体积计算	1. 模板及支架（撑）制作、安装、拆除、堆放、运输及清理模内杂物、刷隔离剂等； 2. 混凝土制作、运输、浇筑、振捣、养护
010506002	弧形楼梯				

8.3.2.4　现浇混凝土楼梯、其他构件、散水、坡道、地沟及后浇带

现浇混凝土楼梯、其他构件、散水、坡道、地沟及后浇带工程量清单项目设置及工程量计算规则，按表 8-30、表 8-31 的规定执行。

8.3.2.5　钢筋工程和螺栓、铁件

钢筋工程和螺栓、铁件工程量清单项目设置及工程量计算规则，按表 8-32 的规定执行。

表 8-31 现浇混凝土其他构件（编码：010507）

项目编号	项目名称	项目特征	计量单位	工程量计算规则	工程内容
010507001	散水、坡道	1. 垫层材料种类、厚度 2. 面层厚度 3. 混凝土类别 4. 混凝土强度等级 5. 变形缝填塞材料种类	m²	以平方米计量，按设计图示尺寸以面积计算。不扣除单个 ≤ 0.3m² 的孔洞所占面积	1. 地基夯实 2. 铺设垫层 3. 模板及支撑制作、安装、拆除、堆放、运输及清理模内杂物、刷隔离剂等 4. 混凝土制作、运输、浇筑、振捣、养护 5. 变形缝填塞
010507002	电缆沟、地沟	1. 土壤类别； 2. 沟截面净空尺寸 3. 垫层材料种类、厚度 4. 混凝土类别 5. 混凝土强度等级 6. 防护材料种类	m	以米计量，按设计图示以中心线长计算以米计量，按设计图示以中心线长计算	1. 挖填、运土石方 2. 铺设垫层 3. 模板及支撑制作、安装、拆除、堆放、运输及清理模内杂物、刷隔离剂等 4. 混凝土制作、运输、浇筑、振捣、养护 5. 刷防护材料
010507003	台阶	1. 踏步高宽比 2. 混凝土类别 3. 混凝土强度等级	1. m² 2. m³	1. 以平方米计量，按设计图示尺寸水平投影面积计算 2. 以立方米计量，按设计图示尺寸以体积计算	1. 模板及支撑制作、安装、拆除、堆放、运输及清理模内杂物、刷隔离剂等 2. 混凝土制作、运输、浇筑、振捣、养护
010507004	扶手、压顶	1. 断面尺寸 2. 混凝土类别 3. 混凝土强度等级	1. m 2. m³	1. 以米计量，按设计图示的延长米计算 2. 以立方米计量，按设计图示尺寸以体积计算	1. 模板及支架（撑）制作、安装、拆除、堆放、运输及清理模内杂物、刷隔离剂等 2. 混凝土制作、运输、浇筑、振捣、养护

表 8-32 钢筋工程（编码：010515）

项目编号	项目名称	项目特征	计量单位	工程量计算规则	工程内容
010515001	现浇构件钢筋	钢筋种类、规格	t	按设计图示钢筋（网）长度（面积）乘单位理论质量计算	1. 钢筋制作、运输 2. 钢筋安装 3. 焊接
010515002	钢筋网片	钢筋种类、规格	t	按设计图示钢筋（网）长度（面积）乘单位理论质量计算	1. 钢筋网制作、运输 2. 钢筋网安装 3. 焊接
010515003	钢筋笼				1. 钢筋笼制作、运输 2. 钢筋笼安装 3. 焊接

8.3.2.6 混凝土工程清单计量计价案例

【例 8-8】：某园林建筑基础如图 8-10 所示，计算混凝土墙基和柱基清单工程量，并编制工程量清单和带形基础 1-1 断面的清单综合单价。（假设：工程要求采用泵送商品混凝土；工料机消耗量按省 18 预算定额确定。单价按市场信息确定：人工 150 元/工日，C20 商品混凝土按 500 元/m³，C10 商

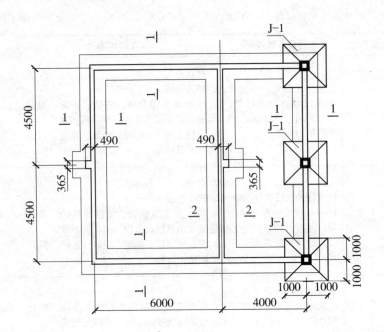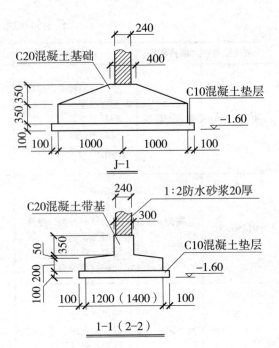

图8-10 某园林建筑基础

品混凝土按450元/m³计算，其余材料价格假设与定额价格相同，机械费比定额取定价格增加5%；管理费20%，利润14%，以人工费和机械费之和为计算基数；不考虑工程风险费。）

解：根据工程基础类型和断面规格，应分别按1-1、2-2和J-1应分别列项。

（1）清单工程量计算：

①断面1-1：

$L=(10+9)×2-1.0×6+0.38=32.38$（0.38为垛折加长度）

基础体积 $V=32.38×[1.2×0.2+(1.2+0.3)×0.05÷2+0.3×0.35]=12.39（m³）$

根据基础高度，墙基上部250mm高的梁与J-1搭接，其搭接长度为：0.8÷0.35×0.25 共有6个搭接部位。即搭接体积 $=0.571×0.3×0.25÷2×6=0.13$

1-1断面墙基工程量为：12.52m³

②断面2-2：

$L=9-0.6×2+0.38=8.18m$

墙基础体积 $V=8.18×[1.4×0.2+(1.4+0.3)×0.05÷2+0.3×0.35]=3.50（m³）$

与1-1断面搭接长度$=(1.2-0.3)÷2=0.45m$ 共有2个搭接部位，

即搭接体积 $=0.45×[(1.4-0.3)×0.05÷3+0.3×0.35]×2=0.11（m³）$

2-2断面墙基工程量为：3.61（m³）

③J-1柱基：

柱基体积 $V=[2×2×0.35+(2×2+2×0.4+0.4×0.4)×0.35÷3]×3=5.94（m³）$

根据清单规范，基础的分部分项工程量清单见表8-33所列。

（2）带形基础1-1断面的综合单价计算

C20钢筋混凝土带形基础套用定额10-49：

人工：150元/工日，C20商品混凝土：500元/m³，C10商品混凝土：450元/m³

人工费 $=0.1841×150=27.62$ 元/m³

材料费 $=442.171+(500-431)×1.015$
$=512.21$ 元/m³

机械费 $=0.251×(1+5\%)=0.26$ 元/m³

根据题意、清单工程量及上述单价，基础1-1清单计价和综合单价分析见表8-34、表8-35所列。

表 8-33 分部分项工程量清单

序号	项目编码	项目名称	单位	工程量
1	010501002001	带形基础 1-1 断面 C20 钢筋混凝土有梁式，底宽 1.2m，厚 200，锥高 0.05m，梁高 350，宽 300，基底长 32.38m	m³	12.52
2	010501002002	带形基础 2-2 断面 C20 钢筋混凝土有梁式，底宽 1.4m，厚 200，锥高 0.05m，梁高 350，宽 300，基底长 8.18m	m³	3.61
3	010501003001	独立柱基 J-1 C20 钢筋混凝土 3 只，基底 2m×2m，顶面 0.4m×0.4m 厚 200，锥高 0.35m	m³	5.94
4	010501001001	混凝土垫层　C10 垫层，厚 100mm	m³	7.29

表 8-34 分部分项工程量清单与计价表

序号	项目编码	项目名称	单位	数量	综合单价	合价
1	010501002001	带形基础 1-1 断面 C20 钢筋混凝土有梁式，底宽 1.2m，厚 200，锥高 0.05m，梁高 350，宽 300，基底长 32.38m	m³	12.52	549.57	6880.62

表 8-35 综合单价分析表

项目编码	项目名称	单位	数量	综合单价（元）						合计
				人工费	材料费	机械费	管理费	利润	小计	
010501002001	带形基础 1-1 断面 C20 钢筋混凝土有梁式，底宽 1.2m，厚 200，锥高 0.05m，梁高 350，宽 300，基底长 32.38m	m³	12.52	27.62	512.21	0.26	5.58	3.90	549.57	6880.62
10-49	钢筋混凝土带形基础	m³	12.52	27.62	512.21	0.26	5.58	3.90	549.57	6880.62

8.4 装饰装修工程计量与计价

景墙饰面，园林建筑楼地面、墙柱梁面、天棚、门窗等是常见的园林装饰工程。装饰装修工程属于《房屋建筑与装饰工程工程量计算规范》（GB 50854—2013），在《××省园林绿化及仿古建筑工程预算定额》（2018 版）中属于第六章装饰装修工程。装饰工程包括楼地面、墙柱梁面、天棚、门窗等分项工程。景墙饰面一般套取墙柱面工程定额和油漆涂料定额。

8.4.1 装饰装修工程定额计量与计价

8.4.1.1 装饰装修工程定额工程量计算说明

①装饰装修工程定额包括楼地面、墙柱梁面、天棚、门窗等四节内容。

②找平层、整体面层设计厚度与定额不同，按每增减 5mm 调整。

③整体面层、块料面层中的楼地面项目，均不包括找平层，亦不包括踢脚线。

④踢脚线高度超过 30cm 时，套用墙、柱面工程相应定额。

⑤定额采用一、二类木种编制，如采用三、四类木种时，人工及机械均乘以系数 1.35。

⑥铝合金门窗、塑钢门窗、钢门、防盗窗等定额均以成品安装考虑。

8.4.1.2 装饰装修工程定额工程量计算规则

装饰装修工程定额工程量计算规则见表 8-36 所列。

表 8-36 装饰装修工程工程量计算规则

序号	项目名称	计量单位	工程量计算规则
1	找平层、整体面层	m²	按主墙间的净空面积计算
2	墙面抹灰	m²	按墙面面积扣除门窗洞口及 0.3m² 以上的孔洞计算
3	柱面抹灰	m²	按设计图示尺寸以柱断面周长乘以高度计算
4	天棚抹灰	m²	以水平投影面积计算，带梁天棚，梁侧面抹灰并入天棚抹灰计算；板式楼梯底面抹灰按斜面积计算；亭顶棚抹灰以展开面积计算，其人工和机械乘以系数 1.1
5	踢脚线	m²	以"平方米"计算，不扣除门洞、空圈的长度，相应侧壁亦不增加
6	块料装饰	m³	按实铺贴面积计算。楼地面门洞、空圈的开口部分工程量并入相应面积计算；附墙柱、梁等侧壁并入相应的墙面面积计算
7	木楼梯	m²	按水平投影面积计算；楼梯与楼面相连时，算至楼梯口梁外侧边沿，无楼梯梁者，算至最上级踏步边沿加 300mm
8	扶手、栏杆	m	按扶手中心线长度计算，斜扶手、栏板、栏杆长度按水平长度乘以系数 1.15 计算
9	隔断	m²	按框外围面积计算
10	普通木门窗	m²	按门窗洞口面积计算；成品木门按"扇"计算
11	金属门窗安装	m²	按门窗洞口面积计算

8.4.1.3 装饰工程定额计量计价案例

【例 8-9】：某园林建筑楼地面平面图如图 8-11 所示，求楼地面工程人工费、材料费和机械费。（门窗框厚 100mm，居中布置，M1：900×2400，M2：900×2400，C1：1800×1800）

解：(1) 30 厚细石混凝土找平层：

$S = (4.5×2-0.24×2) × (6-0.24) - 0.6×2.4$
$= 47.64 (m²)$

套定额 6-1，基价 15.90 元 / m²

(2) 300×300 地砖面层，30 厚 1：3 水泥砂浆结合层，纯水泥浆一道：

$S=47.64+0.9×0.24×2=48.07 (m²)$

套定额 6-22，基价 73.80 元 / m²

(3) 地砖踢脚线：

$S=[(4.5-0.24+6-0.24)×2×2-0.9×3+(0.24-0.1)÷2×8]×0.15=5.69 m²$

套定额 6-33，基价 72.10 元 / m²

(4) 楼地面分部分项工程人材机费计价表见表 8-37 所列。

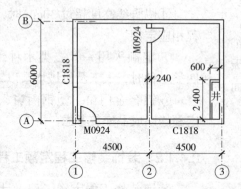

图 8-11 某园林建筑平面图

8.4.2 装饰工程清单计量与计价

8.4.2.1 楼地面工程

楼地面工程主要包括楼地面抹灰、楼地面镶贴、楼梯面层、其他材料面层、踢脚线、楼梯装饰、扶手、栏杆、栏板装饰、台阶装饰、零星装饰等项目。

楼地面工程工程量清单项目设置及工程量计算规则，应按表8-38～表8-41的规定执行。

表8-37 分项工程人材机费计价表

序号	定额编号	项目名称	单位	工程量	单价	合价（元）
1	6-1	细石混凝土找平层（厚30mm）	m²	47.64	15.90	757.48
2	6-22	地砖楼地面（300×300）密缝，30厚1∶3水泥砂浆结合层	m²	48.07	73.80	3547.57
3	6-33	地砖踢脚线	m²	5.69	72.10	410.25
		小　计	元			4715.30

表8-38 楼地面抹灰（编号：011101）

项目编号	项目名称	项目特征	计量单位	工程量计算规则	工程内容
011101001	水泥砂浆楼地面	1. 垫层材料种类、厚度 2. 找平层厚度、砂浆配合比 3. 素水泥浆遍数 4. 面层厚度、砂浆配合比 5. 面层做法要求	m²	按设计图示尺寸以面积计算。扣除凸出地面构筑物、设备基础、室内管道、地沟等所占面积，不扣除间壁墙及≤0.3 m²柱、垛、附墙烟囱及孔洞所占面积。门洞、空圈、暖气包槽、壁龛的开口部分不增加面积	1. 基层清理 2. 垫层铺设 3. 抹找平层 4. 抹面层 5. 材料运输
011101003	细石混凝土楼地面	1. 垫层材料种类、厚度 2. 找平层厚度、砂浆配合比 3. 面层厚度、混凝土强度等级			1. 基层清理 2. 垫层铺设 3. 抹找平层 4. 面层铺设 5. 材料运输

表8-39 楼地面镶贴（编号：011102）

项目编号	项目名称	项目特征	计量单位	工程量计算规则	工程内容
011102001	石材楼地面	1. 找平层厚度、砂浆配合比 2. 结合层厚度、砂浆配合比 3. 面层材料品种、规格、颜色 4. 嵌缝材料种类 5. 防护层材料种类 6. 酸洗、打蜡要求	m²	按设计图示尺寸以面积计算。门洞、空圈、暖气包槽、壁龛的开口部分并入相应的工程量内	1. 基层清理、抹找平层 2. 面层铺设、磨边 3. 嵌缝 4. 刷防护材料 5. 酸洗、打蜡 6. 材料运输
011102003	块料楼地面	1. 垫层材料种类、厚度 2. 找平层厚度、砂浆配合比 3. 结合层厚度、砂浆配合比 4. 面层材料品种、规格、颜色 5. 嵌缝材料种类 6. 防护层材料种类 7. 酸洗、打蜡要求			

表8-40 楼梯面层（编号：011106）

项目编号	项目名称	项目特征	计量单位	工程量计算规则	工程内容
011106001	石材楼梯面层	1. 找平层厚度、砂浆配合比 2. 贴结层厚度、材料种类 3. 面层材料品种、规格、颜色 4. 防滑条材料种类、规格 5. 勾缝材料种类 6. 防护层材料种类 7. 酸洗、打蜡要求	m²	按设计图示尺寸以楼梯（包括踏步、休息平台及≤500mm的楼梯井）水平投影面积计算。楼梯与楼地面相连时，算至梯口梁内侧边沿；无梯口梁者，算至最上一层踏步边沿加300mm	1. 基层清理 2. 抹找平层 3. 面层铺贴、磨边 4. 贴嵌防滑条 5. 勾缝 6. 刷防护材料 7. 酸洗、打蜡 8. 材料运输
011106002	块料楼梯面层				

表8-41 台阶装饰（编号：011107）

项目编号	项目名称	项目特征	计量单位	工程量计算规则	工程内容
011107001	石材台阶面	1. 找平层厚度、砂浆配合比 2. 黏结层材料种类 3. 面层材料品种、规格、颜色 4. 勾缝材料种类 5. 防滑条材料种类、规格 6. 防护材料种类	m²	按设计图示尺寸以台阶（包括最上层踏步边沿加300mm）水平投影面积计算	1. 基层清理 2. 抹找平层 3. 面层铺贴 4. 贴嵌防滑条 5. 勾缝 6. 刷防护材料 7. 材料运输
011107002	块料台阶面				

表8-42 墙面抹灰（编号：011201）

项目编号	项目名称	项目特征	计量单位	工程量计算规则	工程内容
011201001	墙面一般抹灰	1. 墙体类型 2. 底层厚度、砂浆配合比 3. 面层厚度、砂浆配合比 4. 装饰面材料种类 5. 分格缝宽度、材料种类	m²	按设计图示尺寸以面积计算	1. 基层清理 2. 砂浆制作、运输 3. 底层抹灰 4. 抹面层 5. 抹装饰面 6. 勾分格缝
011201002	墙面装饰抹灰				

表8-43 柱面抹灰（编号：011202）

项目编号	项目名称	项目特征	计量单位	工程量计算规则	工程内容
011202001	柱、梁面一般抹灰	1. 柱体类型 2. 底层厚度、砂浆配合比 3. 面层厚度、砂浆配合比 4. 装饰面材料种类 5. 分格缝宽度、材料种类	m²	1. 柱面抹灰：按设计图示柱断面周长乘高度以面积计算。 2. 梁面抹灰：按设计图示梁断面周长乘长度以面积计算	1. 基层清理 2. 砂浆制作、运输 3. 底层抹灰 4. 抹面层 5. 勾分格缝
011202002	柱、梁面装饰抹灰				

8.4.2.2 墙、柱面工程

墙、柱面工程主要包括墙面抹灰、柱面抹灰、零星抹灰、墙面块料面层、零星镶帖块料、墙饰面、柱饰面、梁饰面、隔断、幕墙等项目。

墙、柱面工程工程量清单项目的设置及工程量计算规则，应按表8-42～表8-45的规定执行。

表 8-44 墙面块料面层（编号：011204）

项目编号	项目名称	项目特征	计量单位	工程量计算规则	工程内容
011204001	石材墙面	1. 墙体类型 2. 安装方式 3. 面层材料品种、规格、颜色 4. 缝宽、嵌缝材料种类 5. 防护材料种类 6. 磨光、酸洗、打蜡要求	m²	按镶贴表面积计算	1. 基层清理 2. 砂浆制作、运输 3. 黏结层铺贴 4. 面层安装 5. 嵌缝 6. 刷防护材料 7. 磨光、酸洗、打蜡
011204002	拼碎石材墙面				
011204003	块料墙面				
011204004	干挂石材钢骨架	1. 骨架种类、规格 2. 防锈漆品种遍数	t	按设计图示以质量计算	1. 骨架制作、运输、安装 2. 刷漆

表 8-45 柱（梁）面镶贴块料（编号：011205）

项目编号	项目名称	项目特征	计量单位	工程量计算规则	工程内容
011205001	石材柱面	1. 柱截面类型、尺寸 2. 安装方式 3. 面层材料品种、规格、颜色 4. 缝宽、嵌缝材料种类 5. 防护材料种类 6. 磨光、酸洗、打蜡要求	m²	按镶贴表面积计算	1. 基层清理 2. 砂浆制作、运输 3. 黏结层铺贴 4. 面层安装 5. 嵌缝 6. 刷防护材料 7. 磨光、酸洗、打蜡
011205002	块料柱面				
011205003	拼碎块柱面				

表 8-46 天棚抹灰（编号：011301）

项目编号	项目名称	项目特征	计量单位	工程量计算规则	工程内容
011301001	天棚抹灰	1. 基层类型 2. 抹灰厚度、材料种类 3. 砂浆配合比	m²	按设计图示尺寸以水平投影面积计算。带梁天棚、梁两侧抹灰面积并入天棚面积内	1. 基层清理 2. 底层抹灰 3. 抹面层

表 8-47 天棚吊顶（编号：011302）

项目编号	项目名称	项目特征	计量单位	工程量计算规则	工程内容
011302001	吊顶天棚	1. 吊顶形式、吊杆规格、高度 2. 龙骨材料种类、规格、中距 3. 基层材料种类、规格 4. 面层材料品种、规格 5. 压条材料种类、规格 6. 嵌缝材料种类 7. 防护材料种类	m²	按设计图示尺寸以水平投影面积计算	1. 基层清理、吊杆安装 2. 龙骨安装 3. 基层板铺贴 4. 面层铺贴 5. 嵌缝 6. 刷防护材料

8.4.2.3 天棚工程

天棚工程主要包括天棚抹灰、天棚吊顶、天棚其他装饰等项目。

天棚工程工程量清单项目设置及工程量计算规则，应按表 8-46～表 8-48 的规定执行。

表 8-48　天棚其他装饰（编号：011304）

项目编号	项目名称	项目特征	计量单位	工程量计算规则	工程内容
011304001	灯带（槽）	1. 灯带型式、尺寸 2. 格栅片材料品种、规格 3. 安装固定方式	m²	按设计图示尺寸以框外围面积计算	安装、固定

表 8-49　扶手、栏杆、栏板装饰（编号：011503）

项目编号	项目名称	项目特征	计量单位	工程量计算规则	工程内容
011503001	金属扶手、栏杆、栏板	1. 扶手材料种类、规格、品牌 2. 栏杆材料种类、规格、品牌 3. 栏板材料种类、规格、品牌、颜色 4. 固定配件种类 5. 防护材料种类	m	按设计图示以扶手中心线长度（包括弯头长度）计算	1. 制作 2. 运输 3. 安装 4. 刷防护材料
011503002	硬木扶手、栏杆、栏板				

表 8-50　木门（编号：010801）

项目编号	项目名称	项目特征	计量单位	工程量计算规则	工程内容
010801001	木质门	1. 门代号及洞口尺寸 2. 镶嵌玻璃品种、厚度	1. 樘 2. m²	1. 以樘计量，按设计图示数量计算 2. 以平方米计量，按设计图示洞口尺寸以面积计算	1. 门安装 2. 玻璃安装 3. 五金安装
010801002	木质门带套				
010801004	木质防火门	1. 门代号及洞口尺寸 2. 镶嵌玻璃品种、厚度			

表 8-51　金属门（编号：010802）

项目编号	项目名称	项目特征	计量单位	工程量计算规则	工程内容
010802001	金属（塑钢）门	1. 门代号及洞口尺寸 2. 门框或扇外围尺寸 3. 门框、扇材质 4. 玻璃品种、厚度	1. 樘 2. m²	1. 以樘计量，按设计图示数量计算 2. 以平方米计量，按设计图示洞口尺寸以面积计算	1. 门安装 2. 五金安装 3. 玻璃安装
010802003	钢质防火门	1. 门代号及洞口尺寸 2. 门框或扇外围尺寸 3. 门框、扇材质			
010802004	防盗门	1. 门代号及洞口尺寸 2. 门框或扇外围尺寸 3. 门框、扇材质			1. 门安装 2. 五金安装

8.4.2.4　其他装饰工程

其他装饰工程主要包括柜类、货架、装饰线、扶手、栏杆、栏板装饰、暖气罩、浴厕配件、雨篷、旗杆、招牌、灯箱、美术字等项目。

其他装饰工程工程量清单项目设置及工程量计算规则，应按表 8-49 的规定执行。

8.4.2.5　门窗工程

门窗工程主要包括木门、金属门、金属卷帘门、其他门、木窗、金属窗、门窗套、窗帘盒、窗台板等项目。

门窗工程工程量清单项目设置及工程量计算规则，应按表 8-50～表 8-53 的规定执行。

表 8-52　木窗（编号：020405）

项目编号	项目名称	项目特征	计量单位	工程量计算规则	工程内容
020405001	木质平开窗	1. 窗类型 2. 框材质、外围尺寸 3. 扇材质、外围尺寸 4. 玻璃品种、厚度、五金材料、品种、规格 5. 防护材料种类 6. 油漆品种、刷漆遍数	樘	按设计图示数量计算	1. 窗制作、运输、安装 2. 五金、玻璃安装 3. 刷防护材料、油漆
020405002	木质推拉窗				
020405003	矩形木百叶窗				
020405004	异形木百叶窗				
020405005	木组合窗				
020405006	木天窗				

表 8-53　金属窗（编号：010807）

项目编号	项目名称	项目特征	计量单位	工程量计算规则	工程内容
010807001	金属（塑钢、断桥）窗	1. 窗代号及洞口尺寸 2. 框、扇材质 3. 玻璃品种、厚度	1. 樘 2. m²	1. 以樘计量，按设计图示数量计算 2. 以平方米计量，按设计图示洞口尺寸以面积计算	1. 窗安装 2. 五金、玻璃安装
010807002	金属防火窗				
010807003	金属百叶窗				
010807004	金属纱窗	1. 窗代号及洞口尺寸 2. 框材质 3. 窗纱材料品种、规格			1. 窗安装 2. 五金安装

8.4.2.6　装饰工程清单计量计价案例

【例 8-10】：某景区传达室如图 8-12 所示，地面采用 20mm 厚 1:3 水泥砂浆找平，1:3 水泥砂浆铺贴 300×300 地砖面层；踢脚线采用同地面相同品质地砖，踢脚线高 150mm，采用 1:2 水泥砂浆黏贴。（本例垫层不要求计算）试编制面砖地面和踢脚线的工程量清单并且按照《××省房屋建筑与装饰工程预算定额》（2018 版）以及《××省园林绿化及仿古建筑工程预算定额》（2018 版）计算该工程清单综合单价。企业管理费按人工费及机械费之和的 20%，利润按人工费及机械费之和的 12%，风险费按 0 计算。

解：（1）清单项目设置：011102003001 块料楼地面，011105003001 块料踢脚线

（2）清单工程量计算：

地面面积 =（3.9−0.24）×（6−0.24）+（3.9−0.24）×（3−0.24）×2=41.29（m²）

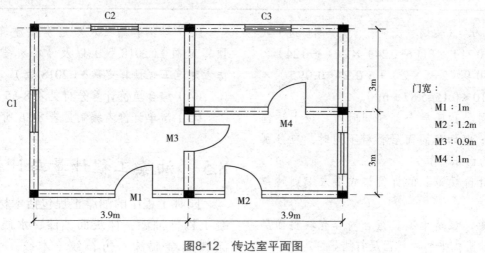

图 8-12　传达室平面图

表 8-54 分部分项工程量清单

工程名称：景区传达室

序号	项目编码	项目名称	计量单位	工程数量
1	011102003001	块料楼地面：1:3水泥砂浆找平厚20mm，1:3水泥砂浆铺贴300×300地砖面层，酸洗打蜡	m²	41.29
2	011105003001	块料踢脚线：1:2水泥砂浆黏贴地砖，高150mm，面层酸洗打蜡	m²	5.87

表 8-55 综合单价分析表

项目编码	项目名称	单位	数量	综合单价（元）						合计
				人工费	材料费	机械费	管理费	利润	小计	
011102003001	块料地面（300×300）地砖，1:3水泥砂浆找平，面层打蜡	m²	41.29	34.09	57.09	1.00	7.01	4.21	103.40	4269.39
园林 6-22	地砖楼地面	m²	41.29	21.58	51.68	0.54	4.42	2.65	80.87	3339.12
园林 6-3	水泥砂浆找平层	m²	41.29	6.75	4.84	0.46	1.44	0.87	14.36	592.92
建筑 11-155	楼地面酸洗打蜡	m²	41.29	5.76	0.57	0	1.15	0.69	8.17	337.34
011105003001	面砖踢脚线	m²	5.87	55.73	22.40	0.29	11.20	6.72	96.34	565.52
园林 6-33	面砖踢脚线	m²	5.87	49.97	21.83	0.29	10.05	6.03	88.17	517.56
建筑 11-155	楼地面酸洗打蜡	m²	5.87	5.76	0.57	0	1.15	0.69	8.17	47.96

表 8-56 分部分项工程量清单与计价表

工程名称：某传达室

序号	项目编码	项目名称	计量单位	工程数量	金额（元）	
					综合单价	合计
1	011102003001	块料地面，水泥砂浆找平层，厚20	m²	41.29	103.40	4269.39
2	011105003001	面砖踢脚线，150	m²	5.87	96.34	565.52
		合计				4834.91

踢脚线面积 =（内墙净长 – 门洞口 + 洞口边）× 高度 =[（3.9-0.24）×6+（6-0.24）×2+（3-0.24）×4-（1+1.2+0.9×2+1×2）+（0.24-0.095）×4]×0.30=39.10×0.15=5.87（m²）

注：在面层和底层全部相同时，可按上述简化方法计算；但如各间面层材料不同时，应分别按各主墙间的面积计算。

按照"计价规范"的计价格式要求编列清单见表 8-54 所列。

按照题意，该清单项目组合内容有块料面层铺设，水泥砂浆找平和块料面层打蜡。

（3）本例套用《××省房屋建筑与装饰工程预算定额》（2018版）以及《××省园林绿化及仿古建筑工程预算定额》（2018版）。

（4）综合单价计算分析见表 8-55 所列。

（5）清单计价表编制见表 8-56 所列。

8.5 油漆工程计量与计价

园林工程中的油漆工程包括木材面油漆、混凝土构件油漆、抹灰面油漆、水质涂料、外墙涂料及金属漆、仿石纹（木纹）油漆、地仗等，油漆工程属于《房屋建筑与装饰工程工程量计算规范》（GB 50854—2013），在《××省园林绿化及仿古建筑工程预算定额》（2018版）中属于第十五章油漆工程，油漆工程均按手工操作编制，如采用不同施工方法均执行本定额。

8.5.1 油漆工程定额计量与计价

① 木材面套用单层木门窗项目（多面涂刷按单面计算工程量），见表 8-57 所列。

② 混凝土仿古式构件油漆项目（多面涂刷，按单面计算工程量），见表 8-58 所列。

表 8-57　工程量计算系数表（木材面套用单层木门窗项目）

项　目	系　数	工程量计算规定
单层木门窗	1.00	框（扇）外围面积
双层木门窗	1.36	
三层木门窗	2.40	
百叶木门窗	1.40	
古式长窗（宫、葵、万、海棠、书条）	1.43	
古式短窗（宫、葵、万、海棠、书条）	1.45	
圆形、多角形窗（宫、葵、万、海棠、书条）	1.44	
古式长窗（冰、乱纹、龟六角）	1.55	
古式短窗（冰、乱纹、龟六角）	1.58	
圆形、多角形窗（冰、乱纹、龟六角）	1.56	
厂库大门	1.20	
石库门	1.51	
屏　门	1.26	
贡式橙子对子门	1.26	
间壁、隔断	1.10	
木栅栏、木栏杆（带扶手）	1.00	长 × 宽（满外量、不展开）
古式木栏杆（带碰槛）	1.32	
吴王靠	1.46	
木挂落	0.45	延长米
飞　罩	0.50	
各种窗屉、隔扇心屉	1.50	长 × 高（单层双面做）
	2.00	长 × 高（双层双面做）

表 8-58　工程量计算系数表（混凝土仿古式构件油漆项目）

项目系数	系　数	工程量计算规定
柱、梁、架、桁、枋仿古构件	1.00	展开面积
古式栏杆	2.90	长 × 宽（满外量，不展开）
吴王靠	3.21	
挂落	1.00	
封沿板	0.50	延长米
混凝土座槛	0.55	

8.5.2 油漆、涂料、裱糊工程清单计量与计价

油漆、涂料、裱糊工程主要包括门油漆、窗油漆、扶手油漆、板条面油漆、线条面油漆、木材面油漆、金属面油漆、抹灰面油漆、喷刷涂料、裱糊等项目。

油漆、涂料、裱糊工程工程量清单项目设置及工程量计算规则，应按表 8-59～表 8-62 的规定执行。

表 8-59 木扶手及其他板条、线条油漆（编号：011403）

项目编号	项目名称	项目特征	计量单位	工程量计算规则	工程内容
011403001	木扶手油漆	1. 断面尺寸 2. 腻子种类 3. 刮腻子遍数 4. 防护材料种类 5. 油漆品种、刷漆遍数	m	按设计图示尺寸以长度计算	1. 基层清理 2. 刮腻子 3. 刷防护材料、油漆
011403002	窗帘盒油漆				

表 8-60 金属面油漆（编号：011405）

项目编号	项目名称	项目特征	计量单位	工程量计算规则	工程内容
011405001	金属面油漆	1. 构件名称 2. 腻子种类 3. 刮腻子要求 4. 防护材料种类 5. 油漆品种、刷漆遍数	1. t 2. m^2	1. 以 t 计量，按设计图示尺寸以质量计算。 2. 以 m^2 计量，按设计展开面积计算	1. 基层清理 2. 刮腻子 3. 刷防护材料、油漆

表 8-61 抹灰面油漆（编号：011406）

项目编号	项目名称	项目特征	计量单位	工程量计算规则	工程内容
011406001	抹灰面油漆	1. 基层类型 2. 腻子种类 3. 刮腻子遍数 4. 防护材料种类 5. 油漆品种、刷漆遍数	m^2	按设计图示尺寸以面积计算	1. 基层清理 2. 刮腻子 3. 刷防护材料、油漆

表 8-62 喷塑涂料（编号：011407）

项目编号	项目名称	项目特征	计量单位	工程量计算规则	工程内容
011407001	墙面喷塑涂料	1. 基层类型 2. 喷刷涂料部位 3. 腻子种类 4. 刮腻子要求 5. 涂料品种、喷刷遍数	m^2	按设计图示尺寸以面积计算	1. 基层清理 2. 刮腻子 3. 刷、喷涂料
011407002	天棚喷刷涂料				
011407003	空花格、栏杆刷涂料	1. 腻子种类 2. 刮腻子遍数 3. 涂料品种、刷喷遍数	m^2	按设计图示尺寸以单面外围面积计算	1. 基层清理 2. 刮腻子 3. 刷、喷涂料
011407005	金属构件刷防火涂料	1. 喷刷防火涂料构件名称。 2. 防火等级要求 3. 涂料品种、喷刷遍数	1. m^2 2. t	1. 以 t 计量，按设计图示尺寸以质量计算 2. 以 m^2 计量，按设计展开面积计算	1. 基层清理 2. 刷防护材料、油漆
011407006	木材构件喷刷防火涂料		1. m^2 2. m^3	1. 以 m^2 计量，按设计图示尺寸以面积计算 2. 以 m^3 计量，按设计结构尺寸以体积计算	1. 基层清理 2. 刷防火材料

小结

本章主要介绍园林工程的通用项目,包括土石方、圆木桩及基础垫层工程,混凝土及钢筋混凝土工程,砌筑工程,装饰装修工程,油漆工程等。根据《建设工程工程量清单计价规范》(GB 50500—2013)、《房屋建筑与装饰工程工程量计算规范》(GB 50854—2013)、《园林绿化工程工程量计算规范》(GB 50858—2013)和《××省园林绿化及仿古建筑工程预算定额》(2018版),详细阐述通用项目工程量计算规则以及计价方式,并通过具体案例说明定额计价模式和清单计价模式并存的情况下,如何从两个方面对通用项目进行计量与计价。

习题

一、填空题

1. 2018定额规定:土石方挖方体积应按_____计算。
2. 平整场地工程量按建筑物外墙边线每边各加_____以平方米计算。
3. 基础垫层是指砖、混凝土、钢筋混凝土等基础下的垫层,按_____图示尺寸以_____计算。
4. 块料台阶面工程量按设计图示尺寸以_____水平投影面积计算。

二、选择题

1. 平整场地是指厚度在(　　)以内的就地挖填、找平。
   A. 10cm　　　　B. 30cm　　　　C. 40cm　　　　D. 50cm
2. 天棚抹灰面积按主墙间的净面积以平方米计算,不扣除(　　)以内的通风孔、灯槽等所占面积。
   A. $0.1m^2$　　　B. $0.3m^2$　　　C. $0.5m^2$　　　D. $1.0m^2$
3. 铺花岗岩板面层工程量按(　　)计算。
   A. 主墙间净面积　　　　　　　　　　B. 墙中线面积
   C. 墙外围面积　　　　　　　　　　　D. 墙净面积×下料系数
4. 外墙抹灰面积,不扣除(　　)以内的空洞等所占的面积。
   A. $0.1m^2$　　　B. $0.3m^2$　　　C. $0.5m^2$　　　D. $1.0m^2$
5. 以下按实铺面积计算工程量的是(　　)
   A. 整体面层　　　　　　　　　　　　B. 找平层
   C. 块料面层　　　　　　　　　　　　D. 踏步平台表面积

三、思考题

1. 总结土石方工程清单工程量计算规则和定额工程量计算规则之间的异同点。
2. 简述钢筋长度的计算方法。
3. 简述圆木桩工程定额工程量计算规则。
4. 块料墙面的项目特征需要描述哪些方面内容?

四、案例分析

某园林建筑基础平面图如图8-13所示,现浇钢筋混凝土带形基础、独立基础的尺寸如图8-14所示。混凝土垫层强度等级为C15,混凝土基础强度等级为C20,按外购商品混凝土考虑。混凝土垫层槽坑底面用电动夯实机夯实,费用计入混凝土垫层和基础中。

基础定额表见表8-63所列。

表 8-63 基础定额表

项目			基础槽底夯实	现浇混凝土基础垫层	现浇混凝土带形基础
名 称	单 位	单价（元）	100m²	10m³	10m³
综合人工	工日	152.36	1.42	7.33	9.56
混凝土 C15	m²	290.06		10.15	
混凝土 C20	m²	296.05			10.51
草袋	m²	2.25		1.36	2.52
水	m²	2.92		3.67	9.19
电动打夯机	台班	31.54	0.56		
混凝土振捣器	台班	23.51		0.61	0.77
翻斗车	台班	154.80		0.62	0.78

依据《建设工程工程量清单计价规范》和《××省建设工程计价规则》（2018版），以人工费和机械费之和为基数，取管理费率15%、利润率8%。

问题：根据相关规定完成下列计算。

1. 计算现浇钢筋混凝土带形基础、独立基础、基础垫层的工程量。棱台体体积公式为 $V=1/3 \times h \times (a^2+b^2+a \times b)$。

2. 编制现浇混凝土带形基础、独立基础、基础垫层的分部分项工程量清单，说明项目特征。

3. 依据提供的基础定额数据，计算混凝土带形基础的分部分项工程量清单综合单价。

4. 计算混凝土带形基础的分部分项工程量清单与计价表（计算结果均保留两位小数）。

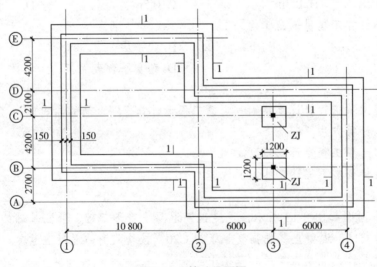

图8-13 基础平面图

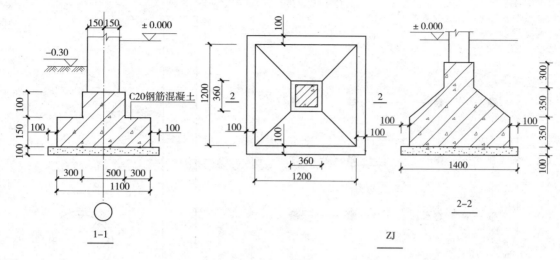

图8-14 基础剖面图

推荐阅读书目

[1]《建设工程工程量清单计价规范》(GB 50500—2013).住房和城乡建设部.中国计划出版社,2013.
[2]《房屋建筑与装饰工程工程量计算规范》(GB 50854—2013).住房和城乡建设部.中国计划出版社,2013.
[3]《建筑安装工程费用项目组成》(建标〔2013〕44号).住房和城乡建设部.财政部,2013.
[4]《浙江省建筑工程预算定额》(2018版).浙江省建设工程造价管理总站.中国计划出版社,2018.
[5]《浙江省园林绿化及仿古建筑工程预算定额》(2018版).浙江省建设工程造价管理总站.中国计划出版社,2018.
[6]《浙江省建设工程计价规则》(2018版).浙江省建设工程造价管理总站.中国计划出版社,2018.

相关链接

园林土石方工程技术标编制　http://www.zhulong.com/zt_yl_3002258/detail40635255

经典案例

某园林建筑采用预制混凝土柱,安装高度为4.2m,其柱网平面布置图如图8-15所示,柱的高度和剖面图如图8-16所示。试求其工程量。

解:

(1) 2013清单项目参考表(表8-64)

表8-64　2013清单项目参考表

项目编码	项目名称	项目特征	计量单位	工程量计算规则	工程内容
020406002	圆形柱 (多边形柱)	1.单体体积 2.柱收分、测角、卷杀尺寸 3.安装高度 4.混凝土强度等级 5.砂浆强度等级	1. m³ 2.根	1.以立方米计量按设计图示尺寸以体积计算 2.以根计量,按设计图示数量计算	1.模板制作,安装,拆除,堆放,清理,隔离剂运输 2.混凝土制作、运输浇筑、振捣、养护 3.构件运输、安装 4.砂浆制作、运输 5.接头,灌缝养护

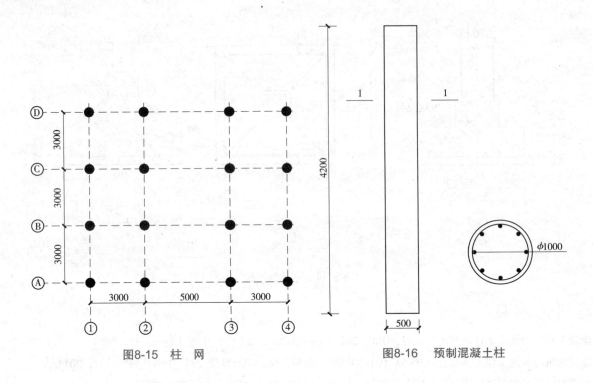

图8-15 柱 网　　　　　图8-16 预制混凝土柱

（2）清单工程量

项目编码：020406002001，项目名称：圆形柱。

圆形柱工程量：

R 表示圆形柱的半径，1 为圆形柱的直径，4.2 为柱的高度，16 为该柱的总根数。

圆形柱的分部分项工程量清单见表8-65所列。

（3）定额工程量

该工程柱子为预制混凝土柱，其工程量为 52.75m^3，计算方法同清单工程量。

表8-65 分部分项工程量清单

项目编码	项目名称	项目特征	计量单位	工程量
020406002001	圆形柱	混凝土强度等级：C30 砂浆强度等级：M2.5 安装高度：4.2m	m^3	52.75

第 9 章
园林工程结算与竣工决算

【本章提要】竣工结算与竣工决算能对园林工程建设完成情况进行客观的反映，也是对建设工程造价进行核定的过程，更是新增固定资产价值核算的基础。竣工结算与施工单位有着紧密的关系。在结算时要充分了解工程施工的实际情况，对分部（分项）工程已完工程量进行认真审阅，特别是实际完成工程量超出清单工程量的部分。结算需要掌握整个园林工程施工的全貌，广泛收集与结算工作有关资料，保障结算内容的完整性，最大限度地避免在工作开展过程中出现的问题。

9.1 园林工程结算

9.1.1 园林工程价款结算

园林工程价款结算是指园林施工企业按照承包合同和已完工程量向建设单位（业主）办理工程价款清算的经济文件。由于工程建设周期长，耗用资金数大，为使建筑安装企业在施工中耗用的资金及时得到补偿，需要对工程价款进行中间结算（进度款结算）、年终结算，全部工程竣工验收后应进行竣工结算。工程结算是工程项目承包中的一项十分重要的工作。

实行招标的工程合同价款应在中标通知书发出之日起 30 天内，由发、承包双方依据招标文件和中标人的投标文件在书面合同中约定。不实行招标的工程合同价款，在发、承包双方认可的工程价款基础上，由发、承包双方在合同中约定。

实行招标的工程，合同约定不得违背招、投标文件中关于工期、造价、质量等方面的实质性内容。采用工程量清单计价的工程宜采用单价合同。

园林工程结算计价形式与建筑安装工程承包合同计价方式一样，根据计价方式的不同，一般情况可以分为 3 种类型，即总价合同、单价合同和成本加酬金合同。

（1）总价合同

所谓总价合同是指支付给施工企业的款项在合同中是一个"规定金额"，即总价。它是以图纸和工程说明书为依据，由施工企业与建设单位经过商定做出的。总价合同按其是否可调整，可分为以下两种不同形式：

①不可调整总价合同　这种合同的价格计算是以图纸及规定、法规为基础，承发包双方就承包项目协商的一个固定总价，由施工企业一笔包死，不能变化。合同总价只有在设计和工程范围有所变更的情况下，才能随之做相应的变更，除此之外，合同总价是不能变动的。

②可调整总价合同　这种合同一般也是以图纸及规定、规范为计算基础，但它是以"时价"进行计算的。这是一种相应固定的价格。在合同执行过程中，由于市场变化而使所用的工料成本、人工成本等增加，可对合同总价进行相应的调整。

（2）单价合同

在施工图纸不完整，或当准备发包的工程项目内容、技术、经济指标一时尚不能准确、具体地给予规定价格时，往往要采用单价合同形式。

单价合同又因情况不同，可分为以下两种形式。

①估算工程量单价合同　这种合同即当施工单位报价时，按照招标文件中提供的估算工程量，报工程单价。结算时按实际完成工程量结算。

②纯单价合同　采用这种合同形式时，建设单位只对建设工程的有关分部、分项工程，以及工程范围做出规定，不需对工程量做任何规定。施工单位在投标时，只需对这种给定范围的分布、分项工程做出报价，而工程量则按实际完成的数量结算。

（3）成本加酬金合同

这种合同是将工程项目的实际投资划分成直接成本费和承包方完成工作后应得酬金两部分。工程实施过程中发生的直接成本费由发包方实报实销，再按合同约定的方式另外支付给承包方相应报酬。这种合同计价方式主要适用于：工程内容及技术经济指标尚未全面确定，投标报价的依据尚不充分的情况下，发包方因工期要求紧迫，必须发包的工程；发包方与承包方之间有着高度的信任，承包方在某些方面具有独特的技术、特长或经验。由于在签订合同时，发包方提供不出可供承包方准确报价所必需的资料，报价缺乏依据，因此，在合同内只能商定酬金的计算方法。成本加酬金合同广泛地适用于工作范围很难确定的工程和在设计完成之前就开始施工的工程。

9.1.2　园林工程价款结算的方式

根据我国相关规定，工程进度款的拨付有以下几种方式。

（1）按月结算与支付

即实行按月支付进度款，竣工后清算的办法。合同工期在两个年度以上的工程，在年终进行工程盘点，办理年度结算。

（2）分段结算与支付

即当年开工、当年不能竣工的工程按照工程形象进度，划分不同阶段支付工程进度款。具体划分在合同中明确。

（3）竣工后一次结算

建设项目或单项工程全部建筑安装工程建设期在12个月以内，或者工程承包合同价值在100万元以下的，可以实行工程价款每月月中预支，竣工后一次结算。

（4）其他结算方式

施工企业在采用按月结算工程价款方式时，要先取得各月实际完成的工程数量，并按照工程预算定额中的分项工程预算单价，企业管理费、利润、规费和税金等计价规则，计算出已完工程造价。实际完成的工程数量，由施工单位根据有关资料计算，并编制"已完工程月报表"，再根据"已完工程月报表"编制"工程价款结算账单"，与"已完工程月报表"一起，分送发包单位和经办银行，据以办理结算。

施工企业在采用分段结算工程价款方式时，要在合同中规定工程部位完工的月份，根据已完工程部位的工程数量计算已完工程造价，由施工单位编制"已完工程月报表"和"工程价款结算账单"。

对于工期较短、能在年度内竣工的单项工程或小型建设项目，可在工程竣工后编制"工程价款结算账单"，按合同中工程造价一次结算。

"工程价款结算账单"是办理工程价款结算的依据。工程价款结算账单中所列应收工程款应与随同附送的"已完工程月报表"中的工程造价相符，"工程价款结算账单"除了列明应收工程款外，还应列明应扣预收工程款、预收备料款、发包单位供给材料价款等应扣款项、算出本月实收工程款。

为了保证工程按期收尾竣工，工程在施工期间，不论工程长短，其结算工程款，一般不得超过承包工程价值的95%，结算双方可以在5%的幅度内协商确定尾款比例，并在工程承包合同中标明。施工企业如已向发包单位出具履约保函或有其他保证的，可以不留工程尾款。

"已完工程月报表"和"工程价款结算账单"的格式见表9-1、表9-2所列。

表 9-1 已完工程月报表

发包单位名称：　　　　　　　　　　　　　年　月　日　　　　　　　　　　　　　　　　　　　　　　元

单项工程和单位工程名称	合同造价	建筑面积	开工日期		实际完成数		备注
			开工日期	竣工日期	至上月（期）止已完工工程累计	本月（期）已完工程	

施工企业：　　　　　　　　　　　　　　　　　　　　　　　　　　　　　　　　编制日期：年　月　日

表 9-2 工程价款结算账单

建设单位名称：　　　　　　　　　　　　　年　月　日　　　　　　　　　　　　　　　　　　　　　　元

单项工程项目名称	合同预算（或标书）	本期工程形象进度	本期应收工程款	本期应抵扣款项					本期实收数	期末备料款余额	本期止已收工程款累计
				合计	预支工程款	预收备料款	建设单位供应材料款	各种往来款			
1	2	3	4	5	6	7	8	9	10	11	12

承包单位（乙方）： （签章）	建设单位（甲方）审查意见： （签章）	审价机构定意见： （签章）

注：①本账单由承包单位在进行工程价款结算时填列，其中，工程进度价款由建设单位审查签署意见后，办理结算；竣工结算工程价款，由建设单位签署审查意见，送审价机构审定后，办理结算。
②第3栏："本期工程形象进度"以文字说明方式填列，如基础完、结构完等。
③第4栏："本期应收工程款"应根据已完工程进度数填列。
④甲方在填写审查意见时，应填写本期同意实际支付的工程款数额。
⑤第5~9栏是指本期工程价款中应作抵扣的款项。

9.1.3 园林工程预付款支付

施工企业承包工程，一般都实行包工包料，这就需要有一定数量的备料周转金。在工程承包合同条款中，一般要明文规定发包单位（甲方）在开工前拨付给承包单位（乙方）一定限额的工程预付备料款。此预付款构成施工企业为该承包工程项目储备主要材料、结构件所需的流动资金。

《建设工程工程量清单计价规范》（GB 50500—2013）有关工程预付款的规定如下：承包人应在签订合同或向发包人提供与预付款等额的预付款保函（如有）后向发包人提交预付款支付申请。发包人应在收到支付申请的7天内进行核实后向承包人发出预付款支付证书，并在签发支付证书后的7天内向承包人支付预付款。发包人没有按时支付预付款的，承包人可催告发包人支付；发包人在付款期满后的7天内仍未支付的，承包人可在付款期满后的第8天起暂停施工。发包人应承担由此增加的费用和（或）延误的工期，并向承包人支付合理利润。预付款的支付比例不宜高于合同价款的30%。

工程预付款仅用于承包方支付施工开始时与本工程有关的动员费用。如承包方滥用此款，发包方有权立即收回。在承包方向发包方提交金额等于预付款数额（发包方认可的银行开出）的银行保函后，发包方按规定的金额和规定的时间向承包方支付预付款，在发包方全部扣回预付款之前，该银行保函将一直有效。当预付款被发包方扣回时，银行保函金额相应递减。但在预付款全部扣回之前一直保持有效。发包人应在预付款扣完后的14天内将预付款保函退还给承包人。

9.1.3.1　工程预付款的限额

园林工程预付款额度，各地区、各部门的规定不完全相同，主要是保证施工所需材料和构件的正常储备。一般是根据施工工期、建安工作量、主要材料和构件费用占建安工作量的比例以及材料储备周期等因素经测算来确定。

①在合同条件中约定　发包人根据工程的特点、工期长短、市场行情、供求规律等因素，招标时在合同条件中约定工程预付款的百分比。

②公式计算法　公式计算法是根据主要材料（含结构件等）占年度承包工程总价的比重，材料储备定额天数和年度施工天数等因素，通过公式计算预付备料款额度的一种方法。

其计算公式如（9-1）和（9-2）所示：

$$工程预付款数额 = \frac{工程总价 \times 材料比重\%}{年度施工天数} \times 材料储备定额天数 \quad (9\text{-}1)$$

$$工程预付款比率 = \frac{工程预付款数额}{工程总价} \times 100\% \quad (9\text{-}2)$$

式中，年度施工天数按365天日历天计算；材料储备定额天数由当地材料供应在途天数、加工天数、整理天数、供应间隔天数、保险天数等因素决定。

9.1.3.2　预付款的扣回

发包单位拨付给承包单位的预付款属于预支性质，到了工程实施后，随着工程所需主要材料储备的逐步减少，应以抵充工程价款的方式陆续扣回。扣款的方法有以下两种。

①可以从未施工工程尚需的主要材料及构件的价值相当于预付款数额时起扣，从每次结算工程价款中，按材料比重扣抵工程价款，竣工前全部扣清。其基本表达公式是（9-3）：

$$T = P - \frac{M}{N} \quad (9\text{-}3)$$

式中　T——起扣点，即预付备料款开始扣回时的累计完成工作量金额；

　　　M——预付款限额；

　　　N——主要材料费所占比重；

　　　P——承包工程价款总额。

②可以在承包方完成金额累计达到合同总价的一定比例后，由承包方开始向发包方还款，发包方从每次应付给承包方的金额中扣回工程预付款，发包方至少在合同规定的完工期前将工程预付款的总计金额逐次扣回。

9.1.4　园林工程进度款支付

《建设工程工程量清单计价规范》（GB 50500—2013）有关工程进度款的规定如下：承包人应在每个计量周期到期后的7天内向发包人提交已完工程进度款支付申请一式四份，详细说明此周期自己认为有权得到的款额，包括分包人已完工程的价款。发包人应在收到承包人进度款支付申请后的14天内根据计量结果和合同约定对申请内容予以核实。确认后向承包人出具进度款支付证书。发包人应在签发进度款支付证书后的14天内，按照支付证书列明的金额向承包人支付进度款。

除合同另有约定外，进度款支付申请应包括下列内容：①累计已完成工程的工程价款；②累计已实际支付的工程价款；③本期间完成的工程价款；④本期间已完成的计日工价款；⑤应支付的调整工程价款；⑥本期间应扣回的预付款；⑦本期间应支付的安全文明施工费；⑧本期间应支付的总承包服务费；⑨本期间应扣留的质量保证金；⑩本期间应支付的、应扣除的索赔金额；⑪本期间应支付或扣留（扣回）的其他款项；⑫本期间实际应支付的工程价款。

对实行工程量清单计价的工程，应采用单价合同方式。即合同约定的工程价款中所包含的工程量清单项目综合单价在约定条件内是固定的，不予调整，但工程量允许调整。工程量清单项目综合单价在约定的条件外，允许调整。调整方式、方法应在合同中约定。若合同未作约定，可参照以下原则办理：①当工程量清单项目工程量的变化幅度在10%以内时，其综合单价不作调整，执行原有综合单价；②当工程量清单项目工程量的变化幅度在10%以外，且其影响分部分项工程费超过0.1%时，其综合单价以及对应的措施费（如有）均应作调整。调整的方法是由承包人对增加的工程量或减少后剩余的工程量提出新的综合单价和措施项目费，经发包人确认后调整。

9.1.5 园林工程竣工结算

竣工结算是施工企业在所承包的工程全部完工后，经质量验收合格，达到合同要求后，向建设单位最后一次办理结算工程价款的手续。竣工结算反映了工程的预算成本，由施工单位用作内部考核实际的工程费用的依据。竣工结算也是建设单位编制竣工决算的一个重要组成部分。

《建设工程工程量清单计价规范》（GB 50500—2013）有关工程竣工结算的规定如下：发包人应在收到承包人提交竣工结算款支付申请后7天内予以核实，向承包人签发竣工结算支付证书。发包人应在收到承包人支付工程竣工结算款申请后14天内支付结算款；发包人未按照规定支付竣工结算款的，承包人可催告发包人支付，并有权获得延迟支付的利息。竣工结算支付证书签发后56天内仍未支付的，除法律另有规定外，承包人可与发包人协商将该工程折价，也可直接向人民法院申请将该工程依法拍卖。承包人就该工程折价或拍卖的价款优先受偿。承包人未在规定的时间内提交竣工结算文件，经发包人催促后14天内仍未提交或没有明确答复，发包人有权根据已有资料编制竣工结算文件，作为办理竣工结算和支付结算款的依据，承包人应予以认可。

9.1.5.1 竣工结算编制的原则

竣工结算编制的原则如下：

①凡编制竣工结算的项目，必须是具备结算条件的工程。也就是必须经过交工验收的工程项目，而且要在竣工报告的基础上，实事求是地对工程进行清点和计算，凡属未完的工程、未经交工验收的工程和质量不合格的工程，均不能进行竣工结算；需要返工的工程或需要修补的工程，必须在返工和修补后并经验收检查合格后方能进行竣工结算。

②要本着认真负责的态度，编制竣工结算书，并要正确地确定工程的最终造价，不得巧立名目、弄虚作假。

③要严格按照国家和所在地区的预算定额、取费规定和施工合同的要求编制竣工结算。

④结算资料必须齐全，并严格按竣工结算编制程序进行编制。

9.1.5.2 竣工结算编制的依据

在办理竣工结算时，应具备下列依据：

①工程竣工报告、竣工图和竣工验收单。

②工程施工合同或施工协议书。

③施工图预算书或招投标工程的合同单价、经审批的补充修正预算书以及施工过程中的中间结算账单。

④设计技术交底及图纸会审记录资料。

⑤工程中因增减设计变更、材料代用而引起的工程量增减账单。

⑥经建设单位签证认可的施工技术措施、技术核定单。

⑦各种涉及工程造价变动的资料。

9.1.5.3 编制竣工结算的内容及方法

竣工结算以单位工程的增减费用或竣工结算的费用计算为主要内容。而单位工程的增减费用，或竣工结算的费用计算方法，是指在施工图预算，或中标标价，或前一次增减费用的基础上，增加或者减少本次费用的变更部分，它包括分部分项工程费、措施项目费、其他项目费、规费和税金。竣工结算的编制，一般有以下两种方法。

（1）工程实施过程中发生变化较大的工程

对这类工程，必须根据设计变更资料，重新绘制竣工图。在双方认可的竣工图基础上，依据有关资料，重新计算项目，编制工程竣工结算书。这种方法准确度较高，但需大量的时间、精力，往往影响工程款项的及时回收。对绿化种植工程而言，这种情况发生较少，这种方法也较少采用。

（2）工程实施过程中发生变化不大的工程

对这类工程，常采用以原有施工图、合同造价为基础，根据合同规定的计价方法，对照原有资料相应增减，适当调整，最终作为竣工结算造价。这种方法在绿化种植工程中运用较普遍。具体做法如下：

①变更增减表计算　这里主要计算人工费、材料费、机械费和措施费增加或减少的费用。

计算变更增减部分

变更增加：指图纸设计变更需要增加的项目和数量。应在工程量及价值前标注"+"号。

变更减少：指图纸设计变更需要减少的项目和数量。应在工程量及价值前标注"-"号。

增减小计：上述两项之和，"+"表示增加费用，"-"表示减少费用。

现场签证增减部分。

增减合计。指上述①、②项增减之和，结果增加以"+"表示，减少以"-"表示。

②费用调整总表计算　即计算经增减调整后的费用合计数量。计算过程为：

原工程费用或上次调整费用　第一次调整填原预算或中标价，第二次以后的调整填上次调整费用的直接数。

本次增减额　填上述①中的计算结果数。

本次费用合计　上述②中两项的费用之和。

9.1.5.4 竣工结算的审定

工程竣工结算的审查所规定的审查时间为：① 500万元以下，从接到竣工结算报告和完整的竣工结算资料之日起20天；② 500万~2000万元，从接到竣工结算报告和完整的竣工结算资料之日起30天；③ 2000万~5000万元，从接到竣工结算报告和完整的竣工结算资料之日起45天；④ 5000万元以上，从接到竣工结算报告和完整的竣工结算资料之日起60天。

发包人以对工程质量有异议，拒绝办理工程竣工结算的，已竣工验收或已竣工未验收但实际投入使用的工程，应就有争议的部分委托有资质的检测鉴定机构进行检测，根据检测结果确定解决方案，其质量争议按该工程保修合同执行。

【例9-1】：某园林工程项目由A、B、C三个分项工程组成，采用工程量清单招标确定中标人，合同工期5个月。各月计划完成工程量及综合单价见表9-1所列，承包合同规定：

①开工前发包方向承包方支付分部分项工程费的15%作为材料预付款。预付款从工程开工后的第2个月开始分3个月均摊抵扣。

②工程进度款按月结算，发包方每月支付承包方应得工程款的90%。

③措施项目工程款在开工前和开工后第1个月末分两次平均支付。

④分项工程累计实际完成工程量超过计划完成工程量的10%时，该分项工程超出部分工程量的综合单价调整系数为0.95。

⑤措施项目费以分部分项工程费用的2%计取，其他项目费20.86万元，规费综合费率3.5%（以分部分项工程费、措施项目费、其他项目费之和为基数），增值税税率9%。

问题：

（1）工程合同价为多少万元？

表 9-1 各月计划完成工程量及综合单价表

工程名称	第1月	第2月	第3月	第4月	第5月	综合单价（元/m³）
分项工程名称 A	500	600				180
分型工程名称 B		750	800			480
分型工程名称 C			950	1100	1000	375

表 9-2 第 1、2、3 月实际完成的工程量表

工程名称	第1月	第2月	第3月
分项工程名称 A	630m³	600m³	
分项工程名称 B		750m³	1000m³
分项工程名称 C			950m³

（2）列式计算材料预付款、开工前承包商应得措施项目工程款。

（3）根据表 9-2 计算第 1、2 月造价工程师应确认的工程进度款各为多少万元？

（4）简述承发包双方对工程施工阶段的风险分摊原则。

解：

问题（1）：

分部分项工程费用：

（500+600）×180+（750+800）×480+（950+1100+1000）×375= 208.58（万元）

措施项目费：208.58×2%=4.17（万元）

其他项目费：20.86（万元）

工程合同价：（208.58+4.17+20.86）×（1+3.5%）×（1+9%）=233.61×1.035×1.09=263.54（万元）

问题（2）：

材料预付款：208.58×15%=31.29（万元）

开工前承包商应得措施项目工程款：4.17×（1+3.5%）×（1+9%）×50%=2.35（万元）

问题（3）：

第 1 月：

630×180×（1+3.5%）×（1+9%）×90%+41 700×50%×（1+3.5%）×（1+9%）=13.86（万元）

第 2 月：

A 分项：630+600=1230 m³

（1230−1100）÷1100 =11.82%>10%

[1230−1100×（1+10%）]×180 ×0.95+580×180=107 820.00（元）

B 分项：750×480=360 000.00（元）

合计：

（107 820+360 000）×（1+3.5%）×（1+9%）×90%−312 900÷3=37.07（万元）

问题（4）：

①对于主要由市场价格浮动导致的价格风险，承发包双方合理分摊。

②不可抗力导致的风险，承发包双方各自承担自己的损失。

③发包方承担的其他风险包括：法律、法规、规章或有关政策出台，造成的施工风险，应按有关调整规定执行；发包人原因导致的损失；设计变更、工程洽商；工程地质原因导致的风险；工程量清单的变化，清单工作内容项目特征描述不清的风险等。

④承包人承担的其他风险包括：承包人根据自己技术水平、管理、经营状况能够自主控制的风险；承包人导致的施工质量，工期延误；承包人施工组织设计不合理的风险等。

9.1.5.5 竣工结算案例

某度假村景观绿化工程竣工结算见表 9-3 ~ 表 9-11 所列。

表 9-3　某度假村景观绿化工程竣工结算总价表

某度假村景观绿化工程
竣工结算总价

中标价（小写）：198 259.05　　　　　　　　　　　　　　　（大写）：壹拾玖万捌仟贰佰伍拾玖元零角伍分

结算价（小写）：189 787.48　　　　　　　　　　　　　　　（大写）：壹拾捌万玖仟柒佰捌拾柒元肆角捌分

　　××工程造价咨询

发包人：××公司　　　　　　　　承包人：××建筑单位　　　　　工程造价咨询人：企业资质专用章

　　（单位盖章）　　　　　　　　　　（单位盖章）　　　　　　　　　　（单位资质专用章）

法定代表人　　　　　　　　　　　法定代表人　　　　　　　　　　　法定代表人

或其授权人：××公司　　　　　　或其授权人：××建筑单位　　　　或其授权人：××工程造价咨询

　　法定代表人　　　　　　　　　　法定代表人　　　　　　　　　　企业法定代表人

　　（签字或盖章）　　　　　　　　（签字或盖章）　　　　　　　　　（签字或盖章）

编制人：××签字　　　　　　　　核对人：××签字

盖造价工程师或造价员专用章　　　　盖工程师专用章

编制时间：××××年××月××日　　　　　　　　　　　　核对时间：××××年××月××日

表 9-4　某度假村景观绿化工程表竣工结算总说明表 -1

总说明

工程名称：某度假村景观绿化工程　　　　　标段：　　　　　　　　　　　　　　　第　页　共　页

1. 工程概况：度假村位于××区，交通便利，生态园中建筑与市政建设均已完成。园林绿化面积约为850m²，整个工程由圆形花坛、伞亭、连做花坛、花架、八角花坛以及绿地等组成。栽种的植物主要有圆柏、垂柳、龙爪槐、金银木、珍珠梅、月季等。合同工期为60天，实际施工工期55天。

2. 竣工结算依据

（1）施工合同、投标文件、招标文件。

（2）竣工图、发包人确认的实际完成工程量和索赔及现场签证资料。

（3）省建设主管部门颁发的计价定额和计价管理办法及相关计价文件。

（4）省工程造价管理机构发布人工费调整文件。

3. 本工程的合同价款 198 259.05 元，结算价为 189 787.48 元。结算价比合同价节省 8471.57 元。

4. 结算价说明：

（1）索赔及现场签证增加 24 000 元。

（2）计日工增加 27 300 元。

其他略

注：此为承包人报送的竣工结算总说明。

表 9-5　某度假村景观绿化工程表竣工结算总说明表 -2

工程名称：某度假村景观绿化工程　　　　　　　标段：　　　　　　　　　　　第　页　共　页

 1. 度假村位于××区，交通便利，生态园中建筑与市政建设均已完成；园林绿化面积约为 850m²，整个工程由圆形花坛、伞亭、连做花坛、花架、八角花坛以及绿地等组成。栽种的植物主要有圆柏、垂柳、龙爪槐、大叶黄杨、金银木、珍珠梅、月季等。合同工期为 60 天，实际施工工期 55 天。
 2. 竣工结算依据
（1）承包人报送的竣工结算。
（2）施工合同、投标文件、招标文件。
（3）竣工图、发包人确认的实际完成工程量和索赔及现场签证资料。
（4）省建设主管部门颁发的计价定额和计价管理办法及相关计价文件。
（5）省工程造价管理机构发布人工费调整文件。
 3. 核对情况说明：（略）
 4. 结算价分析说明：（略）

注：此为发包人核对的竣工结算总说明。

表 9-6　单位工程竣工结算汇总表

工程名称：某度假村景观绿化工程　　　　　　　标段：　　　　　　　　　　　第　页　共　页

序　号	单项工程名称	金额（元）
1	分部分项	81 990.81
	E1 绿化工程	24 664.52
	E2 园路、园桥工程	20 698.90
	E3 园林景观工程	36 627.39
2	措施项目	24 524.04
2.1	安全文明施工费	8077.36
3	其他项目	51 300.00
3.1	专业工程结算价	—
3.2	计日工	27 300.00
3.3	总承包服务费	0.00
3.4	索赔与现场签证	24 000.00
4	规费	16 302.10
5	税金	15 670.53
	竣工结算总价合计 =[1]+[2]+[3]+[4]+[5]	189 787.48

其中：

表 9-7　计日工表

工程名称：某度假村景观绿化工程　　　　　　标段：　　　　　　第 页 共 页

编 号	项目名称	单 位	暂定数量	综合单价	合 价
一	人工				
1	技工	工日	50.00	150.00	7500.00
	小 计				7500.00
二	材料				
1	42.5 级普通水泥	t	16.00	300.00	4800.00
	小 计				4800.00
三	机械				
1	汽车起重机 20t	台班	6	2500.00	15 000.00
	小 计				15 000.00
	合 计				27 300.00

表 9-8　索赔与现场签证计价汇总表

工程名称：某度假村景观绿化工程　　　　　　标段：　　　　　　第 页 共 页

序 号	签证及索赔项目名称	计量单价	数 量	单价（元）	合价（元）	索赔及签证依据
1	暂停施工				7500.00	001
2	砌筑花池	座	3	1000	3000.00	002
	其他（略）	…	…	…	…	…
	本页小计				24 000.00	
	合 计				24 000.00	

注：签证及索赔依据是指经双方认可的签证单和索赔依据的编号。

表 9-9　工程款支付申请（核准）表

工程名称：某度假村景观绿化工程　　　　　标段：　　　　　　　　　　　第　页　共　页

致：××公司　　　　　　　　（发包人全称）

我方于××至××期间已完成了 景观绿化工程 工作，根据施工合同的约定，现申请支付本期的工程款额为（大写）叁万贰仟元，（小写）32 000元，请予核准。

序号	名　称	金额（元）	备注
1	累计已完成的工程价款	189 787.48	
2	累计以实际支付的工程价款	157 787.48	
3	本周期已完成的工程价款	33 684.21	
4	本周期完成的计日工金额		
5	本周应增加和扣减的变更金额		
6	本周应增加和扣减的索赔金额		
7	本周期应抵扣的预计款		
8	本周期应减扣的质保金	1684.21	
9	本周应增加和减扣的其他金额		
10	本周期实际应支付的工程价款	32 000.00	

承包商（章）：
承包人代表：
日期：

复核意见：　　　　　　　　　　　　　　　　　复核意见：
　□与实际施工情况不相符，修改意见见附件。　　你方提出的支付申请经复核，本期间已完成工程款额为（大
　☑与实际情况相符，具体金额由造价工程师复核。　写）叁万贰仟元，（小写）32 000元。本期间应支付金额为（大写）
　　　　　　　　　　　　　　　　　　　　　　　叁万贰仟元，（小写）32 000元。

　　监理工程师：　　　　　　　　　　　　　　造价工程师：
　　日期：　年　月　日　　　　　　　　　　　日期：　年　月　日

审核意见：
　□不同意此项索赔。
　☑同意，支付时间为本表签发有的15天内。

发包人（章）：
发包人代表：
日期：　年　月　日

表 9-10　费用索赔申请（核准）表

工程名称：某度假村景观绿化工程　　　　　　标段：　　　　　　　　　　　　第　页　共　页

致：　　××公司　　　　　　　　　　　　　　　　　　　　　　　　　　　　　（发包人全称）
　　根据施工合同条款第　 16 　条的约定，由于你方工作需要原因，我方要求索赔金额（大写）柒仟伍佰元,（小写）7500元,请予核准。
　　附：1. 费用索赔的详细理由和依据:（略）
　　　　2. 索赔金额的计算:（略）
　　　　3. 证明材料:（现场监理工程师现场人数确认）

　　　　　　　　　　　　　　　　　　　　　　　　　　　　　　　　　　　　　承包商（章）:
　　　　　　　　　　　　　　　　　　　　　　　　　　　　　　　　　　　　　承包人代表:
　　　　　　　　　　　　　　　　　　　　　　　　　　　　　　　　　　　　　日期:　年　月　日

复核意见：　　　　　　　　　　　　　　　　　　　复核意见：
　　根据施工合同条款第　 16 　条的约定，你方提出的费用索　　　　根据施工合同条款第　 16 　条的约定，你方提出的支付申
赔申请经复核：　　　　　　　　　　　　　　　　请经复核，索赔金额为（大写）柒仟伍佰元,（小写）7500元。
　　□ 不同意此项索赔，具体意见见附件。
　　☑ 同意此项索赔，索赔金额的计算，由造价工程师复核。

　　　　　　　　　　监理工程师:　　　　　　　　　　　　　　　　造价工程师:
　　　　　　　　　　日期:　年　月　日　　　　　　　　　　　　　日期:　年　月　日

审核意见：
　　□ 不同意此项索赔。
　　☑ 同意此项索赔，与本期进度款同期支付。

　　　　　　　　　　　　　　　　　　　　　　　　　　　　　　　　　　　　　发包人（章）:
　　　　　　　　　　　　　　　　　　　　　　　　　　　　　　　　　　　　　发包人代表:
　　　　　　　　　　　　　　　　　　　　　　　　　　　　　　　　　　　　　日期:　年　月　日

注：①在选择栏的"□"内做标示"√"。
　　②本表一式四份，由承包人填报，发包人、监理人、造价咨询人、承包人各存一份。

表 9-11 现场签证表

工程名称：某度假村景观绿化工程　　　　　标段：　　　　　　　　　　第　页　共　页

施工单位	××建筑公司	日　期	××年××月××日

致：××公司　　　　　　　　　　　　　　　　　　　　　　　　　　　（发包人全称）

根据_____（指令人姓名）××年××月××日书面通知，我方要求完成此项工作应支付价款金额为（大写）叁仟元，（小写）3000元，请予以核准。

附：1. 签证是由及原因：为增强绿化，增加3座花池
　　2. 附图及计算式：（略）

承包商（章）：
承包人代表：
日期：　年　月　日

复核意见：	复核意见：
你方提出的此项签证申请经复核： □ 不同意此项索赔，具体意见见附件。 ☑ 同意此项索赔，签证金额的计算，由造价工程师复核。 　　　　　　　　　　　监理工程师： 　　　　　　　　　　　日期：　年　月　日	☑ 此项签证按承包人中标的计日工单价计算，金额为（大写）叁仟元，（小写）3000元。 　此项签证因无计日工单价，金额为（大写）____元，（小写）____元。 　　　　　　　　　　　造价工程师： 　　　　　　　　　　　日期：　年　月　日

审核意见：
　□ 不同意此项索赔。
　R 同意此项索赔，价款与本期进度款同期支付。

发包人（章）：
发包人代表：
日期：　年　月　日

注：① 在选择栏的"□"内做标示"√"。
　　② 本表一式四份，由承包人在收到发包人（监理人）的口头或者书面通知后填写，发包人、监理人、造价咨询人、承包人各存一份。

9.2 园林工程竣工决算

园林工程竣工决算是园林工程投资取得效益的全面反映，是项目法人核定各类新增资产价值、办理资产交付使用的依据。通过竣工决算，一方面能够正确反映建设工程的实际造价和投资效果；另一方面可以通过竣工决算与概算、预算的对比分析，考核投资控制的工作成效，总结经验教训，积累技术经济方面的基础资料，提高未来园林工程的投资效益。

9.2.1 竣工决算的作用

①竣工决算是综合、全面地反映竣工项目建设成果及财务情况的总结性文件。它采用货币指标、实物数量、建设工期和其他技术经济指标相综合，全面地反映园林建设项目自开始建设到竣工为止的全部建设成果和财务状况。

②竣工决算是办理交付使用资产的依据，也是竣工验收报告的重要组成部分。建设单位与使用单位在办理交付资产的验收交接手续时，通过竣工决算反映交付使用资产的全部价值，包括固定资产、流动资产、无形资产和其他资产的价值。同时，它还详细提供了交付使用资产的名称、规格、数量、型号和价值等明细资料，是使用单位确定各项新增资产价值并登记入账的依据。

③竣工决算是分析和检查设计概算的执行情况，考核投资效果的依据。

竣工决算反映了竣工项目计划、实际的建设规模、建设工期以及设计和实际的生产能力，反映了概算总投资和实际的建设成本，同时还反映了项目所实现的主要技术经济指标。通过对这些指标计划数、概算数与实际数进行对比分析，不仅可以全面掌握建设项目计划和概算执行情况，而且可以考核建设项目投资效果，为今后制订基建计划降低建设成本，提高投资效果提供必要的资料。

9.2.2 竣工决算的内容

工程竣工决算是在建设项目或单位工程完工后，由建设单位财务及有关部门，以竣工结算等资料为基础进行编制的。按照财政部、国家发改委和住建部的有关文件规定，竣工决算由竣工财务决算说明书、竣工决算报表、工程竣工图和工程造价对比分析四部分组成；前两部分又称为建设项目竣工财务决算，是竣工决算的核心内容。

9.2.2.1 竣工财务决算说明书和竣工决算报表

（1）竣工财务决算说明书

其规定资金来源及运用等财务分析，主要包括新增生产能力效益分析、工程价款结算、会计帐务处理、财产物资情况及债权债务的清偿情况。还包括工程概况、设计概算和基本建设投资计划的执行情况，各项技术经济指标完成情况，各项拨款的使用情况，建设工期、建设成本和投资效果分析，以及建设过程中的主要经验、问题和各项建议等内容。

（2）竣工决算报表

一般将竣工决算报表按工程规模分为大中型和小型项目两种。①大、中型建设项目竣工决算报表包括：建设项目竣工财务决算审批表；大、中型建设项目概况表；大、中型建设项目竣工财务决算表；大、中型建设项目交付使用资产总表。②小型建设项目竣工决算报表包括：建设项目竣工财务决算审批表；竣工财务决算总表；建设项目交付使用资金明细表。表格的详细内容及具体做法按地方基建主管部门规定填写。各类表格的要求如下：

①建设项目竣工财务决算审批表　见表9-12所列。该表作为竣工决算上报有关部门审批时使用，其格式按照中央级小型项目审批要求设计的，地方级项目可按审批要求做适当修改。

②竣工工程概况表　该表综合反映大、中型建设项目的基本概况，内容包括项目总投资、建设起止时间、新增生产能力、主要材料消耗、建设成本、完成主要工程量和主要技术经济指标及基本建设支出情况，为全面考核和分析投资效果提供依据。

③大、中型建设项目竣工财务决算表　该表

反映竣工的大、中型建设项目从开工到竣工为止全部资金来源和资金运用的情况，它是考核和分析投资效果，落实结余资金，并作为报告上级核销基本建设支出和基本建设拨款的依据。在编制该表前，应先编制出项目竣工年度财务决算，根据编制出的竣工年度财务决算和历年财务决算编制项目的竣工财务决算。此表采用平衡表形式，即资金来源合计等于资金占用合计。

有关表格形式分别见表 9-12 ~ 表 9-17 所列。

④大、中型建设项目交付使用资产总表　见表 9-15 所列。该表反映建设项目建成后新增固定资产、流动资产、无形资产和其他资产价值的情况和价值，作为财产交接、检查投资计划完成情况和分析投资效果的依据。小型项目不编制"交付使用资产总表"，直接编制"交付使用资产明细表"；大、中型项目在编制"交付使用资产总表"的同时，还需编制"交付使用资产明细表"。

⑤建设项目交付使用资产明细表　见表 9-16 所列。该表反映交付使用的固定资产、流动资产、无形资产和其他资产及其价值的明细情况，是办理资产交接的依据和接收单位登记资产账目的依据，是使用单位建立资产明细账和登记新增资产价值的依据。大、中型和小型建设项目均需编制此表。编制时要做到齐全完整，数字准确，各栏目价值应与会计账目中相应科目的数据保持一致。

⑥小型建设项目竣工财务决算总表　见表 9-17 所列。由于小型建设项目内容比较简单，因此可将工程概况与财务情况合并编制一张"竣工财务决算总表"，该表反映小型建设项目的全部工程和财务情况。

基建结余资金 = 基建拨款 + 项目资本金 + 项目资本公积金 + 基建投资借款 + 企业债券基金 + 待冲基建支出 - 基本建设支出 - 应收生产单位投资借款。

表 9-12　建设项目竣工财务决算审批表

建设项目法人（建设单位）	建设性质
建设项目名称	主要部门

开户银行意见：

（盖章）
年　月　日

专员办审批意见：

（盖章）
年　月　日

主管部门或地方财政部门审批意见：

（盖章）
年　月　日

表9-13 大、中型建设项目竣工工程概况表

大、中型建设项目竣工工程概况表

建设项目（单项工程）名称			建设地址					项目	概算	实际	主要指标
主要设计单位			主要施工企业					建筑安装工程			
占地面积	计划	实际	总投资（万元）	设计		实际		设备、工具器具			
				固定资产	流动资产	固定资产	流动资产				
								基建支出	待摊投资，其中：建设单位管理费		
新增生产能力	能力（效益）名称		设计		实际			其他投资			
								待核销基建支出			
建设起止时间	设计		从 年 月开工至 年 月竣工					非经营项目转出投资			
	实际		从 年 月开工至 年 月竣工					合计			
设计概算批准文号								主要材料消耗	名 称	单 位	概算	实际
完成主要工程量	建筑面积（m²）		设备（台、套、t）						钢材	t		
									木材	m²		
	设 计	实 际							水泥	t		
								主要技术经济指标				
收尾工程	工程内容		投资额		完成时间							

表9-14 大、中型建设项目竣工财务决算表   元

资金来源	金 额	资金占用	金 额	补充资料
一、基建拨款		一、基本建设支出		1.基建投资借款期末余额
1.预算拨款		1.交付使用资产		
2.基建基金拨款		2.在建工程		2.应收生产单位投资借款期末余额
3.进口设备转账拨款		3.待核销基建支出		3.基建结余资产
4.器材转账拨		4.非经营项目转出投资		
5.煤代油专用基金拨款		二、应收生产单位投资借款		

（续）

资金来源	金　额	资金占用	金　额	补充资料
6. 自筹资金拨款		三、拨款所属投资借款		
7. 其他拨款		四、器材		
二、项目资本金		其中：待处理器材损失		
1. 国家资本		五、货币资金		
2. 法人资本		六、预付及应收款		
3. 个人资本		七、有价证券		
三、项目资本公积金		八、固定资产		
四、基建借款		固定资产原值		
五、上级拨入投资借款		减：累计折旧		
六、企业债券资金		固定资产净值		
七、待冲基建支出		固定资产清理		
八、应付款		待处理固定资产损失		
九、未交款				
1. 未交税金				
2. 未交基建收入				
3. 未交基建包干节余				
4. 其他未交款				
十、上级拨入资金				
十一、留成收入				
合　计		合　计		

表 9-15　大、中型建设项目交付使用资产总表　　　　　　　　　　　　　　　　元

单项工程项目名称	总　计	固定资产					流动资产	无形资产	其他资产
		建筑工程	安装工程	设备	其他	合计			
1	2	3	4	5	6	7	8	9	10

支付单位盖章　年　月　日　　　　　　　　　　　　　　　　　　　　　接受单位盖章　年　月　日

表 9-16 建设项目交付使用资产明细表

单位工程项目名称	建筑工程			设备、工具、器具、家具					流动资产		无形资产		其他资产	
	结构	面积（m²）	价值（元）	规格型号	单位	数量	价值（元）	设备安装费（元）	名称	价值（元）	名称	价值（元）	名称	价值（元）
合计														

支付单位盖章　年　月　日　　　　　　　　　　　　　　　　接收单位盖章　年　月　日

表 9-17 小型建设项目竣工财务决算总表

小型建设项目竣工财务决算总表						
建设项目名称	建设地址				资金来源	资金运用
初步设计概算批准文号					项目　　金额（元）	项目　　金额（元）
占地面积	计划　实际	总投资（万元）	计划		一、基建拨款，其中预算拨款	一、交付使用资产
			固定资产　流动资金	固定资产　流动资金		二、待核销基建支出
					二、项目资本	三、非经营项目转出投资
					三、项目资金本公积金	
新增生产能力	能力（效益）名称	设　计		实　际	四、基建借款	四、应收生产单位投资借款
					五、上级拨入借款	
建设起止时间	计划	从　年　月开工 至　年　月竣工			六、企业债券资金	五、拨付所属投资借款
	实际	从　年　月开工 至　年　月竣工			七、待冲基建支出	六、器材
基建支出	项目	概算（元）		实际（元）	八、应付款	七、货币资金
	建筑安装工程				九、未付款 其中：未交基建收入 未交包干收入	八、预付及应收款
	设备、工具、器具					九、有价证券
	待摊投资 其中：建设单位管理费					十、原有固定资产
	其他投资				十、上级拨入资金	
	待核销基建支出				十一、留成收入	
	非经营性项目转出投资					
	合计				合计	合计

9.2.2.2　工程竣工图

工程竣工图是真实地记录各种地下地上建筑物、构筑物等情况的技术文件，是对工程进行交工验收、维护、改建、扩建的依据，是重要技术档案。国标规定：各项新建、扩建、改建的基本建设工程，特别是基础、地下建筑、管线、结构、井巷、桥梁、隧道、潜口、水坝以及设备安装等隐蔽部位，都要编制竣工图。编制各种竣工图，必须在施工过程中（不能在竣工后），及时做好隐蔽工程记录，整理好设计变更文件。根据相关规定，竣工图编制有以下几种情况：

①按图施工没有变动的，由施工单位（包括总包和分包施工单位，下同）在原施工图上加盖"竣工图"标志后，即作为竣工图。

②在施工中虽有一般性设计变更，但能将原施工图加以修改补充作为竣工图的，可不重新绘制，由施工单位负责在原施工图（必须是新蓝图）上注明修改的部分，并附以设计变更通知单和施工说明，加盖"竣工图"标志后，即作为竣工图。

③结构形式改变、工艺改变、平面布置改变、项目改变以及有其他重大改变，不宜再在原施工图上修改、补充者，应重新绘制改变后的竣工图。由于设计原因造成的，由设计单位负责重新绘图；由于施工原因造成的，由施工单位负责重新绘图；由于其他原因造成的，由建设单位自行绘图或委托设计单位绘图。施工单位负责在新图上加盖"竣工图"标志并附以有关记录和说明，作为竣工图。

④重大的改建、扩建工程涉及原有工程项目变更时，应将相关项目的竣工图资料统一整理归档，并在原图案卷增补必要的说明。

竣工图一定要与实际情况相符，保证图纸质量，做到规格统一、图面整洁、字迹清楚，不得用圆珠笔或其他易于褪色的墨水绘制。竣工图要经承担施工的技术负责人审核签字。

9.2.2.3　工程造价对比分析

工程建设过程中，造价的变化需要进行认真的对比分析，总结经验教训。批准的概算是控制建设工程造价的依据。在分析时，可先对比整个项目的总概算，然后将建安工程费、设备及工器具购置费和工程建设其他费逐一与竣工决算表中所提供的实际数据和相关资料进行对比分析，以确定竣工项目总造价是节约还是超支。并在对比的基础上，总结先进经验，找出节约和超支的内容和原因，提出改进措施。在实际工作中，应主要分析以下内容：

①主要实物工程量　对于实物工程量出入比较大的情况，必须查明原因。

②主要材料消耗量　考核主要材料消耗量，要按照竣工决算表中所列明的材料实际超概算的消耗量，查明是在工程的哪个环节超出量最大，再进一步查明超耗的原因。

③考核建设单位管理费、措施费和其他费用的取费标准　建设单位管理费、措施费和其他费用的取费标准要按照国家和各地的有关规定，根据竣工决算报表中所列的建设单位管理费与概预算所列的建设单位管理费数额进行比较，依据规定查明是否多列或少列费用项目，确定其节约超支的数额，并查明原因。

9.2.3　园林工程竣工决算编制步骤

按照财政部印发的关于《基本建设财务管理若干规定》的通知要求，竣工决算的编制步骤如下。

①收集、整理、分析原始资料。从工程开始就按编制依据的要求，收集、清点、整理有关资料。主要包括工程档案资料，如设计文件、施工记录、上级批文、概（预）算文件、工程结算的归集整理、财务处理、财产物资的盘点核实及债权债务的清偿，做到账账、账证、账实、账表相符。对各种设备、材料、工器具等要逐项盘点核实并填列清单，妥善保管，或按照国家有关规定处理，不准任意侵占和挪用。

②对照、核实工程变动情况，重新核实各单位工程、单项工程造价。将竣工资料与原设计图纸进行查对、核实，必要时可实地测量，确认实际变更情况；根据经审定的施工单位竣工结算等原始资料，按照有关规定对原概（预）算进行增

减调整，重新核定工程造价。

③将待摊投资、设备及工器具投资、建筑安装工程投资、工程建设其他投资严格划分和核定后，分别计入相应的建设成本栏目内。

④编制竣工财务决算说明书，力求内容全面、简明扼要、文字流畅、说明问题。

⑤填报竣工财务决算报表。

⑥做好工程造价对比分析。

⑦整理、装订好竣工图。

⑧按国家规定上报、审批、存档。

小结

本章介绍工程价款结算和竣工决算。工程价款结算包括其概念和内容、结算的依据和方法，重点强调工程预付款的支付与扣回、进度款支付和竣工结算。工程竣工决算包括竣工决算的作用、内容和决算编制步骤，重点强调竣工财务决算报表的组成、工程竣工图和工程造价对比分析。

习题

一、填空题

1. 工程价款的常用结算方式有_____、_____及_____3种。
2. 园林工程竣工结算计价形式与建筑安装工程承包合同计价方式一样，根据计价方式的不同，一般情况可以分为3种类型，即_____、_____和_____。
3. 竣工决算的内容包括竣工财务决算说明书、_____、_____和工程造价对比分析4个部分。
4. 竣工财务决算主要包括_____及_____两部分。

二、选择题

1. 工程竣工验收报告经发包人认可后（　　）内，承包人向发包人递交竣工结算报告及完整的结算资料，按双方约定进行竣工结算。
   A. 14d　　　　　　　　B. 7d　　　　　　　　C. 30d　　　　　　　　D. 28d
2. 某工程工期为3个月，承包合同价为90万元，工程结算适宜采用（　　）的方式。
   A. 按月结算　　　　B. 竣工后一次结算　　　C. 分段结算　　　　　D. 分部结算
3. 某园林绿化工程，预计工期为5个月，土建合同价款为50万元，该工程采用（　　）方式较为合理。
   A. 按月结算　　　　　　　　　　　　　　　　B. 按目标价款结算
   C. 实际价格调整法结算　　　　　　　　　　　D. 竣工后一次结算
4. 根据《建设工程施工合同（示范文本）》，下列有关工程预付款的叙述中，正确的是（　　）。
   A. 工程预付款主要用于采购建材、招募工人和租赁设备
   B. 建筑工程的预付款额度一般不超过当年建筑工程量的30%
   C. 工程预付款的预付时间应不迟于约定的开工日期前7d
   D. 承发包双方应在专用条款内约定发包人向承包人预付工程款的时间和额度
5. 已知某单项工程预付备料款为150万元，主要材料在合同价款中所占的比重为75%，若该工程合同总价为1000万元，且各月完成工程量如下表所示，则预付备料款应从（　　）月开始起扣。

月　份	1	2	3	4	5
工程量 /m³	500	1000	1500	1500	500
合同价（万元）	100	200	300	300	100

A. 4　　　　　　　　B. 5　　　　　　　　C. 3　　　　　　　　D. 2

6. 根据《建设工程价款结算暂行办法》，下列关于进度款支付的表述，正确的是（　　）。

A. 发包人应自收到承包人提交的已完工程量报告之日起21d内核实

B. 发包人应在核实工程量报告前2d通知承包人，由承包人提供条件并派人参加核实

C. 根据确定的工程计量结果，发包人应再行支付工程进度款

D. 发包人支付的工程进度款，应不低于工程价款的60%，不高于工程价款的90%

7. 当工程量清单项目中工程量的变化幅度在（　　）以外，且其影响分部分项工程费超过（　　）时。其综合单价以及对应的措施为（如有）均应作调整。

A. 1%，0.5%　　　　B. 5%，0.1%　　　　C. 10%，0.1%　　　　D. 10%，1%

8. 某园林工程项目合同约定采用价格指数进行结算价格差额调整，合同价为50万元，并约定合同价的70%为可调部分。可调部分中，人工费占45%，材料费占45%，其余占10%。结算时，仅人工费价格指数增长了10%，而其他未发生变化。则该工程项目应结算的工程价款为（　　）万元。

A. 51.01　　　　　　B. 51.58　　　　　　C. 52.25　　　　　　D. 52.75

9. 若工程竣工结算报告金额为4800万元，则发包人应从收到竣工结算报告和完整计算资料之日起（　　）天内和对并提出审核意见。

A. 30　　　　　　　　B. 45　　　　　　　　C. 60　　　　　　　　D. 20

10. 某建设项目，基建拨款为2000万元，项目资本金为2000万元，项目资本公积金200万元，基建投资借款1000万元，待冲基建支出400万元，应收生产单位投资借款1000万元，基本建设支出3300万元，则基建结余资金为（　　）万元。

A. 400　　　　　　　B. 900　　　　　　　C. 1400　　　　　　D. 1900

三、思考题

1. 工程竣工结算和工程竣工决算的区别是什么？
2. 工程价款的动态结算方法有哪些？
3. 简述工程进度款的结算方式与拨付。
4. 园林工程竣工结算、竣工决算编制的原则和依据是什么？
5. 谈谈如何利用增减费用法编制竣工结算。

四、案例分析

某工程项目业主通过工程量清单招标方式确定某投标人为中标人。并与其签订了工程承包合同，工期4个月。有关工程价款条款如下：

（1）分项工程清单中含有两个分项工程，工程量分别为甲项2300m³，乙项3200m³，清单报价中甲项综合单价为180元/m³，乙项综合单价为160元/m³。当每一分项工程实际工程量超过（减少）清单工程量的10%以上时，应进行调价，调价系数为0.9（1.08）。

（2）措施项目清单中包括：①环保、安全与文明施工等全工地性综合措施费用8万元；②模板与脚手架等与分项工程作业相关的措施费用10万元。

（3）其他项目清单中仅含暂列金额3万元。

（4）规费综合费率3.31%（以分部分项清单、措施费清单、其他项目清单为基数）；税率10%。

有关付款条款如下：

（1）材料预付款为分项工程合同价的20%，于开工前支付，在最后两个月平均扣除。

（2）措施项目中，全工地性综合措施费用于开工前全额支付；与分项工程作业相关的措施费用于开工前和开工后第2月末分两次平均支付。措施项目费用不予调整。

（3）其他项目费用于竣工月结算。

（4）业主从每次承包商的分项工程款中，按5%的比例扣留质量保证金。

（5）造价工程师每月签发付款凭证最低金额为25万元。

承包商每月实际完成并经签证确认的工程量见下表所列。

m^3

项 目	1月	2月	3月	4月
甲 项	500	800	800	600
乙 项	700	900	800	600

问题：

（1）工程预计合同总价为多少？材料预付款是多少？首次支付措施费是多少？

（2）每月工程量价款是多少？造价工程师应签证的每月工程款是多少？实际应签发的每月付款凭证金额是多少？

推荐阅读书目

[1]《建设工程工程量清单计价规范》(GB 50500—2013). 住房和城乡建设部. 中国计划出版社，2013.

[2]《中华人民共和国增值税暂行条例》(国务院〔2017〕691号). 国务院办公厅，2017.

[3]《浙江省园林绿化及仿古建筑工程预算定额》(2018版). 中国计划出版社，2018.

[4]《浙江省建设工程计价规则》(2018版). 中国计划出版社，2018.

[5]《建设项目工程结算编审规程》(CECA/GC3—2010). 中国建设工程造价管理协会，2010.

相关链接

工程竣工结算报告范本　http://bbs.zhulong.com/103010_group_201306/detail41296901

某工程竣工决算审核报告　http://bbs.zhulong.com/103010_group_201306/detail33117086

经典案例

A园林绿化工程有限公司中标××广场景观绿化工程。2016年2月15日，建设单位与A园林绿化工程有限公司签订了××广场景观绿化工程合同，合同价是按照工程量清单计价方式确定，合同工期为90天，工期2016年3月1日~5月29日。施工过程中发生如下事件：

（1）在4月12日，施工园路工程时，出现图纸中未标明的地下障碍物，处理该障碍耗用普工5个工日，技工2个工日，SY115C-10小型液压挖掘机2个台班。

(2) 因绿化工程设计变更，增加卫矛球23株（规格同原清单中黄杨球），减少玉兰3株。

针对上述事件，按照《建设工程工程量清单计价规范》（GB 50500—2013）合同价款调整方法和程序，完成上述事件的工程价款调整和签证变更程序。

[任务分析]

园林工程的特殊性决定了工程造价不可能是固定不变的，在施工过程中由于政策和法规变化，工程变更，工程量清单变化等都会引起合同价款的变化。为了维护工程合同价款的合理性，合法性，减少履行合同时甲乙双方的纠纷，维护合同双方利益，合同价款必须做出一定的调整，以适应不断变化的合同状态。要做到合理合法调整合同价款，必须要掌握合同价款调整程序、内容以及计算方法。

[任务实施]

（1）收集资料

收集有关影响某某广场景观绿化工程合同价款因素的资料，如政策法规的变化、工程设计变更单、现场签证、物价变化等资料。

（2）提出变更

项目经理根据相关变更事项向项目监理部提出，提交现场签证（表9-18、表9-19）及设计变更通知单（表9-20、表9-21）。

表9-18 现场签证表

工程名称：××广场景观绿化工程		编号：01	
施工部位	园路	日期	2016年4月12日
致：××管委会（发包人全称） 根据××(指令人姓名)2016年4月12日的口头指令或你方(或监理人)2016年4月12日的书面通知,我方要求完成此项工作应支付。价款金额为（大写）叁仟零肆拾壹元肆角（小写：3041.40元），请予核准。 附：1.签证事由及原因（表2） 2.附图及计算式 承包人（章）			
造价人员	承包人代表		日期
复核意见： 你方提出的此项签证申请经复核： □不同意此项签证，具体意见见附件 □同意此项签证，签证金额的计算，由造价工程师复核 监理工程师 日期		复核意见： □此项签证按承包人中标的计日工单价计算，金额为（大写），叁仟零肆拾壹元肆角（小写：3041.40元） □此项签证应无计日工单价计算,金额为（大写）＿＿＿元,（小写＿＿＿） 造价工程师 日期	
审核意见： 不同意此项签证 同意此项签证，价款一本期进度款同期支付 发包人（章） 发包人代表 日期			

表 9-19　附件：签证事由及计算式

工程名称	××广场景观绿化工程	施工单位	A 园林绿化工程有限公司
分项工程名称	园路	日期	2016 年 4 月 12 日
签证内容			

签证内容：

我单位在施工园路工程时，遇到图纸未标明的障碍物，长 12.5m，宽 2m，深 0.8m。未发生安全文明施工措施费及其他措施费，需要计日工普工 5 个工日，技工 2 个工日，SY115C-10 小型液压挖掘机 2 个台班，清除此障碍物造成我方增加费用如下：

普工人工费：5 个工日 ×100 元 / 工日 =500.00 元

技工人工费：2 个工日 ×120 元 / 工日 =240.00 元

机械费：2 个台班 ×1000.00 元 / 台班 =2000.00 元

工程费：(500.00+240+2000) 元 =2740 元

税金：(500.00+240.00+2000) 元 ×11%=301.4 元

总计发生费用：(500.00+240.00+2000+301.4) 元 =3041.4 元

建设单位： 签章 年　月　日	监理单位： 签章 年　月　日	施工单位： 签章 年　月　日

表 9-20　设计变更通知单

设计变更通知单		编　号	2016-L1-001
工程名称	××广场景观绿化工程	专业名称	绿化工程
设计单位名称	××景观设计有限公司	日期	2016 年 3 月 15 日
序号	图号	变更内容	
1	LS-02	因绿化工程设计变更，增加卫矛球 23 株（规格同原清单中黄杨球），减少玉兰 3 株。变更后价款调增金额为 4287.49 元，工程价款计算见附件（表 4）	

建设单位： 签章 年　月　日	监理单位： 签章 年　月　日	设计单位： 签章 年　月　日	施工单位： 签章 年　月　日

（3）核查

项目监理部收到"工程变更签证单"后应对该单的依据，实物，工作量完成质量及价格是否符合合同及国家有关规定进行核查，然后提交工程部复核。本工程经监理部核查无误，提交工程部复核。

（4）复核

工程部经理（总工）和相关的专业工程师对经监理核查认可的"工程变更签证单"和书面依据内容进行复核，并签署意见。本工程经复核无误，工程部经理签署同意。

表 9-21　附件：工程价款计算式

工程名称	××广场景观绿化工程	施工单位	A 园林绿化工程有限公司
分项工程名称	绿化工程	日　期	2016 年 3 月 12 日
签证内容	\multicolumn{3}{l}{合同价款调整计算 （1）分部分项工程数量增减 根据建设单位要求增加卫矛球 23 株，减少玉兰 3 株。 （2）分部分项工程单价确定 ①增加卫矛球　卫矛球在施工过程中为设计新增树种，规格同原清单黄杨球。根据已标价工程量清单中没有适用但有类似于变更工程项目的，可在合理范围内参照类似项目的单价的原则来进行单价调整。卫矛球与清单中的黄杨球属于类似项目，因此卫矛球的综合单价参照黄杨球单价执行。 黄杨球综合单价为 252.91 元 / 株，其中人工费为 21.02 元 / 株（查综合单价表可知）。 ②减少玉兰　玉兰减少 3 株，原工程量清单数量为 9 株，减少工程量偏差率为 33.33%，按照《建设工程工程量清单计价规范》（GB 50500—2013）工程量偏差中的规定调整。工程量偏差超过 15% 时，该项综合单价应调高。按照签订合同约定，工程量减少超过 15% 时，综合单价调高 10%。 原清单中玉兰综合单价为 855.78 元，因工程量减少 33.33%>15%，因此综合单价调整为 855.78 元 ×（1+10%）=941.36 元。其中，每株玉兰人工费 + 机械费调整为（71.77+14.02）元 ×（1+10%）=94.37 元。 （3）增减分部分项工程费计算 ①增加卫矛球分部分项工程费 =（23×252.91）元 =5816.93 元，其中人工费 =（23×21.02）元 =483.46 元。 ②减少玉兰分部分项工程费 =（941.36×6−9×855.78）元 =-205.89 元 分部分项工程费增减金额 =（5816.93−2053.86）元 =3763.07 元，其中人工费 + 机械费增减金额 =（483.46−205.89）元 =277.57 元 （4）措施项目费增减计算 安全文明施工费 =277.57 元 ×13.45%=37.33 元 雨季施工费 =277.57 元 ×1.01%=2.80 元 措施费总计（37.33+2.80）元 =40.13 元 （5）规费增减计算 按照投标规费费率计取。 增加规费 =277.57 元 ×（13.3%+1.2%+4.5%+0.3%+0.3%+1.8%）=59.40 元 （6）税金增减计算 增加税金 =（3763.07+40.13+59.40）元 ×11%=424.89 元 变更工程费用 工程费用 =（3763.07+40.13+59.40+424.89）元 =4287.49 元}
建设单位： 签章 年　月　日	监理单位： 签章 年　月　日	\multicolumn{2}{l}{施工单位： 签章 年　月　日}

（5）批准

成本部对该项"工程变更签证表"的书面依据及单价、金额是否符合合同、国家规定及市场实际水平进行审查。签署意见后提交总经理（分管副总）批准。经批准的"工程变更签证表"由成本部留存、登记后经工程部发还承包人。

成本部对工程签证表和设计变更通知单中的变更单价、金额审查后无异议，同意变更价格并交总经理批准。

第10章 园林工程计价软件的应用

【本章提要】行业的发展使园林工程预算从过去的人工方式向计算机化转变。传统的繁重计算、查询任务常常数量巨大，而计算机的推广和运用使这一情况得到了根本改变，由此园林工程预算变得更精、更准、更快。

10.1 园林工程计价软件概述

10.1.1 国内外计价软件发展概况

随着社会与经济的快速发展，人们对建筑施工工程的质量，计算的精度要求越来越高，同时招标投标的时间具有一定的紧迫性，过去的手工计算已经无法满足这一要求，而计算机的强大运算功能恰恰解决了这一问题，工程造价软件的出现使工程造价人员从日益繁重的手工计价中解放出来，提高工作效率的同时，使计算结果也更加准确。

而互联网技术的日新月异，结合大数据、云计算等技术使工程造价行业信息化有了飞速的发展，给工程造价行业不断带来新的可能，工程计价软件进入了云计价时代，软件更加智能，工作效率呈几何倍数提高。

10.1.2 园林工程计价软件的优点

无论是工程量清单计价模式，还是定额计价模式，我们在进行工程造价的计算和管理时，都要进行大量而繁杂的工作，使用工程计价软件计算园林工程造价具有以下优点：

①应用工程造价软件编制园林工程造价文件可确保园林工程造价文件的准确性。计算机作为一种现代化的管理工具，应用它提高管理工作效率和社会劳动生产力水平是全人类的共同愿望。应用计算机编制工程造价文件，其结果的计算误差可降低到千分之零点几。

②应用工程造价软件编制工程造价文件可大幅度提高工程造价文件的编制速度。由于工程造价文件编制过程中问题处理较为复杂，数字运算量大，采用手工编制速度慢，容易出差错，难以适应目前经济建设工作对工程造价文件编制速度的要求，应用计算机可提高造价文件编制速度几十倍，以保证造价文件编制工作的及时性。

③应用工程造价软件编制工程造价文件，可有效地实现工程造价文件资料积累的方便性和计价行为的规范性。

④应用工程造价软件编制工程造价文件，可有效地实现建设单位和施工单位的工程资料文档管理的科学性和规范性。

10.2 计价软件介绍

10.2.1 广联达计价软件

广联达计价软件 GBQ 是广联达建设工程造价管理整体解决方案中的核心产品，主要通过招标管理、投标管理、清单计价三大模块来实现电子招投标过程的计价业务。支持清单计价和定额计价两种模式，产品覆盖全国各地，采用统一管理平台，追求造价专业分析精细化，实现批量处理工作模式，帮助工程造价人员在招投标阶段快速、准确完成招标控制价和投标报价工作。

此外，软件还提供"清单计价转定额计价功能"，满足不同工程的计价要求。产品可以支持不同时期、不同专业的定额库；"清单指引查询"功能可实现子目同时输入，快速组价；"统一设置安装费用"功能可自动记取对应安装费用；"工程造价调整"和"统一调整人材机单价"功能，可一次性调整单位工程或整个项目的投标报价；提供多种换算方式，实现调价过程；"统一调整报表方案"功能可复制单位工程报表，快速调整报表格式；可批量打印报表，且支持双面打印；"批量导出 Excel"功能，可把报表一次性导出 Excel 格式，"主材自动弹框"功能可轻松修改子目；"局部汇总"功能可使工程中只显示选定的内容，且人材机、取费、报表均按选定的清单子目来汇总并输出报表，可全面处理一个工程项目的所有专业工程数据，自由导入、导出专业工程数据，方便多人分工协助，合并工程数据，使工程数据的管理更加方便灵活，对生产的招标文件进行版本管理，自动记录生成的招标文件不同版本之间的变更情况；可输出变更差异结果，生产变更说明；通过检查招标清单可能存在的漏项、错项、不完整项，帮助用户检查清单编制的完整性和错误，避免招标清单因疏漏而重新修改。

10.2.2 品茗胜算计价软件

品茗胜算是立足于清单计价模式下造价管理的一款融招标管理、投标管理、计价于一体的造价计控软件。以 GB 50500—2013 为基础，并全面支持电子招投标应用，帮助工程造价单位和个人提高工作效率，实现招投标业务的一体化解决。

表 10-1　常用快捷键

工　具	快捷键	工　具	快捷键
帮　助	F1	新　建	Ctrl+N
显示\隐藏项目结构	F2	打　开	Ctrl+O
显示\隐藏库	F3	保　存	Ctrl+S
显示\隐藏换	F4	撤销上一步操作	Ctrl+Z
计　算	F5	恢复上一步操作	Ctrl+Y
插入主材	F6	查找并替换	Ctrl+F
行复制	F7	文字复制	Ctrl+C
行粘贴	F8	文字粘贴	Ctrl+V
行剪切	F9	文字剪切	Ctrl+X
清单匹配组件	F10	分部收缩	Ctrl+1
回到起始页	F11	展开一层	Ctrl+2
另存为	F12	展开二层	Ctrl+3
退出整个软件	Alt+F4	全部展开	Ctrl+4
关闭当前工程	Alt+Q	添加行	Alt+A
插入\编辑暂估子目	Alt+C	插入行	Alt+S
撤销上一步文字操作	Esc	添加子行	Alt+D
行删除	Ctrl+Delete	添加分部	Alt+Z
清单快速组价	双击清单编号	插入分部	Alt+X

10.2.3 擎洲广达云计价软件

擎洲广达云计价软件是集浙江、福建等地区计价规则并配合当地清单和造价人员编制习惯而开发的综合性计价软件。拥有网上信息价、网上在线自动提醒与升级、网上造价资讯公告、网上造价交流、网上硬盘等众多领先功能。

擎洲广达云计价软件是一款专业的云计价软件，它具有强大的计算能力，可以帮助用户计算各类园林工程的费用，还能计算出人工费加机械费合价等。软件拥有多种造价模板，所有模板都是免费供用户使用，满足不同用户的计算需求。

用户通过擎洲广达云计价软件计算出的工程造价，可以被导出为 Excel 文件，方便用户将造价结果发送给工程负责人。

软件有以下四个方面特色：
①可实现选择范围，实现工程中局部内容的造价计算；
②提供各项费用信息的动态查看功能；
③各级造价分析列灵活设置，可自定义造价费用分析；
④管理的工程文件，可实现快速查找预览。

擎洲广达云计价软件有默认的快捷键设置，用户也可以自定义各快捷操作，具体设置在软件主菜单栏—【工具】—【快捷键】，分主窗口快捷键及工程快捷键。下面介绍软件默认设置的快捷键。见表 10-1 所列。

10.3 园林计价软件清单计价法操作流程

以下以擎洲广达云计价软件为例，结合课程案例讲解如何利用预算软件编制工程量清单及报价。

使用擎洲广达云计价软件编制的园林工程工程量清单中包括园林工程的分部分项工程项目、措施项目、其他项目、规费项目和税金项目的名称和相应数量的明细清单。

擎洲广达云计价软件整体的操作流程分为：新建项目文件、取费设置、分部分项工程项目和施工技术措施项目编辑、工程调价、文件检查和报表打印。现以 2013 清单，××省 2018 定额为编制依据，以某校大门入口绿地绿化工程投标报价为例来介绍擎洲广达云计价软件的操作流程。

10.3.1 新建项目文件

软件起始界面点击【新建工程文件】，如图 10-1 所示，跳出新建文件窗口，如图 10-2 所示，选择正确的工程模板后双击鼠标左键或点击【确定】按钮。

软件跳出项目结构设置窗口，在这里增加单位工程、专业工程，专业类型。同时填写单位、专业节点的名称，用于报表上工程名称的输出。如图 10-3 所示。

10.3.2 取费设置

对本工程的相关费用进行设置，包括管理费、利润、组织措施费、规费、税金等。点击进入取

图10-1 软件起始界面

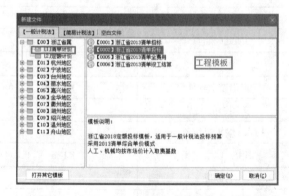

图10-2 新建文件窗口

图10-3 项目结构设置窗口

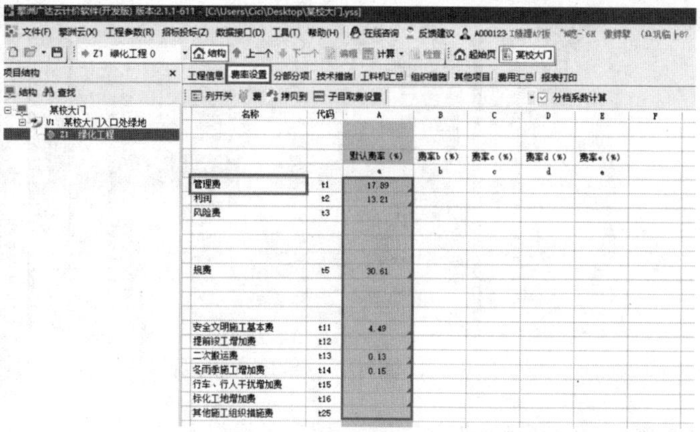

图10-4 取费设置窗口

费设置窗口，在对应费用的默认费率单元格输入费率值，此处所输入费率均按照××省2018园林单独绿化工程定额一般计税法取中值费率。如图10-4所示。

10.3.3 分部分项工程项目和施工技术措施项目编辑

工程量清单计价：先套取清单或导入清单，再根据清单指引套取定额，对定额进行定额换算操作。

清单定额组价操作都在分部分项工程项目页面完成。技术措施项目的录入在技术措施页面。如图10-5、图10-6所示。

10.3.4 工程价差调整

工程总造价的控制主要有3种方式，即量、价、费的调整。最主要是将工程的人材机价格按实际市场价格输入并计算，即价差调整。如图10-7所示。

图10-5 分部分项工程项目页面

图10-6 技术措施页面

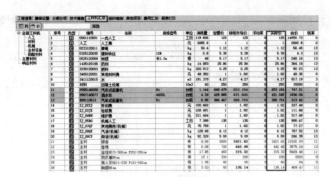

图10-7 价差调整页面　　　　　图10-8 文件检查页面

10.3.5 文件检查

工程文件操作编制完成后保存文件，同时对编制成果进行校验。检查是否存在工作遗漏，是否存在"清单无组价""工程量为空""清单顺序码错误"等问题。如图10-8所示。

10.3.6 报表打印及导出

工程文件检查无误后，点击进入报表页面，报表页面可选择相应的表格进行预览或打印输出表格操作。如图10-9所示。

10.4 园林计价软件定额计价法操作流程

以下以擎洲广达云计价软件为例，结合课程案例讲解定额计价软件的操作。擎洲广达云计价软件整体的操作流程分为：新建项目文件、取费设置、分部分项工程项目和施工技术措施项目编辑、工程调价、文件检查、报表打印。现以浙江省2018定额为编制依据，以某校大门入口绿地绿化工程投标报价为例来介绍擎洲广达云计价软件的操作流程。

图10-9 报表输出页面

图10-10 软件起始界面

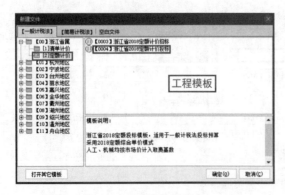

图10-11 新建文件窗口

图10-12 项目结构设置窗口

10.4.1 新建项目文件

软件起始界面点击【新建工程文件】,如图10-10所示,跳出新建文件窗口,如图10-11所示,选择正确的工程模板后双击鼠标左键或点击【确定】按钮。

软件跳出项目结构设置窗口,在这里增加单位工程、专业工程、专业类型。同时填写单位、专业节点的名称,用于报表上工程名称的输出。如图10-12所示。

10.4.2 取费设置

对本工程的相关费用进行设置,包括管理费、利润、组织措施费、规费、税金等。点击进入取费设置窗口,在对应费用的默认费率单元格输入费率值,此处所输入费率均按照××省2018园林单独绿化工程定额一般计税法取中值费率。如图10-13所示。

10.4.3 分部分项工程项目和施工技术措施项目编辑

定额计价:只需要按工程项目套取定额,并对定额进行定额换算操作。在做预算的时候,有些定额内容在定额书上找不到,需要自己补充,在工程量项目界面,点中定额行,右键选择【编辑暂估】,在跳出来的窗口上面选择暂估的类型,是暂估定额还是暂估人工等费用,之后输入编号,名称,单位以及人工费、材料费、机械费(注意:输入各项内容之后,在下方有一项【自动加入人材机】,若不勾,这些暂估的费用在工料机汇总界面就不会汇总),如图10-14所示。施工技术措施项目在技术措施页面编辑,如图10-15所示。

10.4.4 工程价差调整

价差调整是指将工程的人材机价格按实际市场价格输入并计算,如图10-16所示。

图10-13 费率设置窗口

图10-14 分部分项工程项目页面

图10-15 技术措施页面

图10-16 价差调整页面

图10-17 文件检查页面

图10-18 报表输出页面

10.4.5 文件检查

工程文件操作编制完成后保存文件，同时对编制成果进行校验。检查是否有工作遗漏，清单是否组价，工程量是否为空以及定额零工程量检查，分部名称为空检查，相同材料不同单价检查等。如图10-17所示。检查之后如果清单变成红色，表示这条清单存在一定的问题，只要将错误修改正确之后，再检查就不会显示红色。

10.4.6 报表打印及导出

工程文件检查无误后，点击进入报表页面，报表页面可选择相应的表格进行预览或打印输出表格操作。如图10-18所示。

小结

本章介绍当前主流的园林工程计价软件。通过实际案例，分清单计价模式和定额计价模式，图解擎洲广达云计价软件完成工程实务的程序和方法，详细阐述了使用软件编制园林工程工程量清单和园林工程工程量清单计价表的操作步骤，以及使用软件对工程价差进行调整的方法。

习题

一、填空题

1. 用擎洲广达云计价软件编制的园林工程工程量清单中包括园林工程的分部分项工程项目、_____、_____、_____和_____的名称和相应数量的明细清单。
2. 擎洲广达云计价软件的快捷键中 F1 表示_____、F2 表示_____、F3 表示_____。
3. 擎洲广达软件检查文件之后，如果清单变成红色，表示_____。

二、选择题

1. 在擎洲广达云计价软件中回到起始页的快捷键是（   ）。
   A. F1   B. F3   C. F6   D. F11
2. 利用擎洲广达云计价软件中对某公园绿化工程进行编制，应选择的清单专业为（   ）。
   A. 建筑工程   B. 安装工程   C. 园林绿化工程   D. 市政工程
3. 清单项目的项目编码由（   ）位数字构成。

A. 2 位　　　　　　B. 4 位　　　　　　C. 6 位　　　　　　D. 12 位

4. 栽植乔木项目在描述其项目特征时不需要描述的是（　　）。

A. 土壤类别　　　　B. 乔木种类　　　　C. 胸径　　　　　　D. 养护期

三、思考题

1. 投标人利用擎洲广达云计价软件编制工程量清单的基本步骤是什么？
2. 请简要描述清单计价和定额计价在计价软件运用上的主要差别。
3. 擎州广达软件如何引用市场信息价？
4. 擎州广达软件中管理费、利润等费用的参考费率如何查看？
5. 擎州广达软件在做预算的时候，有些定额内容在定额书上找不到，需要自己补充，应该怎么补？

推荐阅读书目

[1]《建设工程工程量清单计价规范》（GB 50500—2013）. 住房和城乡建设部. 中国计划出版社，2013.
[2]《建筑安装工程费用项目组成》（建标[2013]44 号）. 住房和城乡建设部，财政部，2013.
[3]《中华人民共和国增值税暂行条例》（国务院〔2017〕691 号）. 国务院办公厅，2017.
[4]《浙江省园林绿化及仿古建筑工程预算定额》（2018 版）. 中国计划出版社，2018.
[5]《浙江省建设工程计价规则》（2018 版）. 中国计划出版社，2018.
[6]《广联达 GBQ4.0 计价软件应用及答疑解惑》. 中国建筑工业出版社，2013.
[7]《清单计价软件高级实例教程》（第 2 版）. 中国建筑工业出版社，2013.
[8]《建筑工程计量与计价实训教程》. 重庆大学出版社，2015.

相关链接

广联达服务新干线　　https：//www.fwxgx.com

BIMVIP——品茗 BIM 官方服务平台　　http://www.bim.vip

擎洲软件　　http://www.qzhsoft.com.cn/home.php

经典案例

　　新技术的出现与迅速发展，渗透到人们生活和工作的所有领域，并促进了信息的交流和发展，计算机技术更是日新月异，计算机、网络已成为不可缺少的一部分。工程造价作为贯穿项目投资决策阶段、设计方案优选阶段、招投标阶段、施工阶段、结算及审核阶段的一条主线，起着举足轻重的作用。

　　长久以来，工程预算软件应用广泛，使更多的工作人员从繁杂的工作中解放出来，体会新技术变革带来的高效与喜悦。

　　目前常用的园林预算软件主要有鲁班、神机妙算、广联达、建筑业清单大师、斯维尔等。软件开发公司有北京广联达软件技术有限公司、武汉文海公司、上海鲁班软件有限公司、河北奔腾计算机技术有限公司等。这些产品的应用，基本上解决了我国目前概预算编制和审核、统计报表以及施工过程中的工程结算编制问题。

　　按照内容和计算方法的不同，工程预算软件一般分为图形算量软件、钢筋算量软件和定额、清单计价软件 3 种。

①图形算量软件是以绘制工程简图的形式，输入建筑图、结构图，自动计算工程量，同时自动套用定额和相关子目，并生成各种工程量报表的系统。此类软件有着强大的绘图功能，可以将定额项目和工程量直接导出到计价软件，工作效率高，计算准确，极大地减轻了手工计算工程量的工作负担。

②钢筋算量软件根据现行建筑结构施工图的特点和结构构件钢筋计算的特点研制。在结构构件图标上可直接录入原始数据，形象直观，可实现钢筋计算的自动化与标准化。

③定额、清单计价软件用以编制建筑工程、安装工程、市政工程、装饰工程、房修工程、园林工程等各专业工程量清单计价和定额计价两种形式的造价文件。

参考文献

陈启贵，2010. 风景园林工程概预算 [M]. 哈尔滨：哈尔滨工业大学出版社.

董三孝，2003. 园林工程概预算与施工组织管理 [M]. 北京：中国林业出版社.

胡光宇，2011. 园林工程计量与计价 [M]. 沈阳：沈阳出版社.

黄凯，郑强，2011. 园林工程招投标与概预算 [M]. 重庆：重庆大学出版社.

江兆鹏，2011-05-08. 中国园林产业发展现状及前景. 新丝路博客 [EB/OL].

人力资源和社会保障部，住房和城乡建设部，2009. LD/T 75.1~3—2008 建设工程劳动定额——园林绿化工程 [S]. 北京：人民出版社.

吴锐，王俊松，2009. 园林工程计量与计价 [M]. 北京：机械工业出版社.

吴贤国，2009. 建筑工程概预算 [M]. 2版. 北京：中国建筑工业出版社.

余德庄，2008-04-09. 在世界之最的人工园林 [N]. 重庆晚报.

袁建新，2000. 建筑工程概预算 [M]. 北京：高等教育出版社.

张舟，1999. 仿古建筑工程及园林工程定额与预算 [M]. 北京：中国建筑工业出版社.

浙江省建设工程造价管理总站，2018. 浙江省建筑工程预算定额（2018版）[S]. 北京：中国计划出版社.

浙江省建设工程造价管理总站，2018. 浙江省园林绿化及仿古建筑工程预算定额（2018版）[S]. 北京：中国计划出版社.

浙江省建设工程造价管理总站，2018. 浙江省建设工程计价规则（2018版）[S]. 北京：中国计划出版社.

住建部标准定额司，国家质量监督检验检疫局，2013. GB 50500—2013 建设工程工程量清单计价规范 [S]. 北京：中国计划出版社.

住建部标准定额司，国家质量监督检验检疫局，2013. GB 50854—2013 房屋建筑与装饰工程工程量计算规范 [S]. 北京：中国计划出版社.

住建部标准定额司，国家质量监督检验检疫局，2013. GB 50855—2013 仿古建筑工程工程量计算规范 [S]. 北京：中国计划出版社.

住建部标准定额司，国家质量监督检验检疫局，2013. GB 50858—2013 园林绿化工程工程量计算规范 [S]. 北京：中国计划出版社.